21 世纪高等学校信息安全专业规划教材

信息对抗与网络安全
（第 3 版）

贺雪晨　编著

清华大学出版社

北 京

内 容 简 介

本书主要介绍信息对抗与网络安全的基本概念、密码技术、通信保密技术、计算机网络安全技术和日常上网的安全防范等内容。在讲述密码技术时,融入了基于生物特征的密码技术、数据库加密技术等内容,并结合实例实现文件的加密与破解;本书所介绍的通信保密技术,内容包括了信息隐藏技术、无线保密技术、数字水印技术等;在讲述计算机网络安全技术和日常上网的安全防范时,不过多讲述原理,而是结合常见的安全问题,使读者能够使用各种防范手段,保护自己的系统。

本书是2006年上海市重点课程"信息对抗与安全"的建设成果,也是2009年上海市教学成果二等奖"基于身份认证平台的电子信息人才培养模式的创新与实践"的重要组成部分,本书第2版获2011年上海市高校优秀教材二等奖。

本书可作为计算机类、电子信息类、通信类等专业相关课程的教材,也可作为从事网络安全、计算机安全和信息安全领域相关人员的技术参考书。

图书在版编目(CIP)数据

信息对抗与网络安全/贺雪晨编著.--3版.--北京:清华大学出版社,2015(2024.8重印)
21世纪高等学校信息安全专业规划教材
ISBN 978-7-302-39727-4

Ⅰ.①信… Ⅱ.①贺… Ⅲ.①计算机网络—安全技术 Ⅳ.①TP393.08

中国版本图书馆CIP数据核字(2015)第065961号

责任编辑:黄 芝 薛 阳
封面设计:杨 兮
责任校对:时翠兰
责任印制:刘海龙

出版发行:清华大学出版社
　　　　 网　　　址:https://www.tup.com.cn,https://www.wqxuetang.com
　　　　 地　　　址:北京清华大学学研大厦A座　　　　　邮　　编:100084
　　　　 社 总 机:010-83470000　　　　　　　　　　邮　　购:010-62786544
　　　　 投稿与读者服务:010-62776969,c-service@tup.tsinghua.edu.cn
　　　　 质量反馈:010-62772015,zhiliang@tup.tsinghua.edu.cn
　　　　 课件下载:https://www.tup.com.cn ,010-83470236

印 装 者:三河市龙大印装有限公司
经　 销:全国新华书店
开　 本:185mm×260mm　　 印　 张:22.25　　　　字　 数:539千字
版　 次:2006年7月第1版　2015年11月第3版　　印　 次:2024年8月第5次印刷
印　 数:2601~2900
定　 价:69.00元

产品编号:061529-02

出版说明

由于网络应用越来越普及，信息化的社会已经呈现出越来越广阔的前景，可以肯定地说，在未来的社会中电子支付、电子银行、电子政务以及多方面的网络信息服务将深入到人类生活的方方面面。同时，随之面临的信息安全问题也日益突出，非法访问、信息窃取、甚至信息犯罪等恶意行为导致信息的严重不安全。信息安全问题已由原来的军事国防领域扩展到了整个社会，因此社会各界对信息安全人才有强烈的需求。

信息安全本科专业是 2000 年以来结合我国特色开设的新的本科专业，是计算机、通信、数学等领域的交叉学科，主要研究确保信息安全的科学和技术。自专业创办以来，各个高校在课程设置和教材研究上一直处于探索阶段。但各高校由于本身专业设置上来自于不同的学科，如计算机、通信和数学等，在课程设置上也没有统一的指导规范，在课程内容、深浅程度和课程衔接上，存在模糊不清、内容重叠、知识覆盖不全面等现象。因此，根据信息安全类专业知识体系所覆盖的知识点，系统地研究目前信息安全专业教学所涉及的核心技术的原理、实践及其应用，合理规划信息安全专业的核心课程，在此基础上提出适合我国信息安全专业教学和人才培养的核心课程的内容框架和知识体系，并在此基础上设计新的教学模式和教学方法，对进一步提高国内信息安全专业的教学水平和质量具有重要的意义。

为了进一步提高国内信息安全专业课程的教学水平和质量，培养适应社会经济发展需要的、兼具研究能力和工程能力的高质量专业技术人才。在教育部相关教学指导委员会专家的指导和建议下，清华大学出版社与国内多所重点大学共同对我国信息安全人才培养的课程框架和知识体系，以及实践教学内容进行了深入的研究，并在该基础上形成了"信息安全人才需求与专业知识体系、课程体系的研究"等研究报告。

本系列教材是在课程体系的研究基础上总结、完善而成，力求充分体现科学性、先进性、工程性，突出专业核心课程的教材，兼顾具有专业教学特点的相关基础课程教材，探索具有发展潜力的选修课程教材，满足高校多层次教学的需要。

本系列教材在规划过程中体现了如下一些基本组织原则和特点。

（1）反映信息安全学科的发展和专业教育的改革，适应社会对信息安全人才的培养需求，教材内容坚持基本理论的扎实和清晰，反映基本理论和原理的综合应用，在其基础上强调工程实践环节，并及时反映教学体系的调整和教学内容的更新。

（2）反映教学需要，促进教学发展。教材要适应多样化的教学需要，正确把握教学内容和课程体系的改革方向，在选择教材内容和编写体系时注意体现素质教育、创新能力与实践能力的培养,为学生知识、能力、素质协调发展创造条件。

(3) 实施精品战略,突出重点。规划教材建设把重点放在专业核心(基础)课程的教材建设上;特别注意选择并安排一部分原来基础比较好的优秀教材或讲义修订再版,逐步形成精品教材;提倡并鼓励编写体现工程型和应用型的专业教学内容和课程体系改革成果的教材。

(4) 支持一纲多本,合理配套。专业核心课和相关基础课的教材要配套,同一门课程可以有多本具有各自内容特点的教材。处理好教材统一性与多样化,基本教材与辅助教材、教学参考书,文字教材与软件教材的关系,实现教材系列资源的配套。

(5) 依靠专家,择优落实。在制定教材规划时依靠各课程专家在调查研究本课程教材建设现状的基础上提出规划选题。在落实主编人选时,要引入竞争机制,通过申报、评审确定主编。书稿完成后认真实行审稿程序,确保出书质量。

繁荣教材出版事业,提高教材质量的关键是教师。建立一支高水平的、以老带新的教材编写队伍才能保证教材的编写质量,希望有志于教材建设的教师能够加入到我们的编写队伍中来。

21 世纪高等学校信息安全专业规划教材
联系人: 魏江江 weijj@tup. tsinghua. edu. cn

前　言

从信息技术发展的历程来看,信息安全已由 20 世纪 80 年代的被动保密发展到 20 世纪 90 年代的主动保护,继而发展到 21 世纪的信息全面保障。

本书从信息时代的战争引出电子战、网络战的概念,进而介绍相关的通信保密技术与网络安全技术。在讲述密码技术、通信保密技术时,结合一些新知识,如量子密码、信息隐藏、无线安全等内容,使学生对相关的前沿知识有所了解。在讲述计算机网络安全技术、日常上网的安全防范时,注意理论联系实际,结合一些常用计算机攻防软件的使用,使学生能够将所学的知识应用到日常生活中。本书试图使读者从宏观上对信息对抗和网络安全有一个比较全面的了解,从微观上掌握如何保护信息安全、防范攻击的具体方法。

第 1 章介绍信息对抗与网络安全的基本概念;第 2 章介绍密码学的基本概念以及如何使用密码技术实现加密与破解;第 3 章介绍数据、语音和图像的通信保密技术;第 4 章介绍如何防范黑客使用病毒、木马、扫描、嗅探、攻击进行入侵,如何使用防火墙、入侵检测技术、数据备份和数据急救进行安全保障;第 5 章介绍电子邮件、网络浏览、网络欺诈、移动互联的安全防范。

本教材由上海电力学院贺雪晨编写。在编写过程中,根据全国几十所高校使用第 2 版教材的反馈情况及佐治亚理工和佐治亚州立大学相关专家的意见以及信息安全技术不断发展的需要,在第 3 版中进行了以下修订:第 1 章增加了一些新的案例;第 2 章新增了 Enigma 密码机原理、RSA 算法原理与实例等内容,对认证与数字签名、密码学新技术、文件加密与破解、数据库加密等部分进行了更新;第 3 章对隐藏信息的检测、窃听与反窃听、数字水印技术等部分进行了更新;第 4 章新增了 DDoS 反射攻击、DDoS 放大攻击、SNMP 放大攻击、移动互联网环境下的 DDoS 攻防、主机入侵防御系统等内容,对黑客入侵攻击、计算机病毒表现与破坏、计算机病毒发展历史与趋势、木马原理、漏洞概述、扫描器原理、DoS 攻击手段、DDoS 攻击、DDoS 攻击的防范、暴库攻击、入侵检测技术等部分进行了更新;第 5 章新增了路由器安全、网络欺诈安全防范、移动互联安全防范等内容,对反垃圾邮件、"网络钓鱼"及其防范、防止 Cookie 泄露个人信息、浏览器安全等部分进行了更新。

信息安全技术是一门实践性很强、发展很快的学科,在教学过程中可以通过各种方法提高同学的实际动手能力和自学能力,编者在这方面做了一些尝试,有兴趣的读者可以通过编者的新浪博客 http://blog.sina.com.cn/heinhe 一起探讨。此外,在精品课程网站 http://jpkc. shiep. edu. cn/？courseid＝20065305 上提供了教学大纲、电子教案、模拟试卷、习题答案、实践教学、视频课件、交互课件、素材下载等模块供各位教师参考。

由于编者的水平和经验有限,书中的缺点和疏漏之处在所难免,恳请有关专家和读者批评指正。

编　者

2015.4 于亚特兰大

目　　录

第1章　信息对抗与网络安全概述

信息已成为支撑国家政治、经济、军事、科技的重要战略资源,信息安全是保护信息资源的基础,没有信息安全,就没有政治、军事和经济安全,就没有完整意义上的国家安全。

信息安全起源于文字和话音的保密,是一门涉及计算机科学、网络技术、物理学、管理科学、通信技术、密码技术、信息安全技术、应用数学、数论、信息论乃至生物学等多种学科的边缘性综合学科。

从信息技术的发展历程来看,信息安全已由 20 世纪 80 年代的被动保密发展到 20 世纪 90 年代的主动保护,继而发展到 21 世纪初的信息全面保障。在斯诺登曝光"棱镜门"事件之后,信息安全已上升为国家战略。

20 世纪 80 年代前,信息安全的唯一属性就是信息的保密性;20 世纪 80 年代期间,扩大到了信息的完整性、可用性、可审计性和可认证性;到了 20 世纪 90 年代,其内涵已扩展到了信息的可控性。

计算机网络的出现和发展,特别是 Internet 日新月异的迅猛发展,使人类对于信息的开发和应用达到了一个空前的高度。先进的计算机系统已把军队乃至整个社会联系在了一起,在未来的网络世界里,每个芯片都是一种潜在的武器,每台计算机都有可能成为一个有效的作战单元,一位平民百姓可能编制出实施信息战的计划,并付诸实施。任何社会团体或个人,只要掌握了计算机通信技术,只要拥有一台计算机和入网线路,就可以攻击装有芯片的系统和接入网络的装备,利用网络来发动一场特殊的战争。

从目前的技术看,计算机网络具有很大的脆弱性,极易被黑客入侵。如果敌对国运用网络犯罪手段进行经济干扰和破坏,足以使当事国经济崩溃。一些国家正在开发研制的"超级病毒"和电磁脉冲装置,就可以对他国的银行、证券交易、空中交通管制、电话、电视网、发电站、电力网系统进行攻击,造成当事国家经济瘫痪。

随着科学技术的发展和社会生产结构的变化,国家安全赖以存在的基础也发生了变化,从原来的国土、资源、军队等有形的东西为主,转变为以信息和知识等无形的东西为主,使信息安全成为国家安全的基础。信息安全不能得到保障,国家就会经济紊乱、政治失稳、军事失效、文化迷失、技术落后,进而影响到国家在国际上的地位和形象。

1.1　信息时代的战争

信息战是以计算机为主要武器,以覆盖全球的计算机网络为主战场,以攻击敌方的信息系统为主要手段,以数字化战场为依托,以信息化部队为基本作战力量,运用各种信息武器和信息系统,围绕着信息的获取、控制和使用而展开的一种新型独特的作战形式。

信息战的出现是信息社会中信息技术高度进步的必然产物,是信息技术发展和它在军事领域中广泛应用的结果。信息对抗的手段越来越多,范围越来越大,信息优势在战争中的主导作用越来越明显。人们开始像重视"制海权"、"制空权"一样重视"制信息权",有意地将各种信息技术和武器装备综合、系统地加以运用,展开全面的信息对抗,使得信息对抗由一种辅助性的作战行动上升为关键性的、甚至是决定性的作战形式,从而形成了现在的信息战理论。

信息战的目的是夺取信息优势,其核心是保护己方的信息资源,攻击敌方的信息系统,是全方位的攻防兼有的信息对抗行动。信息战的最终目标是信息系统赖以生存和运转的基础——计算机网络。

信息战的本质是围绕争夺信息控制权的信息对抗,计算机病毒可以作为一种"以毒攻毒"的信息对抗手段。

大量的安全事件和研究成果揭示出信息系统中存在许多设计缺陷,存在情报机构有意埋伏安全陷阱的可能。例如,在发达国家现有的技术条件下,CPU 中可以植入无线发射接收功能;操作系统、数据库管理系统或应用程序中能够预先安置从事情报收集、受控激发破坏功能的程序。通过这些程序,可以接收特殊病毒、接收来自网络或空间的指令,触发 CPU 的自杀功能、搜集和发送敏感信息;通过特殊指令在加密操作中将部分明文隐藏在网络协议层中传输等。而且,通过唯一识别 CPU 个体的序列号,可以主动、准确地识别、跟踪或攻击一个使用该芯片的计算机系统,根据预先设定收集敏感信息或进行定向破坏。

由于信息系统安全的独特性,人们已将其用于军事对抗领域。目前信息对抗理论与技术主要包括黑客防范体系、信息伪装理论与技术、信息分析与监控、入侵检测原理与技术、反击方法、应急响应系统、计算机病毒、人工免疫系统在反病毒和抗入侵系统中的应用等。

1.1.1　信息战的主要内容

信息战的内容涉及在信息领域中战胜被攻击对象的所有行动,其对抗的双方彼此利用信息技术和信息武器,在整个信息战的各个层面、各个环节针对对方的信息目标实施有效的攻击或反攻击。

信息战的主要内容包括信息保障、信息防护和信息对抗。

(1) 信息保障:掌握敌我双方准确、可靠和完整的信息,及时捕获信息优势,为信息战提供切实可行的依据。

(2) 信息防护:在敌方开始对我方实施信息攻击时,为确保我方的信息系统免遭破坏而采取的一系列防御性措施,保护我方的信息优势不会受到损害。

(3) 信息对抗:打击并摧毁敌方的信息保障和信息保护的一整套措施。

其中信息保障是关键,它用于确保信息防护措施和信息对抗措施的有效运作。

1.1.2　信息战的主要形式

信息战有多种分类方法,按作战性质可以分为信息进攻战和信息防御战。

1. 信息进攻战

信息进攻战由信息侦察、信息干扰和破坏、"硬"武器的打击三部分组成,包括偷窃数据、散播错误信息、否认或拒绝数据存取、从物理上摧毁作为数据存储和分发的部分磁盘及武器平台与设施。

2. 信息防御战

信息防御战指针对敌人可能采取的信息攻击行为,采取强有力的措施保护己方的信息系统和网络,从而保护信息的安全。

信息战防御体系由信息保护、电磁防护、物理防护三大方面组成,通过使用病毒检查、嗅探器、密码和网络安全系统抵御敌方的进攻。

3. 信息进攻战与信息防御战的关系

在信息化战争中,信息进攻手段将异彩纷呈,信息防御虽然会水涨船高,但只防不攻,很难从根本上取得信息优势。因此,严密的信息防御也必须是积极主动的攻势防御,只有将信息进攻与信息防御有机结合起来,以攻为主,互相支援配合,才能从根本上夺取信息优势。

海湾战争中,由于伊拉克军队在信息对抗领域的指导思想是一味采取消极防御策略,尽管其隐蔽、伪装取得了一定的成效,但由于没有采取积极有效的信息进攻策略,结果在多国部队强大的信息攻势面前始终摆脱不了十分被动的局面。相反,在科索沃战争中,面对北约强大的信息攻势,处于信息劣势的南联盟采取隐蔽、伪装、规避、控制等信息防御的同时,积极主动地采取多种手段,与北约部队展开信息优势的争夺,结果取得了包括击落 F-117A 隐形飞机和大量巡航导弹的战果。

要打赢一场信息战,关键在于如何有效地保障自身信息系统的安全性。因此,在信息战中,防御占9,进攻占1。

1.1.3　信息战的主要武器

按照作战性质划分,信息战的主要武器分为进攻性信息战武器和防御性信息战武器两大类。

进攻性信息战武器或技术主要有计算机病毒、蠕虫、特洛伊木马、逻辑炸弹、芯片陷阱、纳米机器人、芯片微生物、电子干扰、高能定向武器、电磁脉冲炸弹、信息欺骗和密码破译等。

防御性信息战武器和技术主要有密码技术、计算机病毒检测与清除技术、网络防火墙、信息设施防护、电磁屏蔽技术、防窃听技术、大型数据库安全技术、访问控制、审计跟踪、信息隐蔽技术、入侵检测系统和计算机取证技术等。

1. 软件武器

软件武器主要包括计算机病毒、逻辑炸弹和特洛伊木马。

1999 年以来,全球爆发的梅利莎、CIH 病毒等,使世界各地不少电脑系统遭到破坏,损失巨大,这实际上就是信息战的一种形式——计算机病毒战,而这些武器的生产都是在民间进行的,至少名义上是,目前还没有哪一个国家敢承认它是这些病毒的制造者。

1990 年海湾战争时期,美军把具有神经网络细胞式的自我变异功能的病毒程序注入伊拉克国家通信网接口,在美军正式进攻前,伊拉克情报系统有一半的计算机遭到破坏,甚至连战斗机上的计算机也感染了该病毒。

2. 芯片陷阱

对计算机芯片进行修改,使芯片有优先接受特定指令的能力,只要卫星系统发出命令,使用这些芯片的信息系统就会发生逻辑错误甚至崩溃。

海湾战争爆发前不久，美国派特工人员偷偷用一套带有计算机病毒的同类芯片换下了伊拉克购买的电脑打印机中的芯片。战争爆发后，美国用指令激活了伊拉克防空系统电脑打印机内的计算机病毒，病毒通过打印机侵入防空系统的电脑中，使整个防空系统的电脑陷于瘫痪。

3. 纳米机器人和芯片微生物

纳米机器人是一些外形类似黄蜂和苍蝇，会飞、会爬的纳米系统，可以被导弹或炸弹等武器投放到敌人信息系统或武器系统附近，通过缝隙或插口钻进计算机，破坏电子线路，如图 1-1 所示。

芯片微生物是经过特殊培育的，能毁坏计算机硬件的一种细菌，它通过某种途径进入计算机，能像吞噬垃圾和石油废料的微生物一样，嗜食硅集成电路，对计算机造成破坏。

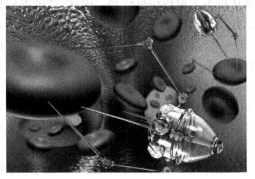

图 1-1　血液中的纳米机器人

4. 高能定向武器

高能定向武器对电子目标发射高能无线电信号，使其功能失灵，如高能射频枪。

高能射频枪是一种无线电发射机，可以对一个电子目标发射大功率无线电信号，使其对外部磁场敏感的电子线路出现电路超载，发生故障，从而使遭到攻击的信息系统无法工作，甚至使整个网络系统失灵，如图 1-2 所示。

5. 电磁脉冲炸弹

另一种摧毁性武器就是能量比高能射频枪大，以光速发射出去的电磁脉冲，使受攻击的计算机内部元件熔化。

电磁脉冲炸弹可以有效地破坏和干扰敌方的计算机及网络等电子通信设备，它产生的超强电磁场，足以破坏任何计算机设备，如图 1-3 所示。

图 1-2　高能定向武器

图 1-3　电磁脉冲炸弹

电磁大轰炸是科索沃战争采用的手段之一，通过电磁干扰，使得南斯拉夫的防空系统陷于瘫痪状态，无法积极有效应战，处于被动挨炸的地步。

1.1.4　信息战的种类

信息战包括指挥与控制战、情报战、电子战、网络战、心理战、空间控制战、黑客战、虚拟战、经济战等。

电子战部队利用通信对抗、雷达对抗、光电对抗、空间对抗等各种电子战手段,对敌人的战场指挥系统和武器控制系统进行强烈的干扰。使敌人变成"聋子""瞎子"和"傻子",全面丧失战斗力。

网络战部队利用有线注入、无线注入等各种手段,将病毒植入敌方的网络之中。不但能使敌人的战场指挥网络失灵,更能使敌国金融混乱、股市崩溃、交通瘫痪,经济全面衰退,直至完全丧失抵抗能力。

心理战部队利用各种现代信息传播手段,以前所未有的速度、无所不在的广度,对敌人进行全方位的心理攻击,使敌人军心涣散、民心动摇、斗志丧失、精神崩溃。

1.2　电　子　战

电子战,也叫电磁战,是利用电磁频谱进行的斗争和对抗。其对抗的基本形式是侦察与反侦察、干扰与反干扰、摧毁与反摧毁。目的在于削弱、破坏敌方电子设备的使用效能和保护己方电子设备正常发挥效能。

电子战是随着电子武器装备的发展而发展的。无线电的发明并应用于军事,出现了窃听与反窃听、破译与反破译的装备与对抗;伴随雷达的发明与发展,出现了雷达探测与反探测的对抗;光电技术在装备上的应用,出现了光电对抗;计算机技术的飞速发展,出现了计算机网络的对抗。

信息时代的电子战,其频谱范围已从无线电射频扩展到声波、光波频段,电子战的作战领域也已经扩展到深海和太空。原来以通信和雷达对抗为主的电子战,发展到现代战场指挥、控制、通信、计算机与情报、监视、侦察(Command、Control、Communication、Computer & Intelligence、Surveillance、Reconnaissance,C4ISR)系统之间的整体对抗。电子战手段也由以软杀伤为主,发展到软杀伤和硬摧毁相结合。它以最广泛的渗透性进入军事斗争的各个领域,成为未来信息战场的核心和支柱。

1.2.1　电子战的历史

人类战争史上比较公认的第一次电子战出现在 1904 年 2 月的日俄战争中,日方试图通过无线电通信把正确的射击指令传送给装甲巡洋舰。然而,俄国基地的一个报务员听到了日方舰艇之间正在进行信息交换,意识到了它的重要性,本能地按下了当时无线电通信设备的火花发射机的按键,对日方舰艇之间的通信实施了干扰。结果在那天的海战中,由于日方的正确射击指令受到了干扰,俄国军舰几乎无一损伤。

第二次世界大战之后,雷达技术得到迅速发展,雷达的探测距离、跟踪精度、分辨能力都有了进一步的提高,飞机、导弹、卫星、舰艇、火炮都装备了先进的雷达。人们针对雷达制导系统研制出了各种欺骗干扰装备和器材,还研制出了专门对付雷达的反辐射导弹,以及专门用于电子对抗的电子战飞机。

20 世纪 60 年代,越南战争初期,越军平均发射 2～3 枚地对空导弹就能击落 1 架美军飞机。20 世纪 70 年代,由于美军在飞机上安装了雷达报警接收机,部署了反辐射导弹,还使用了杂波干扰机,越军平均发射 70～80 枚导弹才能打落 1 架美国飞机。

1982 年 6 月的贝卡谷地作战是一次典型的电子战。战斗开始前,以色列派了一些无人机到叙利亚阵地上空飞行。无人机经过特殊伪装并装有防空设备,这种无人机本身反射面积很小,雷达回波反射信号比较弱,但加装了一些角反射器之类的装置,使得反射面积增大,信号增强。叙利亚误以为大型飞机来攻击,于是开动制导雷达。无人机测到了导弹系统的一些参数,如频率参数,同时也侦察到了叙利亚导弹阵地的位置。以色列第一步先取得信息,第二步就发动攻击。攻击时,最高一层是预警飞机,作为空中指挥;第二层是作为护航的 F-15;最底层是攻击地面目标的 F-16。以军攻击前首先派无人机引诱导弹阵地开机。导弹阵地开机后,以色列发射反辐射导弹。就这样,以色列一举摧毁了叙利亚 19 个导弹阵地和几十架作战飞机。

1982 年 5 月 25 日,阿根廷的斯坦利雷达站发现英军的“竞技神”号航空母舰在马岛东北方约 120 海里处活动。阿根廷 2 架“超级军旗”飞机立即起飞,向英军“竞技神”号航空母舰发射了 2 枚“飞鱼”导弹。几个月前,就是这种“飞鱼”导弹,取得了将英国“谢菲尔德”号驱逐舰艇击沉的辉煌战绩,但这次“飞鱼”导弹却失去了往日的光环。吃过苦头的英国人在“飞鱼”导弹袭来时,立即发射大量的箔条干扰火箭,形成了一道浓浓的干扰云。就是这突然出现的干扰云,使“飞鱼”看花了眼,其制导系统分不清哪个是真,哪个是假,结果两枚导弹都偏离了目标。马岛之战,充分显示了电子战的巨大作用。

1991 年海湾战争结束后,人们总结这场战争的特点是陆、海、空、天、电五维一体。电子战过去一直是战场上的配角,海湾战争中竟然与陆战、海战、空战、天战平起平坐,成为第五维战场。海湾战争的实践表明,电子战在信息化战争中具有十分重要的地位和作用。海湾战争作为首次信息化战争,电子战既充当了战争的“先行官”,又作为战争的主力军,贯穿于战争的始终,成为真正的关键角色,使人们对它刮目相看。

1.2.2 电子战的攻防

目前电子战武器已发展为两大类。一类为电子战软杀伤武器,包括各种信息侦察设备、干扰设备、欺骗设备以及计算机病毒等;一类为电子战硬摧毁武器,包括各种反辐射导弹、反辐射无人机、电磁脉冲弹等武器。

1. 电子攻击战

利用电子战手段,对敌方的信息网络接收设备实施干扰和压制,是破坏敌方进行电磁信息交换的主要战法,可迫使敌方电磁信息设备无法有效地接收和处理战场信息,变成战场上的“瞎子”和“聋子”。

这种战法在 20 世纪局部战争中获得了广泛的应用。越南战争期间,美军采用雷达干扰压制,使其作战飞机的损失率由初期的 14% 下降到后期的 1.4%,约 340 架飞机免遭击落。在贝卡谷地战斗中,以色列使用干扰压制方法,一举摧毁了叙利亚 19 个防空导弹阵地、击落其 80 架战斗机,而己方却没损失一架飞机。

在信息对抗的要求下,大规模破坏对方电子系统的武器应运而生,如电磁脉冲弹、电力干扰弹等。

电磁脉冲弹可以在瞬间产生大范围、宽波束、高功率的电磁脉冲,将各种电子设备中的敏感电子器件统统烧毁。电磁脉冲弹的出现,将使所有以电子技术为核心的高技术武器装备面临前所未有的考验。

电力干扰弹在高压线和变电站上空炸开后,大面积的导电纤维丝散布开来,降落在高压线上,造成大面积、长时间的停电事故。美军在海湾战争中通过“战斧”导弹携带这种“碳纤维”弹头,在伊拉克的 7 座发电厂上空爆炸,使巴格达一片漆黑。

2. 电子防守战

未来的信息作战,一方必将充分运用其先进的信息网络系统,对另一方实施全方位、全天候的信息攻击。为有效地防护敌方的信息攻击,可以采用隐蔽频谱、隐蔽电文、干扰掩护等手段。

隐蔽频谱:采用随机多址通信、扩频通信、跳频通信等技术手段,减少频谱的泄密。

隐蔽电文:充分利用电子加密技术,特别是利用计算机技术,在保密通信中的控制、检验、识别、密钥分配及加密、解密等环节,为电磁信息的密化提供有利的条件。

干扰掩护:利用电子干扰手段,使某一特定环境内或某一方向上,己方电磁能量达到信息接收设备所能允许的电磁兼容限度,以掩护己方电磁信息不被敌方识别。在对越自卫反击作战中,我军为保护通信频率,在通信频率附近发射干扰信号,曾多次成功地掩护了我军的通信。

1.2.3　电子战的发展

电子战已经走过了整整 100 年的历史,留下了一串串耀眼夺目的光辉。它从一开始的战争辅助手段,一跃成为现代战争的主角,引起世界各国军事家的高度重视。随着科学技术的飞速发展,武器装备的电子化程度必然越来越高,电子战的技术装备越来越走向尖端,21世纪的电子战将更加激烈。

21 世纪电子战所利用的频谱将向全频谱扩展。随着电子技术的发展,电子对抗的范围在频谱上已大大超过以往只限于射频范围的概念,迅速向两端扩展,也就是向低端的声频和高端的光频扩展,使电子对抗既有射频对抗还有光学对抗、声学对抗。目前,军事电子技术所利用的频谱已经覆盖了低频、短波、微波、毫米波、红外、可见光等全部频谱。

21 世纪的电子战将重点发展网络对抗、计算机病毒武器,传统的电子对抗技术也将不断向高新方向发展。无源干扰技术如箔条、干扰丝等,是廉价、有效、易行的干扰技术,将继续被采用。新技术新材料的发展使干扰箔条和干扰丝在材料上不断更新,从而更具威力。目前,用镀铝、镀锌、镀银的玻璃丝,涤纶丝,尼龙丝代替以前的锡、锌、铝等箔条,可以增加在空中滞留的时间,增强干扰效果。新发明的复合箔条将微波、毫米波反射型材料等结合起来,形成可干扰红外、可见光、微波等宽频带干扰物。干扰箔条从结构上设计出了干扰球、金属体和干扰绳等新类型的干扰物,可对雷达、红外和微波进行复合干扰。

21 世纪的电子战装备将向系统化、系列化、软硬武器一体化、标准化和模块化方向发展。因此,21 世纪的电子战必将异常激烈、异常复杂。谁能够赢得制电磁权,谁就将在未来战争中稳操胜券,这已为各国军事家们所公认。

1.3　网　络　战

　　计算机网络是信息对抗双方借以争夺信息优势的制高点。对抗双方均可采用多种手段闯入对方的计算机网络,实现其攻击目的。对于进攻方而言,利用网络进行计算机病毒攻击、阻塞网络、拒绝服务;对于防御方来说,则有抗病毒、入侵检测等反击手段和措施。

　　经过三十多年的发展,今天的 Internet,已经从最初的 4 个节点变成了连接千百万个网络的信息高速公路。似乎就在一夜之间,人们突然发现自己已经置身网中,网上办公、网上购物、网上聊天、网上炒股,真是无"网"不在,无"网"不能,无"网"而不胜。然而,与历史上其他科技革命一样,Internet 对人类社会同样具有双重作用。它既编织了五彩缤纷的网络生活,也引发了前所未有的网络战争。

　　多年以来,美国不仅将网络空间提升到国家安全、经济安全的高度,还将网络空间视为新军事领域,极力建立并维持美军的优势地位。在互联网迅猛发展的今天,美国正试图独占全球网络空间霸主地位,并一手制定网络战争游戏规则,以抢占未来网络战争制高点。

　　2010 年 5 月,美军建立网络司令部;2011 年 5 月 16 日,美国公布了《网络空间国际战略报告》,首次清晰制定了美国针对网络空间的全盘国际政策,扬言不惜以武力护网;7 月再次发布《网络空间行动战略》,变被动防御为主动防御,明确了美国的网络战进攻思想。2013 年 6 月,前 CIA 职员爱德华·斯诺登曝光了美国国家安全局的"棱镜"项目,过去 6 年间,美国国家安全局和联邦调查局通过进入微软、谷歌、苹果、雅虎等 9 大网络巨头的服务器,监控电子邮件、聊天记录、视频及照片等秘密资料,如图 1-4 所示。

图 1-4　"棱镜"项目

1.3.1　计算机病毒战

　　由于计算机病毒所具有的传染性、潜伏性和巨大的破坏性,使得计算机病毒能够作为一种向计算机网络内部实施攻击的进攻性信息武器。

　　计算机病毒战有两种进攻手段:第一种是"病毒芯片",将病毒固化在集成电路里面,一旦战时需要,便可遥控激活。第二种是"病毒枪",通过无线电波把病毒发射注入敌方电子系统。病毒的无线注入是一种正在研究的最新技术，一旦突破，它将使网络战的面貌发生重大的变化。

1991 年 1 月 17 日，海湾战火刚刚点燃，伊军防空指挥系统就被无名病毒感染，致使部分防空指挥控制系统顷刻间处于瘫痪状态。原来他们从法国引进的计算机上的主板全部是由美国生产的，计算机芯片早已被设置了致命的病毒。空袭后不久，美军就利用无线遥控激活了这些病毒，它像一柄无形利剑撕开了伊拉克的防空体系。这是病毒武器首次用于实战并取得成功，计算机病毒战的作用初露锋芒。

如果说海湾战争中的网络战是小试锋芒，那么科索沃战争则使网络战正式登上了人类的战争舞台。在 78 天的连续轰炸中，南联盟经历了 20 世纪最为惨烈的空袭。与此同时，在 Internet 上，交战双方也开辟了没有硝烟的第二战场。美军专门召集计算机专家，将大量病毒和欺骗性信息注入南军计算机互联网络和通信系统，以阻塞南军作战信息的有效传播。面对北约的网络攻击，南联盟网络高手奋起反击，北约的电子邮箱每天都收到 2000 多封含有宏病毒的电子邮件，造成了邮件服务器因严重过载而瘫痪；白宫的网络服务器也因为这种网络攻击而一度休克；北约军队的战场计算机系统在"梅莉莎"、"疯牛"等病毒的围攻下，造成了部分时段的指挥、控制和通信瘫痪，尤其是美海军陆战队各作战单元的电子邮件大部分被阻塞。

2009 年一种名为"震网"(stuxnet)的蠕虫病毒在伊朗感染了超过 62 000 台电脑。"震网"病毒的特别之处在于，这是有史以来第一个以关键工业基础设施为目标的蠕虫病毒。总共利用的电脑系统漏洞为 7 个，其中 5 个针对 Windows，2 个针对西门子公司的工业控制系统 SIMATIC WinCC，如图 1-5 所示。2009 年上半年，伊朗官方承认在纳坦兹(Natanz)的铀浓缩设施出现了重大核安全事故，伊朗原子能机构主管 Gholam Reza Aghazadeh 引咎辞职。整个过程根据外媒报道犹如一部科幻电影：由于被病毒感染，监控室的录像被篡改。监控人员看到的是正常无异的画面，而实际上核设施里的离心机在失控的情况下不断加速而最终损毁。

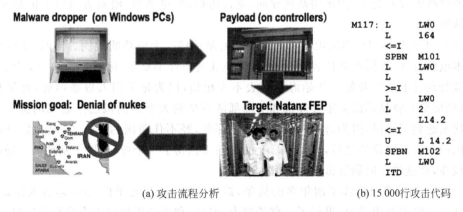

(a) 攻击流程分析　　　　　　　　(b) 15 000 行攻击代码

图 1-5　Ralph Langner 在 TED 2011 上对震网的分析

1.3.2　黑客战

黑客战是网络战的另一种对抗形式。训练有素的黑客们能够轻而易举地闯入对方的计算机网络,施放计算机病毒,窃取其敏感信息,有目的地改变信息内容,使被攻击方对接收到的信息做出错误的判断而采取错误的行动。

1995 年 9 月 18 日,美军组织了一个旨在夺取大西洋舰队控制权的联合军事演习,最后仅用一个普通的笔记本电脑就夺取了大西洋舰队的控制权。在这次演习中,一名海军信息战专家通过一根电话线将电脑连到网上,然后把调动军舰的密码指令隐藏在电子邮件信息中发出,随着密码指令在各个军舰计算机中的不断传递,大西洋舰队的军舰一只接一只地拱手交出了指挥权。有的驶向其他海域,有的调头到别处集结,有的原地不动,有的向海底深潜。最糟糕的是,舰队的指挥官们对这一切却浑然不知。

黑客们利用计算机系统和网络安全结构中的漏洞,采用口令入侵、特洛伊木马、IP 欺骗等多种技术手段,实施对计算机系统的攻击。

黑客所用的特洛伊木马,就是把一个攻击指令程序隐藏在某一合法程序中。当用户触发合法程序时,依附在合法程序中的攻击指令同时被激活。于是,黑客就可以利用这些木马程序,随心所欲地读取文件,篡改数据,收集密码,监视用户的所有操作。

黑客的另一种手段就是“网络嗅探”。众所周知,计算机用户在进入自己的计算机系统时,最先输入的字符是核心机密。他的账号、口令和登录信息一般都存在于这些字符串中。黑客就利用这个规律,首先找出网络系统漏洞,然后将“嗅探”程序依附在被攻击的主机系统中,就像在敌人的内部安插了一个间谍。这样,黑客就能以合法身份在对方网络系统内长驱直入,为所欲为了。

1.4 心 理 战

信息时代的战争,胜利已经不再以消灭对方的人员多少,占领对方领土多少为标准,对敌人不是要打死,而是要打怕,要打服,控制敌人成为最主要的作战目的。

心理战即攻心战术,指运用新闻导向,流言传播,舆论造势,给对方以巨大的精神压力,从而战胜对方。

1994 年 9 月 18 日,美国出兵海地的谈判就是这样一个成功的战例。当时,美国代表把笔记本电脑打开,告诉海地代表,你今天不同意我的条件不要紧,你看我的整个空袭计划,整个作战行动马上就要开始。开始海地代表不大相信,以为是美国人虚张声势,可是几分钟后,电脑屏幕上就显示出美军轰炸机和空降部队乘坐的大型运输机已经起飞的镜头。这时海地代表感到了恐惧,因为海地一共只有几千部队,经不住美国的打击,于是他们只好同意了美国的条件。协议签订后,只见屏幕上的美国飞机拐了一个弯,返回了基地。一场即将打响的战斗,就这样在电脑屏幕前结束了。

1999 年的波黑已持续了四年多的战争,造成了 20 多万人死亡,200 多万人流离失所。国际社会为结束波黑战争,进行了不懈的努力,但是,和平的进程却极为艰难。这时,美国人为了不损害自己的利益,利用计算机虚拟现实技术,将穆族、克族、塞族三方所提出的谈判条件,特别是用于讨价还价的军事实力和作战部署及其装备数量等无一遗漏地进行了综合对比演示。剑拔弩张的三方代表,同时看到了这些信息,意识到这样争斗下去,必然是三败俱伤,谁也得不到便宜,于是只好握手言和。

1.5　情　报　战

在信息化战争中,情报战是一种十分重要的作战形式。因为从本质上来说,信息化战争的核心就是围绕信息的获取权、控制权和使用权的争夺与对抗。其中信息获取权的争夺与对抗既是整个信息争夺与对抗的重要组成部分,也是它的先导。不能有效地获取信息,不能有效地掌握信息获取权,就谈不上掌握对信息的控制权和使用权。

现代情报手段形形色色,从陆地侦察到太空侦察,无所不有。1973 年,埃军强渡苏伊士运河,使以军几乎陷入绝望境地。在这生死存亡的紧急时刻,以军利用美国“大鸟”侦察卫星,发现在埃军第 2 军、第 3 军结合部有薄弱环节,存在 10km 的间隙。以色列立即派出一支部队,从埃两军间实施穿插,抄了埃军的后路,并摧毁了埃军用防空导弹筑造的“空中屏障”,从而一举扭转了败局。从中可以看出,现代高技术情报手段对战争的胜负具有重要的意义。

科学技术的发展和手段的更新始终是作战样式发展演变的重要动力,现代科学技术的一些新突破为情报战提供了更加先进和有效的手段与工具。

被人们称为 21 世纪关键技术之一的纳米技术的突破就为现代情报战提供了一些前所未有的新手段和新工具。如只有苍蝇和蜜蜂大小的微型间谍飞行器,可以自主飞到目标上空或附在目标之上,利用所载的微型探测装置实施侦察监视;无法分辨的“间谍草”,内装各种灵敏的电子侦察仪器、照相机和感应器,具有像人眼一样的“视力”,可以探测出数百米外坦克等目标运动时的震动和声音,并将情报准确传回总部,如图 1-6 所示。

(a) 蜜蜂侦察机　　　　　　　　　　(b) 机器昆虫

图 1-6　仿生电子侦查仪

显然,这些新型情报战手段和工具的出现与使用将使信息化战争的面貌发生彻底的改变。

1.6　理想战争模式

《理想战争》一书中描述了理想战争模式:理想战争就是对人类破坏力最小的战争,理想战争是依托国家综合实力和最新高科技进行的战争。

　　书中设计了 10 种以零死亡为目标的理想战争模式：机器人战争，克隆人战争，领导人战争，啤酒瓶战争，外星球战争，虚拟战争，鸦片战争，思想战争，传媒战争，思维战争。他还设计了一些保证理想战争模式实施而出现的一些新的社会现象：互联网国家，科学家战士，决策者先死，战争锦标赛，战争俱乐部，新大众产业等。如图 1-7 所示的是英美用于作战的机器人。

(a) 英国的拆弹机器人　　　　　　　　　(b) 美国的战场机器人

图 1-7　作战机器人

　　理想战争这一重大命题的提出，标志着我国对战争的研究进入了一个新的境界：我们研究战争的目的是为了熟悉战争、打赢战争、遏制战争，不是以无限增大战争的危险性和破坏性来赢得战争，而是以最小的破坏力打赢战争，抑制霸权国家的战争威胁，保持世界和平力量的平衡。

习　　题

1. 什么是信息战？
2. 信息战主要包含哪些内容？
3. 信息战的主要形式有哪些？
4. 信息战有哪些主要武器？
5. 简述信息战的种类。
6. 什么是电子战？
7. 网络战的形式有哪些？
8. 心理战和情报战在信息化战争中有什么作用？
9. 理想战争的目标是什么？

第2章 密码技术

公元前405年,雅典和斯巴达之间的伯罗奔尼撒战争已进入尾声。斯巴达军队逐渐占据了优势地位,准备对雅典发动最后一击。这时,原来站在斯巴达一边的波斯帝国突然改变态度,停止了对斯巴达的援助,意图使雅典和斯巴达在持续的战争中两败俱伤,以便从中渔利。在这种情况下,斯巴达急需摸清波斯帝国的具体行动计划,以便采取新的战略方针。

正在这时,斯巴达军队捕获了一名从波斯帝国回雅典送信的雅典信使。斯巴达士兵仔细搜查了这名信使,可搜查了好大一阵,除了从他身上搜出一条布满杂乱无章的希腊字母的普通腰带外,别无他获。情报究竟藏在什么地方呢? 斯巴达军队统帅莱桑德把注意力集中到了那条腰带上,情报一定就在那些杂乱的字母之中。他反复琢磨研究这些天书似的文字,把腰带上的字母用各种方法重新排列组合,怎么也解不出来。最后,莱桑德失去了信心,他一边摆弄着那条腰带,一边思考着弄到情报的其他途径。当他无意中把腰带呈螺旋形缠绕在手中的剑鞘上时,奇迹出现了。原来腰带上那些杂乱无章的字母,竟组成了一段文字。这便是雅典间谍送回的一份情报,它告诉雅典,波斯军队准备在斯巴达军队发起最后攻击时,突然对斯巴达军队进行袭击。斯巴达军队根据这份情报马上改变了作战计划,先以迅雷不及掩耳之势攻击毫无防备的波斯军队,并一举将它击溃,解除了后顾之忧。随后,斯巴达军队回师征伐雅典,终于取得了战争的最后胜利。

雅典间谍送回的腰带情报,就是世界上最早的密码情报,具体运用方法是,通信双方首先约定密码解读规则,然后通信一方将腰带(或羊皮等其他东西)缠绕在约定长度和粗细的木棍上书写。收信一方接到后,如不把腰带缠绕在同样长度和粗细的木棍上,就只能看到一些毫无规则的字母。后来,这种密码通信方式在希腊广为流传。现代的密码电报,据说就是受了它的启发而发明的。

密码技术有着悠久的历史,4000多年前至公元14世纪,是古典密码技术孕育、兴起和发展的时期,这个时期以手工作为加密手段。

16世纪前后,广泛地采用了密表和密本作为密码的基本体制,著名的维吉尼亚密码就是其中一例。这一时期的加密手段发展到机械手段,20世纪30年代后出现了更为复杂而精巧的转轮密码机,如图2-1所示。

20世纪50年代至今,是传统密码学新的高水平发展和现代密码学产生与研讨时期。这一时期最具有代表性的两大成就为:加密标准DES和公开密钥密码体制的新思想。

密码学的诞生及其发展,是人类文化水准不断进步的一个具体标志。近十几年来,混沌理论、隐显密码学、基于DNA的信息伪装技术正处于探索之中,特别值得一提的是,物理学的新成果开始融于密码技术之

图 2-1　1926 发明的 Kryha 密码机

中：量子密码和量子计算机的研究与探讨方兴未艾，这将是密码学新理论、新技术空前繁荣的又一个阶段。

2.1　基 本 概 念

密码技术是实现信息安全保密的核心技术，采用密码技术可以屏蔽和保护需要保密的消息。研究密码技术的学科称为密码学，它是由两个相互对立、相互依存、相互促进的分支学科所组成的。其中密码编码学是对信息进行保密的技术，而密码分析学则是破译密文的技术。

2.1.1　明文、密文与密钥

密码学是以研究数据保密为目的，对存储或者传输的信息采取加密变换，以防止第三方窃取信息的技术。

按照加密算法，对未经加密的信息进行处理，使其成为难以读懂的信息，这一过程称为加密。被变换的信息称为明文，它可以是一段有意义的文字或者数据；变换后的形式称为密文，密文是一串杂乱排列的数据，字面上没有任何含义。

密钥用于控制加密算法完成加密变换，其作用是避免某一加密算法把相同的明文变成相同的密文。即使明文相同、加密算法相同，只要密钥不同，加密后的密文就不同。

加密变换的保密性取决于密钥的保密，即使已经知道若干明文及与之对应的密文，甚至掌握了加密、解密算法，只要不知道当时的密钥，也难以解出未知的明文。

在现代密码学研究中，加密和解密算法一般都是公开的，对于攻击者来说，只要知道解密密钥就能够破译密文，因此，密钥设计成为核心，密钥保护也成为防止攻击的重点。

2.1.2　解密与密码分析

密码学研究包含两部分内容：一是加密算法的设计和研究；二是密码分析，即密码破译技术。

由合法接收者根据密文把原始信息恢复的过程称为解密或脱密；非法接收者试图从密文中分析出明文的过程称为密码破译或密码分析，密码分析是一种在不知道密钥的情况下破译密文的技术。

密码分析之所以能成功，最根本的原因是明文中的冗余度。依赖于自然语言的冗余度，使用"分析—假设—推断—证实或否定"的方法可以从密文中获得明文。

在密码学模型中，仅对截获的密文进行分析而不对系统进行任何篡改称为被动攻击；而采用删除、更改、增添、重放、伪造等方法向系统加入假消息则称为主动攻击。被动攻击的隐蔽性更好，难以发现，主动攻击的破坏性更大。

密码攻击的方法有穷举法和分析破译法两大类。

1. 穷举法

穷举法也称强力法或完全试凑法，对截获的密文依次用各种可能的密钥试译，直到获得有意义的明文。

穷举密钥搜索法可能破译成本太高(得不偿失)或者时间太长(超过有效期)。

2. 分析破译法

分析破译法包括确定性分析法和统计分析法。

确定性分析法指利用一个或几个已知量(例如,已知密文或明文-密文对)用数学关系式表示出所求未知量(如密钥等)的方法。

统计分析法是利用明文的已知统计规律进行破译的方法。密码破译者对截获的密文进行统计分析,总结出其间的统计规律,并与明文的统计规律进行对照比较,从中提取出明文和密文之间的对应或变换信息。

2.1.3 密码体制

密码学加密解密模型如图 2-2 所示。

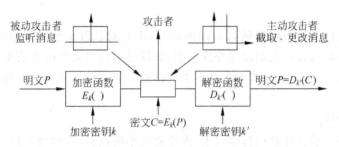

图 2-2　加密解密模型

从明文到密文的变换过程是一个以加密密钥 k 为参数的函数,记作 $E_k(P)$。密文经过通信信道的传输到达目的地后,需要还原成有意义的明文,才能被通信接收方理解。将密文 C 还原为明文 P 的变换过程称为解密或者脱密,该变换是以解密密钥 k' 为参数的函数,记作 $D_{k'}(C)$。根据密钥的特点,可以将密码体制分为对称密码体制和非对称密码体制两种。

1. 对称密码体制

在传统密码体制中,加密和解密采用的是同一密钥,即 $k=k'$,并且 $D_{k'}(E_k(P))=P$,称为对称密钥密码系统,又称私钥系统。

在私钥密码体制中,按加密方式的不同又可以分为分组密码和序列密码。

在分组密码中,将明文序列划分成长度相等的"分组",对每个"分组"单独进行加密;在序列密码中,采用时变函数对明文逐个加密。

2. 非对称密码体制

现代密码体制中加密和解密采用不同的密钥,称为非对称密钥密码系统,每个通信方均需要有 k、k' 两个密钥,在进行保密通信时通常将加密密钥 k 公开(称为公钥),而保留解密密钥 k'(称为私钥),所以也称为公共密钥密码系统。

公共密钥方案较对称密钥方案处理速度慢,因此,通常把公共密钥与对称密钥技术结合起来实现最佳性能,即用公共密钥技术在通信双方之间传送对称密钥,而用对称密钥对实际传输的数据加密、解密。

此外,还可以将密码体制分为基于数学的密码(公钥、分组、序列、Hash 函数、PKI 技术等)和非数学的密码(信息隐形、量子密码、基于生物特征的技术等)两大类。

2.1.4　加密方法

按照实现加密手段的不同,加密方法分为硬件加密和软件加密两类。

1. 硬件加密

硬件加密速度快,密钥的管理比较方便,还可以对加密设备进行物理加固,使得攻击者无法对其进行直接攻击。

1) 软盘加密

在软盘的特殊位置写入一些信息,软件在运行时要检验这些信息。这种软盘就好像一把钥匙,软件开发商只需一次投资购买一套加密工具,就可以自己制作多张钥匙盘。此方法加密简单、成本低,但用户在执行软件时必须插入此软盘,极大地降低了程序的运行速度。

2) 卡加密

在软件的执行过程中可以随时访问加密卡,不会对软件运行的速度带来太多的影响。而且由于加密卡是与计算机的总线交换数据,数据通信协议完全由卡的生产厂家制定,没有统一的标准接口,让软件解密者有无从下手的感觉。但这种加密方案需要打开计算机机箱,占用扩展槽。

3) 软件锁加密

加密锁是一个插在计算机打印口上、火柴盒大小的设备,俗称加密狗。在加密锁内部存有一定的数据和算法,计算机可以与之通信来获得其中的数据,或通过加密锁进行某种计算,可以随时访问而且访问速度很快,成为当今世界上主流的加密方案。

USB 接口的加密锁不但拥有并口加密锁的所有优点而且没有打印上的问题,其前景十分被看好。

4) 光盘加密

利用特殊的光盘母盘上的某些不可再现的特征信息实现光盘加密。这些特征信息位于光盘复制时复制不到的地方。因为软件数据和加密在同一载体上,对用户而言是很方便的。

2. 软件加密

用户在发送信息前,先调用信息安全模块对信息进行加密,然后发送,到达接收方后,由用户用相应的解密软件进行解密。

1) 密码表加密

在软件运行的开始,要求用户根据屏幕的提示信息输入特定的答案,答案往往在用户手册上的一份防复印的密码表中。用户只有输入密码正确后才能够继续运行。这种加密方案实现简单,不需要太多的成本,但用户每次运行软件都要查找密码,不免使用户感到十分不便。

2) 序列号加密

很多共享软件大多采用这种加密方式。用户在软件的试用期间是不需要缴费的,一旦试用期满,还希望继续使用这个软件,就必须到软件公司进行注册,然后软件公司根据提交的信息生成一个序列号。用户收到这个序列号后,在软件运行的时候输入,软件会验证是否正确。

3）许可证加密

许可证加密是序列号加密的一个变种。软件在安装或运行时，会对计算机进行一番检测，并根据检测结果生成一个特定指纹，这个指纹可以是一个小文件，也可以是一串谁也看不懂的数据。用户需要把这个指纹数据通过 Internet、E-mail、电话、传真等方式发送到开发商那里，开发商根据这个指纹，给用户一个注册码或注册文件，完成注册后方能使用。

2.2　古典密码学与近代密码学

密码学的发展分为三个阶段：古典密码体制、近代密码体制和现代密码体制。

古典密码体制采用单表代替体制和多表代替体制，用"手工作业"方式进行加/解密。近代密码体制采用复杂的机械或电动机械设备——转轮机，实现加/解密。现代密码体制起源于 1949 年香农的《保密体制的通信理论》，使用大规模集成电路和计算机技术实现加/解密。

2.2.1　古典密码体制

古典密码体制采用代替法或换位法把明文变换成密文。用其他字母、数字或符号代替明文字母的方法称为代替法；将明文字母的正常次序打乱的方法称为换位法（或置换法）。

代替法包括单表代替体制和多表代替体制，其中单表代替体制则包括加法密码、乘法密码、仿射密码和密钥短语密码等。

1. 加法密码

加法密码又称为移位密码或代替密码，每个明文字母用其后面的第 K 个字母代替，K 的范围为 $0 \sim 25$，当 K 为 0 时，就是明文本身，超过 25 的值与 $0 \sim 25$ 的值所起的作用一样。一旦密钥 K 确定，每个英文字母都位移相同的距离。

当 $K=3$ 时，可以用下面的明密文对照表表示这种关系。

明文：a b c d e f g h i j k l m n o p q r s t u v w x y z
密文：D E F G H I J K L M N O P Q R S T U V W X Y Z A B C

这样，明文 information 就转换为密文 LQIRUPDWLRQ。

加法密码的密钥数只有 26 个，因此加法密码很容易被破解。

2. 乘法密码

采用模 26 乘法，将两个乘数的积除以 26，得到的余数为"模 26 乘法"的结果，如图 2-3 所示。

从图中可以看出，当密钥为 1 时，"模 26 乘法"的结果互不相同；当密钥为 2 时，"模 26 乘法"的结果有相同部分……因此，乘法密码的密钥只有 12 个：1、3、5、7、9、11、15、17、19、21、23、25，保密性极低。

使用乘法密码加密时，先将要加密的明文字母转换为数字。26 个字母分别用 $0 \sim 25$ 代替如下。

字母：a b c d e f g h i j k l m n o p q r s t u v w x y z
数字：1 2 3 4 5 6 7 8 9 10 11 12 13 14 15 16 17 18 19 20 21 22 23 24 25 0

	0	1	2	3	4	5	6	7	8	9	10	11	12	13	14	15	16	17	18	19	20	21	22	23	24	25
0	0	0	0	0	0	0	0	0	0	0	0	0	0	0	0	0	0	0	0	0	0	0	0	0	0	0
1	0	1	2	3	4	5	6	7	8	9	10	11	12	13	14	15	16	17	18	19	20	21	22	23	24	25
2	0	2	4	6	8	10	12	14	16	18	20	22	24	0	2	4	6	8	10	12	14	16	18	20	22	24
3	0	**3**	6	9	12	15	**18**	21	24	**1**	4	7	10	**13**	**16**	**19**	22	25	**2**	5	**8**	11	14	17	20	23
4	0	4	8	12	16	20	24	2	6	10	14	18	22	0	4	8	12	16	20	24	2	6	10	14	18	22
5	0	5	10	15	20	25	4	9	14	19	24	3	8	13	18	23	2	7	12	17	22	1	6	11	16	21
6	0	6	12	18	24	4	10	16	22	2	8	14	20	0	6	12	18	24	4	10	16	22	2	8	14	20
7	0	7	14	21	2	9	16	23	4	11	18	25	6	13	20	1	8	15	22	3	10	17	24	5	12	19
8	0	8	16	24	6	14	22	4	12	20	2	10	18	0	8	16	24	6	14	22	4	12	20	2	10	18
9	0	9	18	1	10	19	2	11	20	3	12	21	4	13	22	5	14	23	6	15	24	7	16	25	8	17
10	0	10	20	4	14	24	8	18	2	12	22	6	16	0	10	20	4	14	24	8	18	2	12	22	6	16
11	0	11	22	7	18	3	14	25	10	21	6	17	2	13	24	9	20	5	16	1	12	23	8	19	4	15
12	0	12	24	10	22	8	20	6	18	4	16	2	14	0	12	24	10	22	8	20	6	18	4	16	2	14
13	0	13	0	13	0	13	0	13	0	13	0	13	0	13	0	13	0	13	0	13	0	13	0	13	0	13
14	0	14	2	16	4	18	6	20	8	22	10	24	12	0	14	2	16	4	18	6	20	8	22	10	24	12
15	0	15	4	19	8	23	12	1	16	5	20	9	24	13	2	17	6	21	10	25	14	3	18	7	22	11
16	0	16	6	22	12	2	18	8	24	14	4	20	10	0	16	6	22	12	2	18	8	24	14	4	20	10
17	0	17	8	25	16	7	24	15	6	23	14	5	22	13	4	21	12	3	20	11	2	19	10	1	18	9
18	0	18	10	2	20	12	4	22	14	6	24	16	8	0	18	10	2	20	12	4	22	14	6	24	16	8
19	0	19	12	5	24	17	10	3	22	15	8	1	20	13	6	25	18	11	4	23	16	9	2	21	14	7
20	0	20	14	8	2	22	16	10	4	24	18	12	6	0	20	14	8	2	22	16	10	4	24	18	12	6
21	0	21	16	11	6	1	22	17	12	7	2	23	18	13	8	3	24	19	14	9	4	25	20	15	10	5
22	0	22	18	14	10	6	2	24	20	16	12	8	4	0	22	18	14	10	6	2	24	20	16	12	8	4
23	0	23	20	17	14	11	8	5	2	25	22	19	16	13	10	7	4	1	24	21	18	15	12	9	6	3
24	0	24	22	20	18	16	14	12	10	8	6	4	2	0	24	22	20	18	16	14	12	10	8	6	4	2
25	0	25	24	23	22	21	20	19	18	17	16	15	14	13	12	11	10	9	8	7	6	5	4	3	2	1

图 2-3　"模 26 乘法"的乘法表

然后查图 2-3，找出对应的"模 26 乘法"的结果，最后再转换为密文字母。

例如将明文 information 用 $K=3$ 的乘法密码进行加密。

(1) Information 对应数字为 9,14,6,15,18,13,1,20,9,15,14。

(2) 当 $K=3$ 时，得到结果为 1,16,18,19,2,13,3,8,1,19,16，见图 2-3 中黑体字部分。对应数字转换为字母，转换后的密文为 aprsbmchasp。

3. 仿射密码

将乘法密码和加法密码组合在一起，就构成仿射密码。具体方法是先按照乘法密码将明文变换成中间密文，再将得到的中间密文当作明文，按照加法密码变换成最终密文。其密钥数为 $12 \times 26 = 312$，效果比单独采用乘法密码或加法密码好。

例如，对 information 分别采用 $K=3$ 进行乘法和加法密码加密。

(1) 乘法 $K=3$ 得到的中间密文：aprsbmchasp。

(2) 加法 $K=3$ 得到的最终密文：DSUVEPFKDVS。

4. 密钥短语密码

密钥短语密码的构造方法如下：

（1）先任选一个特定字母，如 e。

（2）再任意选择一个英文短语，并将此短语中重复的字母删去。如选词组 INFORMATION SECURITY，去掉重复字母后为 INFORMATSECUY，将其作为密钥短语。

（3）在特定字母下开始写出密钥短语，再把字母表中未在密钥短语中出现过的字母依次写在密钥短语的后面。

明文：a b c d e f g h i j k l m n o p q r s t u v w x y z

密文：V W X Z I N F O R M A T S E C U Y B D G H J K L P Q

对于明文 information 采用上述方法加密，得到的密文为 RENCBSVGRCE。

在上述密钥短语密码中，26 个字母可以任意排列成明文字母的代替表，其密钥量高达 $26 \times 25 \times \cdots \times 2 \times 1 = 403\ 291\ 461\ 126\ 605\ 635\ 584\ 000\ 000$。要破译这样的密码体制，一个密钥一个密钥地试，就是用计算机也不行，但可以采用统计分析的方法进行破译。

5. 多表代替体制

单表代替密码体制无法抗拒统计分析的攻击，其根本原因在于明文的统计规律会在密文中反映出来。采用多表代替密码体制，可以在密文中尽量抹平明文的统计规律。

多表代替密码体制使用两个或两个以上的不同代替表，用的代替表越多，表之间越无关，则统计特性越平坦，加密效果越好，但密钥的记忆困难。

一般采用较少数量的代替表周期性地重复使用，如著名的维吉尼亚密码，见图 2-4。

在维吉尼亚方阵中，密钥字母序列中的每个字母所对应的行都是一个加法密码，所以维吉尼亚密码实际上是把 26 个加法密码组合在一起，构成最多有 26 个替代表的多表代替密码体制。具体使用哪几个表，由密钥短语确定。

例如使用密钥短语 chengdu 对明文 information 进行加密，则明文字母 i 用密钥字母 c 指定的代替表加密成密文 K，明文字母 n 用密钥字母 h 指定的代替表加密成密文 U，以此类推，当密钥字用完后，再重复使用。

密钥字：c h e n g d u c h e n

明文：i n f o r m a t i o n

密文：K U J B X P U V P S A

6. 换位密码

代替密码是将明文字母用密文字母替换，换位（置换）密码则是按某种规律改变明文字母的排列位置，即重排明文字母的顺序，使人看不出明文的原意，达到加密的效果。换位密码也称为置换密码。

例如将明文 i am a university student 以固定的宽度水平（假设为 4）写在纸上：

i a m a

u n i v

e r s i

t y s t

u d e n

t

```
明文： a b c d e f g h i j k l m n o p q r s t u v w x y z
密 a  A B C D E F G H I J K L M N O P Q R S T U V W X Y Z
钥 b  B C D E F G H I J K L M N O P Q R S T U V W X Y Z A
字 c  C D E F G H I J K L M N O P Q R S T U V W X Y Z A B
母 d  D E F G H I J K L M N O P Q R S T U V W X Y Z A B C
序 e  E F G H I J K L M N O P Q R S T U V W X Y Z A B C D
列 f  F G H I J K L M N O P Q R S T U V W X Y Z A B C D E
   g  G H I J K L M N O P Q R S T U V W X Y Z A B C D E F
   h  H I J K L M N O P Q R S T U V W X Y Z A B C D E F G
   i  I J K L M N O P Q R S T U V W X Y Z A B C D E F G H
   j  J K L M N O P Q R S T U V W X Y Z A B C D E F G H I
   k  K L M N O P Q R S T U V W X Y Z A B C D E F G H I J
   l  L M N O P Q R S T U V W X Y Z A B C D E F G H I J K
   m  M N O P Q R S T U V W X Y Z A B C D E F G H I J K L
   n  N O P Q R S T U V W X Y Z A B C D E F G H I J K L M
   o  O P Q R S T U V W X Y Z A B C D E F G H I J K L M N
   p  P Q R S T U V W X Y Z A B C D E F G H I J K L M N O
   q  Q R S T U V W X Y Z A B C D E F G H I J K L M N O P
   r  R S T U V W X Y Z A B C D E F G H I J K L M N O P Q
   s  S T U V W X Y Z A B C D E F G H I J K L M N O P Q R
   t  T U V W X Y Z A B C D E F G H I J K L M N O P Q R S
   u  U V W X Y Z A B C D E F G H I J K L M N O P Q R S T
   v  V W X Y Z A B C D E F G H I J K L M N O P Q R S T U
   w  W X Y Z A B C D E F G H I J K L M N O P Q R S T U V
   x  X Y Z A B C D E F G H I J K L M N O P Q R S T U V W
   y  Y Z A B C D E F G H I J K L M N O P Q R S T U V W X
   z  Z A B C D E F G H I J K L M N O P Q R S T U V W X Y
```

图 2-4　维吉尼亚方阵

密文按垂直方向读出：iuetutanrydmisseavitn。

解密者收到密文后，将收到的字符数 21 除以事先约定的宽度 4，得到 5 个整行（4×5＝20 个字符）和 1 个非整行（只占 1 个字符）。这样，4 列中，第一列有 6 个字符，其他列各有 5 个字符。

解密时，将收到的密文按列 iuetut、anryd、misse、avitn 垂直地写在纸上。

```
i  a  m  a
u  n  i  v
e  r  s  i
t  y  s  t
u  d  e  n
t
```

然后水平地读出明文：iamauniversitystudent。

2.2.2　近代密码体制

文艺复兴时期，享有"西方密码之父"美誉的意大利人艾伯蒂发明了实现多表替代的密码盘,20 世纪 30 年代后出现了更为复杂而精巧的转轮密码机。

密码机是一种把明文情报转换为密文的机械设备,采用机械或电动机械实现,其最基本的元件是转轮机。转轮机静止时,相当于单表代替;转轮机转动时,相当于多表代替。如日本制造的"紫色"密码机 Purple、德国制造的 Enigma 密码机(如图 2-5 所示)、瑞典人哈格林研制的 Hzgdin 密码机等。

(a) 密码机   (b) 转子组   (c) 接线板

图 2-5 德国军用三转子 Enigma 密码机

密码机由接线板、键盘、显示屏和转子组成。当按下一个键时(如 A),电流通过接线板,经过转子时移动位置(例如从 A 移动到 D,可以任意调整),再打在屏幕上。

Enigma 密码机的键盘一共有 26 个键,键盘排列和现在广为使用的计算机键盘基本一样,只不过为了使通信尽量地短和难以破译,空格、数字和标点符号都被取消,而只有字母键。

键盘上方是显示器,这不是现在意义上的屏幕显示器,只不过是标识了同样字母的 26 个小灯泡。当键盘上的某个键被按下时,与该字母被加密后的密文字母所对应的小灯泡变亮,从而实现"显示"。

在显示器上方是三个直径 6cm 的转子,它们的主要部分隐藏在面板下。转子是 Enigma 密码机最关键的部分。如果转子的作用仅仅是把一个字母换成另一个字母,那就是密码学中所说的"单表代替密码"。在公元 9 世纪,阿拉伯的密码破译专家就已经能够娴熟地运用统计字母出现频率的方法来破译简单替换密码;柯南·道尔在他著名的福尔摩斯探案《跳舞的小人》里就非常详细地叙述了福尔摩斯使用频率统计法破译跳舞人形密码(也就是单表代替密码)的过程。

之所以叫"转子",是因为它会转。这就是关键:当按下键盘上的一个字母键,相应加密后的字母在显示器上通过灯泡闪亮来显示,而转子就自动地转动一个字母的位置。

为了更容易理解,图 2-6 只显示 4 个键、灯及其他元件。实际上,Enigma 密码机拥有显示灯、按键、插孔和线路各 26 个。

当按下 A 键时，电流首先从电池①流到双向开关②，再流到接线板③（接线板的作用是将键盘 A 与固定接口④连接起来）。接下来，电流会流到固定接口④，然后流经 3 个（德国防卫军版）或 4 个（德国海军 M4 版和德国国防军情报局版）转子⑤，之后进入反射器⑥。反射器将电流从另一条线路向反方向导出，电流会再一次通过转子⑤和固定接口④，之后到达插孔 S，又通过一条电线⑧流到插孔 D，最后通过另一个双向开关⑨去点亮显示灯（灯 D 发亮）。

连续按两次 A 键后，电流会流经所有转子，通过反射器后分别向反方向流到 G 灯和 C 灯。注意：转子上的灰色线条代表了其他可能的线路，这些线条与转子以硬接连方式连接起来。连续按两次 A 键会得到不同的结果，第一次得到的是 G，第二次是 C。这是因为最右边的转子在第一次按下 A 键后会旋转一点点，这就将 A 键发出的电流送到了一个完全不同的路线上，如图 2-7 所示。

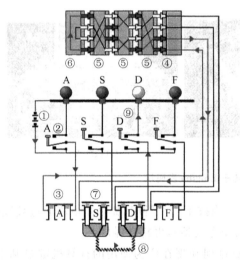

图 2-6　工作原理图

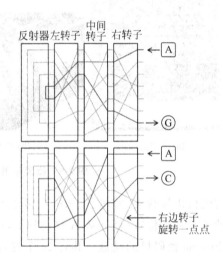

图 2-7　连续按键显示不同的密文

这种加密方式就是"多表代替密码"，是 Enigma 难以被破译的关键所在。同一个字母在明文的不同位置时，可以被不同的字母替换，而密文中不同位置的同一个字母，又可以代表明文中的不同字母，字母频率分析法在这里毫无用武之地了。

但是如果连续输入 26 个字母，转子就会整整转一圈，回到原始的方向上，这时编码就和最初重复了。在加密过程中，重复就是最大的破绽，因为这可以使破译密码的人从中发现规律。于是 Enigma 又增加了一个转子，当第一个转子转动整整一圈以后，它上面有一个齿轮拨动第二个转子，使得它的方向转动一个字母的位置。假设第一个转子已经整整转了一圈，按 A 键时显示器上 D 灯泡亮；当放开 A 键时第一个转子上的齿轮也带动第二个转子同时转动一格，于是第二次输入 A 时，加密的字母可能为 E；再次放开键 A 时，就只有第一个转子转动了，于是第三次输入 A 时，与之相对应的字母就可能是 F 了。

因此只有在 $26 \times 26 = 676$ 个字母后才会重复原来的编码。而事实上 Enigma 有三个转子（第二次世界大战后期德国海军使用的 Enigma 甚至有 4 个转子），那么重复的概率就达到 $26 \times 26 \times 26 = 17\,576$ 个字母之后。

在此基础上 Enigma 十分巧妙地在三个转子的一端加上了一个反射器,把键盘和显示器中的相同字母用电线连在一起。反射器和转子一样,把某一个字母连在另一个字母上,但是它并不转动。乍一看这么一个固定的反射器好像没什么用处,它并不增加可以使用的编码数目,但是把它和解码联系起来就会看出这种设计的别具匠心了。当一个键被按下时,信号不是直接从键盘传到显示器,而是首先通过三个转子连成的一条线路,然后经过反射器再回到三个转子,通过另一条线路再到达显示器上,如 A 键被按下时,亮的是 D 灯泡。如果这时按的不是 A 键而是 D 键,那么信号恰好按照上面 A 键被按下时的相反方向通行,最后到达 A 灯泡。换句话说,在这种设计下,反射器虽然没有像转子那样增加不重复的方向,但是它可以使解码过程完全重现编码过程。

使用 Enigma 通信时,发信人首先要调节三个转子的方向(而这个转子的初始方向就是密匙,是收发双方必须预先约定好的),然后依次输入明文,并把显示器上灯泡闪亮的字母依次记下来,最后把记录下的闪亮字母按照顺序用正常的电报方式发送出去。收信方收到电文后,只要也使用一台 Enigma,按照原来的约定,把转子的方向调整到和发信方相同的初始方向上,然后依次输入收到的密文,显示器上自动闪亮的字母就是明文了。加密和解密的过程完全一样,这就是反射器的作用。

Enigma 加密的关键就在于转子的初始方向。当然如果敌人收到了完整的密文,还是可以通过不断试验转动转子方向来找到这个密匙,特别是如果破译者同时使用许多台机器同时进行这项工作时,所需要的时间就会大大缩短。对付这样的"暴力破解法",可以通过增加转子的数量来对付,因为每增加一个转子,就能使试验的数量乘上 26 倍。不过由于增加转子就会增加机器的体积和成本,而密码机又是需要便于携带的。所以 Enigma 密码机的三个转子是可以拆卸下来并互相交换位置的,这样一来,初始方向的可能性就增加了 6 倍。假设三个转子的编号为 1、2、3,那么它们可以被放成 123—132—213—231-312—321 这 6 种不同位置,当然,现在收发密文的双方除了要约定转子自身的初始方向,还要约好这 6 种排列中的某一种。

除了转子方向和排列位置,Enigma 还有一道保障安全的关卡:在键盘和第一个转子之间有块连接板。通过这块连接板可以用一根连线把某个字母和另一个字母连接起来,这样这个字母的信号在进入转子之前就会转变为另一个字母的信号。这种连线最多可以有 6 根(后期的 Enigma 甚至达到 10 根连线),这样就可以使 6 对字母的信号两两互换,其他没有插上连线的字母则保持不变。当然连接板上的连线状况也是收发双方预先约定好的。

就这样转子的初始方向、转子之间的相互位置以及连接板的连线状况就组成了 Enigma 三道牢不可破的保密防线,其中连接板是一个单表替换密码系统,而不停转动的转子,虽然数量不多,但却是点睛之笔,使整个系统变成了多表替换系统。连接板虽然只是单表替换却能使可能性数目大大增加,在转子的复式作用下进一步加强了保密性。

下面来算一算,经过这样的处理,要想通过"暴力破解法"还原明文,需要尝试多少种可能性:

三个转子不同的方向组成了 $26 \times 26 \times 26 = 17\,576$ 种可能性;

三个转子间不同的相对位置为 6 种可能性;

连接板上两两交换 6 对字母的可能性则异常庞大,有 $100\,391\,791\,500$ 种;

于是一共有 $17\,576 \times 6 \times 100\,391\,791\,500$ 种可能性,其结果大约为 $10\,000\,000\,000\,000\,000$,

即一亿亿种可能性！这样庞大的可能性，换言之，即便能动员大量的人力物力，要想靠"暴力破解法"来逐一试验可能性，几乎是不可能的。而收发双方，则只要按照约定的转子方向、位置和连接板连线状况，就可以非常轻松简单地进行通信了。这就是 Enigma 密码机的保密原理。

从 1926 年开始，Enigma 投入使用，德国从此拥有了世界上最为可靠的通信保密系统。

1940 年初，图灵与另一位数学家威尔士曼通过仔细研究和分析，在大幅改进波兰情报人员寻找密钥方法的基础上，终于发明了名为"炸弹"的机器（如图 2-8 所示），用来辅助破解工作。使用"炸弹"以后，英国破解了德国空军绝大多数的密文，盟军依靠破解的消息，终于扭转了大西洋战场的战局，成为第二次世界大战的一个转折点。

第二次世界大战期间，传统的密码技术得到了前所未有的发展和利用，加密手段也发展到了电子阶段——密文通过无线电发报机发送（如图 2-9 所示），如 1942 年美国制造的"北极"发报机，前苏联组建的"露西"谍报网等。

图 2-8　图灵的"炸弹"

图 2-9　1943 年制造的在线
密码电传机

2.3　现代密码学

香农在 1949 年发表了《保密体制的通信理论》，将信息论的理论引入密码系统后，发展起来的密码系统称为现代密码学。现代密码学涵盖了序列密码系统、分组密码系统和公钥密码系统。这一时期最具代表性的两大成就是 DES 和公钥密码思想。

第一个重大成就，是 1971 年美国学者 Tuchman 和 Meyer 依据信息论创始人香农提出的"多重加密有效性理论"创立，于 1977 年由美国国家标准局采纳颁布的联邦数据加密标准——DES。

DES 的一个显著特点是公开算法的所有细节，让秘密完全寓于密钥之中，开创了密码发展史上可以公开密码算法的先河。它的面世，把传统密码学的研究推进到了一个崭新的阶段,是"密码史上应用最广、影响最大的传统密码算法"。它具有较高的保密强度,易于用大规模集成电路予以实现,被誉为密码史上的第一个里程碑。

第二个重大成就,是 1976 年由美国著名的密码学家 Diffie 和 Hellman 创立的公开密钥密码体制的新思想。这是密码史上划时代的革命性的新概念。它标志着现代密码学的诞生,引起了数学界、计算机科学界和密码界众多学者的广泛关注和深入探索,从而开创了密码学理论研究的新纪元。

相对于传统密码体制而言,公开密钥密码体制的独特之处在于:它的密码算法和加密密钥均可通过任何非安全通道公布于众,仅将解密密钥保持秘密。它可以解决密码通信系统中发送方和接收方的认证,便于实现"数字签名",确认双方的身份,为密码技术在商业、金融等民用领域的普遍应用创造了条件。

2.3.1 秘密密钥密码体制与公开密钥密码体制

1. 秘密密钥密码体制

秘密密钥密码体制也称单密钥密码体制,即加密用的密钥和解密用的密钥完全相同,或虽然不同,但一种密钥可以很容易地从另一种密钥推导出来,如 DES。

这种系统的一个严重缺陷是在传输密文前发送者和接收者必须通过一个安全信道交换通信密钥,在实际中做到这一点是很困难的,而一旦密钥泄漏,通信将变得没有任何安全可言。

2. 公开密钥密码体制

公开密钥密码体制也称双密钥密码体制或非对称密钥密码体制,其密钥成对出现,一个为加密密钥,另一个为解密密钥,从其中一个密钥中不能推算出另一个密钥。加密密钥和算法公布于众,任何人都可以来加密明文,但只有用解密密钥才能够解开密文,如 RSA。

公钥密码体制的概念是在解决单钥密码体制中最难解决的两个问题时提出的,这两个问题是密钥分配和数字签名。

在公钥密码体制以前的整个密码学史中,所有的密码算法,包括原始手工计算的、由机械设备实现的以及由计算机实现的,都是基于代换和置换这两个基本工具的,而公钥密码体制则为密码学的发展提供了新的理论和技术基础。一方面公钥密码算法的基本工具不再是代换和置换,而是数学函数;另一方面公钥密码算法是以非对称的形式使用两个密钥,两个密钥的使用对保密性、密钥分配、认证等都有着深刻的意义。可以说公钥密码体制的出现在密码学史上是一个最大的而且是唯一真正的革命。

3. 公开密钥用于保密通信

公开密钥用于保密通信的原理是:用公开密钥作为加密密钥,以用户专用密钥作为解密密钥,实现多个用户加密的消息只能由一个用户解读的目的。

例如用户 Alice 想把一段明文加密后发送给 Bob,加密解密的过程如下:

(1) Bob 将他的公开密钥传送给 Alice。

(2) Alice 用 Bob 的公开密钥加密她的消息,然后传送给 Bob。

(3) Bob 用他的私人密钥解密 Alice 的消息。

上面的过程如图 2-10 所示,Alice 使用 Bob 的公钥进行加密,Bob 用自己的私钥进行解密。

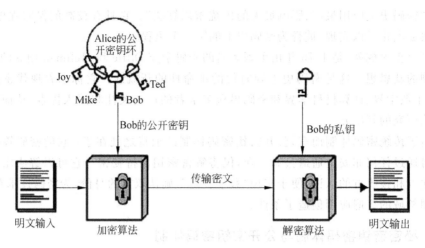

图 2-10   公开密钥用于保密通信

4. 公开密钥用于数字签名

公开密钥用于数字签名的原理是：使用用户的专用密钥作为加密密钥，以公开密钥作为解密密钥，实现一个用户加密的信息供多个用户解读的目的。

身份认证用于鉴别用户的真伪，只要能够鉴别一个用户的私钥是正确的，就可以鉴别这个用户的真伪。

例如 Alice 想让 Bob 知道自己是真实的 Alice，而不是假冒的。Alice 需要使用自己的私钥对文件签名，发送给 Bob；Bob 使用 Alice 的公钥对文件进行解密，如果可以解密成功，则证明 Alice 的私钥是正确的，因而就完成了对 Alice 的身份鉴别。整个身份认证的过程如下：

(1) Alice 用她的私钥对文件加密，从而对文件签名。

(2) Alice 将签名的文件传送给 Bob。

(3) Bob 用 Alice 的公钥解密文件，从而验证签名。

上面的过程如图 2-11 所示，Alice 使用自己的私钥加密，Bob 用 Alice 的公钥进行解密。

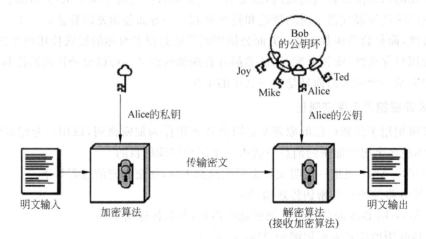

图 2-11   公开密钥用于数字签名

2.3.2　分组密码与序列密码

对称密钥密码技术是从传统的简单换位、代替密码发展而来的,自 1977 年美国颁布 DES 密码算法作为美国数据加密标准以来,对称密钥密码技术得到了迅猛发展,在世界各国得到了广泛关注和使用。

因为对称密码系统具有加解密速度快、安全强度高等优点,在军事、外交以及商业应用中越来越普遍;由于存在密钥发行与管理方面的不足,在提供数字签名、身份验证等方面需要与公开密钥密码系统共同使用,以达到更好的安全效果。

对称密钥密码技术从加密模式上可分为分组密码与序列密码两类。

1. 序列密码

"一次一密"密码在理论上是不可破译的,这一事实使人们感到,如果能以某种方式效仿 "一次一密"密码,则可以得到保密性很高的密码。长期以来,人们试图以序列密码方式效仿 "一次一密"密码,从而促进了序列密码的研究和发展。

序列密码的原理如图 2-12 所示,序列密码的加解密采用简单的模 2 加法器,这使得序列密码的工程实现十分方便。

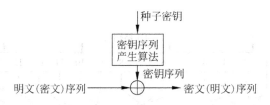

图 2-12　序列密码原理框图

序列密码的关键是产生密钥序列的算法,由于通信双方必须能够产生相同的密钥序列,所以这种密钥序列不可能是真随机序列,只能是伪随机序列,是具有良好随机性和不可预测性的伪随机序列。通过有限状态机产生性能优良的伪随机序列,使用该序列加密信息流,逐位加密得到密文序列。序列密码算法的安全强度完全取决于它所产生的伪随机序列的好坏。

如果密钥序列产生算法与明文(密文)无关,则所产生的密钥序列也与明文(密文)无关,这类序列密码称为同步序列密码。对于同步序列密码,只要通信双方的密钥序列产生器具有相同的种子密钥和相同的初始状态,就能产生相同的密钥序列。在保密通信过程中,通信双方必须保持精确的同步,收方才能正确解密,否则收方将不能正确解密。例如,如果通信中丢失或增加了一个密文字符,则收方的解密将一直错误,直到重新同步为止。这是同步序列密码的一个主要缺点。但是同步序列密码对同步的敏感性,使人们能够容易检测插入、删除、重播等主动攻击。同步序列密码的优点是没有错误传播,当通信中某些密文字符产生了错误(如 0 变成 1,或 1 变成 0),只影响相应字符的解密,不影响其他字符。

如果密钥序列产生算法与明文(密文)相关,则所产生的密钥序列也与明文(密文)相关,称为自同步序列密码。由于自同步序列密码的密钥序列与明文(密文)相关,所以加密时如果某位明文出现错误(如 0 变成 1,或 1 变成 0),就会令后续的密文也发生错误。解密时如果某位密文出现错误,就会令后续的明文也发生错误,从而造成错误传播,具体的加解密错误传播长度与其密钥序列产生算法的结构有关。对于自同步序列密码,在失步(如密文出现插入或删除)后,只要接收端连续接收到一定数量的正确密文,通信双方的密钥序列产生器便会自动地恢复同步,因此被称为自同步序列密码。

序列密码一直作为军事和外交场合使用的主要密码技术之一,A5 是用于 GSM 加密的序列密码,被用于加密从移动终端到基站的连接。

2. 分组密码

分组密码的工作方式是将明文分成固定长度的组(如 64 位一组),用同一密钥和算法对每一组加密,输出固定长度的密文。

为使加密运算可逆(使解密运算可行),明文的每一个分组都应产生唯一一个密文分组,这样的变换是可逆的,这种可逆变换称为代换,代换可以使用 P 盒与 S 盒实现。

换位盒(P 盒):将输入第 i 位置1,其余置0,此时输出为1的那一位即为换位后所对应的位。

替代盒(S 盒):也称为选择盒,是一组高度非线性函数。由三级构成,第一级将二进制转化成十进制;第二级是一个 P 盒,进行十进制换位;第三级将换位后的十进制转化成二进制输出。

图 2-13 表示 $n=4$ 的代换密码的一般结构,4 比特输入产生 16 个可能输入状态中的一个,由代换结构将这一状态映射为 16 个可能输出状态中的某一个,每一输出状态由 4 个密文比特表示。

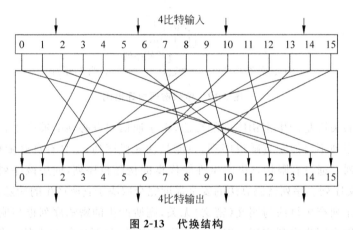

图 2-13　代换结构

加密映射和解密映射可由代换表来定义,如表 2-1 所示。这种定义法是分组密码最常用的形式,能用于定义明文和密文之间的任何可逆映射。

表 2-1　代换表

明文	十进制	换位	密文	明文	十进制	换位	密文
0000	0	14	1110	1000	8	3	0011
0001	1	4	0100	1001	9	10	1010
0010	2	13	1101	1010	10	6	0110
0011	3	1	0001	1011	11	12	1100
0100	4	2	0010	1100	12	5	0101
0101	5	15	1111	1101	13	9	1001
0110	6	11	1011	1110	14	0	0000
0111	7	8	1000	1111	15	7	0111

目前著名的分组密码算法有 DES、IDEA、Blowfish、RC4、RC5、FEAL 等。

2.3.3　DES 算法

DES 主要采用替换和移位的方法进行加密,输入为 64 位明文,密钥长度为 56 位,采用美国国家安全局精心设计的 8 个 S 盒和 P 盒置换,经过 16 轮迭代,最终产生 64 位密文,其算法框图如图 2-14 所示。

1. DES 的主要应用范围

DES 是一种世界公认的较好的加密算法。自它问世以来,成为密码界研究的重点,经受住了许多科学家的研究和破译,在民用密码领域得到了广泛的应用。它曾为全球贸易、金融等非官方部门提供了可靠的通信安全保障,其应用范围如下。

（1）计算机网络通信:对计算机网络通信中的数据提供保护是 DES 的一项重要应用。

（2）电子资金传送系统:采用 DES 的方法加密电子资金传送系统中的信息,可准确、快速地传送数据,并可较好地解决信息安全的问题。

（3）保护用户文件:用户可自选密钥对重要文件加密,防止未授权用户窃密。

（4）用户识别:DES 还可用于计算机用户识别系统中。

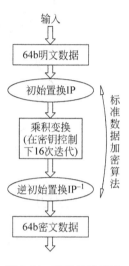

图 2-14　DES 算法框图

任何加密算法都不可能是十全十美的,DES 的缺点是密钥太短,影响了它的保密强度。此外,由于 DES 算法完全公开,其安全性完全依赖于对密钥的保护,必须有可靠的信道来分发密钥,因此不适合在网络环境下单独使用。

2. DES 算法概要

DES 运算过程如图 2-15 所示,步骤如下:

（1）对 64 位明文进行初始置换,改变位的次序。

（2）把明文分成左右各 32 位的两个块,L_i 和 R_i。

（3）在图中的密钥一边,原始密钥被分成两半。

（4）密钥的每一半向左循环移位,然后重新合并、排列并扩展到 48 位。

（5）在图的明文一边,右侧的 32 位块被扩展到 48 位。

（6）将第（4）步得到的 48 位子密钥和第（5）步得到的 48 位块进行按位模 2 加操作。

（7）使用置换函数把第（6）步的结果转换成 32 位。

（8）把第（2）步创建的 64 位值的左边一半与第（7）步的结果进行 XOR 操作。

（9）第（8）步的结果和第（2）步创建的块的右半部分共同组成一个新块,前者在右边,后者在左边。

（10）从第（4）步开始重复这一过程,共迭代 16 次。

（11）完成最后一次迭代后,经过逆初始变换,得到 64 位密文。

对原始明文中下一个 64 位块重复整个过程。为了简洁起见,省略了整个过程中的许多复杂细节。

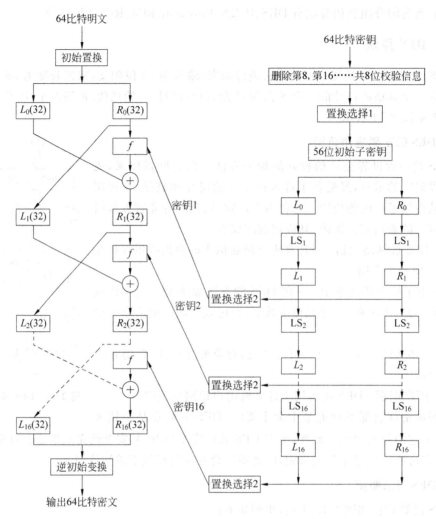

图 2-15　DES 运算过程

3. DES 算法破解

DES 算法被称为加密算法的非军用研究和发展的开始。20 世纪 70 年代,除了为军队或情报组织工作以外,只有很少的密码学者,对密码学的学术研究也很少。一整代的密码学者都拼命分析(或者说破解)DES 算法。

DES 现在已经不是一种安全的加密方法了,主要是因为它使用的 56 位密钥过短。1999 年 1 月,电子前哨基金会(EFF)制造了一台造价约 $250 000 的 DES 破解器,如图 2-16 所示,在 22 小时 15 分钟内公开破解了一个 DES 密钥。

在 2001 年,DES 作为一个标准已经被高级加密标准(AES)所取代,2006 年,AES 已然成为对称密钥加密中最流行的算法之一。

2.3.4　RSA 算法

1976 年以前都采用对称加密算法,密钥的保存与分配是一个难题。因此,两位美国计算机学家 Whitfield Diffie 和 Martin Hellman 提出了一种崭新的构思,可以在不直接传递密

图 2-16　DES 破解器

钥的情况下完成解密,这被称为"Diffie-Hellman 密钥交换算法"。

这个算法启发了其他科学家。人们认识到,加密和解密可以使用不同的规则,只要这两种规则之间存在某种对应关系即可,这样就避免了直接传递密钥。这种新的加密模式被称为"非对称加密算法"。

1977 年,MIT 的三位数学家 Rivest、Shamir、Adleman 完成了 RSA 公钥算法,奠定了电子政务、电子商务的理论基础,获得了 2002 年图灵奖。这种算法非常可靠,密钥越长,它就越难破解。

根据已经披露的文献,目前被破解的最长 RSA 密钥是 768 个二进制位。也就是说,长度超过 768 位的密钥,还无法破解(至少没人公开宣布)。因此可以认为,1024 位的 RSA 密钥基本安全,2048 位的密钥极其安全。

1. RSA 算法概要

RSA 算法非常简单,概述如下:

找两素数 p 和 q,求 $n=pq$,求欧拉函数 $\phi(n)=(p-1)(q-1)$。

取任何一个数 e,要求满足 $1<e<\phi(n)$,并且 e 与 $\phi(n)$ 互素(就是最大公因数为 1)。

计算 e 对于 $\phi(n)$ 的模反元素 d。所谓"模反元素"就是指有一个整数 d,可以使得 ed 被 $\phi(n)$ 除的余数为 1。

这样最终得到三个数:n、d、e。

设明文消息为数 m($m<n$),则 $m^e\equiv c\ (\bmod\ n)$,得到加密后的消息 c;拿到密文 c 后,从 $c^d\equiv m\ (\bmod\ n)$ 中求得 m,从而完成对 c 的解密(实际应用中,d、e 可以互换)。

n、d 两个数构成公钥,可以告诉别人;n、e 两个数构成私钥,e 自己保留,不让任何人知道。给别人发送的信息使用 e 加密,只要别人能用 d 解开就证明信息是由你发送的,构成了签名机制。别人给你发送信息时使用 d 加密,这样只有拥有 e 的你才能够对其解密。

RSA 的安全性在于对于一个大数 n,没有有效的方法能够将其分解,从而在已知 n、d 的情况下无法获得 e;同样在已知 n、e 的情况下无法求得 d。

2. RSA 实例

下面通过一个实例,看看实际的操作。

(1) 找两个素数 $p=61$、$q=53$。实际应用中,这两个素数越大,就越难破解。

(2) 计算 p 与 q 的乘积 n,$n=pq=61\times53=3233$。n 的长度就是密钥长度,3233 写成二进制是 110010100001,一共有 12 位,所以这个密钥就是 12 位。实际应用中,RSA 密钥一般是 1024 位,重要场合则为 2048 位。

(3) 计算 n 的欧拉函数 $\phi(n)$,$\phi(n)=(p-1)(q-1)=60\times52=3120$。

(4) 随机选择一个整数 e,条件是 $1<e<\phi(n)$,且 e 与 $\phi(n)$ 互素。假设在 1 到 3120 之间,随机选择 $e=17$。

(5) 计算 e 对于 $\phi(n)$ 的模反元素 d。

$ed\equiv1\pmod{\phi(n)}$,等价于 $ed-1=k\phi(n)$。已知 $e=17$,$\phi(n)=3120$,实质就是求解二元一次方程 $17d+3120k=1$。

这个方程可以用"扩展欧几里得算法"求解,此处省略具体过程。最后算出一组整数解为 $(d,k)=(2753,-15)$,即 $d=2753$。

(6) 将 n 和 e 封装成公钥,n 和 d 封装成私钥。

例子中,$n=3233$,$e=17$,$d=2753$,所以公钥就是 $(3233,17)$,私钥就是 $(3233,2753)$。实际应用中,公钥和私钥的数据都采用 ASN.1 格式表达。

(7) 假设明文 $m=65$(m 必须是小于 n 的整数,字符串可以取 ASCII 值或 UNICODE 值),则 $m^e\equiv c\pmod{n}$,即 $65^{17}\equiv c\pmod{3233}$,得到密文 $c=2790$。

(8) 得到密文 c 后,根据 $c^d\equiv m\pmod{n}$,由于接收者已知 d,可从 $2790^{2753}\equiv m\pmod{3233}$ 中求出 $m=65$,得到明文。

如果不知道 d,就没有办法从 c 求出 m。因为,要知道 d 就必须分解 n,这是极难做到的,所以 RSA 算法保证了通信安全。

3. RSA 的可靠性

回顾上面的密钥生成步骤,一共出现 6 个数字:p、q、n、$\phi(n)$、e、d。这 6 个数字之中,公钥用到了两个(n 和 e),其余四个数字都是不公开的。其中最关键的是 d,因为 n 和 d 组成了私钥,一旦 d 泄漏,就等于私钥泄漏。

那么,有无可能在已知 n 和 e 的情况下,推导出 d? 分析如下:

(1) $ed\equiv1\pmod{\phi(n)}$,只有知道 e 和 $\phi(n)$,才能算出 d。

(2) $\phi(n)=(p-1)(q-1)$,只有知道 p 和 q,才能算出 $\phi(n)$。

(3) $n=pq$,只有将 n 因数分解,才能算出 p 和 q。

结论:如果 n 可以被因数分解,d 就可以算出,也就意味着私钥被破解。

可是,大整数的因数分解,是一件非常困难的事情。目前,除了暴力破解,还没有发现别的有效方法。

举例来说,可以对 3233 进行因数分解(61×53),但是没法对下面这个整数进行因数分解。

123018668453011775513049495838496272077285356959533479219732245215172640050726365751874520219978646938995647494277406384592519255732630345373154826850 79

170261221429134616704292143116022212404792747377794080665351419597459856902143413

它等于这样两个质数的乘积：

33478071698956898786044169848212690817704794983713768568912431388982883793878002287614711652531743087737814467999489 * 36746043666799590428244633799627952632279158164343087642676032283815739666511279233373417143396810270092798736308917

事实上，这大概是人类已经分解的最大整数（232 个十进制位,768 个二进制位）。比它更大的因数分解，还没有被报道过,因此目前被破解的最长 RSA 密钥就是 768 位。

4. RSA 的局限

RSA 算法是第一个能同时用于加密和数字签名的算法,也易于理解和操作。RSA 是被研究得最广泛的非对称算法,从提出到现在已近四十年,经历了各种攻击的考验,逐渐为人们接受,普遍被认为是目前最优秀的非对称方案之一。

RSA 的缺点主要有：

（1）产生密钥很麻烦,受到素数产生技术的限制,因而难以做到一次一密。

（2）分组长度太大,为保证安全性,n 至少也要 600b 以上。由于大数幂运算,速度比对称加密算法慢 100 倍,通常加密中并不是直接使用 RSA 来对所有的信息进行加密的。最常见的情况是随机产生一个对称加密的密钥,然后使用对称加密算法对信息加密,之后用 RSA 对刚才的加密密钥进行加密。

随着大数分解技术的发展,这个长度还在增加,不利于数据格式的标准化。目前,SET（Secure Electronic Transaction）协议中要求 CA 采用 2048 比特的密钥,其他实体使用 1024 比特的密钥。

2.3.5 认证与数字签名

为了区分合法用户和非法使用者,需要对用户进行认证。认证技术主要就是解决网络通信过程中双方的身份认可,数字签名作为身份认证技术中的一种具体技术,还可用于通信过程中不可抵赖要求的实现。

1. 用户名和口令认证

在任何一种安全系统中,身份认证都是第一步需要进行的工作。打开一台计算机需要进行用户登录；进入一个 E-mail 邮箱需要输入用户名和密码。身份认证的目的在于向系统证明你是何人,如果认证通过,则系统允许进入并赋予相应的权限,否则系统将禁止访问。

身份认证涉及两方面的信息：用户身份识别号和用户密码。用户身份识别号用于唯一标识用户身份,在身份认证系统中,用户与身份识别号应该一一对应,每一个用户都有一个唯一的识别号,每一个识别号也只能代表一个用户。用户密码用于向系统提供信息以验证用户身份的正确性,通常在系统端有一个用户名和密码表,通过比较表中的内容和输入项可以确定密码的正确性。

通过口令进行身份认证是最常用的一种认证方式,但这种以静态口令为基础的认证方式存在很多问题,最明显的是以下几种。

1) 网络数据流窃听

由于认证信息要通过网络传递,并且很多认证系统的口令是未经加密的明文,因此攻击者通过窃听网络数据,很容易分辨出某种特定系统的认证数据,并提取出用户名和口令。

2) 认证信息截取/重放

有的系统会将认证信息进行简单加密后传输,如果攻击者无法用第一种方式推算出密码,可以使用截取/重放方式。

3) 字典攻击

由于多数用户习惯使用有意义的单词或数字作为密码,某些攻击者会使用字典中的单词来尝试用户的密码。所以大多数系统都建议用户在口令中加入特殊字符以增加口令的安全性。

4) 穷举尝试

这是一种特殊的字典攻击,它使用字符串的全集作为字典,如果用户的密码较短,很容易被穷举出来,因而很多系统都建议用户使用长口令。

2. 一次性口令

为了解决静态口令的诸多问题,安全专家提出了一次性口令的密码体制,以保护关键资源,其主要思路是在登录过程中加入不确定因素,使每次登录过程中传送的信息都不相同,从而提高登录过程的安全性。例如:

登录密码＝MD5(用户名　密码　时间)

系统接收到登录口令后做一个验算,即可验证用户的合法性。

一次性口令一般分为计次使用和计时使用两种。计次使用的一次性口令产生后,可以在不限时间内使用;计时使用的一次性口令则可以设定密码有效时间,从 30 秒到两分钟不等。

一次性口令在进行认证之后即废弃不用,下次认证必须使用新的密码,增加了试图不经授权存取有限制资源的难度。一次性口令已经在金融、电信、网游等领域被广泛应用,有效地保护了用户的安全。

如图 2-17 所示的网上银行手机动态密码功能,银行以手机短信形式发送随机密码到用户的预留手机上,用户通过在图中所示的页面上输入手机动态密码和相关业务密码,认证用户身份。只有在用户静态口令(交易密码)和一次性口令(动态密码)同时正确的前提下,才能认证通过,从而提高对外转账或其他重要交易的安全性。

转账金额	10,000.00
大写金额	壹万元整
手续费支付方式	转出方支付手续费
交易密码	
动态密码	(动态验证码序号:80) 如未收到,可在6秒后单击重发

图 2-17　网上银行手机动态密码

3. 数字签名

日常生活中,通过对某一文档进行签名来保证文档的真实有效性,对签字方进行约束,防止其抵赖。数字签名由公钥密码发展而来,它在网络安全,包括身份认证、数据完整性、不可否认性以及匿名性等方面有着重要应用。在网络环境中使用数字签名,可以为电子商务提供不可否认服务。

数字签名是指使用密码算法对待发的数据进行加密处理,生成一段信息,附着在原文上一起发送,这段信息类似现实生活中的签名或印章,接收方对其进行验证,判断原文的真伪。

其过程是先用双方约定的 Hash 算法将原文压缩为数据摘要(在数学上保证:只要改动报文的任何一位,重新计算出的报文摘要就会与原先值不符,这样就保证了报文的不可更改),然后将该摘要用发送者的私钥加密,再将该密文同原文一起发送给接收者,所产生的报文即称数字签名。

接收方收到数字签名后,用同样的 Hash 算法对报文计算摘要值,然后与用发送者的公开密钥进行解密后得到的报文摘要值相比较。如相等则说明报文确实来自发送者,因为只有用发送者的签名私钥加密的信息才能用发送者的公钥解开,从而保证了数据的真实性。

数字签名过程如图 2-18 所示。

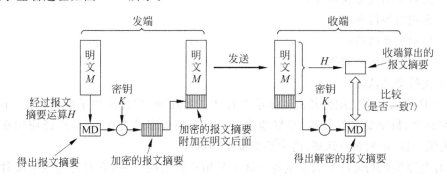

图 2-18 数字签名过程

4. 基于 PKI 的认证

PKI(Pubic Key Infrastructure)是利用公钥理论和技术建立的提供安全服务的基础设施,是一种遵循标准的利用公钥加密技术为电子商务的开展提供一套安全基础平台的技术和规范,是电子商务的关键和基础技术,是通过使用公开密钥技术和数字证书来确保系统信息安全并负责验证数字证书持有者身份的一种体系,通过第三方的可信任机构——认证中心(Certificate Authority,CA),把用户的公钥和用户的其他标识信息(如名称、E-mail、身份证号等)捆绑在一起,在 Internet 上验证用户的身份。

CA 是证书的签发机构,它是 PKI 的核心。CA 中心为每个使用公开密钥的用户发放一个数字证书,数字证书的作用是证明证书中列出的用户合法拥有证书中列出的公开密钥。CA 机构的数字签名使得攻击者不能伪造和篡改证书。它负责产生、分配并管理所有参与网上交易的个体所需的数字证书,因此是安全电子交易的核心环节。

由于通过网络进行的电子商务、电子政务、电子事务等活动缺少物理接触,因此使得用电子方式验证信任关系变得至关重要。而 PKI 技术恰好是一种适合电子商务、电子政务、电子事务的密码技术,它能够有效地解决电子商务应用中的机密性、真实性、完整性、不可否认性和存取控制等安全问题。

从广义上讲,所有提供公钥加密和数字签名服务的系统,都可叫作 PKI 系统,PKI 的主要目的是通过自动管理密钥和证书,为用户建立一个安全的网络运行环境,使用户可以在多种应用环境下方便地使用加密和数字签名技术,从而保证网上数据的机密性、完整性、有效性。

数据的机密性是指数据在传输过程中,不能被非授权者偷看;数据的完整性是指数据在传输过程中不能被非法篡改;数据的有效性是指数据不能被否认。

一个实用的 PKI 体系应该是安全的、易用的、灵活的和经济的。它必须充分考虑互操作性和可扩展性。它是认证机构、注册机构、策略管理、密钥与证书管理、密钥备份与恢复、撤销系统等功能模块的有机结合。

一个有效的 PKI 系统必须是安全的和透明的,用户在获得加密和数字签名服务时,不需要详细了解 PKI 是怎样管理证书和密钥的,一个典型、完整、有效的 PKI 应用系统至少应具有以下部分:

(1) 公钥密码证书管理;

(2) 黑名单的发布和管理;

(3) 密钥的备份和恢复;

(4) 自动更新密钥;

(5) 自动管理历史密钥;

(6) 支持交叉认证。

基于 PKI 的认证使用公开密钥体系进行认证和加密,综合采用了摘要算法、不对称加密、对称加密、数字签名等技术,很好地将安全性和高效率结合在一起,广泛应用在电子邮件、应用服务器、访问客户认证、防火墙验证等领域。

具有数字签名功能的个人安全邮件证书是用户证书的一种,它对普通电子邮件做加密和数字签名处理,确保电子邮件内容的安全性、机密性、发件人身份确认性和不可抵赖性。具有数字签名功能的个人安全邮件证书中包含证书持有人的电子邮件地址、证书持有人的公钥、颁发者以及颁发者对该证书的签名。

使用个人安全邮件证书可以收发加密和数字签名邮件,保证电子邮件传输中的机密性、完整性和不可否认性,确保电子邮件通信各方身份的真实性。目前,MS Outlook、Outlook Express、Foxmail 等电子邮件系统均支持相应功能。

【例 2-1】　安全邮件证书的申请。

如果用户想得到一份属于自己的证书,他应先向 CA 提出申请。在 CA 判明申请者的身份后,为他分配一个公钥,并且 CA 将该公钥与申请者的身份信息绑在一起,在为之签字后,形成证书发给申请者。

(1) 在浏览器中输入"中国数字认证网"网址 www.ca365.com,第一次访问时自动出现如图 2-19 所示的"添加证书"对话框。

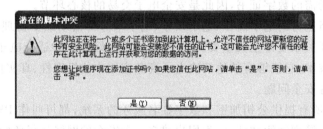

图 2-19　添加证书对话框

（2）单击"是"按钮，出现"安全警告"对话框，如图 2-20 所示。

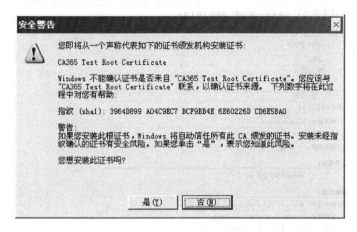

图 2-20 "安全警告"对话框

（3）单击"是"按钮，完成安装后的网站首页如图 2-21 所示。

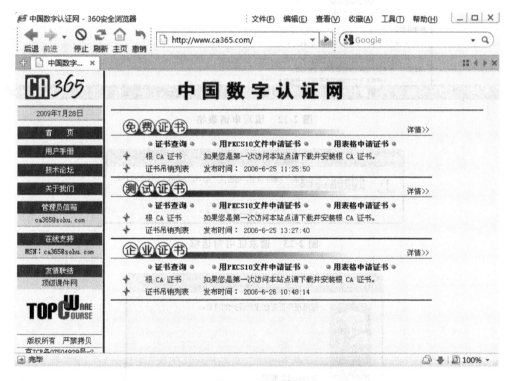

图 2-21 网站首页

（4）在"免费证书"栏中单击"用表格申请证书"链接，出现"申请免费证书"页面，填写表格，"证书用途"栏目中选择"电子邮件保护证书"，如图 2-22 所示。

（5）单击"提交"按钮，出现如图 2-23 所示的对话框。

（6）单击"是"按钮，出现"正在创建新的 RSA 交换密钥"对话框，如图 2-24 所示。

（7）单击"确定"按钮，证书申请成功，如图 2-25 所示。

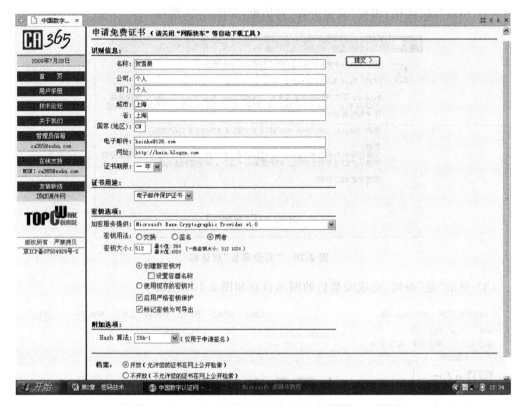

图 2-22　填写申请表格

图 2-23　请求证书对话框

图 2-24　"正在创建新的 RSA 交换密钥"对话框

图 2-25　证书申请成功

（8）单击"直接安装证书"按钮，如图 2-26 所示。

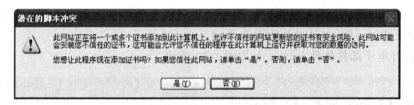

图 2-26　安装证书

（9）单击"是"按钮，安装成功后，页面如图 2-27 所示。

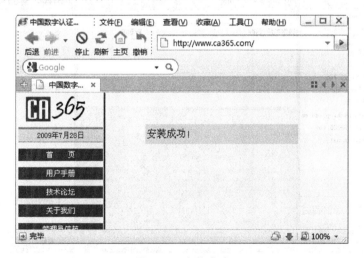

图 2-27　安装成功

（10）根证书成功安装后成为"受信任的根证书颁发机构"。执行浏览器的"工具"|"Internet 选项"命令，选择"内容"标签，如图 2-28 所示。

（11）单击"证书"，出现"证书"对话框，如图 2-29 所示，列表中显示相应的根证书。

图 2-28 内容标签

图 2-29 显示证书

【例 2-2】 安全邮件证书的使用。

如果一个用户想鉴别一个证书的真伪,可以用 CA 的公钥对那个证书上的签字进行验证,一旦验证通过,该证书就被认为是有效的。

(1) 打开电子邮件软件 Foxmail,如图 2-30 所示。

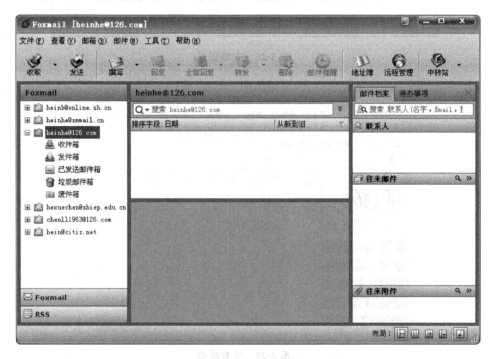

图 2-30 Foxmail 界面

(2) 右键单击申请时填写的邮箱,执行"属性"命令,出现"邮箱账户设置"对话框,单击"安全"选项,如图 2-31 所示。

(3) 单击"选择"按钮,出现"选择证书"对话框,如图 2-32 所示。

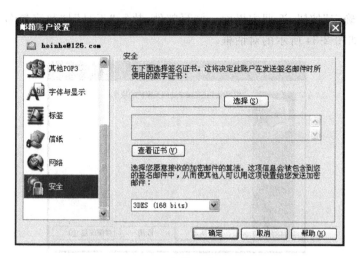

图 2-31 邮箱账户设置

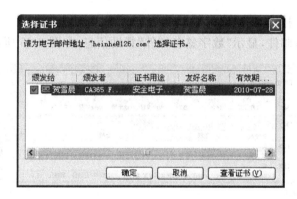

· **图 2-32 "选择证书"对话框**

（4）选择申请的证书，单击"确定"按钮，"邮箱账户设置"对话框如图 2-33 所示。

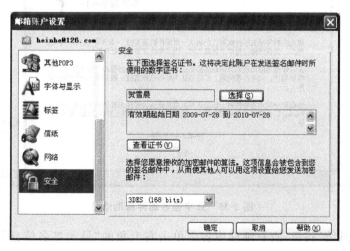

图 2-33 证书信息

（5）单击"确定"按钮，返回主界面。撰写邮件，执行"工具"|"数字签名"命令，单击"发送"按钮，出现如图 2-34 所示的对话框。

图 2-34　在电子邮件中添加数字签名

（6）单击"确定"按钮，完成邮件发送。

（7）接收并查看邮件，显示"数字签名邮件"帮助信息，如图 2-35 所示。

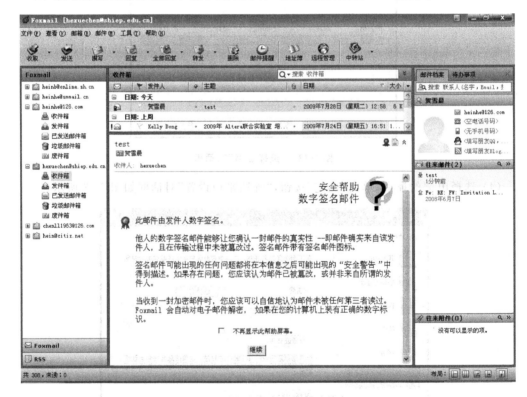

图 2-35　数字签名邮件帮助信息

（8）单击"继续"按钮，查看邮件内容。单击右上角的"显示签名信息"图标（　），可以查看签名信息，如图 2-36 所示。

（9）访问"中国数字认证网"，单击其中的"证书查询"，出现如图 2-37 所示的页面。

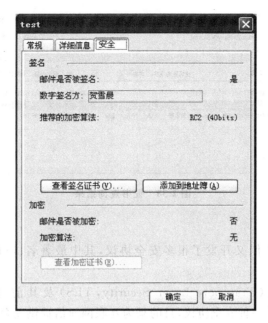

图 2-36 查看签名信息

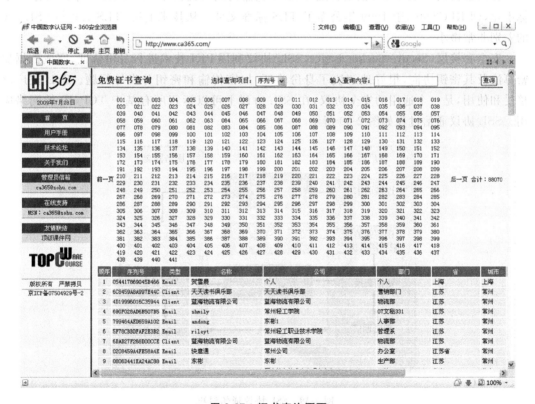

图 2-37 证书查询页面

（10）选择"查询项目"为"名称"，在"输入查询内容"中输入"贺雪晨"，单击"查询"按钮，可以看到数字证书的相关信息，如图 2-38 所示。

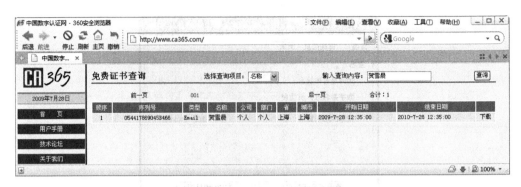

图 2-38　证书查询结果

5. SSL/TLS 协议

基于 PKI 技术,人们又开发了很多安全协议,其中最著名、应用最为广泛的是 SSL/ TLS 协议和 SET 协议。

传输层安全协议(Transport Layer Security,TLS)及其前身安全套接层(Secure Sockets Layer,SSL)是一种安全协议,目的是为互联网通信提供安全及数据完整性保障。

在网景公司(Netscape)推出首版 Web 浏览器的同时提出了 SSL,IETF 将 SSL 进行了标准化,即 RFC2246,于 1999 年公布了 TLS 标准文件。从技术上讲,TLS 1.0 与 SSL 3.0 的差别非常微小。

安全套接层(Secure Socket Layer,SSL)协议利用 PKI 技术进行身份认证、完成数据加密算法及其密钥协商,很好地解决了身份验证、加密传输和密钥分发等问题。SSL 被广泛接受和使用,是一个通用的安全协议,在 SSL 协议上可以运行所有基于 TCP/IP 的网络应用。SSL 协议通信过程如图 2-39 所示。

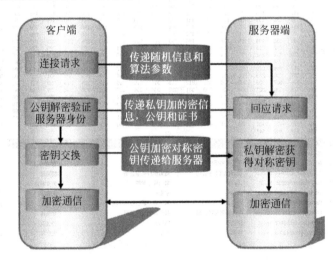

图 2-39　SSL 协议通信过程

从 TCP/IP 模型上,SSL 是一个介于 HTTP 与 TCP 之间的一个可选层。如果利用 SSL 协议来访问网页,其步骤如下。

(1) 用户:在浏览器的地址栏里输入 https://www.xxx.com。

（2）HTTP 层：将用户需求翻译成 HTTP 请求，如

```
GET /index.htm HTTP/1.1
Host www.xxx.com
```

（3）SSL 层：借助下层协议的信道安全协商出一份加密密钥，并用此密钥来加密 HTTP 请求。SSL 在 TCP 之上建立了一个加密通道，通过这一层的数据经过了加密，因此达到保密的效果。

（4）TCP 层：与 Web Server 的 443 端口建立连接，传递 SSL 处理后的数据。

（5）SSL 客户端（也是 TCP 的客户端）：在 TCP 连接建立之后，发出一个 ClientHello 来发起握手，这个消息里面包含了自己可实现的算法列表和其他一些需要的消息。

（6）SSL 服务器端：回应一个 ServerHello，这里面确定了这次通信所需要的算法，然后发过去自己的证书（里面包含了身份和自己的公钥）。

（7）SSL 客户端：收到这个消息后会生成一个秘密消息，用 SSL 服务器的公钥加密后传过去。

（8）SSL 服务器端：用自己的私钥解密后，会话密钥协商成功，双方可以用同一份会话密钥来通信。

如果上面的说明不够清晰，这里用个形象的比喻：假设 A 与 B 通信，A 是 SSL 客户端，B 是 SSL 服务器端，加密后的消息放在方括号（[]）里，以突出明文消息的区别。双方的处理动作的说明用圆括号（()）括起来。

A：我想和你安全地通话，我这里的对称加密算法有 DES 和 RC5，密钥交换算法有 RSA 和 DH，摘要算法有 MD5 和 SHA。

B：我们用 DES－RSA－SHA 这对组合好了。

B：这是我的证书，里面有我的名字和公钥，你拿去验证一下我的身份（把证书发给 A）。

A：（查看证书上 B 的名字是否无误，并通过手头早已有的 CA 的证书验证了 B 证书的真实性，如果其中一项有误，发出警告并断开连接，这一步保证了 B 公钥的真实性）。

A：（产生一份秘密消息，这份秘密消息处理后将用作加密密钥，加密初始化向量和 HMAC 的密钥。将这份秘密消息（协议中称为 per_master_secret）用 B 的公钥加密，封装成称作 ClientKeyExchange 的消息。由于用了 B 的公钥，保证了第三方无法窃听）。

A：我生成了一份秘密消息，并用你的公钥加密了，给你（把 ClientKeyExchange 发给 B）。

A：注意，下面我就要用加密的办法给你发消息了！

A：（将秘密消息进行处理，生成加密密钥，加密初始化向量和 HMAC 的密钥）。

A：[我说完了]。

B：（用自己的私钥将 ClientKeyExchange 中的秘密消息解密出来，然后将秘密消息进行处理，生成加密密钥，加密初始化向量和 HMAC 的密钥，这时双方已经安全协商出一套加密办法了）。

B：注意，我也要开始用加密的办法给你发消息了！

B：[我说完了]。

A：[我的秘密是……]

B：[其他人不会听到的……]

6. SET 协议

安全电子交易(Secure Electronic Transaction,SET)协议采用公钥密码体制和 X.509 数字证书标准,主要应用于 B to C 模式中保障支付信息的安全性。SET 协议是 PKI 框架下的一个典型实现,同时也在不断升级和完善,国外的银行和信用卡组织大都采用了 SET 协议。SET 协议工作流程如图 2-40 所示。

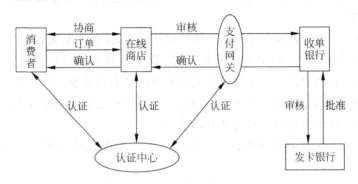

图 2-40　SET 协议工作流程

SET 协议比 SSL 协议复杂,在理论上安全性也更高。因为前者不仅加密两个端点间的单个会话,还可以加密和认定三方面的多个信息,这是 SSL 协议不能解决的问题。使用 SET 协议,在一次交易中,要完成多次加密与解密操作,由于其对于消费者、客户和银行三方面的要求都非常高,因此不容易推广,而 SSL 协议则以其便捷性和可以满足现实要求的安全性得到不少用户的青睐。

由于在基于 SET 协议的交易流程中,最主要的一点就是要确认交易各方的身份,这就要求通过电子安全证书进行检验,而这些证书要由 CA 认证中心来发放,在 SET 中主要的证书有持卡人证书、商户证书和支付网关证书。

下面是基于 SET 协议的网上购物(B to C)的简单过程:

(1) 客户在自己的计算机里安装一个电子钱包,然后到 CA 认证中心去申请一个证书。

(2) 客户通过浏览器在某网上商店选好商品,把它放到购物车里结算,在结账单里填写姓名、地址、联系方式,启动电子钱包,输入密码,在电子钱包里选一张卡来付款。

(3) 计算机上出现一个确认商店的窗口,这就是来自于 CA 和支付网关的信息:商家证书正在验证这家商店是否为已经通过认证的真实商店。

(4) 确认商店后,接着验证客户的账户里是否有足够的钱。当通过支付网关进入银行网络完成验证并反馈回来的时候,客户卡中的钱实际上已经从账户中扣除了,客户的购物程序已经完成。

(5) 银行从客户账户中扣出的货款并没有马上放到商户的账户里,银行会定时自动生成一个报表,然后跟商户服务器上生成的报表一一对照,一旦确认,银行才会把款划到商户的账户里。

(6) 商户根据服务器收到的订购要求和订单号码开始发货。

在基于 SET 协议的整个交易过程中,银行只看到客户卡信息而看不到订单信息,商户只看到订单信息,见不到客户卡信息,这样就保证了整个交易过程的完整性、保密性和安全性。

7. 认证的选择

作为用户,并不能决定商家采用何种认证机制,但可以用脚投票。比如说,如果你想开通一家银行的网上银行,它只用密码认证,并且可以无限额转账,你敢用吗?

但作为商家,并不是安全性越高越好,还要综合考虑经济性与便利性,最主要的是要根据业务的需要。

例如一个普通的论坛,除了登录密码外,没必要每次发帖时再要求输入二次密码。如果是采用货到付款,那么商家只用登录密码进行认证也是可以接受的,因为即使密码被盗,也不会损失什么;而如果账号上有余额或礼品卡的话,那么只用登录密码进认证就显得有些单薄了。

图 2-41 从安全性、经济性、便利性对各类认证方式进行评分(1 为最高分),仅供参考。

认证方式	安全性	经济性	便利性
登录密码	0.3	1	1
二次密码(支付密码)	0.4	1	1
数字证书	0.8	1	0.5
手机 (手机短信,手机密令)	0.7	0.7	0.7
密保,SecurID	0.7	0.3	0.5
USB Key (数字证书)	0.9	0.3	0.5

图 2-41　各种认证方式的评分

2.3.6　密钥管理

"秘密必须全部寓于密钥之中",这是密码学的一个公理。要想保得住密,不仅仅是把密码体制(算法)设计得当就行了,而且对密码体制(算法)的使用、密码设备的使用以及密钥管理都要得当才行。

密钥管理包括密钥的产生、分配、注入、存储、传递和使用,其中密钥的分配最为关键。

1. 共享密钥的获得

两个用户 A 和 B 在用单密钥密码体制进行保密通信时,必须有一个共享的秘密密钥,获得共享密钥的方法有以下几种:

(1) 密钥由 A 选取并通过物理手段发送给 B。

(2) 密钥由第三方选取并通过物理手段发送给 A 和 B。

这两种方法称为人工发送。在通信网中,若只有个别用户想进行保密通信,密钥的人工发送是可行的。然而如果所有用户都要求支持加密服务,则任意一对希望通信的用户都必须有一个共享密钥。对 n 个用户,密钥数目为 $n(n-1)/2$。因此当 n 很大时,密钥分配的代价非常大,密钥的人工发送是不可行的。

(3) 如果 A、B 事先已有一密钥,则其中一方选取新密钥后,用已有的密钥加密新密钥并发送给另一方。

对于第三种方法,攻击者一旦获得一个密钥后,就可以获取以后所有的密钥。而且用这种方法对所有用户分配初始密钥时,代价仍然很大。

(4) 如果 A 和 B 与第三方 C 分别有一保密信道,则 C 为 A、B 选取密钥后,分别在两个保密信道上发送给 A、B。

第(4)种方法比较常用,其中的第三方通常是一个负责为用户分配密钥的密钥分配中心。每一个用户与密钥分配中心有一个共享密钥,称为主密钥。通过主密钥分配给一对用户的密钥称为会话密钥,用于这一对用户之间的保密通信。通信完成后,会话密钥即被销毁。对 n 个用户,会话密钥数为 $n(n-1)/2$,但主密钥数却只需 n 个。

2. 多密钥的管理

假设某机构有100人,如果任意两人之间需要进行保密通信,且任何两人之间需要不同的密钥,则每个人应记住99个密钥。如果机构的人数是1000、10 000或更多,这种办法就显然过于愚蠢了,管理密钥将是一件可怕的事情。

在希腊神话中,Kerberos是守护地狱之门的三头狗。在计算机世界里,美国麻省理工学院(MIT)把他们开发的,根据密匙分配中心(Key Distribution Center,KDC)来验证网络中计算机身份的系统命名为Kerberos。

Kerberos提供了一种解决多密钥管理的较好方案,每个用户只要知道一个和KDC进行会话的密钥,而不需要知道成百上千个不同的密钥。

假设用户甲想同用户乙进行保密通信,则用户甲先与KDC通信,使用只有用户甲和KDC知道的用户甲的主密钥进行加密。用户甲告诉KDC他想和用户乙进行通信,KDC会为用户甲和用户乙之间的会话随机选择一个会话密钥,并生成一个标签。

这个标签用用户乙的主密钥进行加密,并在用户甲启动与用户乙的会话时,用户甲把这个标签交给用户乙。这个标签的作用是让用户甲确信和他交谈的是用户乙,而不是冒充者。因为这个标签是通过只有用户乙和KDC知道的用户乙的主密钥进行加密的,所以即使冒充者得到用户甲发出的标签也不可能进行解密,只有用户乙收到后才能够进行解密,从而确定与用户甲对话的人就是用户乙。

KDC生成随机会话密钥后,将其用用户甲的主密钥进行加密,然后把它传给用户甲,加密的结果可以确保只有用户甲能得到这个信息,只有用户甲能利用这个会话密钥和用户乙进行通话。同理,KDC将会话密钥用用户乙的主密钥加密,并将其传给用户乙。

用户甲启动一个同用户乙的会话,并用得到的会话密钥加密自己和用户乙的会话,还要把KDC传给它的标签传给用户乙以确定用户乙的身份,然后用户甲和用户乙之间就可以用会话密钥进行安全会话了。

为了保证安全,这个会话密钥是一次性的,这样黑客就更难进行破解了。同时用户只需记住自己的密钥,方便了人们的通信。

2.3.7　密码学新技术

目前国际上对于非数学的密码理论和技术非常关注,包括量子密码、基于生物特征的密码技术等。

1. 量子密码

从理论上说,传统的基于数学的加密方法都是可以破译的,再复杂的数学密钥也可以找到规律。但量子密码突破了传统加密方法的束缚,以量子状态作为密钥,具有不可复制性,是真正无法破译的密码,是"绝对安全"的。

量子密码学的理论基础是量子力学,而以往密码学的理论基础是数学。与传统密码学不同,量子密码学利用物理学原理保护信息。首先想到将量子物理用于密码技术的是美国科学家威斯纳。威斯纳在"海森堡测不准原理"和"单量子不可复制定理"的基础上,逐渐建立了量子密码的概念。

量子密码最基本的原理是"量子纠缠",被爱因斯坦称为"神秘的远距离活动"的量子纠缠,是指粒子间即使相距遥远也是相互联结的。大多数量子密码通信利用的都是光子的偏振特性,一对纠缠的光子一般有两个不同的偏振方向,就像计算机语言里的 0 和 1。根据量子力学原理,在光子对中,光子的偏振方向是不确定的,只有当其中一个光子被测量或受到干扰,它才有明确的偏振方向,而一旦它的偏振方向被确定,另外一个光子就被确定为与之相关的偏振方向。当两端的检测器使用相同的设定参数时,发送者和接收者就可以收到相同的偏振信息,也就是相同的随机数字串。另外,量子力学认为,粒子的基本属性存在于整个组合状态中,所以由纠缠光子产生的密码只有通过发送器和接收器才能阅读。窃听者很容易被检测到,因为他们在偷走其中一个光子时不可避免地要扰乱整个系统。

当前量子密码研究的核心内容是如何利用量子技术在量子通道上安全可靠地分配密钥。量子密钥分配的安全性由“海森堡测不准原理”及“单量子不可复制定理”保证。“海森堡测不准原理”是量子力学的基本原理,它说明了观察者无法同时准确地测量待测物的“位置”与“动量”。“单量子不可复制定理”是“海森堡测不准原理”的推论,它指在不知道量子状态的情况下复制单个量子是不可能的,因为要复制单个量子就只能先做测量,而测量必然改变量子的状态。根据这两个原理,即使量子密码不幸被黑客获取,也因为测量过程中会改变量子状态,而得到毫无意义的数据,同时信息合法接收者也可以从量子状态的改变而知道密钥曾被截获过。

目前,量子密码的全部研究还在实验室中,没有进入实用阶段。2005 年,中科院量子信息重点实验室在国际上首次经由实际通信光路实现了 125km 单向量子密钥分配。2008 年年底,欧洲研究人员成功地进行了量子密钥分布演示,演示内容包括电话通信和视频会议以及一个关于“基于量子加密的安全通信网络”(SECOQC)功能的路由实验验证,实验的平均链路长度为 20~30km,最长链路长达 83km,这一结果已完全打破了以往的所有纪录,从而使安全量子加密通信系统的实用化又迈出了巨大的一步。

2. 基于生物特征的密码技术

生物识别技术(Biometric Identification Technology)是利用人体生物特征进行身份认证的一种技术。这些身体特征包括指纹、声音、面部、骨架、视网膜、虹膜和 DNA 等人体的生物特征,以及签名的动作、行走的步态、击打键盘的力度等个人的行为特征。

生物识别技术的核心在于如何获取这些生物特征,并将其转换为数字信息,存储于计算机中,利用可靠的匹配算法来完成验证与识别个人身份。

生物特征识别系统分为硬件和软件两部分,硬件部分包括负责测量的传感器,软件则将记录资料用以比较。

图像分析技术的发展、计算机功能的提升、传感器成本的下降,是促成生物特征识别技术发展的要素。

生物识别之所以能够作为个人身份鉴别的有效手段,是由它自身的特点所决定的,这些特点是普遍性、唯一性、稳定性、不可复制性。

(1)普遍性:生物识别所依赖的身体特征基本上是人人生来就有的,用不着向有关部门申请或制作。

(2)唯一性和稳定性:每个人的指纹、掌纹、面部、发音、虹膜、视网膜、骨架等都与别人不同,且终生不变。

(3)不可复制性:随着计算机技术的发展,复制钥匙、密码卡以及盗取密码、口令等都变得越发容易,然而要复制人的活体指纹、掌纹、面部、虹膜等生物特征就困难得多。

所有生物识别系统都包括以下几个处理过程:采集、解码、比对和匹配。

生物图像采集使用高精度的扫描仪、摄像机等光学设备,以及基于电容、电场技术的晶体传感芯片,超声波扫描设备、红外线扫描设备等。在数字信息处理方面,高性能、低价格的数字信号处理器已开始大量应用于民用领域,其对于系统所采集的信息进行数字化处理的功能也越来越强。在比对和匹配技术方面,各种先进的算法不断开发成功,大型数据库和分布式网络技术的发展,使得生物识别系统的应用得以顺利实现。

3. 指纹识别系统

指纹是人体独一无二的特征,它们的复杂度足以提供用于鉴别的特征,可靠性高。

1) 指纹识别技术的优点

相对于其他身份认证技术,指纹识别技术是一种更为理想的身份确认技术,因为它具有很高的实用性、可行性,具体体现在以下几个方面:

(1) 每个人的指纹都是独一无二的,两个人之间不存在相同的指纹。

(2) 每个人的指纹是相当固定的,不会随着人的年龄的增长或身体健康程度的变化而变化,但是人的声音等却存在较大变化的可能。

(3) 指纹样本便于获取,易于开发识别系统,实用性强。目前已有标准的指纹样本库,方便了识别系统的软件开发;另外,识别系统中完成指纹采样功能的硬件部分也较易实现。而视网膜则难于采样,也没有标准的视网膜样本库供开发者使用,这就导致视网膜识别系统难以开发,可行性较低。

(4) 一个人的十指指纹皆不相同,这样可以方便地利用多个指纹构成多重口令,提高系统的安全性。

(5) 指纹识别中使用的模板并非最初的指纹图,而是从指纹图中提取的关键特征,这样使系统对模板库的存储量较小。另外,对输入的指纹图提取关键特征后,可以大大减少网络传输的负担,便于实现异地确认,支持计算机的网络功能。

2) 指纹的关键特征

指纹的关键特征包括总体特征和局部特征。只要比对 13 个特征点重合,就可以确认是同一个指纹。

总体特征是指那些用肉眼直接就可以观察到的特征,包括纹形、模式区、核心点、三角点和纹数。

(1) 纹形主要有环形、弓形、螺旋形三种,如图 2-42 所示,其他的指纹图案都基于这三种基本图案。

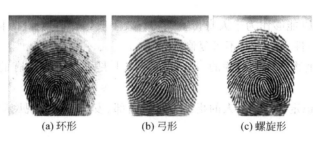

(a) 环形　　　　(b) 弓形　　　　(c) 螺旋形

图 2-42　纹形

（2）如图 2-43 所示的模式区是指指纹上包括了总体特征的区域，从模式区就能够分辨出指纹是属于哪一种类型的，有的指纹识别算法只使用模式区的数据。

（3）如图 2-44 所示的核心点位于指纹纹路的渐进中心，它在读取指纹和比对指纹时作为参考点。许多算法是基于核心点的，只能处理和识别具有核心点的指纹。

（4）如图 2-45 所示的三角点位于从核心点开始的第一个分叉点或者断点，或者两条纹路会聚处、孤立点、折转处。三角点提供了指纹纹路计数跟踪的开始之处。

（5）如图 2-46 所示是纹数指模式区内指纹纹路的数量。在计算指纹纹数时，一般先连接核心点和三角点，这条连线与指纹纹路相交的数量即可认为是指纹的纹数。

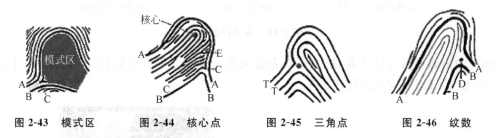

图 2-43 模式区　　　图 2-44 核心点　　　图 2-45 三角点　　　图 2-46 纹数

局部特征是指指纹上节点的特征，这些具有某种特征的节点称为特征点。指纹纹路并不是连续的、平滑笔直的，而是经常出现中断、分叉或打折，这些断点、分叉点和转折点就称为特征点。两枚指纹经常会具有相同的总体特征，但它们的局部特征（特征点），却不可能完全相同。就是这些特征点提供了指纹唯一性的确认信息。

3）指纹识别系统的处理流程

指纹识别系统的处理流程包括指纹图像的采集、图像特征的提取和分析、比对和匹配三部分，如图 2-47 所示。

指纹图像的采集可以采用光学录入技术（将手指放在一个用加膜的玻璃制成的台板上）、超声波录入技术（手指不必直接接触台板，使用超声波进行扫描）、芯片录入技术（将手指放在一枚邮票大小的硅芯片的表面）三种方法完成指纹图像的录入。然后对图像特征进行提取、分析，最后依照特征值与数据库中原来存储的指纹图像特征进行比对和匹配。

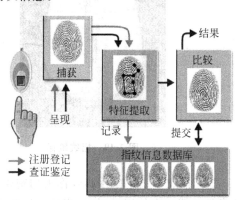

图 2-47 指纹识别系统

4）常见指纹识别系统

除了传统的公安自动指纹识别系统及如图 2-48 所示的门禁系统外，还出现了指纹键盘、指纹鼠标、指纹手机等产品。

（1）指纹鼠标：在如图 2-49 所示的指纹鼠标上，使用者通过轻敲位于鼠标上端的指尖传感器，鼠标驱动查找已经被输入 PC 系统的模块并进行对比。一旦指纹被识别，使用者就可以启动 PC 的操作系统。为了安全起见，如果长时间不动鼠标，它将自动启动屏幕保护程序，直到使用者再次触摸鼠标的指尖传感器为止。

（2）指纹手机：如图 2-50 所示的指纹手机的机身前面及后面都装有一个跟 SIM 卡大

　　(a) 指纹IC卡识别器　　　　　(b) 指纹锁　　　　　　　(c) 指纹保险箱

图 2-48　各种门禁系统

小相仿的金属片指纹感应器,机主可预先输入指纹样本。手机可凭指纹认证,进行上网购物、收发电子邮件、完成银行转账等。

　　　图 2-49　指纹鼠标　　　　　　　　　　图 2-50　指纹手机

　　(3) 指纹 U 盘:采用指纹作为加密密钥,通过与预先保存的指纹进行比较来确认用户的身份。第一次使用时,打开指纹登记开关(如图 2-51(a)所示),然后插入 USB 接口,等指纹指示灯亮起后,将手指按到感应器上即可进行指纹登记(如图 2-51(b)所示)。

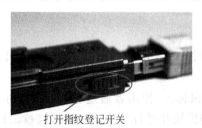 

　　　　　打开指纹登记开关

　　　(a)打开指纹登记开关　　　　　　　　　(b)指纹登记

图 2-51　指纹 U 盘

（4）指纹识别汽车：采用指纹识别技术的汽车不仅门锁装置不再需要钥匙，同时还具有根据指纹及预储的信息，自动调整汽车驾驶员的坐椅高度、前后距离，各个反光镜位置及自动接通车载电话等功能，如图 2-52 所示。

4. 虹膜识别系统

分析眼睛独特特征的生物识别技术主要包括虹膜识别技术、视网膜识别技术和角膜识别技术。

虹膜是环绕着瞳孔的一层有色的细胞组织。每一个虹膜都包含一个独一无二的基于像冠、水晶体、细丝、斑点、结构、凹点、射线、皱纹和条纹等特征的结构。虹膜扫描安全系统包括一个全自动照相机来寻找眼睛，并在发现虹膜时开始聚焦，捕捉到虹膜样本后，由软件对所得到的数据与储存的模板进行比较。

图 2-52　指纹识别汽车

虹膜识别技术是现有生物识别手段中公认的最为精准的识别方式，利用该技术可开发出各种需要身份识别的系统和设备，如虹膜门禁系统、虹膜考勤系统、虹膜通关系统、虹膜保管箱、虹膜登录系统、虹膜加解密系统、虹膜电子签名、虹膜支付系统等。

如图 2-53 所示的智能门禁设备 JH-5200D 采用了先进的虹膜识别技术。该虹膜智能门禁使用非常方便，用户只需站在门禁设备前，注视一面小镜子，红外摄像机就可以自动拍摄到用户的虹膜图像，并从中提取出所对应的虹膜纹理特征编码，再将其与预先注册的合法用户虹膜纹理特征编码匹配，如果两个编码的匹配度大于预设的阈值，那么就说明当前用户是合法用户，虹膜门禁将驱动电锁开启，否则，说明当前用户是非法用户，虹膜门禁继续保持电锁关闭，或报警。该虹膜门禁具有以下特点：

（1）具有识别极高的精度和安全性，几乎不会出现错误识别；

（2）虹膜图像采集自动触发，识别只需 1~2s，使用方便，几乎无须使用者配合；

（3）红外照明符合安全标准，对眼睛无任何伤害。

如图 2-54 所示的自动提款机利用了先进的虹膜生物识别技术。只要进入工作间，把双脚放到带有压力传感器的脚踏板上，让系统仔细观察自己的眼睛。一旦系统发现虹膜与所存储的虹膜相符，系统就开始工作。

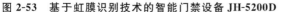

图 2-53　基于虹膜识别技术的智能门禁设备 JH-5200D　　图 2-54　基于虹膜识别技术的自动提款机

视网膜是眼睛底部的血液细胞层。视网膜扫描采用低密度的红外线去捕捉视网膜的独特特征,血液细胞的唯一模式就因此被捕捉下来。有人认为视网膜是比虹膜更唯一的生物特征。

图 2-55　谷歌眼镜＋视网膜识别

视网膜识别的优点在于它是一种极其固定的生物特征,因为它是"隐藏"的,所以不可能受到磨损、老化等影响;使用者也无须和设备进行直接的接触;同时它是一个最难欺骗的系统,因为视网膜是不可见的,故而不会被伪造。另一方面,视网膜识别也有一些不完善的地方,如视网膜技术可能会给使用者带来健康的损坏,这需要进一步的研究;设备投入较为昂贵,识别过程要求也高。

畅想一下,不久的未来,带上谷歌眼镜去购物,视网膜识别系统自动验证,网络购物的认证非常简单,如图 2-55 所示。

5. 手形识别系统

手形识别技术是最早引入商业应用的生物识别技术。几乎每个人的手的形状都是不同的,而且手的形状在人达到一定年龄之后就不再发生显著变化。当用户把他的手放在手形读取器上时,一个手的三维图像就被捕捉下来,接着就对手指和指关节的形状与长度进行测量,如图 2-56 所示。

手形识别系统采用三种技术,第一种是扫描整个手的手形的技术,第二种是仅扫描单个手指的技术,第三种是结合前两种技术的扫描食指和中指两个手指的技术。通常称扫描整个手形的手形仪为掌形仪,如图 2-57 所示,扫描两个手指的手形仪为指形机。1996 年奥运会上,手形仪在奥运村使用,接受了 6 万 5 千多人注册,处理了一百多万次进出记录。

(a) 读取数据

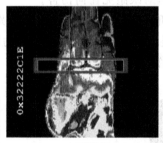
(b) 测量数据

图 2-56　手形识别系统

图 2-57　掌形仪

6. 面部识别系统

面部识别系统把要找的人的面貌先扫描并储存在电脑里,然后通过电脑的"眼睛"——摄像机,在流动的人群中自动寻找并分析影像,从而辨认出那些已经储存在电脑中的人,如图 2-58 所示。

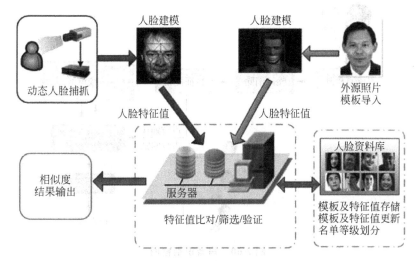

图 2-58　面部识别框图

　　面部识别系统是通过分析面部特征的唯一形状、模式和位置来辨识人的,其采集处理的方法主要有标准视频和热成像技术。标准视频技术通过一个标准的摄像头摄取面部的图像,记录一些核心点,如眼睛、鼻子和嘴的位置,然后形成模板;热成像技术通过分析由面部的毛细血管血液产生的热线来产生面部图像,与视频摄像头不同,热成像技术并不需要在较好的光源条件下,即使在黑暗情况下也可以使用。

　　2008 年,在北京奥运会及残奥会开闭幕式,使用了人脸识别技术进行实名制门票查验,约 36 万人次经过了人脸识别系统的验证后进入开闭幕式现场,这是人脸识别技术的一次成功应用,如图 2-59 所示。

7. 语音识别系统

　　语音识别主要包括了两个方面:语言和声音。语言识别是对说话的内容进行识别,主要用于信息输入、数据库检索、远程控制等方面;在身份识别方面更多地采用声音识别。

　　声音识别与语言识别的不同之处在于:它不对说出的词语本身进行辨识,而是通过分析语音的唯一特性,例如发音的频率,来识别说话的人,如图 2-60 所示。

图 2-59　人脸识别门禁系统

　　声音识别技术使人们可以通过说话的嗓音来控制能否出入限制性的区域,例如通过电话拨入银行、数据库服务、购物或语音邮件,以及进入保密的装置等。如图 2-61 所示的 USB 声纹加密锁在插入电脑 USB 接口后,只需用户口述命令,就能马上验明用户身份,让合法用户顺利进入而拒绝非法用户的使用,从而免去了用户记忆一大串密码的烦恼。

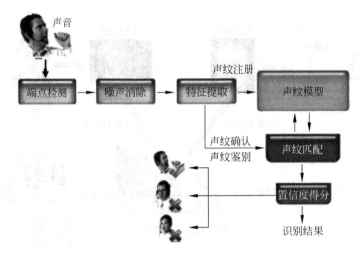

图 2-60　声音识别框图

图 2-61　USB 声纹加密锁

2.4　文件加密与破解

　　计算机上存放的重要信息需要保密,为保护这些文件,一般情况下可以为计算机设置密码,但这并不能完全保证信息的安全,因为攻击者可以通过网络窃取资料,甚至可以偷走硬盘来获取其中的数据。一种更安全的方法是对文件进行加密,需要时再对其解密。这样,即使攻击者偷走了文件,也无法获取有用信息。

　　随着密码应用范围的增加,遗忘密码的情况也屡见不鲜。如何破解这些密码,尽可能减少损失,也是人们所关注的。

　　密码的破解通常是利用软件快速尝试大量密码来实现的,具体的方法有字典法和暴力破解法两种。字典法利用一些经常被用户当作密码的词逐一尝试,暴力破解法就是穷举破解,将所有可能的密码逐一尝试。破解密码时,密码字典是首选方法,如果实在不行才使用暴力破解法。

　　密码字典是一个简单的文本文件,其中列出了各种各样的用户名和密码,这些用户名和密码是黑客高手长期经验的积累,是揣摩各种人设置账号和密码的心理和习惯后编制出来的,破解程序读取这些密码并逐一用于密码破解,一个好的密码字典可以轻松攻破精心设置的密码。通常只有遇到安全意识非常强的用户设置的密码时,才需要使用暴力破解,一般使用字典破解就可以解决大多数问题。

针对不同加密方法的文件有不同的解密手段,如专门破解 Office 文件密码的工具等。密码破解要经历尝试、失败、再尝试反反复复的过程。

2.4.1　压缩文件的加密与破解

一般情况下,为节省空间,在备份文件时,通常会将文件压缩成 ZIP、RAR 等格式保存。为了防止非法用户窃取该文件,有时需要对重要文件的压缩备份进行加密保护。

1. RAR 文件的加密

RAR 是使用最为普遍的压缩文件格式,WinRAR 压缩软件可以在将文件压缩的同时,为压缩包加上密码,这样就可以达到压缩与保密一举两得的作用。

【例 2-3】　用 WinRAR 压缩文件并加密。

(1) 选中要压缩的文件,单击鼠标右键,在弹出的快捷菜单中选择"添加到压缩文件"选项,出现如图 2-62 所示的"压缩文件名和参数"对话框。

(2) 打开"高级"选项卡,如图 2-63 所示。

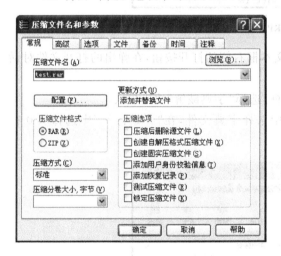

图 2-62　"压缩文件名和参数"对话框

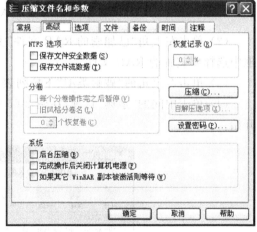

图 2-63　"高级"选项卡

(3) 单击"设置密码"按钮,出现如图 2-64 所示的密码对话框,在其中输入密码,单击"确定"按钮,返回图 2-63。

(4) 单击图 2-63 中的"确定"按钮,完成带密码的文件压缩。

2. RAR 加密文件的破解

破解工具 ARPR(Advanced RAR Password Recovery)用于破解 RAR 文件的密码。可以使用穷举攻击的方法,即穷举所有可能的字符组合,来猜测密码的攻击方式进行破解;也可以采用字典攻击的方法,即使用常用的单

图 2-64　密码输入

词,来猜测密码的攻击方式实现破解。

【**例 2-4**】 用 ARPR 破解 RAR 文件密码。

(1) 运行 ARPR 破解工具,出现如图 2-65 所示的程序界面。

图 2-65　ARPR 程序界面

(2) 单击左上角"已加密的 RAR 文件"文本框右侧的打开按钮,在弹出的打开文件对话框中选择要破解的 RAR 文件。

(3) 单击右上角的"破解类型"下拉列表框,选择"字典破解"攻击模式。

(4) 单击中间的"字典"选项,在图 2-66 中选择字典文件,在"开始行♯"中选择从 0 行开始。

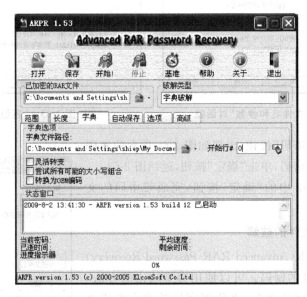

图 2-66　使用字典攻击模式

（5）单击工具栏中的"开始!"按钮开始破解。破解完毕后,出现如图 2-67 所示的对话框,提示破解的结果。

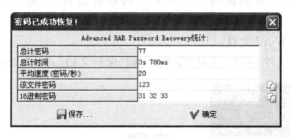

图 2-67 破解结果

3. RAR 文件的防破解

现在,针对 WinRAR 密码的破解软件层出不穷,即使密码设置得很长、很复杂,也难免成为某些暴力破解软件的猎物,可以通过下面的方法防止 RAR 密码被轻松破解。

【例 2-5】 采用中文密码防止破解。

（1）压缩文件,出现输入密码对话框。

（2）由于在文本框中无法直接输入中文,可以打开任何文本处理软件,输入中文密码并复制,然后粘贴到"输入密码"文本框中,完成中文密码对 RAR 文件的保护。

（3）要解压或查看使用中文密码加密的文件,同样双击该压缩文件,从其他文本输入窗口中输入中文密码,然后将其拷贝到"输入密码"文本框中,即可正常使用。

（4）由于在操作时使用明文方式输入密码,所以不适宜在公众场合现场使用,否则中文密码极易被人窃取。

【例 2-6】 采用对多个文件设置不同密码防止破解。

（1）将某个文件按照正常步骤压缩,并设置密码。

（2）在 WinRAR 操作界面中,打开刚才已经压缩完成的加密文件,执行"命令"|"添加文件到压缩文件中"命令,如图 2-68 所示。

（3）接着在"请选择要添加文件"对话框中选择其他文件,单击"确定"按钮,返回"压缩文件名字和参数"对话框。在"高级"选项卡中设置一个不同的密码,完成压缩。

（4）重复多次,将多个文件压缩,每个文件使用不同的密码,这样就不会被轻易地破解了。

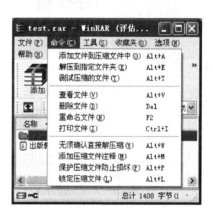

图 2-68 添加其他文件到压缩文件中

2.4.2 Office 文件的加密与破解

在处理 Microsoft 公司的 Office 系列文档时,由于公司或个人隐私的需要,经常要对 Office 文档进行加密保护,保护的方法可以通过 Office 软件包自带的安全保护功能进行。

1. Office 文件的加密

下面以 Word 2013 为例说明 Office 文件的加密过程,其他 Office 文件的加密方法类似。

【例 2-7】 加密 Word 文件。

(1) 打开 Word 文件,单击"文件"菜单,找到"保护文档",如图 2-69 所示。

图 2-69 "保护文档"页面

(2) 单击如图 2-70 所示的"用密码进行加密",出现"加密文档"对话框,如图 2-71 所示。

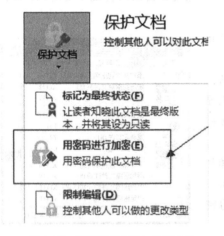

图 2-70 "用密码进行加密"页面

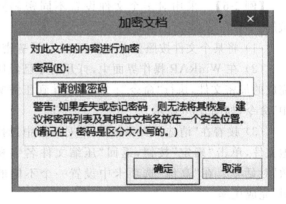

图 2-71 "加密文档"对话框

(3) 输入密码,单击"确定"按钮。

2. Office 加密文件的破解

Office 文件破解工具非常多,基本分为两大类。一类是类似 RAR 文件的破解工具,将密码破解;另一类是将 Office 文件密码移除,新建一个没有密码且与原文件内容相同的文件。它们的典型代表分别是 Advanced Office Password Recovery 和 Office Password Recovery Toolbox。

【例 2-8】　使用 Advanced Office Password Recovery 破解 Office 文件密码。

（1）运行 Advanced Office Password Recovery，界面如图 2-72 所示。

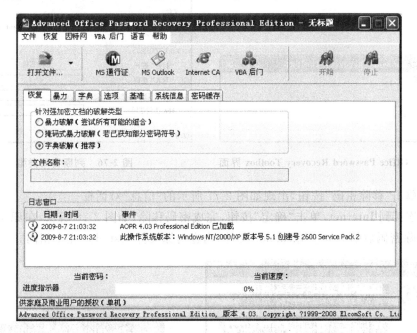

图 2-72　**Advanced Office Password Recovery 程序界面**

（2）打开要破解的 Office 文件，出现如图 2-73 所示的"预备破解"对话框。

（3）破解成功后出现如图 2-74 所示的对话框。

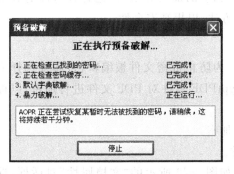

图 2-73　"预备破解"对话框

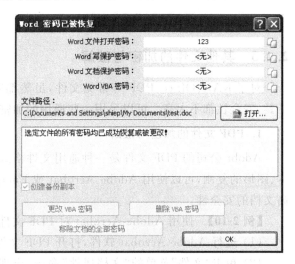

图 2-74　破解成功

【例 2-9】　使用 Office Password Recovery Toolbox 移除 Office 文件密码。

（1）运行 Office Password Recovery Toolbox，界面如图 2-75 所示。

（2）打开要移除密码的 Office 文件，如 test. doc 文件，软件判断文件的密码类型，出现如图 2-76 所示的窗口。

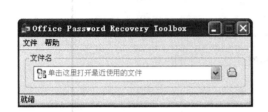

图 2-75　Office Password Recovery Toolbox 界面

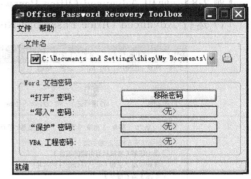

图 2-76　判断密码类型

（3）单击"移除密码"按钮，出现如图 2-77 所示的"信息"对话框。

（4）连接到 Internet，单击"确定"按钮，完成密码移除，如图 2-78 所示，在原文件所在目录产生移除密码后的 test _Fixed. doc 文件，内容与原文件 test. doc 完全相同。

图 2-77　"信息"对话框

图 2-78　成功移除密码

2.4.3　其他文件的加密与破解

对于 RAR、Office、PDF 等常见文件，虽然都有相应的加密方法，但也有针对性的破解工具，安全性都不太高。可以采用一些通用的加密方法，以提高安全性。

1. PDF 文件的加密与破解

Adobe 公司的 PDF 文件是一种通用文件格式，为防止机密文件被编辑、打印或选择文本、图形的复制，可以使用 Adobe Acrobat 或 EncryptPDF 软件对 PDF 文件进行加密，以提高文档的安全性。

【例 2-10】　使用 Adobe Acrobat 对 PDF 文件加密。

（1）运行 Adobe Acrobat 软件，打开 PDF 文件。

（2）单击"文件"菜单的"文档属性"命令，出现如图 2-79 所示的"文档属性"对话框，选择其中的"安全性"选项。

（3）单击"安全性方法"的下拉按钮，选择"口令安全性"，出现如图 2-80 所示的"口令安全性—设置"对话框。

（4）单击"要求打开文档的口令"复选框，在"文档打开口令"文本框中输入密码，单击"确定"按钮，出现如图 2-81 所示的"确认文档打开口令"对话框。

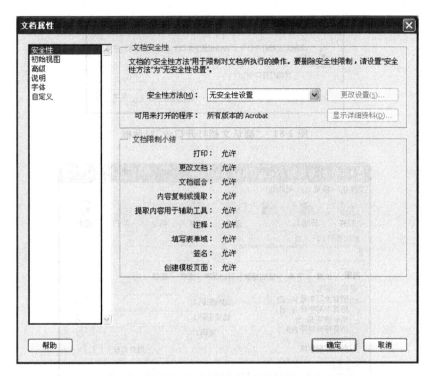

图 2-79　"文档属性"对话框

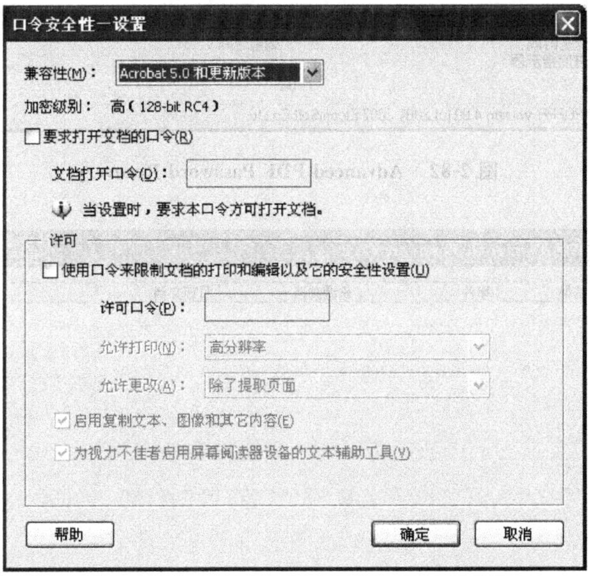

图 2-80　"口令安全性—设置"对话框

（5）再次输入密码，单击"确定"按钮，完成 PDF 文件的加密。

PDF 文件的破解软件与 Office 文件的破解软件大同小异，其典型代表为 Advanced PDF Password Recovery 和 PDF Password Remover，它们的界面分别如图 2-82 和图 2-83 所示。

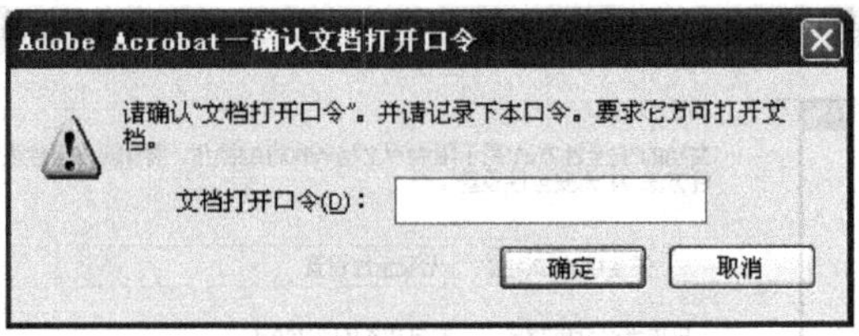

图 2-81　"确认文档打开口令"对话框

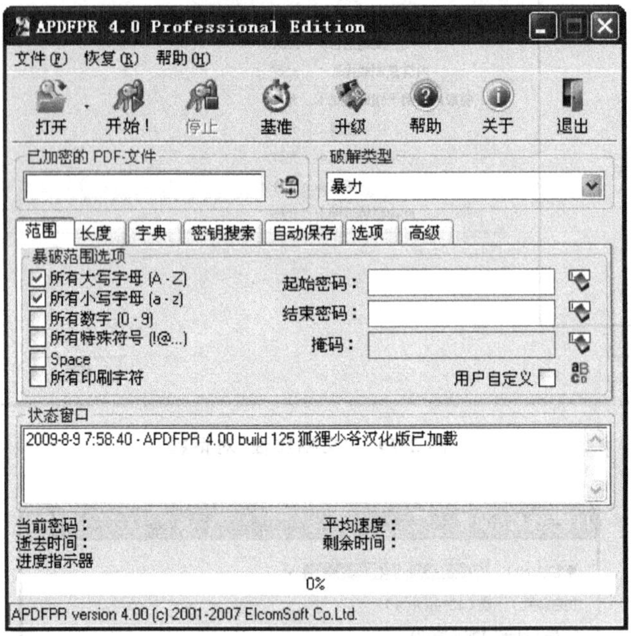

图 2-82　Advanced PDF Password Recovery

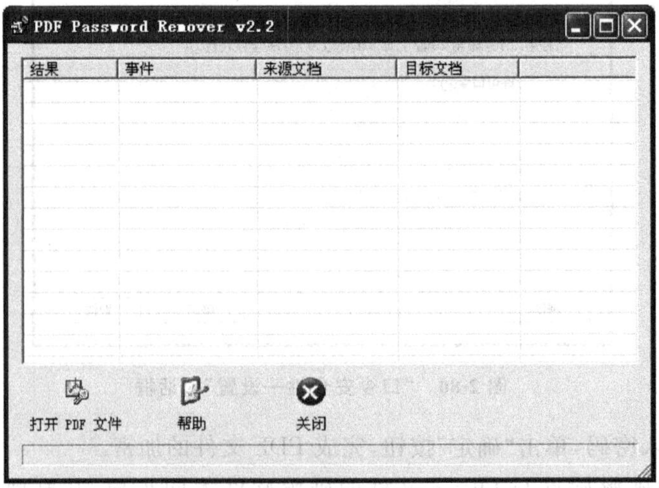

图 2-83　PDF Password Remover

2. 通用文件加密系统

对于各种类型的文件,还可以采用通用文件加密系统进行加密。通用文件加密系统并不是专门针对某种特定类型的文件,它适用于各种类型的文件,是最常用的文件加密方式。常见的通用文件加密软件有 Easycode Boy Plus!、BlackBox、加密精灵等。一般而言,它们有以下几个共同特点:

(1) 采用快速的分组对称算法。

(2) 在密文文件中插入校验码以保证文件内容不被篡改。

(3) 使用某个工具加密的文件一般只能用该工具解密。

(4) 除了加密/解密外还提供一些其他的附带功能,如文件插入、分割等。

【例 2-11】 使用通用加密软件 Easycode 加密、解密任意文件。

(1) 运行 Easycode 软件,在程序界面中单击"添加文件"按钮,选择要加密的文件,如 test.txt;在底部的密码文本框中输入密码,如图 2-84 所示。

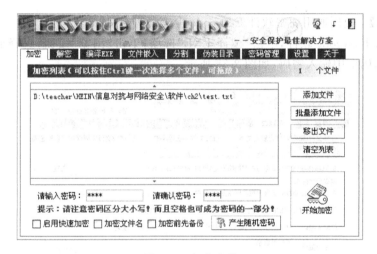

图 2-84 加密文件

(2) 单击"开始加密"按钮,出现加密成功对话框,如图 2-85 所示。

(3) 双击 test.txt 文件,出现乱码,如图 2-86 所示,说明加密成功。

图 2-85 加密成功对话框

图 2-86 加密后的文件

(4) 单击"解密"选项,在如图 2-87 所示的对话框中添加被加密的文件,输入密码,单击"开始解密"按钮。

(5) 解密成功后,打开 test.txt 文件,能够正常查看该文件内容。

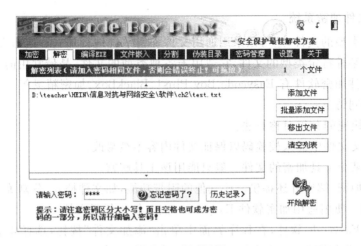

图 2-87　解密文件

【例 2-12】　使用通用加密软件 Easycode 生成自解密文件。

(1) 运行 Easycode 软件,单击"编译 EXE"选项,单击"浏览"按钮,选择要编译的文件 test. txt,在密码框中输入密码,如图 2-88 所示。

图 2-88　编译 EXE

(2) 单击"开始编译/加密"按钮,生成 test. exe 文件(test. txt 文件自动消失)。

(3) 双击 test. exe 文件,出现如图 2-89 所示的对话框。

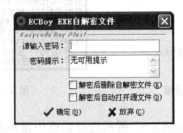

图 2-89　"自解密文件"对话框

（4）输入正确密码，单击"确定"按钮，出现如图 2-90 所示的对话框。

图 2-90 "解密完成"对话框

（5）在当前目录下 test.txt 文件重新出现，并可正常浏览。

2.4.4 文件夹加密

在 Windows 平台下，文件夹加密的方式归纳起来有两种：一种是简单地对文件夹进行各种方式的隐藏，甚至利用 Windows 的漏洞进行隐藏，这种软件根本就没有对数据进行任何加密处理，加密效果极其脆弱；另一种是利用 Windows 内核的文件操作监控来对文件和文件夹进行安全保护，这是目前最优秀、最安全的加密方式，代表软件是美国的 PGP 加密软件。

PGP 是 Pretty Good Privacy 的英文缩写，主要开发者菲利普·齐默曼（Philip R. Zimmermann）在志愿者的帮助下突破美国政府的禁止令，于 1991 年将 PGP 在互联网上免费发布。

它是一套用于消息加密、验证的应用程序，其加密/验证机制采用名为 IDEA 算法的散列算法，由一系列散列、数据压缩、对称密钥加密、以及公钥加密的算法组合而成。每个步骤支持几种算法，可以选择一个使用。每个公钥均绑定唯一的用户名和/或者 E-mail 地址。

【例 2-13】 使用 PGP Desktop 加密文件夹。

（1）第一次运行 PGP Desktop，出现"PGP 设置助手"，如图 2-91 所示。

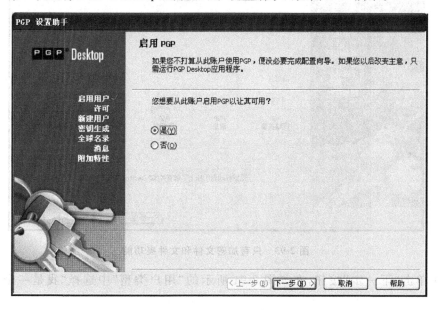

图 2-91 PGP 设置助手

（2）一路单击"下一步"按钮，填写相应内容，直到出现如图 2-92 所示的"输入许可证"界面。

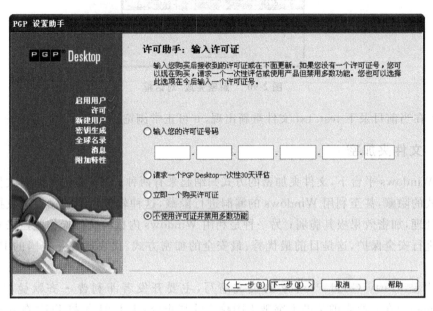

图 2-92　输入许可证

（3）选择"不使用许可证并禁用多数功能"单选项，单击"下一步"按钮，安装的 PGP Desktop 只能实现对文件和文件夹的加密，如图 2-93 所示。

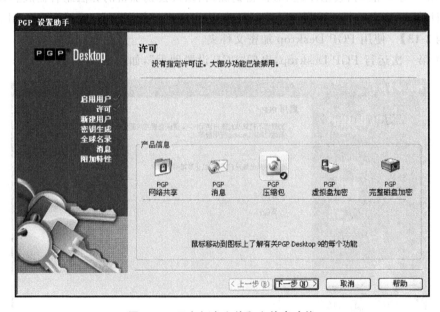

图 2-93　只有加密文件和文件夹功能

（4）单击"下一步"按钮，在如图 2-94 所示的"用户类型"中选择"我是一个新用户"选项。

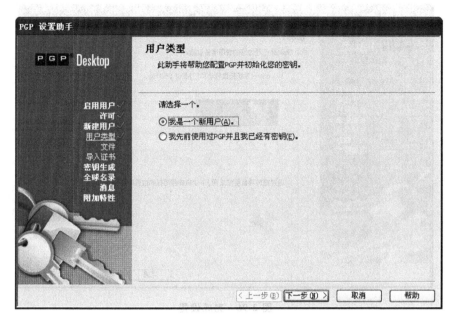

图 2-94 选择"用户类型"

（5）一路单击"下一步"按钮，填写相关内容，直到出现如图 2-95 所示的"创建密码"界面。

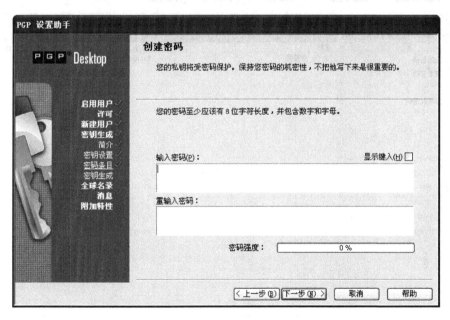

图 2-95 创建密码

（6）输入密码，一路单击"下一步"按钮，直到出现如图 2-96 所示的"恭喜"界面。单击"完成"按钮，完成 PGP 设置。

（7）运行 PGP Desktop，出现如图 2-97 所示的界面。

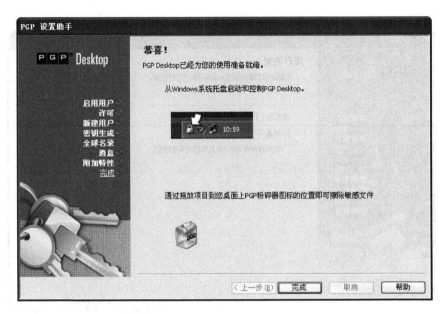

图 2-96　完成设置

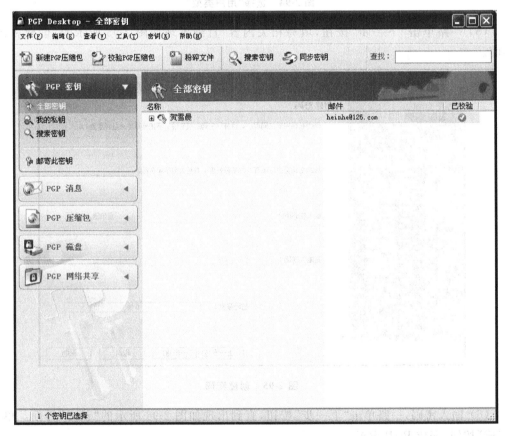

图 2-97　PGP Desktop 运行界面

（8）单击左侧的"PGP 压缩包"|"新建 PGP 压缩包"选项，出现"PGP 压缩包助手"界面，如图 2-98 所示。

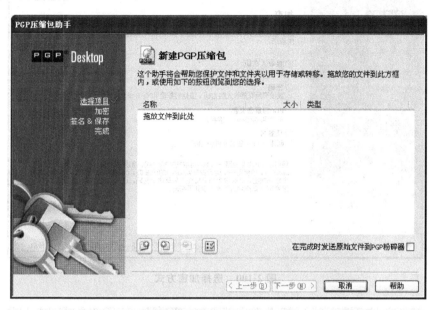

图 2-98　PGP 压缩包助手

（9）单击左下角的"添加目录"或"添加文件"按钮，添加想要加密的文件或文件夹，如图 2-99 所示。

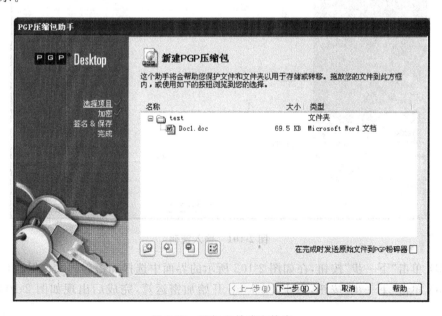

图 2-99　添加文件或文件夹

（10）单击"下一步"，选择加密的方式，如图 2-100 所示。

（11）一般选择第三种加密方式"PGP 自解密文档"，在其他没有安装 PGP Desktop 的计算机中也可以打开。单击"下一步"按钮，在如图 2-101 所示的界面中输入密码。

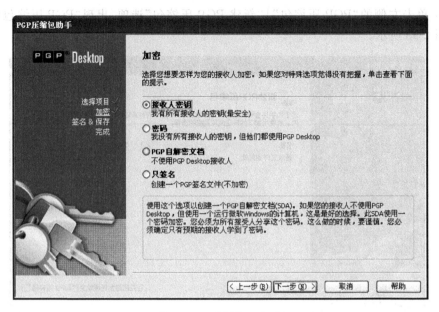

图 2-100   选择加密方式

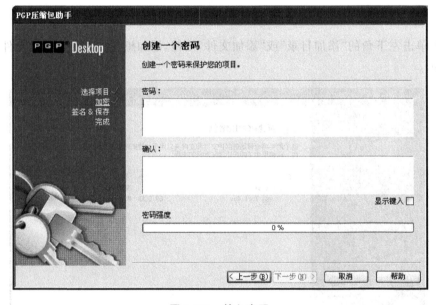

图 2-101   输入密码

(12) 单击"下一步"按钮,在如图 2-102 所示的界面中选择加密后的文件保存位置。

(13) 单击"下一步"按钮,PGP Desktop 开始加密运算,完成后出现如图 2-103 所示的界面。

(14) 单击"完成"按钮,加密后的文件,是一个可执行的 EXE 文件。双击该文件,弹出如图 2-104 所示的对话框,要求输入口令。

(15) 输入正确密码,单击"确定"按钮,解压加密文件。

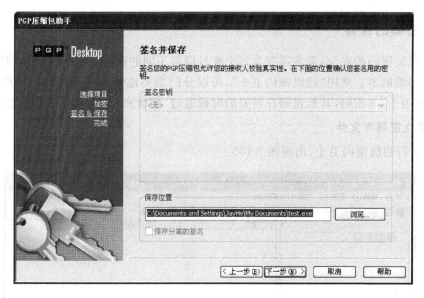

图 2-102　选择路径

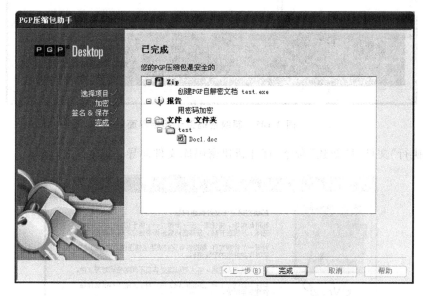

图 2-103　完成加密

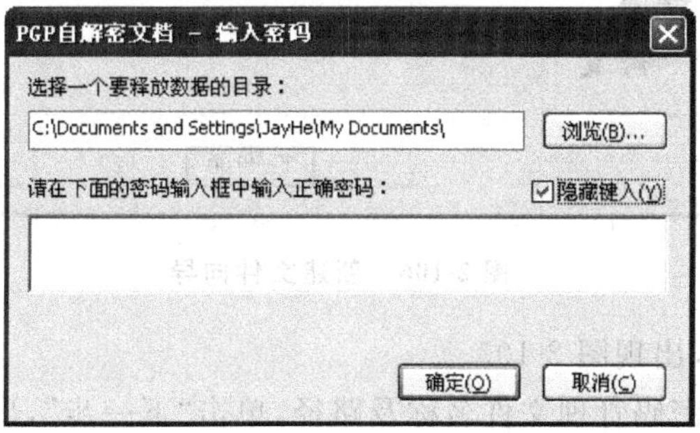

图 2-104　输入密码

2.4.5 密码的保存

为了保证密码的安全,常常需要为每个账号设置不同的密码,但要记忆如此多的密码是一件比较困难的事。使用"超级密码卫士",可以分门别类地管理各类密码。用户只要记住"超级密码卫士"的密码,其他密码在需要的时候通过"超级密码卫士"可以方便地获得。

1. 建立密码库文件

(1) 运行超级密码卫士,出现图 2-105。

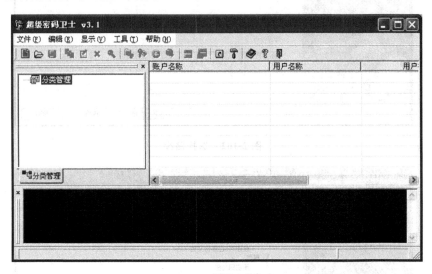

图 2-105　超级密码卫士起始界面

(2) 执行"文件"|"新建"命令,打开新建密码库文件向导,如图 2-106 所示。

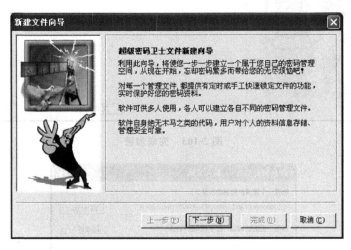

图 2-106　新建文件向导

(3) 单击"下一步",出现图 2-107。

(4) 输入要建立的密码管理文件名称及路径,单击"下一步",出现图 2-108。

(5) 输入密码库文件密码,单击"下一步",出现图 2-109。

图 2-107　密码管理文件

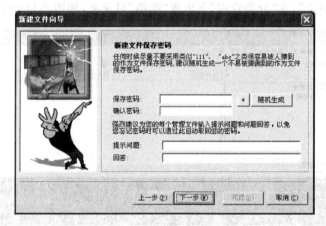

图 2-108　设置密码

图 2-109　完成设定

（6）单击"完成"，返回到起始界面。

2. 在密码库文件中添加账号和密码

（1）在起始界面中执行"文件"|"打开"命令，选择密码库文件，出现图 2-110。

（2）输入密码库文件密码，单击"确定"，返回到起始界面。在起始界面中右键单击"分类管理"，执行"新增目录夹"命令，出现图 2-111。

图 2-110　打开密码库文件

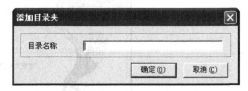

图 2-111　在密码库文件中建立目录夹

（3）建立不同的目录夹可以分别存放不同的账号和密码，如将邮箱密码保存到"邮箱"目录夹中、把银行账号密码保存到"银行"目录夹中。在图 2-111 的"目录名称"文本框中输入"邮箱"，单击"确定"，在"分类管理"下出现"邮箱"目录夹，如图 2-112 所示。

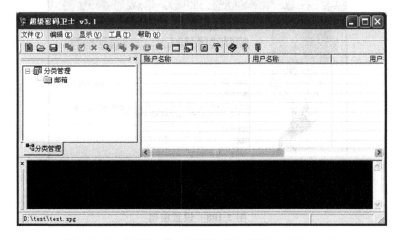

图 2-112　目录夹建立完毕

（4）单击"邮箱"，执行"编辑"|"添加账户"命令，出现图 2-113。

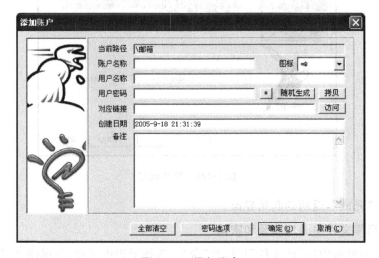

图 2-113　添加账户

（5）输入账户名称、用户名称、用户密码等信息，单击"确定"按钮，出现图 2-114。

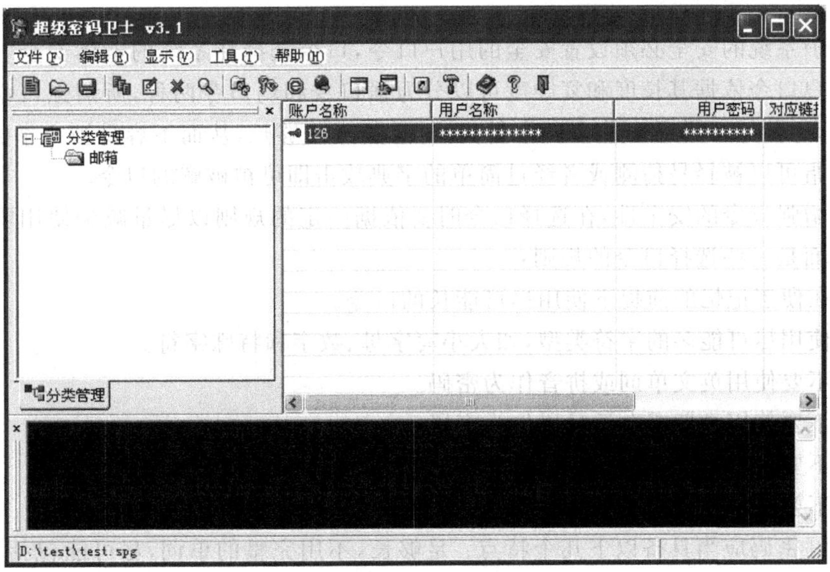

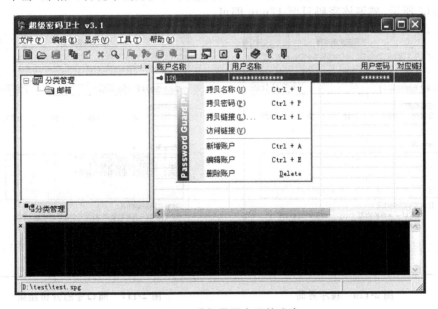

图 2-114　账户添加完毕

3. 使用密码库文件中保存的密码

（1）在起始界面中执行"文件"|"打开"命令，选择密码库文件，输入密码库文件密码，单击"确定"，返回起始界面。

（2）单击"邮箱"，右键单击账户，出现如图 2-115 所示的快捷菜单。

图 2-115　选择需要密码的账户

（3）执行"拷贝密码"命令，将密码复制到"剪贴板"，从而获得需要的密码。

2.4.6　密码强度的检测

要保护系统的安全必须设置安全的用户口令,口令选择在系统的整体安全中起到关键作用。用户口令依据其长度和复杂度可以分为强口令和弱口令两种,所谓强口令是指其组成成分复杂,能够涵盖尽可能多的字符类型,且长度足够长,从而不容易被穷举的口令;弱口令则泛指可以被轻易猜测或者经过简单的字典攻击即可被破解的口令。

为了增强口令的安全性,在选择口令时要依据一定的规则以尽量减少使用弱口令的可能性。下面是一些选择口令的规则:

(1) 在便于记忆的前提下使用尽可能长的口令。

(2) 使用尽可能多的字符类型,如大小写字母、数字和特殊字符。

(3) 不要使用英文单词或拼音作为密码。

(4) 不要使用日期或电话号码作为密码。

(5) 不要使用用户名或者用户名的变形作为密码。

(6) 不要将密码存放在计算机的文件上。

一个好密码应当具备以下几个特点:足够长,不用完整的单词,尽可能包括数字、标点符号和特殊字符,混用大小写字符,经常修改密码。

使用"密码安全测试器"软件可以测试密码的复杂度和安全强度,并可以得到破译该密码所需时间的大致信息,可以根据测试的分析结果调整自己的密码。

【例 2-14】　使用"密码安全测试器"测试密码的强度。

(1) 运行"密码安全测试器"软件,出现如图 2-116 所示的程序界面。

(2) 在"请输入您的密码"文本框中输入口令 shanghai,单击"开始分析"按钮,分析结果如图 2-117 所示,破解该密码只要 17min 即可。

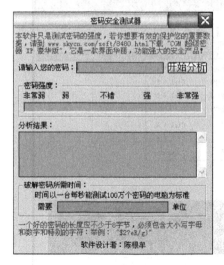

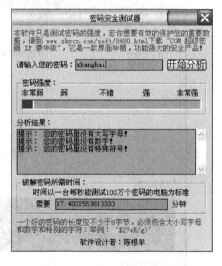

图 2-116　程序界面　　　　　　　　图 2-117　弱口令的分析结果

(3) 根据分析结果调整密码,在密码中加入大写字符、数字、特殊符号并使长度超过 8 位,如 Shang%021Hai。单击"开始分析"按钮,分析结果如图 2-118 所示。破解该密码需要五千多万年,可见其安全性非常高。

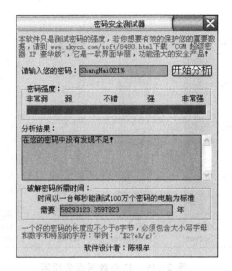

图 2-118　强口令的分析结果

2.5　数据库加密

2013 年美国得克萨斯州审计办公室数据库泄密,造成 350 万人的姓名、社会安全号码和邮寄地址、一些人的出生日期和驾驶执照号码等敏感信息被泄密了将近整整一年;2013 年 6 月 8 日,花旗银行的银行网站遭到黑客攻击,黑客能看到 21 万北美地区银行卡用户的姓名、账户和电子邮箱等信息,而且一些用户的信息已被非法修改,个别用户名下出现了多个信用卡账号。

国际著名安全厂商迈克菲《2012 年风险与合规展望》报告,数据库安全成为企业信息安全头等要务;2010 年 11 月 30 日普华永道发布的年度全球信息安全调查报告显示,中国企业信息安全事故发生率远远高于世界平均水平。网络事故、数据事故及系统事故是中国企业常见的三大信息安全事故,发生率分别为 51%、45% 和 40%。而相同事故在全球范围内的发生率则为 25%、27% 与 23%。也就是说,中国企业发生信息安全事故的概率是世界平均水平的 2 倍左右。这个数据与 2009 年相比仍呈现一定程度的上升趋势。

美国 Verizon 最近就"核心数据是如何丢失的"做了一次全面的市场调查,结果发现,92% 的数据丢失情况是由于数据库漏洞造成的,如图 2-119 所示,这说明数据库的安全非常重要。

企业核心信息的 80% 是以结构化信息,即数据形式存在的。数据作为企业核心资产,一旦发生非法访问、数据篡改、数据盗取,将给企业在信誉和经济上带来巨大损失。

数据库安全建设在国内乃至全球都是一个新型的安全领域;过去十多年病毒问题、网络安全问题的广泛暴露,用户的网络安全意识、主机安全意识得到显著提升,网络安全和主机安全产品和解决方案成为安全建设的主体;但这些安全建设忽视了数据库安全问题,使数据库安全成为信息系统安全的最大软肋。

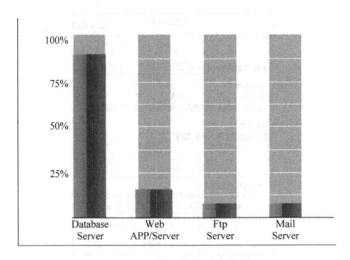

图 2-119　核心数据丢失原因

数据库加密系统能够有效地保证数据的安全,即使非法用户窃取了关键数据,他仍然难以得到所需的信息,因为所有的数据都经过了加密。另外,数据库加密后,可以设定不需要了解数据内容的系统管理员不能见到明文,大大提高了关键数据的安全性。

2.5.1　数据库加密的方法

数据库加密系统对数据库密码的要求是:

(1) 数据库加密以后,数据量不应明显增加;

(2) 某一数据加密后,其数据长度不变;

(3) 加/解密速度要足够快,数据操作响应时间应该让用户能够接受。

改变对分组密码算法传统的应用处理方法,使其加密后密文长度不变,就能满足以上几点要求。

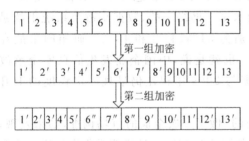

图 2-120　密码挪用法

在使用分组密码算法时,对明文尾部不满一个整组的碎片通常采用填充随机数的办法将其扩充为一个整组,然后进行加密。这种处理方法会使数据扩张,不适合数据库加密,为此采用"密码挪用法"来解决这个问题,如图 2-120 所示。

假设待加密数据的长度为 13,每个分组长度为 8。第一组(1~8)加密后截取第 6~第 8的密文与尾部(9~13)组成一个整组进行加密,加密所得密文接在前一个组的第 5 个密文之后。其中,第 6~第 8 实际上进行了二次加密,在解密时也应该进行二次脱密。这样就保证数据库加密后的数据长度不会发生变化。

2.5.2　数据库加密的实现

对数据库数据的加密可以在三个不同的层次实现,这三个层次分别是 OS、DBMS 内核层和 DBMS 外层。

1. 在 OS 层实现加密

由于无法辨认数据库文件中的数据关系,从而无法产生合理的密钥,也无法进行合理的密钥管理和使用。所以,在 OS 层对数据库文件进行加密,对于大型数据库来说,目前还难以实现。

2. 在 DBMS 内核层实现加密

在 DBMS 内核层实现加密是指数据在物理存取之前完成加/解密工作,DBMS 和加密器之间的接口需要 DBMS 开发商的支持。这种加密方式的优点是加密功能强,并且加密几乎不会影响 DBMS 的功能。其缺点是在服务器端进行加/解密运算,加重了数据库服务器的负载。这种加密方式如图 2-121 所示。

3. 在 DBMS 外层实现加密

将数据库加密系统做成 DBMS 的一个外层工具(如图 2-122 所示)。"加密定义工具"模块的主要功能是定义如何对每个数据库表数据进行加密。在创建了一个数据库表后,通过这一工具对该表进行定义。"数据库应用系统"模块的功能是完成数据库定义和操作。数据库加密系统将根据加密要求自动完成对数据库数据的加/解密。采用这种加密方式,加/解密运算可以放在客户端进行,其优点是不会加重数据库服务器的负载并可实现网上传输加密,缺点是加密功能会受到一些限制。

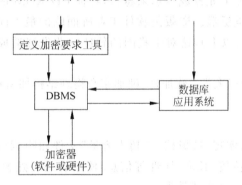

图 2-121 在 DBMS 内核层实现加密

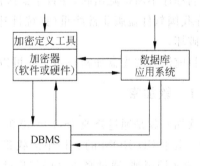

图 2-122 在 DBMS 外层实现加密

2.5.3 数据库加密系统的结构

数据库加密系统分成两个功能独立的主要部件:加密字典管理程序和数据库加/解密引擎,体系结构如图 2-123 所示。

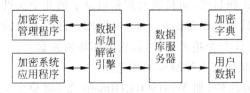

图 2-123 数据库加密系统体系结构

　　数据库加密系统将用户对数据库信息的具体加密要求记载在加密字典中,加密字典是数据库加密系统的基础信息。

　　加密字典管理程序是管理加密字典的实用程序,是数据库管理员变更加密要求的工具。加密字典管理程序通过数据库加/解密引擎实现对数据库表的加密、解密及数据转换等功能。

　　数据库加/解密引擎是数据库加密系统的核心部件,负责在后台完成数据库信息的加/解密处理,它对于应用开发人员和操作人员是透明的。

　　按以上方式实现的数据库加密系统具有很多优点。首先,系统对数据库的最终用户完全透明,数据库管理员可以指定需要加密的数据并根据需要进行明文/密文的转换工作;其次,系统完全独立于数据库应用系统,不需要改动数据库应用系统就能实现加密功能,同时系统采用了分组加密和二级密钥管理,实现了"一次一密";最后,系统在客户端进行数据加/解密运算,不会影响数据库服务器的系统效率,数据加/解密运算基本无延迟感觉。

2.6　光盘加密

　　由于 CD-ROM 的文档结构是遵循 ISO-9660 的标准制定的,而 ISO-9660 的文档结构不但公开且过于简单,因此很难加以保护。加上光盘成本越来越低,各种 CD-ROM 的制作及复制程序不断推陈出新,导致了盗版的严重泛滥。盗版是软件工业所面临的最大问题之一,在我国软件盗版非常严重(据统计达 90%以上),这对于我国的软件行业发展造成了很大的破坏。

　　目前流行的光盘加密技术主要可以分为三大类:软加密、硬加密和物理结构加密技术。

2.6.1　软加密

　　软加密就是通过修改 ISO-9660 的结构,实现"垃圾档"、"超大容量"文件和隐藏目录等功能。由于 CD-ROM 的文档中记载着起始位置、长度、属性等信息,使用者只要熟悉 ISO-9660 的文档规则,通过修改这些信息就可以达到上述效果。

1. 光盘加密

　　通过修改文档的起始位置,可以造成看得到该文档却不能对它进行复制,实现"垃圾档"效果;设置"超大容量"文件的原理,就是把实际很小的文件修改成几百兆到上千兆的超大文件(实际上是欺骗操作系统),造成文件复制失败;隐藏目录法就是把目录隐含掉,使用浏览器查看光盘时看不到任何目录,而只能看到根目录下的几个文件。

　　光盘加密大师是一款加密光盘制作工具,可以用它修改光盘镜像文件,将光盘镜像文件中的目录隐藏,将普通文件变为超大文件,轻松制作加密光盘。

　　【例 2-15】　使用光盘加密大师制作加密光盘。

　　(1) 用光盘镜像编辑软件(如 WinISO,CDImage 等)将整张光盘或者硬盘上的文件制作成光盘镜像文件。

　　(2) 运行光盘加密大师,打开刚才做好的光盘镜像文件,如图 2-124 所示。

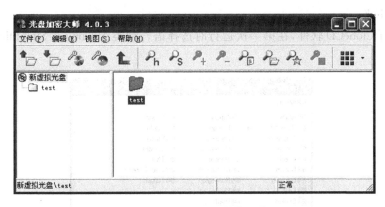

图 2-124 打开光盘镜像文件

（3）单击工具栏上的"隐藏选定目录"、"变为超大文件"等按钮，实现将目录隐藏、文件变大等功能。

（4）单击"写入光盘密码"按钮，出现如图 2-125 所示的对话框，可以设置打开光盘时的密码。

（5）使用 Nero 等刻录软件将镜像文件刻入光盘，如图 2-126 所示。

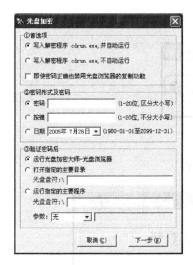

图 2-125 设置打开光盘时的密码

图 2-126 将镜像文件刻入光盘

（6）打开刻录后的光盘，出现如图 2-127 所示的对话框，要求输入正确的密码。

图 2-127 受密码保护的光盘

2. 加密光盘的复制

上述方法不能达到全面保护光盘的目的，如防止光盘复制刻录、制作镜像文件等，也逃不过 CloneCD、DiscJuggler、CDRwin 等软件的"追捕"。

【例 2-16】 使用 CloneCD 软件实现加密光盘的复制。

CloneCD 是一款功能强大的 CD-Copy 程序，不管光盘是否有保护或加密，它能够忠实地将其复制下来。

(1) 运行 CloneCD 软件,在第一次运行时选择语言种类为 Chinese Simplified,如图 2-128 所示。

图 2-128　选择中文界面

(2) 单击 OK 按钮,出现如图 2-129 所示的程序主界面。

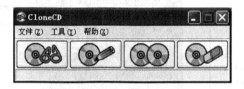

图 2-129　CloneCD 主界面

(3) 单击"复制光盘"按钮,出现如图 2-130 所示的对话框。

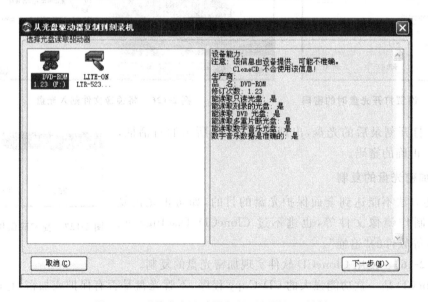

图 2-130　"从光盘驱动器复制到刻录机"对话框

（4）单击"下一步"，出现图 2-131，选择光盘读取驱动器。

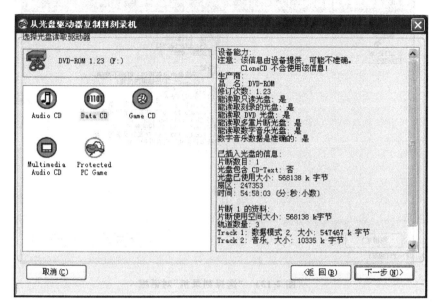

图 2-131　"选择光盘读取驱动器"对话框

（5）单击"下一步"，出现图 2-132，生成映像文件。

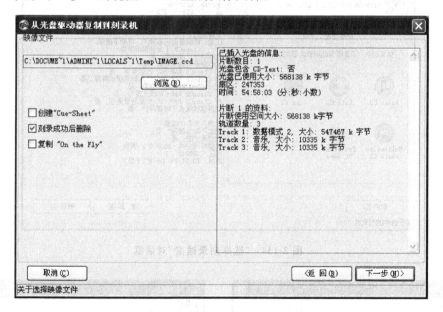

图 2-132　选择映像文件对话框

（6）单击"下一步"，出现图 2-133，选择刻录机。

（7）单击"下一步"，选择刻录速度，如图 2-134 所示。

（8）单击"确定"，出现图 2-135，读取光盘内容。

（9）读取完成后，写入到刻录机中，如图 2-136 所示。

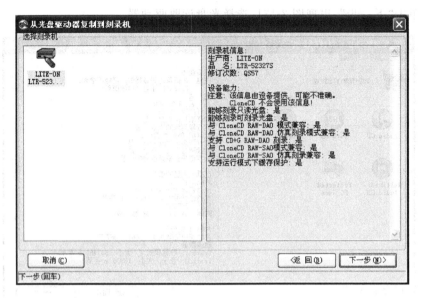

图 2-133　"选择刻录机"对话框

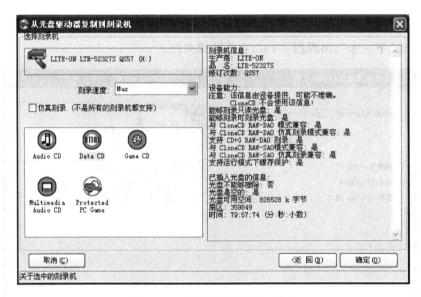

图 2-134　"选择刻录速度"对话框

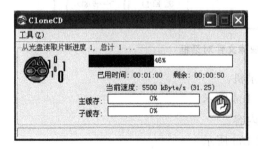

图 2-135　正在读取光盘内容

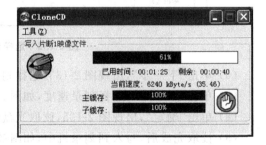

图 2-136　正在写入刻录机

（10）刻录完成后，出现图 2-137。

图 2-137 复制完成

2.6.2 硬加密

采用硬加密的光盘，在运行时需要某些特定设备，如加密狗、特定的解码电路、特定光驱或特定播放设备。这种加密方法的技术难度高、加密强度好，但使用不方便且加密费用高。

从外观上来看，多数加密狗是体积小如火柴盒、接在并口或 USB 口的保护装置，其加密思想是在程序执行中与加密狗交换数据。采用"用户算法植入"的加密狗在加密硬件中开辟一块存储区，将用户程序的一部分写进去，并交由加密狗来执行。用户程序如果没有狗，将不完整。加密狗与用户程序由此实现了最紧密的结合，令加密效果特别可靠。

采用特定设备的典型是 Wave Systems 公司，该公司与提供盘片内容的公司和原始设备制造商建立伙伴关系，同计算机一起捆绑销售 CD-ROM 和 DVD-ROM。要购买 CD-ROM 和 DVD-ROM，消费者必须拥有一种结合了 WaveMeter 的附加卡或外围设备，或者安装了 WaveMeter 的新的电脑。一旦 WaveMeter 通过 WaveNet 注册，消费者才可以使用 CD 上的内容。这种办法，当然可以很有效地防止盗版，但是很明显，其费用是很高的，因为要附加特定的软硬件。

2.6.3 物理结构加密技术

物理结构加密技术，就是改变光盘的物理结构，其主要原理是利用特殊的光盘母盘上的某些特征信息是不可再现的，这些特征信息位于光盘复制时复制不到的地方，大多是光盘上非数据性的内容。

在使用光盘刻录工具进行光盘复制的过程中，会被系统检测成"坏扇区"而中断复制，合法软件因此得到了保护。但是母盘设备价值昂贵，改动母盘机，首先会产生额外费用，其次操作不便且耽误软件产品的上市时间，最后在对抗虚拟光驱类程序时也显示出不足。

例如 TTR、LASERLOCK、Macrovision、C-Dilla 等公司在光盘上制作出指纹（特殊的轨道、扇区），这些指纹无法通过刻录设备或母盘制作设备读取。用光盘测试软件测试时发现，盘片上有许多的坏扇区，这些坏扇区就是用来防止对光盘进行拷贝的。但是对于这些防盗版盘，如果将其文件复制到硬盘上，然后用一个光驱虚拟软件将这些文件虚拟成一个光盘的话，仍然可以正常运行。

习　　题

1. 什么是明文、密文和密钥？
2. 密码攻击的方法有哪几种？特点是什么？
3. 对称密码体制和非对称密码体制的特点是什么？
4. 代替密码和换位密码的特点是什么？
5. 使用加法密码、乘法密码、仿射密码、密钥短语密码、维吉尼亚密码、换位进行加密和解密。

6. 简述现代密码学的两大成就。

7. 公开密钥如何应用于保密通信和数字签名?

8. 申请数字证书,实现电子邮件的数字签名。

9. 简述基于生物特征密码技术的基本原理和过程。

10. 上机实现 RAR 文件、Office 文件、PDF 文件的加密与破解。

11. 上机使用通用文件加密软件 Easycode Boy Plus 对文件进行加密。

12. 上机使用 PGP Desktop 实现对文件或文件夹的加密。

13. 上机实现密码的保存。

14. 简述选择强口令的规则。

15. 数据库加密系统有哪些特殊要求?

16. 简述光盘加密技术的三种技术。

第3章 通信保密技术

保密通信已经有了几千年的历史,它最先用于政治和军事,进入信息时代后,通信保密不仅仅限于军事和政治,商业和个人隐私的保护使得保密通信成为越来越多人的基本需要。信息时代的军事、政治更依赖于保密通信,因为信息传送已成为现代信息战的重要一环。

通信保密技术包括数据保密通信、话音保密通信和图像保密通信。

3.1 保密通信的基本要求

保密通信的基本要求是:保密性、实时性、可用性和可控性。

1. 保密通信的保密性要求

通信的保密性指防止信息被非授权地泄露,包括通信的隐蔽性、通信对象的不确定性和抗破译能力。

1)通信的隐蔽性

要从通信中获得信息首先必须明确是否正在进行通信,如果不知是否正在通信,当然无法窃取通信中的信息。

2)通信对象的不确定性

窃密者虽然知道正在进行通信,但根本无法知道通信的双方是谁,这在技术上称为对抗业务流分析。

3)抗破译能力

虽然窃密者获得了通信信息,但是由于信息已被加密,窃密者不能破译信息的内容。

上述三种要求中,最基本的是抗破译性,其次是通信对象的不确定性,最后才是通信的隐蔽性。

2. 保密通信的实时性要求

保密通信可能会影响到通信的实时性,保密通信的实时性要求就是要把这个影响减少到最低程度,使传送的延迟时间越短越好。

例如对于实时性要求很强的电话业务,如果保密电话时延较大,一方的讲话过很久才传到对方,就违反了正常电话通信的方式,没有人会愿意使用。

又如活动图像通信,如果本来连续的画面,由于时延大,成了木头人一样不连贯的动作,即使保密性很好,也不能满足活动图像通信的要求。

3. 保密通信的可用性要求

可用性指合法使用者能方便迅速地使用保密通信系统,满足使用者要求的各种服务。

例如保密电话,合法使用者随时拿起话筒即可通话,不能使接通率下降,不能让使用者过多地等待或进行过多的操作。

4. 保密通信的可控性要求

可控性要求指某些保密通信经过一定的法律法规批准后,可以由法律规定部门监听通信内容,避免犯罪分子利用保密通信进行犯罪活动,保护国家利益和人民利益,保证社会的安定。

3.2　数据保密通信

数据通信是把数据的处理和传输合为一体,以实现数字形式信息的接收、存储、处理和传输,并对信息流加以控制、校验和管理的一种通信形式。

数据通信与电话、电报通信方式的区别是:电话传送的是话音,电报传送的是文字或传真图像,而数据通信传送的是数据,即由一系列字母、数字和符号所表示的概念、命令等。在电话和电报通信中,通信双方都是人,而数据通信则是操作员使用终端设备,通过线路与远端的计算机,或计算机之间交换信息,其本质是机器之间的通信。

数据通信的加密可以通过下列方式实现:在数据传送前,对欲传送的信息进行加密或隐藏处理;在数据传送过程中,对传输信道和传输设备中传送的信息采用逐链加密、端端加密或混合方式加密。

3.2.1　网络通信保密技术

现代通信中数据通信大多呈现网络通信,网络通信保密技术是指根据网络的构成和通信的特点,根据应用环境的不同要求,将密码术加到计算机网络上的技术。其基本的保密技术就是加密,加密的方法包括:逐链加密、端端加密和混合方式加密。

1. 逐链加密

逐链加密在 OSI 的数据链路层实现。在数据传输的每一个节点上,对数据报文正文、路由信息、校验和等控制信息全部加密,每一个节点都必须有密码装置,以便解密、加密报文。

当数据报文传输到某个中间节点时,必须被解密以获得路由信息和校验和,进行路由选择和差错检测,然后再被加密,发送到下一个节点,直到数据报文到达目的节点为止。

在中间节点上的数据报文是以明文出现的,所以要求网络中的每一个中间节点都要配置安全单元(即信道加密机)。

由于报文和报头同时进行加密,有利于对抗业务流量分析。

2. 端端加密

数据在发送端被加密,在最终目的地(接收端)解密,中间节点不以明文的形式出现。

端端加密是在应用层完成的。除报头外的报文,均以密文形式贯穿于全部传输过程中。只是在发送端和接收端才有加解密设备,在任何中间节点报文均不解密,因此,不需要有密码设备。同逐链加密相比,可减少密码设备的数量。

另一方面,信息是由报头和报文组成的,报文是要传送的信息,报头是路由选择信息。

由于网络传输中涉及路由选择,在逐链加密时,报文和报头两者均须加密。而在端端加密时,由于通道上的每一个中间节点虽不对报文解密,但为将报文传送到目的地,必须检查路由选择信息,因此,只能加密报文,而不能对报头加密。

端端方式对整个网络系统采取保护措施,解决了在节点中数据是明文的缺点,但报头必定以明文形式出现,容易遭受业务流量分析。

3. 混合方式加密

采用逐链加密方式,从起点到终点,要经过许多中间节点,在每个节点均要转换为明文,如果链路上的某个节点安全防护比较薄弱,那么按照木桶原理(木桶水量由最低一块木板决定),虽然采取了加密措施,但整个链路的安全只相当于最薄弱节点处的安全状况。

采用端端加密方式,由发送方加密报文,接收方解密报文,中间节点不必都解密,也就不需要密码装置。此外,加密可采用软件实现,使用起来很方便。在端端加密方式下,每对用户之间都存在一条虚拟的保密信道,每对用户共享密钥,所需的密钥总数等于用户对的数目。对于几个用户,若两两通信,共需密钥 $n(n-1)/2$ 个,每个用户需 $n-1$ 个密钥。这个数目将随网上通信用户的增加而增加。为安全起见,每隔一段时间还要更换密钥,有时甚至只能使用一次性密钥,密钥的用量很大。

逐链加密,每条物理链路上,不管用户多少,可使用一种密钥。在极端情况下,每个节点都与另外一个单独的节点相连,密钥的数目也只是 $n(n-1)/2$ 个。这里 n 是节点数而非用户数,一个节点一般有多个用户。

从身份认证角度看,逐链加密只能认证节点,而不是用户。使用节点 A 密钥的报文,仅仅保证它来自节点 A。报文可能来自 A 的任何用户,也可能来自另一个路过节点 A 的用户。因此逐链加密不能提供用户鉴别。端端加密对用户是可见的,可以看到加密后的结果,起点、终点很明确,可以进行用户认证。

总之,逐链加密对用户来说比较容易,使用的密钥较少,而端端加密比较灵活,用户可见。将两种加密方式结合起来,对于报头采用逐链方式进行加密,对于报文采用端端方式加密,称为混合方式加密。

3.2.2　信息隐藏技术

信息隐藏起源于古老的隐写术。在古希腊战争中,为了安全传送军事情报,奴隶主剃光奴隶的头发,将情报纹在奴隶的头皮上,待头发长长后再派出去传送消息。我国古代也早有以藏头诗、藏尾诗、漏格诗以及绘画等形式,将要表达的意思和"密语"隐藏在诗文或画卷中的特定位置,一般人只注意诗或画的表面意境,而不会去注意或破解隐藏其中的密语。

使用加密技术对信息进行加密,使得在信息传递过程中的非法拦截者无法从中获取机密信息,从而达到保密的目的。但这种方法有一个明显的不足:加密技术把一段有意义的明文信息转换成看起来没有意义的密文信息,它明确提示攻击者哪些是重要的信息,容易引起攻击者的注意,从根本上造成了一种不安全。即使攻击者破译失败,也可将信息破坏,使合法接收者无法阅读信息内容。

信息隐藏技术正是在上述背景下发展起来的,它将机密信息秘密隐藏于普通文件中,然后通过网络发送出去。非法拦截者从网络上拦截下的经伪装后的机密资料,并不像传统加密过的文件那样是一堆乱码,而是看起来和其他非机密性的一般资料无异,因而容易欺骗非法拦截者。

　　信息隐藏技术作为一种新兴的信息安全技术已经在许多应用领域被使用,它主要的两个分支为隐秘术和数字水印,应用于 Internet 传输秘密信息时,被称为隐秘术;应用于版权保护时,被称为数字水印技术。

　　信息隐藏的目的不是限制正常的信息存取,而是保证隐藏的信息不引起攻击者的注意和重视,从而减少被侵犯的可能性,在此基础上再使用密码学中的经典方法来加强隐藏信息的安全性。

　　信息隐藏的方法是利用人类感觉器官的不敏感(感觉冗余)和多媒体数据中存在的冗余(数据特性冗余),将受保护信息隐藏在载体信息中,对外只表现载体信息的外部特征,而不改变载体信息的基本特征和使用价值。

　　替换系统是最常用的隐藏系统。基本的替换系统试图用秘密信息比特替换伪装载体中不重要的部分,以达到对秘密信息进行编码的目的。如果接收者知道秘密信息嵌入的位置,他就能提取出秘密信息。由于在嵌入过程中仅对不重要的部分进行修改,发送者可以假定这种修改不会引起攻击者的注意。

1. 基于文本的信息隐藏

　　在文本数据中隐藏秘密信息的方法可以将信息直接编码到文本内容中(利用语言的自然冗余性),或者将信息直接编码到文本格式中(如调整字间距或行间距等)。

　　【例 3-1】　使用 ByteShelter Ⅰ实现将秘密信息隐藏在 rich text 文本中。

　　(1) 运行 ByteShelter Ⅰ软件,界面如图 3-1 所示。

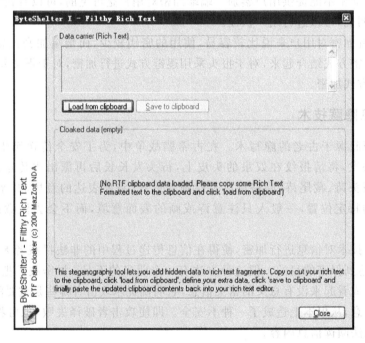

图 3-1　ByteShelter Ⅰ软件运行界面

（2）运行包含 rich text 的软件，如 Word，在其中输入任何文字，选中它们后复制到剪贴板。

（3）单击 Load from clipboard 按钮，出现如图 3-2 所示的 Password 对话框。

（4）输入密码，单击 OK 按钮，显示从剪贴板中粘贴的文字的字符数，如图 3-3 所示。

（5）在 Message 文本框中输入要隐藏的文本，注意输入的文本不能超出 Total cloaking space 中显示的长度。完成后单击 Save to clipboard 按钮，软件将要输入的信息隐藏在前面 Word 中输入的文字中，并复制到剪贴板中。

图 3-2　Password 对话框

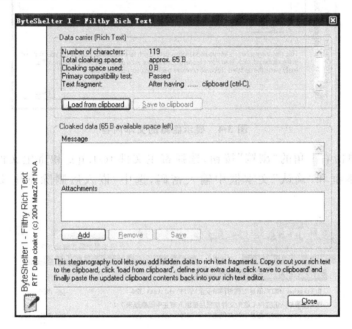

图 3-3　显示粘贴的字符数

（6）退出 ByteShelter Ⅰ 软件。新建 Word 文件，粘贴剪贴板中的内容，保存该 Word 文件。

（7）要显示隐藏信息，则打开该 Word 文件，复制文本内容到剪贴板。运行 ByteShelter Ⅰ 软件，单击 Load from clipboard 按钮，出现 Password 对话框，输入正确的密码，在 Message 文本框中自动显示隐藏的信息，如图 3-4 所示。

2. 基于图像的信息隐藏

图像和数字声音天然地包含各种噪声形式的冗余，可以将秘密信息放置在信号的噪声成分中，通过对秘密信息进行某种方式的编码，使它与真正的随机噪声不可区分，以实现信息隐藏。

【例 3-2】　使用 Easycode 将文本文件 test.txt 嵌入 test.jpg 文件中。

（1）运行 Easycode，单击“文件嵌入”选项。

（2）查看并记下 test.jpg 和 test.txt 文件的内容。

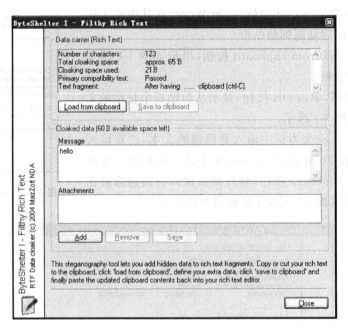

图 3-4　显示隐藏的文本内容

（3）分别单击右上角的"浏览"按钮，选择寄主文件 test. jpg 和寄生文件 test. txt，在下方的"密码"文本框和"确认"文本框中输入密码，选中"嵌入后删除寄生文件"复选框，如图 3-5 所示。

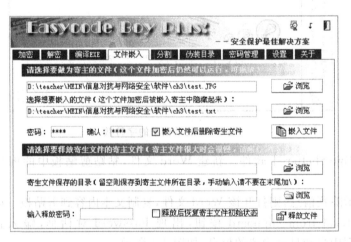

图 3-5　将文本文件嵌入到 jpg 文件中

（4）单击"嵌入文件"按钮，出现如图 3-6 所示的对话框，表示 test. txt 文件已被嵌入 test. jpg 中。查看 test. txt 文件，发现已被删除。

（5）分别查看嵌入文本文件前后的 jpg 文件，如图 3-7 所示，可以发现文件内容没有发生变化。

【例 3-3】　使用 Easycode 释放 test. jpg 文件中的寄生文件 test. txt。

图 3-6　嵌入成功

(a) 嵌入前　　　　　　　　(b) 嵌入后

图 3-7　嵌入前后 jpg 文件的比较

（1）运行 Easycode,单击"文件嵌入"选项。

（2）单击右下角的"浏览"按钮,选择寄主文件 test.jpg,在下方的"输入释放密码"文本框中输入密码,选中"释放后恢复寄主文件初始状态"复选框,如图 3-8 所示。

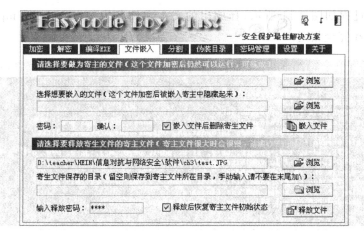

图 3-8　释放文件

（3）单击"释放文件"按钮,释放成功后,显示如图 3-9 所示的对话框。

（4）打开 test.txt 文件,其内容与原来一致。

3. 基于声音的信息隐藏

由于人类的听觉系统对声音的相位不敏感,因此可以根据这个事实将秘密数据隐藏在数字声音中。通常的做法是对音频信号进行快速傅里叶变换,通过修改相位值以插入秘密信息,将结果反变换到时域上即可得到伪装结果。

图 3-9　释放成功

【例 3-4】　使用 MP3 Stego 将 WAV 文件压缩成 MP3 的过程中隐藏文本文件。

（1）在命令行方式下执行以下命令:

```
encode - E hidden_text.txt - P pass svega.wav svega_stego.mp3
```

（2）压缩 svega.wav 的过程如图 3-10 所示,压缩成功后将 hidden_text.txt 文件隐藏在 svega_stego.mp3 文件中。

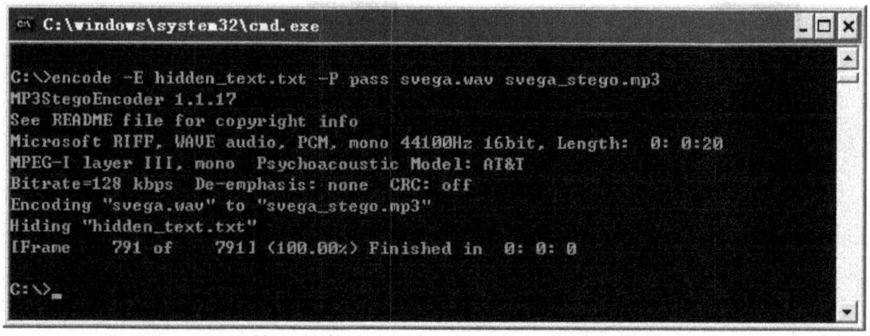

图 3-10　压缩声音文件时隐藏文本文件

(3) 要从 svega_stego.mp3 文件中释放隐藏的文本文件,执行命令:

```
decode - X - P pass svega_stego.mp3
```

(4) 释放过程如图 3-11 所示,释放出的文本文件名为 svega_stego.mp3.txt,内容与 hidden_text.txt 完全相同。

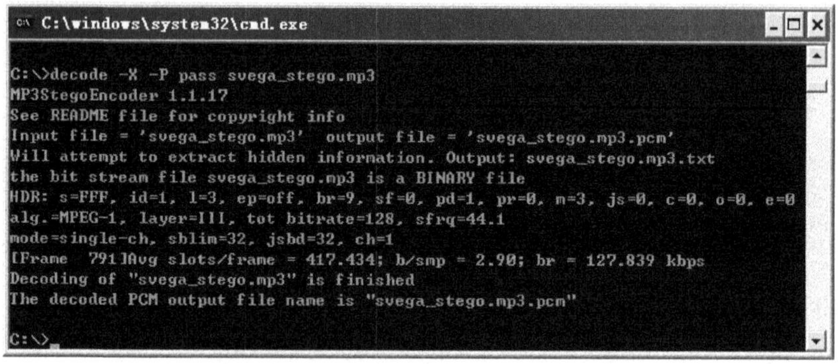

图 3-11　将隐藏的文本文件从 MP3 释放

4. 基于可执行文件的信息隐藏

可执行文件中也包含大量的冗余信息,可以通过安排独立的一串指令或者选择一个指令子集来隐藏数据。代码迷乱技术正是一种用于在可执行文件中隐藏信息的技术,该技术通过把一个程序 P 变换成一个功能等价的程序 P,实现将秘密信息隐藏在所用的变换序列中。

5. 隐藏信息的检测

信息隐藏技术的发展也带来了一定的负面效果,据美国媒体透露,已经发现恐怖组织利用隐藏在图像中的信息传递联络情报,甚至将计算机病毒隐藏在载体图像中进行传输,这些都对国家安全和社会稳定产生了很大的威胁。因此,研究对图像中可能存在的各种隐藏信息进行有效检测的方法已经迫在眉睫,基于图像的信息隐藏检测技术也就成为目前信息安全领域的重要研究课题。

近几年来,世界各国的信息安全专家在这一方面进行了深入的研究,并提出了一定的隐藏信息检测模型,开发了相关的信息隐藏检测软件,如美国著名的信息安全产品开发公司 Wetstone 开发的信息隐藏检测软件 Stego 套件。其中,Stego Watch 是一套隐藏信息自动扫描软件,基本包括了所有常见图像格式和 WAV 声音格式文件的检测能力;Stego Analyst 是一款图像分析处理工具,针对 Stego Watch 发现的可疑图像,从视觉上进行细微的分析;Stego Break 是一套隐藏信息破解软件,以字典攻击的方式破解出一些最常用的隐藏信息工具埋藏于图片中的信息,支持对 JP Hide & Seek、F5、JSteg、Camouflage 等信息隐藏软件的破解。

StegDetect 是一款免费的隐藏检测软件,通过统计测试方法检测 JPEG 图像中是否被隐写,以及可能使用了何种隐写软件,如 JSteg、JPHide、OutGuess、Invisible Secrets、F5、appendX 和 Camouflage 等。

Stegdetect 的主要选项 t 用来设置要检测哪些隐写工具,可设置的选项如下:

j——检测图像中的信息是否是用 jsteg 嵌入的。

o——检测图像中的信息是否是用 outguess 嵌入的。

p——检测图像中的信息是否是用 jphide 嵌入的。

i——检测图像中的信息是否是用 invisible secrets 嵌入的。

如果检测结果显示该文件可能包含隐藏信息,那么 Stegdetect 会在检测结果后面使用 1~3 颗星来标识隐藏信息存在的可能性大小,3 颗星表示隐藏信息存在的可能性最大。

图 3-12 对于指定目录下的所有 JPG 文件进行检测,其中一幅图像没有隐藏信息,其余四幅图像通过 jphide 隐藏了信息。

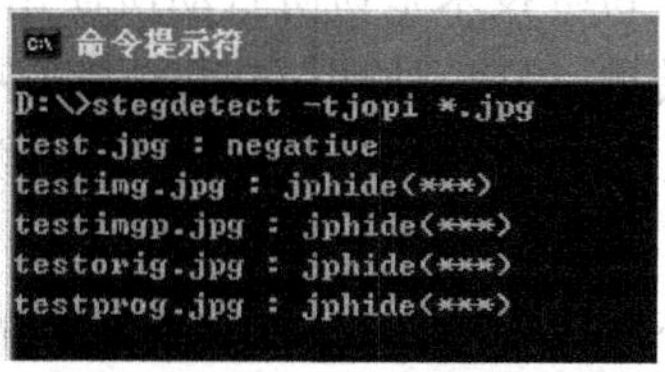

图 3-12 免费的检测软件 Stegdetect

3.3 语音保密通信

语言交流是最基本、最方便的通信方式。早期无线电语音通信使用的防泄密手段主要是密语。为了实现密语通话,需要事先把可能用到的词汇编写成密语本,由话务员熟练记忆,正式通信时现场翻译。密语通信使用方便,实时性强,但密语中多少总要保留一些自然语言的结构,仔细分析便能猜出其中的意思,所以只能用在保密时效短、保密等级低的场合。

人的原始语音信号是一种模拟信号。受技术条件的限制,早期的保密电话和电台语音加密都直接针对模拟信号,通过改变语音信号的时间、频率、幅度特征使原来的话听不懂。例如把语音的频谱划分成若干个子带,重新排列它们的次序以达到置乱的效果。这种模拟加密体制的音质差、保密强度低,用专门的分析仪器可以破译,甚至经过特殊训练的话务员还能直接听懂部分模拟加密后的语音。

随着将模拟信号转换成数字信号再加密的新技术的出现,语音加密的音质、强度、实用性都大为改观。20 世纪 50 年代苏联研制的声码器保密电话,是一台用了大量电子管、代价昂贵的庞然大物,如今装在移动电话里的同样的保密机只用了一个小芯片。

随着通信手段的丰富与发展,特别是无线信道的大量使用,在通信过程中,收发双方交换的敏感信息被第三者感知的可能性大大增加。针对敌方可能采用的截收、窃听、破译、假冒、侦听、测向手段,跳频技术、扩频技术的应用成为无线电通信防泄密的重要方向。当频带宽度扩展了数倍至数千倍后,信息将淹没在一片噪声中,从而实现以隐蔽方式对抗无线电侦听和干扰。

与过去相比,现在通信保密的技术、手段、措施、应用环境和使用要求都发生了很大的变化:从过去单一的电报加密发展到电话、传真、图像、电视会议等多种媒体加密;从单一的无线电加密发展到有线、无线、卫星、微波、散射等多种信道加密;从原始的手工密码发展到采用机械设备、电子设备、计算机进行加密作业;从点对点保密通信发展到网络化保密通信,并出现了通信保密技术与信息安全技术相融合的一体化趋势。

3.3.1　窃听与反窃听

窃听是指使用专用设备直接窃取目标的话音、图像等信息,从中获得情报的一种手段。随着科学技术的不断发展,窃听的含义早已超出隔墙偷听、截听电话等,它借助于技术设备和手段,不仅窃取语音信息,还窃取数据、文字、图像等信息。

窃听技术是窃听行动所使用的窃听设备和窃听方法的总称,它包括窃听器材,窃听信号的传输、保密、处理,窃听器的安装、使用以及与窃听相配合的信号截收等。

反窃听技术是指发现、查出窃听器并消除窃听行动的技术。

防窃听则是对抗敌方窃听活动,保护己方秘密的行为和技术手段。在可能被窃听的情况下,使窃听者得不到秘密信息的防范措施。

窃听技术的内涵非常广泛,特别是高档次的窃听设备或较大的窃听系统,包括了诸如信号的隐蔽和加密技术、信号调制与解调技术、网络技术、信号处理、语言识别、微电子、光电子技术等现代科学技术的很多领域。

窃听手段包括声音窃听、电话窃听和无线电波窃听。针对不同的窃听手段,也有针锋相对的反窃听技术。

1. 声音窃听——直接窃听法

声音窃听是一种古老的方法,它直接拾取从空气中传来的声波从而获得谈话内容。直接窃听法包括专线话筒窃听和无线窃听,间接窃听法包括口型分析法、激光窃听法和微波窃听法。

1) 专线话筒窃听

随着现代声音窃听技术的发展,出现了许多类似人耳功能的"电耳朵"。它们有的像黄豆粒或针尖那么小,有的做成和电源插座一样,拾音范围都在10m以上,连写字的声音都能听得一清二楚。把它们埋设在墙壁里或房间内,然后用一对导线将信号引出,窃听者就能听到室内的谈话,也可以用录音机记录。这种窃听方式叫作专线话筒窃听。

"电耳朵"的埋设方式要巧妙隐蔽:有的窃听话筒被安装在墙面的自然裂缝里;有的把连接话筒与放大器或录音机的金属导线沿着建筑物的钢骨架或其他金属管道敷设,在容易被肉眼察觉的地方则使用导电油漆代替导线。

图3-13是在冷战时期,美国驻东欧大使馆发现的电磁传声器,与扩音器相连的长木管能让它隐藏

图3-13　窃听装置:电磁传声器

在墙壁内,通过木管尾部的小针孔偷听房间里的谈话。

由于专线话筒窃听系统隐蔽、耐用、效果好,间谍把它作为窃听的主要工具。据美国反间谍机关的档案记载,1960 年以前,在美国驻苏联的大使馆内查获了 130 多个窃听器。1964 年春,美国的反窃听专家又在大使馆大楼的内墙里挖出了 40 个专线话筒。原来,1953 年苏联政府在帮助美国大使馆进行大楼改建时,就把这个专线话筒窃听网安装了进去。就这样,美国驻苏联大使馆在毫无察觉的情况下,向苏联克格勃"义务"提供了 10 年的情报。

如图 3-14 所示的是在美国华盛顿"国际间谍博物馆"中展出的从第二次世界大战末期到现在的窃听装置。从中可以看出,间谍使用的窃听装置的体积越来越小。

对付专线话筒窃听,最简单的办法就是用肉眼看。细心检查墙上是否有裂缝和小孔,因为窃听话筒都要靠通向室内的洞眼拾取声音。而对于那些隐藏在墙壁深处的金属话筒或电源线,可以用金属探测器进行搜索。

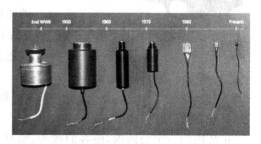

图 3-14　国际间谍博物馆中展示的窃听装置

1964 年,联邦德国反窃听电子专家赫斯特·舒维尔克曼以外交官的身份到达联邦德国驻莫斯科大使馆。他很快就用金属探测器查出了克格勃所埋设的专线话筒窃听网。舒维尔克曼每查到一个窃听器,就用自己发明的仪器向话筒窃听线路里送进高压电脉冲,把正戴着耳机窃听的克格勃人员电得像被开水烫到的活虾一样乱跳。

2）无线窃听

无线窃听器体积小、重量轻,不需要敷设传输导线,可以在一个地区布设若干个,用一个接收机进行接收。它还可以做成子弹、炮弹,发射到敌人阵地里侦察动向。正因为如此,无线窃听器已经成为窃听最主要的工具。

随着微电子技术的发展,无线窃听技术水平得到了空前提高。

首先,无线窃听器体积的微型化程度越来越高。有的无线窃听器仅一粒米大小,伪装起来也更加巧妙,窃听器可以隐藏在钢笔、手表、打火机、鞋跟中,甚至人的器官也成了无线窃听器材的安装场所。日本就发生过这样一件事:一家银行为窃取某公司的财务情报,指使一名牙科医生利用该公司会计师镶牙的机会,把一个微型窃听器镶在他的假牙中,结果没几天功夫,这家银行就把会计室里谈论的秘密事项全部截获了。

图 3-15　树桩窃听器

如图 3-15 所示的树桩窃听器依靠太阳能,于 20 世纪 70 年代初期在莫斯科附近的森林地带不间断从事窃听。它截获了往来于苏联在该地区的空军基地的通信信号,将信号发送给一颗卫星,再由卫星将情报转发给美国境内的情报分析中心。由于依靠太阳能驱动,树桩窃听器就不存在更换电池的必要性。

其次,窃听器的自我保护功能大大加强。档次高的无线窃听器大多有遥控功能,当发现有人检查窃听器时,可以让窃听器停止工作。有的窃听器还采取了加密措施,加密后的无线电信号，一旦被搜索到也只是一片噪声或交流声，难以判断是否是无线窃听器发出的信号。有的还把无线窃听器做成"枪弹"，用特制的枪械射到目标住所的窗框上或墙壁上，窃听器有吸附装置，可以牢固地吸附在物体上，安装方便也很隐蔽，不易被人察觉。

图 3-16　便携式窃听手枪

德国 PK 电子器材公司公开出售的一种微型无线窃听器只有 6g，用一节 1.5V 的纽扣电池可连续工作 12 小时。它的体积很小，通过如图 3-16 所示的便携式窃听手枪将其射到房间的窗户旁，使其牢固贴附在墙上，可以把窃听到的谈话声用无线电波发送到一二百米外。

下面是两个无线窃听的例子——会偷听的"鸟枪"和鞋跟里的"间谍"。

（1）会偷听的"鸟枪"。

在某国的一个公园内，游客们散步、骑马、划船，尽情享受大自然的恩赐。在湖边的灌木丛中，一枝乌黑的"鸟枪"架在三脚架上，枪口始终瞄着湖心的一条划艇，那上面有对似乎在热恋中的男女正在交谈。守在"鸟枪"旁的两个男子则聚精会神地戴着耳机。直到划艇上的男女上了岸，两个男子才收起"鸟枪"悄悄离去。原来，他们是该国反间谍机关的侦探。利用"鸟枪"，他们偷听了男女间谍在划艇上的全部对话。

这里的"鸟枪"是一种"追捕"声音的设备——远距离定向话筒窃听器。借助这种窃听器，可以听到几百米甚至更远的声音。它的工作原理和扩音机的原理差不多，只是其话筒体积要小得多、灵敏度要高得多。"鸟枪"枪管上有规律地开有许多小孔，当声波从正前方传来时，经过小孔进入枪管就会增强，而当其他声波从枪管两侧传来时，穿过小孔就会互相抵消。远距离定向话筒窃听器还有做成抛物面形或喇叭形的，主要设立在两国对峙的边界线或军事分界线上。

（2）鞋跟里的"间谍"。

一天早晨，某国大使馆的保安人员用无线电搜索机做例行检查时，突然收到了大使同别人的谈话声。根据电波的方向，保安人员来到大使的办公室，递上一张纸条："请您走出办公室并继续谈话，但是要小心讲话的内容，因为您正在被窃听。"大使走出办公室，但搜索机里仍然响着他的声音。这说明窃听器就在大使身上。保安人员围着大使检查了好久，直到最后脱下了他的皮鞋才发现，原来窃听器就藏在大使的皮鞋后跟里。

大使皮鞋里的窃听器是一种无线窃听器，如图 3-17 所示。它所窃取的声音是通过无线电波传送到窃听接收机的。在无线窃听器里，除了有话筒，还有把微弱信号功率放大的电子线路以及发射天线和电池。

2. 声音窃听——间接窃听法

以上的方法都是直接窃听，还有一些间接窃听的方法，如口型分析法、激光窃听法和微波窃听法。

1）口型分析法

在有些场合下能够看到讲话者却听不见他的声音，这时就可以用带有长焦距的摄像机拍下讲话者的

图 3-17　鞋跟窃听器

口型和手势,然后用口型分析法"看出"他的声音。事实上,许多聋哑人就是用这种方法来理解别人的语言内容的。对于一个长期接受这方面训练的特工来说,同样可以做到。有时几个特工合作,甚至能把讲话内容一字不差地还原出来,他们被称为"唇读间谍"。

2) 激光窃听法

激光窃听法则是利用激光发生器产生一束极细的激光,射到被窃听房间的玻璃上。当房内有人谈话时,窗玻璃会随声波发生轻微震动,而玻璃同时又能对激光有一定的反射效应。如果用一束激光发射到玻璃窗上,室内的谈话声就会在反射回来的激光中反映出来,经过激光接收器的接收,再经过解调放大,就能将室内的谈话声音录制下来。这种窃听器最大的优点是不需要在目标房内安装任何东西,作用距离可达 300~500m。图 3-18 是激光窃听系统示意图,图 3-19 是激光窃听装置。

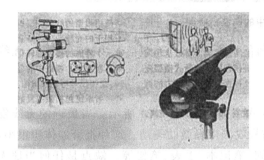

图 3-18　激光窃听系统　　　　　　图 3-19　激光窃听装置

在海湾战争中,美国人就曾使用了激光窃听技术,从伊拉克高级将领座车的反光镜上,窃听到了车内的谈话内容。

3) 微波窃听法

有些物体如玻璃、空心钢管等被制成一定形状后,既能对说话的声波有良好的振动效果,又能对微波有良好的反射效应。一些情报机构利用物体的这种特性,进行微波窃听。如果把这种物体巧妙地放在目标房内,在一定距离外向它们发射微波,这些物体反射回来的微波中就会包含房内话音的成分,用微波接收机接收并解调后,就能获得目标在房内讲话的内容。

微波窃听法的原理同激光窃听法比较相似,但微波的方向性不如激光那样强,它的反射波在一定区域内都可以收到,所以窃听者可以躲藏在被窃听房间周围的许多地方。1945年,莫斯科向美国大使哈里曼赠送了一件珍贵的礼物——一个雕刻非常精致的美国国徽,如图 3-20 所示。哈里曼把国徽悬挂在书房里,他总是习惯在这里和人密谈。哈里曼并不知道国徽里藏了一个微波反射器,声波会激起它的振动。苏联特工就在与美国使馆一街之隔的房子里向国徽发射比较强的微波,同时用一个灵敏度很高的微波接收机接收反射回来的微波,从而窃听美国大使在书房里的谈话。这个秘密活动一直到 1952 年才被发现。

3. 无线窃听的预防

为了预防无线窃听,一些国家的重要机构专门采用一种"笼子"办公室来谈论机密。所谓"笼子",就是安装在房间中央的一个特制的小房间,它的四周用金属网屏蔽,地板用绝缘体隔绝,照明电也经过滤波,以防止电波进入或泄出。"笼子"内部没有任何装饰,家具都是透明的,一放窃听器就露馅。

图 3-20　国徽中的微波窃听器

使用灵敏度较高的无线电全波侦测接收机能检查无线窃听,包括无线窃听报警器、无线窃听器探测仪、PN 结探测器。

1) 无线窃听报警器

超小型无线窃听报警器,实质是一种袖珍式场强计,如图 3-21 所示。当最近的无线发射机在任何频率上工作时,报警器发出闪光信号或产生轻微的震动。这种报警器体积很小,携带方便,可以伪装在各种日常用品中,如香烟、笔记本、手表、笔架等。缺点是任何当地无线电台的电磁场都可能引起它的报警,容易产生虚报。

2) 无线窃听器探测仪

这种接收机能在 20kHz～1000MHz 或 30～1500MHz 的范围内进行全频段的慢速扫描或快速扫描,有的接收机分好几挡速度供挑选。设定速度后接收机自动扫描搜索,当房内有工作着的无线窃听器时,接收机扫到与窃听器工作频率相同的频率,报警信号灯亮并发出报警声。然后用手持探测器进行寻找,当探测器接近窃听器所在位置时,声调发生变化,表示此处隐藏有窃听器。这种探测器通常装在一个标准的手提箱内,手提或肩背都很方便,如图 3-22 所示。

图 3-21　无线窃听报警器　　　　　　图 3-22　无线窃听器探测仪

3）PN 结探测器

如图 3-23 所示的是非线性结探测器，这种探测器可探测不工作的无线窃听器，也可探测包含晶体管或集成电路块，即含有 PN 结元器件的各种窃听器。

它工作时，发送一个低电平微波束，当遇到任何二极管、三极管或集成电路等 PN 结元器件时，产生反射波，并在反射波中出现谐波分量，可探测到隐藏到墙壁、家具、天花板内几十厘米处的窃听器。它的缺点是如果窃听器隐藏在电器中，则探测器区别不出是窃听器中的 PN 结器件，还是电器中的 PN 结器件。

4. 激光窃听的预防

预防激光窃听的方法有很多，从原理上讲主要掌握以下两个要素：防止激光射入目标房间的窗玻璃上、破坏反射体随声音的正常振动。

具体方法有：

图 3-23　非线性结探测器

（1）在玻璃窗外加一层百叶窗或其他能阻挡激光的物体。

（2）窗玻璃改用异形玻璃，异形玻璃表面不平滑，不影响透光，但使散射回去的激光无法接收。

（3）将窗玻璃装成一定角度，使入射的激光束反射到附近的地面。

（4）窗户配上足够厚的玻璃，使之难以与声音共振。

（5）将压电体或电机的音频噪声源贴在窗玻璃上或置于窗户的附近，使噪声附加在反射光束上。

（6）谈话时室内放录音（最好是在公共场所录的嘈杂音），将谈话声淹没在杂声中。这一措施对防止其他手段的窃听也是有用的。

（7）用激光探测器探测室内是否存在激光，如果室内有超量的激光强度时就发出警报信号。

如图 3-24 所示的防激光窃听干扰器可产生频带、强度可调的随机混合声波，对谈话现场声波引起的玻璃振动进行掩蔽干扰，阻断窃听源，确保重要房间内话音内容不会遭受激光窃听干扰器的窃收。

（a）防激光窃听干扰器　　　　　　　（b）安装效果

图 3-24　防激光窃听干扰器（玻璃振动干扰）

5. 电话窃听

电话窃听的手段很多，常用的有：

（1）通过电话交换机控制用户电话。

这种电话窃听系统很大，自动化程度很高，只要目标电话一使用，监听设备立即起动实施窃听，始叫话机的号码、通信的日期和时间也同时被自动记录下来。

（2）利用电话线路的串音窃听。

由于电话线、变压器或其他线路元件并置后，电磁感应造成一路电话线上可能感应另一路电话线上的电话信号。对于技术质量比较差的通信线路，如采用架空明线或质量差的通信电缆，有时两条线路只要有几十厘米长的间隔相互平行，就能产生足够强的串音。这种串音有时直接听不出来，但用放大器放大便可听清楚。早期有些国家的情报机关利用这种特性设计制造串音窃听器，提供给他们秘密派往国外的间谍使用。这些间谍在居住地把电话串音窃听器跨接在电话线上，窃听与此线平行的其他线路里的通话声。

随着通信线路及通信设备质量的不断提高，特别是优质通信电缆及光纤电缆替代了架空明线，给串音窃听增加了困难。

（3）在电话系统里安装窃听器件。

用得比较多的是落入式电话窃听器。这种窃听器可以当作标准送话器使用，用户不易察觉。它的电源取自电话线，并以电话线作天线，当用户拿起话机通话时，它就将通话内容用无线电波方式传输给几百米外的接收机。这种窃听器安装非常方便，从取下正常的送话器到换上窃听器，只要几十秒钟时间。可以以检修电话为由，潜入用户室内安装或卸下这种窃听器。

还有一种米粒大小的窃听电话发射机。将它装在电话机内或者电话线上，肉眼观察很难发现。这种窃听器平时不工作，只有打电话时才工作。20 世纪 70 年代轰动世界的美国"水门事件"就是使用这类电话窃听器，如图 3-25 所示。

图 3-25　水门事件中的窃听器和接收器

在架空明线上安装两只伪装成绝缘瓷瓶的窃听器，跨接在电话线路上，其中一只装有窃听感应器、发射机和蓄电池，另一只装有窃听感应器和蓄电池。当线路上电话、电报、传真信号经过两个窃听感应器时，将感应的信号送到发射机，通过固定在架线杆顶部的天线将信号发射出去，被约一千米外的接收机所接收。由于蓄电池是太阳能电源，所以能长期使用。

（4）利用电话系统的某一部分窃听房内谈话。

利用电话系统的某一部分窃听房内谈话，也是国外广泛使用的一种窃听技术。用得比较多的是谐波窃听器，它是一个由音调控制的话筒形状装置。窃听者可以利用另一部电话，对目标房间的电话进行遥控。当目标电话中的谐波窃听器收到遥控信号后，便自动启动窃听器，窃听者就可以在远离目标房间的另一部电话中，窃听目标房间的谈话内容。

6. 电话反窃听

防电话窃听的方法有：电话窃听报警器、电话分析仪、采取语音保密技术等。

1）电话窃听报警器

电话窃听报警器可以对装在电话系统中的窃听器发出报警信号。其基本原理是测试电话线的线电压，与正常的参数相比较，如原线电压为 13V，分线盒前或分线盒后串接窃听器后，线电压就降至 6V，报警器产生报警信号。这种报警器除有报警指示灯外，还有数字读出的电压表。可以 24 小时监视电话系统，也可连接录音机将被窃听的话音记录下来，如图 3-26 所示。

还有一种防窃听电话，本身带有窃听报警装置。此装置利用电话机中的电源，对电话机周围进行无线电波监测，一旦有无线窃听器工作，它就发出报警信号。这种电话机外表与普通电话机一样，不影响正常通话，使用方便。

2）电话分析仪

如图 3-27 所示的电话分析仪能够测试电话系统中挂钩或脱钩时的阻抗、电压、电流，检测有无射频辐射、有无谐波窃听器。例如在电话系统中任何地方插入窃听器件时要切断电话线，这时它就会发出报警信号。

图 3-26　固定电话窃听报警器　　　　图 3-27　电话分析仪

3）采取语音保密技术

以上方式都是被动反窃听，在现实生活中人们还可以主动反窃听，即使用话音保密器。

话音保密器是加装在电话机上的附属设备，当人们拿起电话通话时，它会首先对话音信号进行加密，再传输给对方。在对方的话机上，最先收到信号的也是保密器。它把信号解密后再送入听筒里。也就是说，用户虽然讲的是明话，但在线路上传递的却是没人能听懂的密语，因而能有效防止窃听。如图 3-28 所示的是布什总统使用的带有话音保密器的防窃听电话机。

目前还出现了一种"数字化话音保密通信"，由话音保密器把语音信号数字化，然后将它们与近似随机的一串信号结合在一起，变成一种似乎没有规律的加密电码，这种方法非常适合现代战争的通信保密。

图 3-28　防窃听电话机

7. 无线电波窃听

由于无线通信是以电磁波在空间传播的，窃听无线通信比窃听有线通信更容易、更安全。因此，一些国家把窃取目标国的无线通信秘密，作为获取政治、军事、经济、科技情报的重要手段，不惜投入大量的人力、物力和财力，在全球范围内，建立起现代化的立体侦听系统。

无线电波窃听的方法主要有：

1）地面侦听站

在本国或外国使领馆、派出机构建立大型侦听基地和侦听站，在陆地截收无线电信号，并进行分析处理，获取情报。

2）空间侦察卫星

如图 3-29 所示的空间侦查卫星，利用卫星上的电子侦听设备对空中电磁波信号进行截收。由于卫星具有位置高、无线增益高、侦察面积大、飞行速度快和侦察合法化等特点，能成功侦听地面所有强弱无线电通信信号。

图 3-29　空间侦察卫星

1996 年 4 月 21 日，车臣总统杜达耶夫的卫星电话频率被俄情报机构的无线电测向定位监听到，并连续三次确定杜达耶夫的通话位置后，俄罗斯立即发射了空对地导弹，准确击中了杜的密巢，误差仅几米，杜当即丧命。

2001 年 11 月中旬，由于反塔联盟攻占马扎里沙夫，塔利班撤出喀布尔。这时，美国的间谍卫星和侦察机几乎同时发现，在溃败的人群中有一支特别的部队。当这支特别的部队停驻在一个小镇的旅店时，美军司令部下达了消灭目标的命令。伴随着巨大的爆炸声，旅店燃起了熊熊大火。数小时后,美国中情局从监视的目标通信中截听并破译了一个从阿富汗发出的卫星电话信号,得知拉登基地组织的多名高层领导在这次攻击中丧生,其中包括拉登的副手阿提夫。

　　3)间谍船

　　通过在船上安装电子侦听设备,在近海或目标附近侦听截收各种无线电通信信号,此外还可以窃取海底通信电缆的信号。图 3-30 为美国"普韦布洛号"武装间谍船中的侦听设备。

图 3-30　间谍船中的侦听设备

　　4)间谍飞机

　　在军用、民用或无人驾驶飞机上安装先进的电子和通信侦听设备,截收空中电磁信号。图 3-31 是著名的间谍飞机 U-2 驾驶舱。

图 3-31　间谍飞机

8. 无线电波反窃听

　　防止窃听者截收无线电波是反窃听的一项重要手段,它的目的是让窃听者的"耳朵"听不到、听不全或听走耳,包括:

1）定向通信

无线电波在空中传播时就好像水面激起波纹，四面扩散。但有些特殊形状的天线和特殊形式的电波却只能向一个方向扩散，如定向性很好的激光。这样，人们就可以限制无线电波的传输方向，只对着己方接收机发射，让窃听的接收机截收不到。即使窃听者掌握了目标的通信方向，其截收天线势必阻挡电波，导致通信中断而无法窃听。如图 3-32 所示的是各类定向天线。

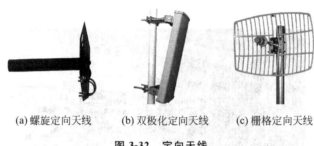

(a) 螺旋定向天线　　　(b) 双极化定向天线　　　(c) 栅格定向天线

图 3-32　定向天线

2）快速通信

快速通信是指在通信前，发方和收方同时做好准备，突然将简要的情报发出去，窃听者因毫无准备来不及截收。1978 年，伊朗就发生了一起通信间谍案。伊朗陆军少将阿赫默德·莫格勒比是克格勃发展的特务。苏联大使馆领事鲍里斯·卡巴诺夫经常开着小汽车经过他住宅前的马路。每次进入马路路口时，卡巴诺夫就按动座位下的开关，发出一个无线电遥控信号。信号打开莫格勒比家中的快速收发报机，使其预先记录在磁带上的情报快速发出，由汽车上的接收机记录下来。整个过程在卡巴诺夫离开这条马路时完成。伊朗反间谍机关一直暗中跟踪卡巴诺夫，但每次都觉得他没有"作案时间"，竟让其在眼皮底下窃取了 4 年的情报。

3）跳频通信

一般电台的工作频率是固定的，窃听者找到这个频率就可以截收通信信号。针对这一点，目前一些国家采用频率捷变的方法，通信时发收双方的频率都按照约定的规律同步快速跳变，使窃听者无法捕捉，即使偶然碰上一个频率，它又很快跳到别的频率上了。

4）伪装通信

对于窃听者来说，如果截收到的无线电波虚实难分，就必须花费相当的精力和时间去辨别。因此，通过设置假电台、使用假信号、传送假报文等伪装通信手段，可以迷惑窃听者，使真情报因时间延误而失去价值，而假情报又因时间紧迫而识别有误。

5）无线电静默

还有一种在军事上经常采用的反电波窃听方式，就是在重大军事行动开始前或开始阶段，突然停止一切无线电通信联络，使敌方侦察不到己方情况。这在战术手段上称为无线电静默。1941 年，日本偷袭珍珠港时，就停止了突击舰队和大本营的无线电通信，使庞大的舰队在大海中人不知鬼不觉地航行了 12 天。当大批日本舰载飞机飞临珍珠港上空时，美军才如梦初醒，躲闪不及。

9. 小结

现代声音窃听技术还在不断发展，纳米技术、微电子技术、遥感技术、空间技术等高新技术正促使它变得更加隐蔽、方便、高效,成为无孔不入的"顺风耳"。

反窃听技术概括起来有"四大法宝":隐蔽,不该说的机密绝对不说;加密,使用口令、代号、隐语、密码、语音保密器等进行保密;欺骗,用带有假情报的对话、声音、电文、信号来掩盖通信的真实意图;破获,如找出窃听器,识破窃听的技术手段,捉住暗藏的窃听者等。可以说,当今世界上窃听和反窃听的斗争也是一场比科学、比技术、比智慧的较量。

3.3.2　模拟话音保密技术与数字话音保密技术

话音保密技术包括模拟置乱和数字加密两大类。模拟置乱指对模拟话音所含频率、时间、振幅进行处理和变换,破坏话音的原有特征,尽可能使之不留下任何可以辨认的痕迹,达到保密传输话音信号的目的;数字加密是把话音模拟信号变换成数字信号,然后用数字方法加密,保密性比模拟加密好。

1. 模拟置乱技术

模拟话音信息包含频率、时间和振幅三大基本特征,模拟置乱对这三大特征进行某些人为的处理和变动,使原来的话音信号面目全非,达到保密的目的。单独的置乱分别称为频率置乱、时间置乱和幅度置乱,如果同时对两个或两个以上的参数进行置乱,则称为二维置乱或多维置乱。

1) 频率置乱

频率置乱包括频率倒置、频带移位、频带分割置乱等,其作用是通过置乱改变话音信号的瞬时功率谱密度的分布,使得各个话音的频谱特征与原始的大相径庭。

倒频器是最早的话音加密器,它的原理是把话音信号 $300\sim3400\mathrm{Hz}$ 的频谱反转过来,即把 $300\mathrm{Hz}$ 一端的频谱移到 $3400\mathrm{Hz}$ 一端,而把 $3400\mathrm{Hz}$ 一端的频谱移到 $300\mathrm{Hz}$ 一端。由于频谱两端成分的偏移很大,从而形成不可理解的话音信号;但是中间的频谱成分偏移却很小,所以仍然有相当一部分话音信号是可以理解的。当窃听者制造出相同的倒频器时,这种体制很快就被破译了。

现在一般采用多重倒频加密的滚码方法,如把话音频带一分为二,各部分以不同频率倒置,再把这两部分相加产生出带宽与原始信号一样的组合信号。

2) 时间置乱

时间域置乱指改变时间单元的先后关系,包括颠倒时段、时间单元跳动窗置乱、时间单元滑动窗置乱、时间样点置乱等,造成奇异的话音组合,使话音的节奏、能量、韵律等发生变化。

3) 幅度置乱

幅度域置乱又称为噪声掩蔽,将噪声信号或伪随机信号叠加到话音信号上,将其可理解的话音信号掩蔽起来。

4) 变换域置乱

变换域置乱是获得高保密度的有效置乱技术,其原理是将模拟信号变换成数字信号,做数字加密,然后再还原成模拟信号进行传输。变换域置乱包括扁球体置乱、傅氏变换置乱、离散傅氏变换置乱、数论变换置乱等。

5) 模拟置乱的缺点

模拟置乱不能全部去掉原始模拟信号的基本属性,保密性较差,将逐渐被数字话音加密技术所取代。

2. 数字话音加密技术

数字话音加密技术是通常采用的保密通信技术,具有较高的保密性,其特点是先把原始信号转换为数字信号,然后采用适当的数字加密方法实现保密通信。

话音数码化的方式可分为直接数码化方式和话音频谱压缩编码方式两大类。

1) 直接数码化方式

直接进行编码,编/解码器采用增量调制方式实现。随着大规模集成电路技术的发展及对增量调制技术的深入研究,推出了许多改进形式,如连续可变斜率增量调制(CVSD)已成为军事话音保密机的主要数码化技术。

2) 话音频谱压缩编码方式

对话音频谱进行压缩后再编码,如用于短波波段的保密通信声码器,它是按预定间隔提取并只传输话音的主要特征,然后在接收端利用这些特征恢复出话音。

3.3.3　扩展频谱与无线通信保密技术

扩频技术的历史可以追溯到 20 世纪 50 年代中期,其最初的应用包括军事抗干扰通信、导航系统等。直到 20 世纪 80 年代初,扩频技术仍然主要应用在军事通信和保密通信中,这种状况到了 20 世纪 80 年代中期才得到改变。美国联邦通信委员会(FCC)于 1985 年 5 月发布了一份关于将扩频技术应用到民用通信的报告,从此,扩频通信技术获得了更加广阔的应用空间。

扩频技术最初在无绳电话中获得成功应用,因为当时已经没有可用的频段供无绳电话使用了,而扩频通信技术允许与其他通信系统共用频段,所以扩频技术在无绳电话的通信系统中获得了其在民用通信系统中应用的第一次成功经历。而真正使扩频通信技术成为当今通信领域研究热点的是码分多址(CDMA)的应用。

扩频技术为共享频谱提供了可能,使用扩频技术能够实现码分多址,即在多用户通信系统中所有用户共享同一频段,但是通过给每个用户分配不同的扩频码实现多址通信。利用扩频码的自相关特性能够实现对给定用户信号的正确接收;将其他用户的信号看作干扰,利用扩频码的互相关特性,能够有效抑制用户之间的干扰。此外由于扩频用户具有类似白噪声的宽带特性,它对其他共享频段的传统用户的干扰也达到最小。由于采用 CDMA 技术能够实现与传统用户共享频谱,因此它也就成为个人通信业务(PCS)首选的多址方案。

1. 扩展频谱技术

扩频通信的理论基础是香农定理: $C = W \mathrm{Log}_2(1 + S/N)$。

式中,C 为信道容量,W 是传输带宽,S/N 是信号功率/噪声功率。

在信息速率一定时,可以用不同的信号带宽和相应的信噪比来实现传输,即信号带宽越宽,信噪比可以越低,甚至在信号被噪声淹没的情况下也可以实现可靠通信。因此,将信号的频谱扩展,可以实现低信噪比传输,并且可以保证信号传输有较好的抗干扰性和较高的保密性。

2. 频谱扩展的主要方式

频谱扩展的方式主要有以下几种:

(1) 直接序列扩频(Direct Sequence Spread Spectrum,DSSS),使用高速伪随机码对要传输的低速数据进行扩频调制;

(2) 跳频(Frequency Hopping),利用伪随机码控制载波频率在一个更宽的频带内变化;

(3) 跳时(Time Hopping),数据的传输时隙是伪随机的;

(4) 宽带线性调频(Chip Modulation),频率扩展是一个线性变化的过程。

以上方法中最常用的是直接序列扩频和跳频。一般而言,跳频系统主要在军事通信中对抗故意干扰,在卫星通信中用于保密通信;而直接序列扩频则主要是一种民用技术,CDMA 系统在移动通信中的应用已成为扩频技术的主流,已经在第二代移动通信系统(2G)的应用中取得了巨大的成功,在目前所有建议的第三代移动通信系统(3G)标准中(除了 EDGE),都采用了某种形式的 CDMA。

3. 直接序列扩频技术

直接序列扩频使用伪随机码(PN Code)对信息比特进行模 2 加操作,得到扩频序列,然后使用扩频序列去调制载波发射,由于 PN 码通常比较长,因此发射信号在比较低的功率下可以占用很宽的功率谱,即实现宽带低信噪比传输。PN 码的长度决定了扩频系统的扩频增益,而扩频增益又反映了一个扩频系统的性能。

直接序列扩频系统的解扩与常规无线通信解调方式完全不同。在接收端,接收信号经过放大混频后,经过与发射端相同且同步的 PN 码进行相关解扩,从扩频信号中恢复出窄带信号,再对窄带信号进行解调,解出原始信息序列。

就无线传输方式来说,传统的窄带微波传输由于抗干扰性、保密性、可靠性、频率占用、传输带宽等多方面的问题,已经很难适应现代信息技术的要求,而扩频通信技术的发展和应用及时有效地为这个问题提供了解决手段。

现代通信的新领域,包括数字蜂窝移动通信、专用网络通信、室内无线通信、CDMA 移动通信、无线局域网、无线广域网、"蓝牙"传输技术等都是基于扩频通信体制的通信方式。

目前,应用了扩频通信技术的通用产品主要有两类,一是扩频无线调制解调器,二是专门提供无线网络连接的无线网桥、无线网卡、无线路由器。

无线调制解调器能够提供透明的数据通道,根据需要配置终端设备,可以支持多种数据业务,如话音、数据、网络、图像等。由于技术原因限制,还不能实现真正的话音点对多点业务,基本上都是依赖系统的叠加来实现的。对于单独的数据业务或网络连接,如果数据延时没有特别严格的要求,可以采用轮询方式传输。

无线网络类产品基本可以分为两类,一类是基于 802.11 无线网络协议标准的无线网络产品,另一类是基于各个厂商传输标准的无线网桥或无线路由器。它们都提供了高速的无线网络连接,可以广泛应用于点对点或点对多点无线局域网、无线广域网连接或宽带无线接入。

无线网络产品是扩频通信技术在数据通信领域的一个典型应用,充分发挥了扩频通信技术的各种优越性,为现代网络技术的广泛应用提供了更灵活、多样的解决手段。随着网络技术的发展和进一步应用,移动无线网络,漫游无线接入必将成为现实,话音、数据、图像的多业务移动应用也将得到巨大的发展和应用,这又将极大地促进扩频通信技术的快速发展。

4. 跳频扩频通信技术

跳频扩频的实现方法是载频信号以一定的速度和顺序,在多个频率点上跳变传递,接收端以相应的速度和顺序接收并解调。这个预先设定的频率跳变的序列就是 PN 码。在 PN 码的控制下,收发双方按照设定的序列在不同的频率点上进行通信。由于系统的工作频率在不停地跳变,在每个频率点上停留的时间仅为毫秒级或微秒级,因此在一个相对的时间段内,就可以看作在一个宽的频段内分布了传输信号,也就是宽带传输。当然,跳频通信系统在每个跳频点上的瞬时通信实际上还是窄带通信。

跳频通信系统的频率跳变速度反映了系统的性能,目前,跳频系统的基本水平是:短波电台 100 跳/秒,超短波电台 500 跳/秒。每秒数千跳的扩频电台也已经问世,预计未来十年,跳频电台的发展可以达到每秒几万甚至几十万,上百万跳。目前,跳频系统的同步时间基本在几百毫秒的水平,今后也必将越来越短。同步时间越短,信息被发现、截获和测向的概率越低,通信的保密性、隐蔽性越好。

无线电通信由于它的灵活性,常常被用于作战通信。但是,传统的无线电通信都是在某一固定频率下工作的,很容易被敌方截获或施加电子干扰。跳频通信就是针对上述传统无线电通信的弊端,使原先固定不变的无线电频率按一定的规律和速度来回跳变,而让约定通信方也按此规律同步跟踪接收。由于敌方不了解我方无线电信号的跳变规律,很难将信息截获。

跳频通信可以有效地避开单频干扰和多频干扰,但是电子对抗中的跟踪干扰是它的"天敌",跟踪干扰的步骤是:侦听、处理、施放干扰。当我方截获到敌方的跳频序列后,迅速以同样的跳频序列施放干扰,由于跳频序列相同,预先设定的跳频序列就无法实现正常通信,这时只有通过转换跳频序列才能恢复通信,但是又会被重新跟踪并干扰。

因此只有提高系统性能,提高跳频速度,才能达到反侦听目的。由于受到技术条件、元器件的限制,不可能无限制提高跳频速度。今后的跳频通信应该是跳频与直接序列扩频技术的综合,或者是跳频、直接序列扩频、跳时技术的综合。

3.4　图像保密通信

在人们的工作、学习和生活中,有大量的数字图像和数字视频(动态图像)需要进行传输、存储等处理。这些数字图像和视频所包含的信息,有的涉及个人隐私和生命安全、有的涉及公司的巨大商业利益、有的甚至涉及国计民生和国家安全,其价值无法衡量,因此不同程度地需要保密。随着多媒体技术、特别是网络通信技术的飞速发展和普及,以及无线通信技术的广泛使用,越来越多的人更容易接触和获取传输或存储中的数字图像和视频,威胁到其中所包含信息的安全。因而数字图像和视频信号的保密工作及其加密技术的研究就显得十分紧迫和重要。

以前由于数字图像和视频的应用还不广泛,直接使用密码技术,将图像和视频数据与文本等其他数据等同对待,对全部数据不加区别地按通用方法加密。这种方法安全性高,也易于实现,但实用中存在难以克服的缺点。主要是因为视频数据的海量性,密码学方法需要很大的加解密计算量,难以同时满足实时和安全的需要;并且由于视频编码信号的标志信息因加密无法识别,导致不能在线检索。这些问题严重阻碍了图像视频加密的应用。

适用于数字图像加密的技术和方法,主要包括数字图像置乱、分存、隐藏、水印等,它们是针对数字图像特征的一些特殊加密方法。

数字视频在许多方面与静止图像有相同的特性,例如数据量大、结构性强、各部分数据的重要性不相同,视频的帧内编码与静止图像编码类似,上述方法和思路值得视频加密借鉴。但为了保证流畅的视觉效果,视频加密必须在较短时限内实时处理大量数据,要求有很高的实时处理速度,因此需要采用针对视频编码信号信源特征的各类视频加密技术。

3.4.1　数字图像置乱、分存、隐藏技术

1. 数字图像置乱技术

数字图像置乱是指将图像中像素的位置或者像素的颜色"打乱",将原始图像变换成一个杂乱无章的新图像。其本质是使用某种算法(如 Arnold 变换、幻方排列、Hilbert 曲线、FASS 曲线、Gray 代码等),将原来 (x,y) 处的像素值变换到 (x',y') 处,使原图像无法辨认,解密时再恢复原 (x,y) 值。如果不知道所使用的置乱变换,很难恢复出原始图像。图 3-33 是经 Arnold 变换的效果图。

 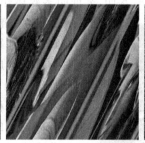 

(a) 原图　　　　　(b) 单步Arnold变换结果　　　(c) 185步Arnold变换结果

图 3-33　Arnold 变换

置乱过程不仅可以在图像的空间域(色彩空间、位置空间)上进行,还可以在频域上进行。如果先将图像经 DCT 或小波变换,再对变换域系数按同样的算法置乱,效果更好,而且可以只对少量的重要系数置乱,减少了计算量。

2. 数字图像分存技术

将图像信息分为具有一定可视效果、没有互相包含关系的 n 幅子图像。只有拥有图像信息中的 $m(m \leqslant n)$ 幅子图像后,才可以恢复原始图像的信息;而任意少于 m 幅的子图像信息,都无法恢复原来的图像。如果丢失了子图像中的若干幅,只要剩余的子图像不少于 m 幅,并不影响图像的恢复。

图像分存可以避免由于少数几份图像信息的缺失(失密或丢失)而造成严重的事故,而个别图像信息的泄露或丢失也不会引起整个图像信息的失密或损失,从而降低了窃取或毁坏原始图像信息的可能性。

3. 数字图像隐藏技术

将信息隐藏于数字化媒体之中,实现隐蔽传输、存储、身份识别等功能。把指定的信息(可以是图像,也可以是声音或者文字、数值等信息)隐藏于数字化的图像、声音、甚至文本当中,来迷惑恶意攻击者。

3.4.2　数字水印技术

数字水印技术是指用信号处理的方法在数字化的多媒体数据中嵌入隐蔽的标记,这种标记通常是不可见的,只有通过专用的检测器或阅读器才能提取。

日程生活中为了鉴别纸币的真伪,人们通常将纸币对着光源,会发现真的纸币中有清晰的图像信息显示出来,这就是人们熟悉的"水印"。之所以采用水印技术是因为水印有其独特的性质:水印是一种几乎不可见的印记,必须放置于特定环境下才能被看到,不影响物品的使用;水印的制作和复制比较复杂,需要特殊的工艺和材料,而且印刷品上的水印很难被去掉。因此水印常被应用于诸如支票、证书、护照、发票等重要印刷品中,长期以来判定印刷品真伪的一个重要手段就是检验它是否包含水印。

随着数字技术和 Internet 的快速发展,多媒体作品(图像、视频、声频)的传播范围和速度突飞猛进,但同时盗版现象也愈演愈烈。于是保护数字音像产品的版权,维护创作者的合法利益,成为关系文化市场繁荣的重大课题。数字水印技术正是在这个背景下诞生的,它通过在原始数据中嵌入秘密信息——水印,来证明多媒体作品的所有权。它在数字作品的知识产权保护、商品交易中的票据防伪、声像数据的隐藏标识和篡改提示、隐蔽通信及其对抗等领域具有广泛的应用价值。

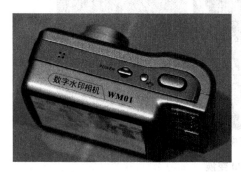

图 3-34　数字水印相机

如图 3-34 所示的数字水印相机将数字水印技术与数码相机技术结合起来,在拍摄数码照片时添加隐藏水印,第一时间内对图像的原始版权和图像内容进行保护,图像添加水印后,对其做任何更改(即使一个像素)均可以被有效识别,而图像的质量及大小则不会有任何变化,保证了数码影像的数据安全性。

1. 数字水印的基本特征

数字水印中包含音像作品的版本、创作者、拥有者、发行人等信息,数据量并不大,一般控制在 100 位以内,与动辄上兆字节的音乐、影视文件相比犹如藏在草堆中的一根针。

数字水印必须具备以下基本特征:

1) 隐蔽性

在数字作品中嵌入数字水印不会引起明显的质量下降。利用人类视觉或听觉特性,使带水印的作品欣赏起来无异于原先的作品。

2) 隐藏位置的安全性

水印信息隐藏于数据而非文件头中,文件格式的变换不会导致水印数据的丢失。

3）安全性

具有较强的抗攻击能力，能够承受一定程度的人为攻击，而暗藏的水印不被破坏。水印作品和普通作品在统计噪音分布上不存在区别，攻击者无法用统计学方法确定水印的位置。

4）鲁棒性

指在经历多种无意或有意的信号处理过程后，数字水印仍能保持完整性或仍能被准确鉴别。可能的处理包括：对图像进行尺寸缩放、剪裁、扭转等；对图像进行有损压缩；调整图像和视频的对比度、亮度、色度；进行模/数、数/模转换等。

在数字水印技术中，水印的数据量和鲁棒性构成了一对基本矛盾。从主观上讲，理想的水印算法应该既能隐藏大量数据，又可以抵抗各种信道噪声和信号变形。然而在实际中，这两个指标往往不能同时实现，不过这并不会影响数字水印技术的应用，因为实际应用一般只偏重其中的一个方面。如果是为了隐蔽通信，数据量显然是最重要的，由于通信方式极为隐蔽，遭遇敌方篡改攻击的可能性很小，因而对鲁棒性要求不高。但对保证数据安全来说，情况恰恰相反，各种保密的数据随时面临着被盗取和篡改的危险，所以鲁棒性是十分重要的，此时，隐藏数据量的要求居于次要地位。

2. 水印嵌入算法

水印嵌入算法可以分成两大类：空间域算法（水印被直接嵌入图像的亮度值上）和变换域算法（将图像做某种数学变换，然后水印被嵌入变换系数中）。

目前国内外的典型算法有以下几种：

1）最低有效位算法

它是国际上最早提出的数字水印算法，是一种典型的空间域信息隐藏算法。它可以隐藏较多的信息，但当受到各种攻击后水印很容易被移去。

2）Patchwork 算法

麻省理工大学多媒体实验室提出的一种数字水印算法，主要用于打印票据的防伪。其缺点是所隐藏的数据量较少，对仿射变换敏感。

3）基于 DCT 的频域水印算法

这是目前研究最多的算法，具有鲁棒性强、隐蔽性好等特点，可以与 JPEG、MPEG 等压缩标准的核心算法相结合，能较好地抵抗有损压缩。

4）扩展频谱方法

是扩频通信技术在数字水印中的应用，其特点是应用一般的滤波手段无法消除水印。

5）小波变换算法

具有空间域方法和 DCT 变换域方法的优点，是一种既有自适应功能，又有鲁棒性的技术，缺点是计算量大。

3. 嵌入水印的基本原理

所有嵌入水印的方法都包含两个基本的构造模块：水印嵌入系统和水印恢复系统（水印提取系统、水印解码系统）。

如图 3-35 所示的水印嵌入系统，其输入是水印、载体数据和一个可选的公钥或私钥。水印可以是任何形式的数据，如数值、文本、图像等。密钥可用来加强安全性，以避免未授权方恢复和修改水印。

如图 3-36 所示的水印恢复系统,其输入是已嵌入水印的数据、公钥或私钥,输出的是水印,它表明了所考察数据中存在给定水印。

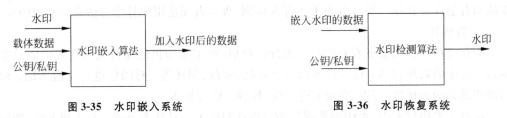

图 3-35　水印嵌入系统　　　　　　　　　　图 3-36　水印恢复系统

【例 3-5】　使用 AssureMark 嵌入数字水印。

(1) 运行 AssureMark 软件,在上方的"模式选择"中选择"嵌入水印"模式,如图 3-37 所示。

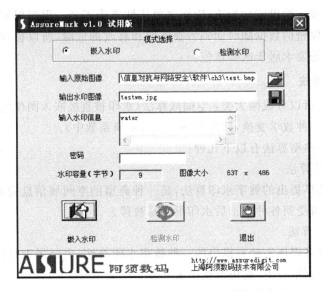

图 3-37　AssureMark 程序运行界面

(2) 单击"输入原始图像"文本框右侧的按钮,选择原始图像文件。若此时"水印容量(字节)"文本框中显示为 0,表示图像文件过小,可以使用 ACDSee 的 Resize 功能扩大图像文件以增大水印信息容量。

(3) 单击"输出水印图像"文本框右侧的按钮,填入输出水印图像名。

(4) 在"输入水印信息"编辑框中输入水印信息内容。

(5) 在"密码"文本框中输入密码。

(6) 单击"嵌入水印"按钮开始嵌入水印,水印嵌入完毕后,程序显示原始图像和水印图像,如图 3-38 所示。可以看出嵌入水印图像后画质没有明显受损。

【例 3-6】　使用 AssureMark 检测文件中的水印信息。

(1) 运行 AssureMark 软件,在上方的"模式选择"中选择"检测水印"模式。

(2) 单击"输入原始图像"文本框右侧的按钮,选择被检测的图像文件。

(3) 在"密码"文本框中输入水印的密码,如图 3-39 所示。

(4) 单击"检测水印"按钮,水印检测完毕后,程序显示检测结果,如图 3-40 所示。

(a) 原始图像

(b) 水印图像

图 3-38　原始图像和水印图像

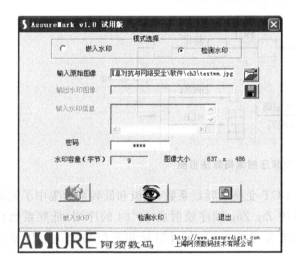

图 3-39　检测水印

图 3-40　检测结果

3.4.3　视频加密技术

视频信号具有数据量大的特点,在实际应用中需要压缩编码,当前应用广泛的标准有:
MPEG1、MPEG 2、MPEG 4、H.261、H.263、H.264 等。

MPEG、H.26x 都按层次结构组织图像数据,各层的头标志是规定的易于从数据流中
分辨出来的特殊码字组合,起同步、描述数据特征等作用,如果受到破坏(加密),则会妨碍收
方正确恢复原视频图像。

MPEG、H.26x 都采用 I(帧内)、P(预测)、B
(双向预测)三种帧格式组成编码帧序列(MPEG4
采用类似的 I、P、B 三种 VOP 格式),如图 3-41
所示。

I 帧独立编码,P 帧以其前帧为参考,使用运
动估计和补偿技术编码本帧与其前帧相应块间的
残差,B 帧也是差值编码,与 P 帧编码不同的是要

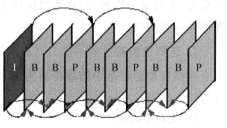

图 3-41　I、P、B 帧格式

同时以前后帧为参考。P、B 帧都不是独立编码,其编解码要依赖相应的 I 帧。因此 I 帧比较重要,对 I 帧加密不仅影响本帧解码和图像恢复,也影响到其后的 P、B 帧解码和图像恢复。与编码块相对应的前后帧的参考块由运动矢量指示,改变运动矢量即改变参考块,也影响了 P、B 帧正确解码。

当前视频压缩编码算法主要基于 DCT 变换和熵编码(主要是 Huffman 和算术编码)等基本算法,如图 3-42 所示。

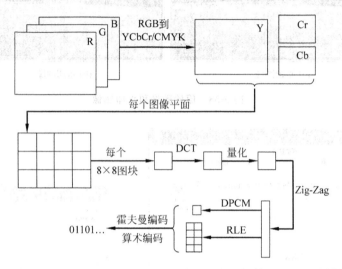

图 3-42　视频压缩编码算法框图

视频数据一般分成 8×8 像素块,经 DCT 变换成频域系数,直流和低频系数集中了大部分能量,比较重要。8×8 视频系数通常按 Zig-Zag 顺序映射成 1×64 的序列,低频系数在前,集中了主要能量,高频系数在后,大部分接近为零,通过量化和游程编码达到压缩的目的。

改变 DCT 系数的顺序,能改变解码图像,但会降低压缩率。Huffman 码表通过统计码流中各种位组合模式出现的概率制作,编解码要使用统一的 Huffman 码表,否则不能正确解码。

下面是一些常见的视频加密方法:

1. 传统加密方法

最早的视频加密方法,对全部视频数据流直接用密码技术加密和解密,易于实现,在目前视频加密方法中,安全性最高。但是由于视频信号数据量很大,所以这种加密方法计算量非常大,不仅浪费资源,而且难以保证实时性。另外标志信息经加密后无法识别,不能实现在线检索等功能。

2. 选择性加密方法

选择性加密是基于信源特征的视频加密方法的主要方向,只对选择的重要数据加密,可分为以下几类:

1) 仅对 I 帧加密

仅对 I 帧 DCT 系数块加密,具有扩散作用,使 P、B 帧利用运动补偿进行差值编码的相应块不加密也难以正确解码,达到了选择部分数据加密减少计算量的目的。该算法节约加解密时间 30%～50%,提高了加解密速度。且不改变原视频编码数据码流量大小,不影响压缩率。但这种算法不安全,在保密要求高的场合中不能单独使用。

2)加密运动矢量

随机改变运动矢量的符号位或同时改变符号位和数值来影响 P、B 帧的正确解码,对 I 帧编解码完全没有影响,故不能单独使用。加密数据量小,计算量小,因而速度快,不降低编码压缩率。

3)DCT 块内系数分层加密

把 DCT 系数从低频到高频分为基本层、中间层和增强层三部分。只加密基本层和中间层,可以减少计算量,保证基本层传送,即使中间层和增强层丢失,接收方也能显示出主要信息。该算法只对部分 DCT 系数加密,减少了计算量。

4)仅加密头信息

将头信息加密,再与其他数据随机混合,使接收方难以按原数据结构区分结构信息和视频信息并解码。该算法不降低压缩率,计算量小。但是安全性较低,因为头信息所含信息量小,加密效率低,这种加密方式比较容易破解。为便于合法接收方解码,需加入同步信息,或保留原来部分同步信息。

3. Zig-Zag 置乱算法

Zig-Zag 置乱算法的基本思想是:使用一个随机的置乱序列来代替 Zig-Zag 扫描顺序,将各个 8×8 块的 DCT 系数映射成一个 1×64 矢量。

Zig-Zag 置乱算法速度很快,不影响视频的实时传输。但是经过加密的 MPEG 流将显著增大,最大可增加 46%,且有严重的安全性问题。

4. 改变 Huffman 码表算法

将通用 Huffman 码表修改(加密)后使用,并将其作为密钥。非法接收方无此特殊码表,不能正确解码。该算法完全不增加计算量,适用于使用 Huffman 编码的各种视频和图像压缩编码标准和算法,其缺点是安全性较差。

5. 基于统计规律的视频加密算法

该方法不加密头信息结构格式等数据,只加密图像数据本身。将待加密数据分为两半,一半用密码方法加密,另一半用简单异或,因此总体减少了计算量,提高了计算速度。

该方法不影响压缩率,适用于压缩的视频编码数据,而且压缩效果越好,加密效果也越好。

【例 3-7】　使用"多媒体文件加密器"加密视频文件。

(1)运行程序,界面如图 3-43 所示。

(2)单击"选择&添加文件"按钮,选择要加密的文件。在"请指定加密密钥"文本框中输入密码,如 test1234,单击"执行加密"按钮,系统进行加密,如图 3-44 所示。

(3)单击"加密完成"按钮,完成加密。用户得到加密文件后,双击该文件,出现如图 3-45 所示的"播放授权信息"界面。

(4)用户复制"您的电脑标识"文本框中的内容,发送给加密者。

(5)加密者单击"多媒体文件加密器"的"创建播放密码"选项,输入加密时的密码和用户标识,如图 3-46 所示。

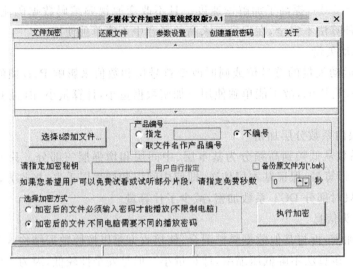

图 3-43　多媒体文件加密器界面

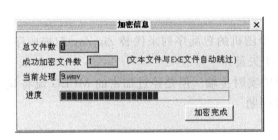

图 3-44　多媒体文件加密器界面

图 3-45　"播放授权信息"界面

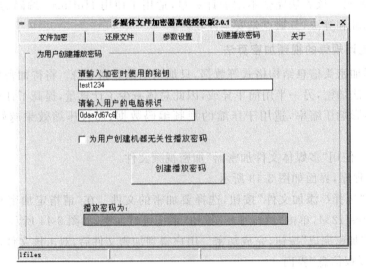

图 3-46　"创建播放密码"界面

（6）单击"创建播放密码"按钮，产生针对该用户电脑的播放密码，如图 3-47 所示。

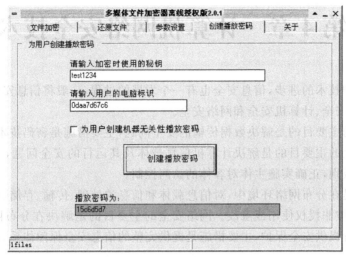

图 3-47　创建播放密码

（7）将该密码发送给用户，用户在"请输入播放密码"文本框中输入上述"播放密码"，单击"确定"按钮，实现视频播放。

习　题

1. 简述通信保密的基本要求。
2. 简述网络通信保密的基本方法。
3. 信息隐藏技术与加密技术的区别是什么？
4. 上机实现基于文本的信息隐藏。
5. 使用 Easycode 将一幅 GIF 图片隐藏在另一幅 JPG 图片中。
6. 上机实现基于声音的信息隐藏。
7. 什么是窃听、反窃听、防窃听？
8. 简述话音保密技术。
9. 简述无线通信保密技术。
10. 什么是图像置乱、分存、隐藏技术？
11. 数字水印技术的基本特征有哪些？
12. 上机实现数字水印的嵌入与检测。
13. 常见的视频加密方法有哪些？
14. 上机实现对视频的加密。

第 4 章　计算机网络安全技术

随着社会和技术的进步,信息安全也有一个发展的过程,一般将信息安全的发展分成三个阶段,即通信安全、计算机安全和网络安全。

通信安全的主要目的是解决数据传输的安全问题,主要措施是密码技术。

计算机安全的主要目的是解决计算机信息载体及其运行的安全问题,主要措施是根据主客体的安全级别,正确实施主体对客体的访问控制。

网络安全是在分布网络环境中,对信息载体和信息的处理、传输、存储、访问提供安全保护,以防止信息被非授权使用或篡改。网络安全的主要目的是解决在分布网络环境中对信息载体及其运行提供安全保护,主要措施是提供完整的信息安全保障体系,包括防护、检测、响应、恢复。

维护信息载体的安全就要抵抗对网络和系统的安全威胁。这些安全威胁包括物理侵犯(如机房侵入、设备偷窃、废物搜寻、电子干扰等),系统漏洞(如旁路控制、程序缺陷等),网络入侵(如窃听、截获、堵塞等),恶意软件(如病毒、蠕虫、特洛伊木马、炸弹等),存储损坏(如老化、破损等)等。为抵抗对网络和系统的安全威胁,通常采取的安全措施包括门控系统、防火墙、防病毒、入侵检测、漏洞扫描、存储备份、日志审计、应急响应、灾难恢复等。

维护信息自身的安全就要抵抗对信息的安全威胁。这些安全威胁包括身份假冒、非法访问、信息泄露、数据受损、事后否认等。为抵抗对信息的安全威胁,通常采取的安全措施包括身份鉴别、访问控制、数据加密、数据验证、数字签名、内容过滤、日志审计、应急响应、灾难恢复等。

据《中国互联网站发展状况及其安全报告(2014 年)》,2013 年被篡改的中国网站数量为24 034 个,较 2012 年的 16 388 个大幅增长 46.7%;新增收录信息系统安全漏洞 7854 个,较2012 年收录数量增长 15%;监测到境内 76 160 个中国网站被植入后门,较 2012 年大幅长增长 46%,向中国网站实施植入后门攻击的 IP 地址中,有 30 824 个位于境外,主要位于美国(20.2%)、印尼(11.4%)和韩国(6.5%)等国家和地区;平均每天发生攻击流量超过1Gb/s 的拒绝服务攻击事件 1802 起,较 2012 年增长 76%;监测发现仿冒中国网站的仿冒页面 URL 地址 30 199 个,涉及域名 18 011 个,这些域名分别解析到境内外 4240 个 IP 地址,有 90.2%位于境外,其中 IP 地址位于美国的有 2043 个,占整个仿冒中国网站的境外 IP地址总量的 53.4%。严重影响到网站的服务体验和用户上网安全。

4.1　计算机安全问题

在计算机和计算机网络迅速发展的同时,它也正日益成为非法分子攻击的首要目标。

4.1.1　计算机犯罪类型

随着科学技术的进步,计算机及网络技术得到了飞速的发展,同任何技术一样,计算机技术也是一柄双刃剑,一方面极大地促进了社会生产力的发展；但同时,五花八门的计算机犯罪也随之产生:黑客的擅自入侵,计算机病毒的擅自制造及传播,国家秘密情报或者军事机密的泄漏,网络资源遭到破坏、攻击并导致信息系统瘫痪等现象层出不穷。

利用计算机进行犯罪活动是从 20 世纪 60 年代末开始出现的,计算机犯罪指以计算机为工具或以计算机资产为对象(包括硬件系统、软件系统和机时、网上资源等)实施的犯罪行为。

计算机犯罪的主要类型包括:

(1) 对程序、数据、存储介质的物理性破坏。

(2) 窃取或转卖信息资源。

(3) 盗用计算机机时。

(4) 利用系统中存在的程序或数据错误,进行非法活动。

(5) 非法进行程序修改活动。

(6) 信用卡方面的计算机犯罪。

4.1.2　计算机犯罪手段

计算机犯罪手段包括数据欺骗、数据泄露、间接窃取信息、特洛伊木马、超级冲杀、活动天窗、逻辑炸弹、浏览、冒名顶替、蠕虫等。

(1) 数据欺骗:在计算机系统中,非法篡改输入/输出数据。

(2) 数据泄露:有意转移或窃取信息的一种手段。

(3) 间接窃取信息:利用统计数据推导机密信息。

(4) 特洛伊木马:在程序中暗中存放秘密指令,使计算机在仍能完成原先指定任务的情况下,执行非授权的功能。

(5) 超级冲杀:是一个当计算机停机、出现故障或其他需要人为干预时计算机的系统干预程序,它相当于系统的一把总开关钥匙。如果被非授权用户使用,就构成了对系统的潜在威胁。

(6) 活动天窗:利用人为设置的窗口,通常指故意设置的入口点,侵入系统。通过入口点可以进入大型应用程序或操作系统,在排错、修改和重新启动的时候,可以通过这些窗口访问有关程序,而罪犯则可利用它来寻找系统软件的薄弱环节,进行非法侵入活动。

(7) 逻辑炸弹:插入程序编码,这些编码仅在特定时刻或特定条件下执行,故称为逻辑炸弹或定时炸弹。逻辑炸弹的关键是特定条件下的程序激活,计算机病毒的可激活特征,实际上就是一个逻辑炸弹。

(8) 浏览:在系统或终端设备上,利用合法使用手段进行搜索或访问一些非授权文件。例如在存储区搜索某些有兴趣或有潜在极值的东西,或利用合法访问系统指定文件的机会,趁机访问非授权文件,这些都是以正常操作为掩护所进行的非法活动。

(9) 冒名顶替:利用窃取用户的口令,冒名窃取信息,或者当一个用户在用口令进入工作状态后临时短暂离开,就会被他人以用户身份获取信息或数据。

(10) 蠕虫:通过网络来扩散错误,进而危害整个系统。在分布式系统中,可通过网络来传播错误,进而造成网络服务发生死锁。通常需要重新启动系统才能排除蠕虫对系统的恶性作用。

4.1.3　计算机安全保护

1. 计算机安全保护的目标

计算机安全需要保护的目标很多,包括:内外存上的文件系统和数据、内存中的执行程序和有关数据、文件目录、硬件设备、数据结构(如堆栈)、操作系统的指令(特别是特权指令)、通行字、用户鉴别机制和保护机制本身。

2. 计算机安全保护的目的

计算机系统安全保护的主要目的是保护存储在系统中的和在网络中传输的信息,同时保护系统不受破坏,体现在系统的 6 个基本特性:保密性、完整性、可用性、可核查性、可靠性和可控性。

1) 保密性

保密性指防止信息泄漏给非授权个人或实体,信息只为授权用户使用的特性,是信息安全的基本要求。保密性包括对传输的信息、对存储的信息进行加密保护,还要防止因电磁信息泄露带来的失密。

常用的保密技术包括

(1) 防侦查:使对手侦查不到有用的信息。

(2) 防辐射:防止有用信息以各种途径辐射出去。

(3) 信息加密:在密钥的控制下,用加密算法对信息进行加密处理。即使对手得到了加密后的信息,也会因为没有密钥而无法读懂有效信息。

(4) 物理保密:利用各种物理方法,如限制、隔离、掩蔽、控制等措施,保护信息不被泄露。

2) 完整性

所谓完整性,就是要防止信息被非法复制、非授权的修改或破坏,即网络信息在存储或传输过程中保持不被偶然或蓄意地删除、修改、伪造、乱序、重放、插入等破坏和丢失的特性。完整性包括数据完整性、软件完整性、操作系统的完整性、内外存完整性、信息交换的真实性和有效性。

完整性与保密性不同,保密性要求信息不被泄露给未授权的人,而完整性则要求信息不会受到各种原因的破坏。

影响网络信息完整性的主要因素有:设备故障、误码(包括传输、处理和存储过程中产生的误码,稳定度和精度降低造成的误码,各种干扰源造成的误码等)、人为攻击、计算机病毒等。

保障完整性的主要方法有:

(1) 协议。通过各种安全协议可以有效地检测出被复制的信息、被删除的字段、失效的字段和被修改的字段。

(2) 纠错编码方法:完成检错和纠错功能,最简单和常用的纠错编码方法是奇偶校验法。

(3) 密码校验和方法:它是抗篡改的重要手段。

(4) 数字签名:保障信息的真实性。

（5）公证：请求网络管理或中介机构证明信息的真实性。

3）可用性

可用性是系统面向用户的安全性能，它保证系统资源能随时随地、持续地为合法用户提供服务。对合法用户不应发生拒绝服务或间断服务，既要防止非法者进入系统，还要拒绝合法用户对资源的非法操作和使用。

4）可核查性

可核查性也称不可抵赖性，确保参与者的真实性，所有参与者都不可能否认或抵赖曾经完成的操作和承诺。

可核查性通过信息源证据来防止发信方不真实地否认已发送信息；利用递交接收证据来防止收信方事后否认已经接收的信息。

5）可靠性

可靠性是系统在规定条件下和规定时间内完成规定功能的特性，它是系统安全最基本的要求之一，是所有网络信息系统建设和运行的目标。

增加可靠性的具体措施包括：提高设备质量、严格质量管理、配备必要的冗余和备份、采用容错纠错和自愈等措施、选择合理的拓扑结构和路由分配、强化灾害恢复机制、分散配置负荷等。

6）可控性

可控性是对网络信息的传播及内容具有控制能力的特性。

概括地说，网络信息安全与保密的核心是通过计算机、网络、密码技术和安全技术，保护在公用网络信息系统中传输、交换和存储信息的保密性、完整性、真实性、可靠性、可用性、不可抵赖性等。

4.1.4　一般安全问题

计算机网络面临的一般安全问题包括物理安全、安全控制和安全服务。

物理安全是指在物理介质层次上对存储和传输的网络信息的安全保护。安全控制是指在网络信息系统中对存储和传输信息的操作和进程进行控制和管理，重点是在网络信息处理层次上对信息进行初步的安全保护。安全服务是指在应用程序层对网络信息的保密性、完整性和信源的真实性进行保护和鉴别，满足用户的安全需求，防止和抵御各种安全威胁和攻击手段。

1. 物理安全

物理安全常见的不安全因素包括三大类。

（1）第一类不安全因素包括自然灾害（如地震、火灾、洪水等）、物理损坏（如硬盘损坏、设备使用寿命到期、外力破损等）、设备故障（如停电断电、电磁干扰等）。其特点是突发性、自然性、非针对性。它们对网络信息的完整性和可用性威胁最大，对网络信息的保密性影响较小，因为在一般情况下，物理上的破坏将销毁网络信息本身。针对第一类不安全因素的解决方法包括：采取各种防护措施、制定安全规章、随时备份数据等。

（2）第二类不安全因素包括电磁辐射（如侦听微机操作过程）、乘机而入（如合法用户进入安全进程后半途离开）、痕迹泄露（如口令密钥等保管不善，被非法用户获得）。其特点是隐蔽性、人为实施的故意性、信息的无意泄露性。它们主要破坏网络信息的保密性，对网络信息的完整性和可用性影响不大。针对第二类不安全因素的解决方法包括：采取辐射防护、屏幕口令、隐藏销毁等手段。

(3) 第三类不安全因素包括操作失误(如偶然删除文件,格式化硬盘,线路拆除等)、意外疏漏(如系统掉电、"死机"等)。其特点是人为实施的无意性和非针对性。它们主要破坏网络信息的完整性和可用性,对保密性影响不大。针对第三类不安全因素的解决方法包括:状态检测、报警确认、应急恢复等。

2. 安全控制

安全控制可以分为三个层次。

(1) 第一层次是操作系统的安全控制,包括:对用户的合法身份进行核实(如开机时要求输入口令)、对文件读写存取的控制(如文件属性控制机制)。此类安全控制主要保护被存储数据的安全。

(2) 第二层次是网络接口模块的安全控制,在网络环境下对来自其他机器的网络通信进程进行安全控制,主要包括身份认证、客户权限设置与判别、审计日志等。

(3) 第三层次是网络互联设备的安全控制,对整个子网内所有主机的传输信息和运行状态进行安全监测和控制。此类控制主要通过网管软件或路由器配置实现。

3. 安全服务

安全服务可以在一定程度上弥补和完善现有操作系统和网络信息系统的安全漏洞。安全服务的主要内容包括:安全机制、安全连接、安全协议、安全策略等。

1) 安全机制

利用密码算法对重要而敏感的数据进行处理,包括:以保护网络信息保密性为目标的数据加密和解密;以保证网络信息来源真实性和合法性为目标的数字签名和签名验证;以保护网络信息的完整性,防止和检测数据被修改、插入、删除和改变的信息认证等。

安全机制是安全服务乃至整个网络信息安全系统的核心和关键,现代密码学在安全机制的设计中扮演着重要的角色。

2) 安全连接

安全连接主要包括会话密钥的分配、生成和身份验证。身份验证旨在保护信息处理和操作双方的身份真实性和合法性。

3) 安全协议

协议是多个使用方为完成某些任务所采取的一系列有序步骤。安全协议使网络环境下互不信任的通信方能够相互配合,并通过安全连接和安全机制的实现来保证通信过程的安全性、可靠性和公平性。

4) 安全策略

安全策略是安全体制、安全连接和安全协议的有机组合,是网络信息系统安全性的完整解决方案。安全策略决定了网络信息安全系统的整体安全性和实用性,不同的网络信息系统和不同的应用环境需要不同的安全策略。

4.1.5　安全威胁

网络信息的安全与保密所面临的威胁可以宏观地分为自然威胁和人为威胁。人为威胁通过攻击系统暴露的要害或弱点,使网络信息的保密性、完整性、可靠性、可控性、可用性等受到伤害。

人为威胁又分为两种,一种是以操作失误为代表的无意威胁(偶然事故),另一种是以计算机犯罪为代表的有意威胁(恶意攻击)。

恶意攻击包括主动攻击和被动攻击,被动攻击比主动攻击隐蔽性强,不易被察觉,危害性更大。

(1) 主动攻击:有选择地修改、删除、添加、伪造和重排信息内容,造成信息破坏。

(2) 被动攻击:在不干扰网络信息系统正常工作的情况下,进行侦收、截获、窃取、破译、业务流量分析及电磁泄露等。

常见的恶意攻击包括窃听、流量分析、假冒、拒绝服务、干扰、病毒、资源的非授权使用、利用陷门进行攻击等。

1. 窃听

在广播式网络信息系统中,每个节点都能读取网上的数据。对广播网络的同轴电缆或双绞线进行搭线窃听,很容易实现且不易被发现。

2. 流量分析

通过对网上信息流的观察和分析,推断出网上的数据信息,如有无传输、传输的数量、方向、频率等。

3. 利用陷门进行攻击

所谓陷门是指一个程序模块的秘密的、未记入文档的入口。一般陷门是在程序开发时插入的一小段程序,其目的是测试这个模块,或者是为了连接将来的更改和升级程序,或者是为了将来发生故障后为程序员提供方便等。通常在程序开发后期将去掉这些陷门,但是由于各种有意或无意的原因,陷门也可能被保留下来。

下面介绍常见的陷门实例。

1) 逻辑炸弹

在网络软件(比如程控交换机的软件中)预留隐蔽的对日期敏感的定时炸弹。在一般情况下,网络处于正常工作状态,一旦到了某个预定的日期,程序便自动跳到死循环程序,造成死机甚至网络瘫痪。

2) 远程维护

某些通信设备(比如数字程控交换机)具有远程维护功能,可以通过远程终端,由公开预留的接口进入系统,完成维护检修任务。这种功能在带来明显的维护管理便利的同时,也带来了一种潜在的威胁,在特定情况下,可以形成潜在的攻击。

3) 贪婪程序

一般程序都有一定的执行时限,如果程序被有意或错误地更改为贪婪程序或循环程序,或被植入某些病毒(如蠕虫病毒),那么此程序将会长期占用机时,造成意外阻塞,使合法用户被排挤在外不能得到服务。

4) 遥控旁路

某国向我国出口的一种传真机,其软件可以通过遥控将加密接口旁路,从而失去加密功能,造成信息泄露,如图 4-1 所示。

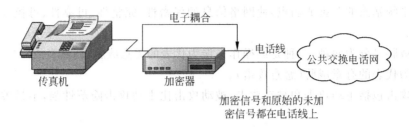

图 4-1　遥控旁路传真机

4.1.6　黑客入侵攻击

黑客入侵攻击的过程可归纳为以下 9 个步骤：踩点、扫描、查点、获取访问权、权限提升、窃取、掩盖踪迹、创建后门、拒绝服务攻击，如图 4-2 所示。

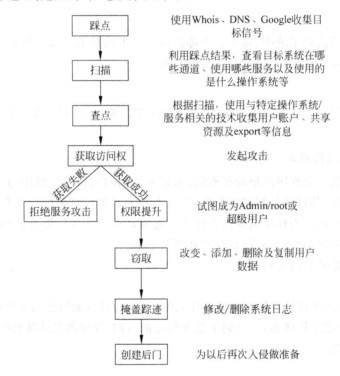

图 4-2　黑客入侵攻击流程

1. 踩点

"踩点"原意为策划一项盗窃活动的准备阶段，在黑客攻击领域，"踩点"是传统概念的电子化形式。"踩点"的主要目的是获取目标的 IP 地址范围、DNS 服务器地址、邮件服务器地址等信息。

2. 扫描

通过踩点获得一定信息后，下一步需要确定目标网络范围内哪些系统是"活动"的，以及它们提供哪些服务。扫描的主要目的是使攻击者对攻击的目标系统所提供的各种服务进行评估，以便集中精力在最有希望的途径上发动攻击。

3. 查点

通过扫描,入侵者掌握了目标系统所使用的操作系统,下一步工作是查点。查点就是搜索特定系统上用户名、路由表、共享资源、服务程序等信息。

4. 获取访问权

在搜集到目标系统的足够信息后,下一步要完成的工作自然是得到目标系统的访问权,进而完成对目标系统的入侵。对于 Windows 系统采用的主要技术有密码猜测、窃听、攻击 Web 服务器及远程缓冲区溢出等。

5. 权限提升

一旦攻击者通过前面 4 步获得了普通用户的访问权限后,攻击者就会试图将普通用户权限提升至超级用户权限,以便完成对系统的完全控制。这种从一个较低权限开始,通过各种攻击手段得到较高权限的过程称为权限提升。权限提升所采取的技术是通过得到的密码文件,利用现有工具软件,破解系统上其他用户名和口令。

6. 窃取

一旦攻击者得到了系统的完全控制权,接下来将完成的工作是窃取,即进行一些敏感数据的篡改、添加、删除及复制(例如 Windows 系统的注册表)。通过对敏感数据的分析,为进一步攻击应用系统做准备。

7. 掩盖踪迹

黑客并非踏雪无痕,一旦黑客入侵系统,必然留下痕迹。此时,黑客需要做的首要工作就是清除所有入侵痕迹,避免自己被检测出来,以便能够随时返回被入侵系统继续干坏事或作为入侵其他系统的中继跳板。掩盖踪迹的方法有禁止系统审计、清空事件日志、隐藏作案工具等。

8. 创建后门

黑客的最后一招便是在受害系统上创建一些后门及陷阱,以便入侵者能以特权用户的身份控制整个系统。创建后门的主要方法有创建具有特权用户权限的虚假用户账号、安装批处理、安装远程控制工具、使用木马程序替换系统程序等。

2013 年 7 月,对数万个网站进行扫描的结果显示,存在后门的网站比例高达 33.7%。从已经发现的网站后门样本分析来看,当前黑客在网站中植入后门一般分为两种主要类型:网站控制类木马与 DDoS 脚本木马。前者的目的是为了入侵网站后实施控制或数据窃取,后者的目的则是利用这个网站的服务器对其他网站发动流量攻击。

9. 拒绝服务攻击

如果黑客未能成功地完成第 4 步的获取访问权,那么他们所能采取的最恶毒的手段便是进行拒绝服务攻击。即使用精心准备好的漏洞代码攻击系统使目标服务器资源耗尽或资源过载,以至于没有能力再向外提供服务。攻击所采用的方法是利用协议漏洞和系统漏洞。

4.1.7　常用黑客软件及其分类

要实现入侵攻击,需要专门的工具;而防范入侵攻击,也需要相应的工具。

1. 按性质分类

1）扫描类软件

通过扫描程序，黑客可以找到攻击目标的 IP 地址、开放的端口号、服务器运行的版本、程序中可能存在的漏洞等。

扫描器好比黑客的眼睛，它可以让黑客清楚地了解目标，有经验的黑客可以将目标"摸得一清二楚"，这对于攻击来说是至关重要的。同时扫描器也是网络管理员的得力助手，网络管理员可以通过它了解自己系统的运行状态和可能存在的漏洞，在黑客"下手"之前将系统中的隐患清除，保证服务器的安全稳定。

2）远程监控类软件

远程监控程序实际上是在服务器上运行一个服务端软件，而在黑客的电脑中运行一个客户端软件。黑客利用木马程序在服务器上开一个端口，通过它对服务器进行监视、控制。

3）病毒和蠕虫

病毒是一种可以隐藏、复制、传播自己的程序，这种程序通常具有破坏作用。蠕虫也是一段程序，和病毒一样具有隐藏、复制、传播自己的功能。不同的是蠕虫程序通常会寻找特定的系统，利用其中的漏洞完成传播自己和破坏系统的作用，另外蠕虫程序可以将收到的被攻击系统中的资料传送到黑客手中，因而蠕虫是介于木马和病毒之间的一类程序。

4）系统攻击和密码破解

这类软件对于黑客很重要，因为它可以大幅度减少黑客的某些烦琐工作，使用者经过对软件的设置就可以让软件自动完成重复的工作，或者由软件完成大量的猜测工作。

系统攻击类软件主要分为信息炸弹和破坏炸弹。网络上常见的垃圾电子邮件就是这种软件的"杰作"，聊天室中经常看到的"踢人"、"骂人"类软件、论坛的垃圾灌水器、系统蓝屏炸弹也都属于此类软件的变异形式。

密码破解类软件可以帮助寻找系统登录密码，相对于利用漏洞进行系统攻击，暴力破解密码要简单许多，但是效率会非常低。

5）监听类软件

通过监听，黑客可以截获网络信息包，然后对加密的信息包进行破解，进而分析包内的数据，获得有关系统的信息；也可以通过截获个人上网的信息包，分析得到上网账号、电子邮件账号等个人隐私资料。在大多数的情况下，这类软件是提供给程序开发者或者网络管理员进行程序调试或服务器管理工作的。

2. 按用途分类

1）防范

防火墙、查病毒软件、系统进程监视器、端口管理程序等都属于此类软件。这类软件可以在最大程度上保护电脑使用者的安全和个人隐私。而日志分析软件、系统入侵检测软件等可以帮助管理员维护服务器并对入侵系统的黑客进行追踪。

2）信息搜集

信息搜集软件包括端口扫描、漏洞扫描、弱口令扫描等扫描类软件；监听、截获信息包等间谍类软件。无论是黑客、系统管理员还是一般的电脑使用者，都可以使用这类软件完成各自不同的目的。在大多数情况下，黑客使用这类软件的频率更高，因为他们需要依靠这类软件对服务器进行全方位的扫描,获得尽可能多的关于服务器的信息,在对服务器有了充分的了解之后,才能进行入侵。

3)木马与蠕虫

这是两种类型的软件,不过它们的工作原理大致相同,都具有病毒的隐藏性和破坏性,另外此类软件还可以由拥有控制权的人进行操作,或由事先精心设计的程序完成一定的工作。当然这类软件也可以被系统管理员利用,当作远程管理服务器的工具。

4)洪水

所谓"洪水"即信息垃圾炸弹,通过大量的垃圾请求可以导致目标服务器超负荷而崩溃,近年来网络上流行的 DoS 分布式攻击,简单地说也可以归入这类软件中。"洪水"软件还可以用作邮件炸弹或者聊天室炸弹,这些都是经过简化并由网络安全爱好者程序化的"傻瓜式"软件。

5)密码破解

网络安全得以保证的最实用的方法是依靠各种加密算法的密码系统。黑客也许可以很容易获得一份加密后的文件,但是如果没有加密算法,它仍然无法获得真正的密码,密码破解类软件利用电脑的高速计算能力,通过密码字典或者穷举等方式还原经过加密的密文。

6)欺骗

如果希望获得上面提到的明文密码,黑客需要对密文进行加密算法还原,如果是一个复杂的密码,破解起来就不是那么简单了。但如果让知道密码的人直接告诉黑客具体的密码,岂不是更加方便?欺骗类软件就是为了完成这个目的而设计的。

7)伪装

网络上进行的各种操作都会被 ISP 服务器记录下来,如果没有经过很好的伪装就进行入侵,很容易会被反跟踪技术追查到黑客的所在,伪装类工具可以伪装自己的身份和 IP 地址。

4.2　计算机病毒

众所周知的生物病毒,是能侵入人体或其他生物体内的病原体。当它潜入人或其他生物内的细胞后,将会大量繁殖与其本身相仿的复制品。这些复制品又去感染其他健康的细胞,大部分被感染的细胞会因此而死亡,它们是非人为的具有传染性和杀伤力的有机体。

计算机病毒在传染性、潜伏性等方面类似于生物病毒,是一种能入侵到计算机和计算机网络、危害其正常工作的"病原体",是人为的具有传染性、潜伏性特征的无机体。

4.2.1　计算机病毒的定义

从广义上讲,凡能够引起计算机故障,破坏计算机数据的程序统称为计算机病毒。计算机病毒在《中华人民共和国计算机信息系统安全保护条例》中的定义是:"指编制或者在计算机程序中插入的破坏计算机功能或者数据,影响计算机使用并且能够自我复制的一组计算机指令或者程序代码"。所以计算机病毒是一种特殊的计算机程序,它可以修改其他程序使其包含该病毒程序的拷贝,一般不能独立运行,需要依附在其他可运行的程序上,随该程序的执行而运行。

计算机病毒由传染部和行动部组成,传染部决定病毒蔓延的速度和侵袭的范围,行动部决定病毒危害的程度。

4.2.2　病毒的特点

由计算机病毒的定义,以及对病毒的产生、来源、表现形式和破坏行为的分析,计算机病毒具有的基本特点包括:传染性、破坏性、隐蔽性、潜伏性、可触发性等。

1. 传染性

传染性又称自我复制、自我繁殖、感染或再生,可以将自身的拷贝复制到其他对象。传染性是计算机病毒的最基本特征,是判断一个计算机程序是否为计算机病毒最重要的依据。

病毒程序一旦进入计算机并被执行,就会对系统进行监视,寻找符合其传染条件的其他程序或存储介质。确定了传染目标后,采用附加或插入等方式将病毒程序自身链接到这个目标之中,该目标即被传染;同时这个被传染的目标又成为新的传染源,当它被执行以后,去传染另一个可以被传染的其他目标。计算机病毒的这种将自身复制到其他程序之中的"再生机制",使得病毒能够在系统中迅速扩散。

2. 破坏性

计算机病毒的破坏性表现在占用系统资源、破坏数据、干扰运行、摧毁系统等方面,计算机病毒的破坏性决定了它的危害性。破坏性是每一个计算机病毒最基本的特征之一,只是破坏性的程度有别,自出现 CIH 病毒以来,计算机病毒的主要破坏目标和攻击部件由系统数据区、文件向攻击硬件的方向发展。

3. 隐蔽性

病毒依附于其他载体存在的特性称为病毒的隐蔽性。隐蔽性的目的是为了躲避计算机病毒检测技术,使之不被用户或病毒防范人员发现。病毒一般是具有很高编程技巧、短小精悍的程序。大部分病毒的代码之所以设计得非常短小,就是为了隐蔽。

4. 潜伏性

病毒程序进入计算机之后,一般情况下除了传染外,并不会立即发作,而是在系统中潜伏一段时间。只有当其特定的触发条件满足后,才会激活病毒的表现模块而出现中毒症状。

由于病毒的潜伏性,用户意识不到、发现不了病毒的存在,使得病毒向外传染的机会增多,病毒传染的范围更加广泛。

5. 可触发性

传染性使病毒得以传播,破坏性体现了病毒的杀伤能力。频繁的传染和破坏会使病毒暴露,不破坏、不传染会使病毒失去杀伤力。病毒既要隐蔽又要维持其杀伤力,它必须具有可触发性。

可触发性就是指病毒因某个事件或数值的出现,诱使病毒实施感染或进行攻击的特性。可触发性是病毒的攻击性和潜伏性之间的调节杠杆,可以控制病毒感染和破坏的频度,兼顾杀伤力和潜伏性。

4.2.3　病毒的分类

计算机病毒可以从各种角度进行分类,如按病毒攻击对象的机型、病毒攻击的操作系统、病毒的链接方式、病毒的寄生和传染方式以及病毒给计算机系统带来的后果等方面进行分类。

按病毒攻击对象的机型分类:攻击微型计算机的病毒、攻击小型计算机的病毒、攻击中大型计算机的病毒、攻击计算机网络的病毒。

按病毒攻击计算机的操作系统分类:攻击 Macintosh 系统的病毒、攻击 DOS 系统的病毒、攻击 Windows 系统的病毒、攻击 UNIX 系统的病毒、攻击 OS/2 系统的病毒。

按计算机病毒的链接方式分类:操作系统型病毒、外壳型病毒、嵌入型病毒、源码型病毒。

按计算机病毒的寄生和传染方式分类:文件型病毒、系统引导型病毒、混合型病毒。

按给计算机系统带来的后果分类:恶性病毒、"良性"病毒。

1. 操作系统型病毒

操作系统型病毒用其自身部分加入或替代操作系统的某些功能,它们主要针对磁盘的引导扇区进行攻击,有的还能同时攻击文件分配表。在一般情况下并不感染磁盘文件,而是直接感染操作系统。

2. 外壳型病毒

外壳型病毒是将其病毒代码插入在宿主程序的头部或尾部,来改变宿主的程序代码,相当于给宿主程序加了个"外壳",病毒代码与宿主程序之间存在明显的界限。

3. 嵌入型病毒

嵌入型病毒将自身嵌入其宿主程序的中间,把计算机病毒主体程序与其攻击的对象以插入的方式链接。

4. 源码型病毒

源码型病毒攻击用计算机高级语言编写的源程序。它们不但能够将自身插入宿主程序中,而且在插入后还能与被插入的宿主程序一起编译、链接成为可执行文件并使之直接带毒。

源码型病毒可用汇编语言编写,亦可用计算机高级语言或"宏命令"编写。目前,大多数源码型病毒采用 Java、ActiveX 等网络编程语言编写。

5. 文件型病毒

指那些专门感染可执行文件(以 EXE 文件和 COM 文件为主)的计算机病毒。大多数染毒的可执行文件字节明显增大,系统可用空间减少,显示非法信息以及覆盖重要文件,造成系统死机等,如黑色星期五病毒,DIR-2 病毒,瀑布病毒、维也纳病毒等。

在文件型病毒中,EXE 文件曾经是计算机病毒的主要寄生场所。大多数 EXE 文件病毒寄生在该文件的末尾,同时修改了文件头的数据,把原来的文件头数据保存到病毒代码之中。运行该文件时,病毒代码首先运行,然后再执行 EXE 文件原来的程序。

感染带有宏的数据文件的计算机宏病毒则是新一代的文件型病毒。

6. 系统引导型病毒

引导型病毒是一种在 ROM BIOS 之后,系统引导时出现的病毒,它先于操作系统执行,依托的环境是 BIOS 中断服务程序。

引导型病毒寄生的场所是主引导扇区和逻辑引导扇区。病毒寄生在引导扇区后,将真正的引导程序转移或替换,系统启动时,病毒获得控制权,待病毒程序执行后,再将控制权交给原来真正的引导程序,使得这个带病毒的系统看似正常运转,而病毒已隐藏在系统中,并伺机传染、发作,从而使得这类病毒具有很大的传染性和危害性。

系统引导型病毒常驻计算机引导区,通过改变计算机引导区的正常分区来达到破坏的目的。

常见的引导型病毒有大麻病毒、小球病毒等。

7. 混合性病毒

混合性病毒既感染引导区又感染可执行文件,具有引导型病毒和文件型病毒的寄生方式,如新世纪病毒、口令蠕虫、冲击波病毒等。

8. 恶性病毒

恶性病毒指那些一旦发作或在传染过程中会破坏系统数据,删除文件,甚至摧毁计算机系统的危害性极大的计算机病毒。如黑色星期五病毒,每逢星期五又是 13 日,就会删除磁盘上和系统中所有正在执行的文件,从而给用户带来难以挽回的损失;又如磁盘杀手病毒,发作时会把硬盘上的数据一块一块地进行破坏,直至全部破坏为止。

9. "良性"病毒

"良性"病毒指那些只是为了表现自己,并不破坏系统和数据的计算机病毒。如 1575 病毒发作时,会在屏幕上显示"绿毛虫"的信息,并不破坏系统和文件。"良性"病毒并非没有危害,它们会大量占用 CPU 资源,增加系统开销,降低系统工作效率。

由于同一种病毒可能集多种特征于一体,因此同一种病毒可能会存在多种不同的分类结果。

4.2.4 计算机病毒在磁盘中的存储

储存在引导区的计算机病毒通常采用替代法,病毒程序把自己的部分或全部代码替代原正常文件的部分或全部;存储在用户空间的病毒一般采用链接法,把病毒程序和原正常文件链接在一起。

链接法可分为文件头链接、文件尾链接和文件中链接三种。

1. 文件头链接

病毒链接于被攻击文件的头部。病毒程序寄生于合法程序的开始处,只要执行该程序,首先运行的是病毒,病毒立即获得对系统的控制权。

2. 文件尾链接

病毒链接于被攻击文件的尾部。病毒程序寄生于合法程序的最后,但在合法程序的开始处增加了"goto 病毒程序"语句。只要执行该程序,病毒同样先获得对系统的控制权。

3. 文件中链接

病毒链接于被攻击文件的中间。病毒程序寄生于合法程序的中间,但在合法程序的开始处增加了"goto 病毒程序"。只要执行该程序,计算机病毒也先获得对系统的控制权。但这种病毒程序设计较为困难,目前的链接型病毒都链接于合法程序的头部和尾部。

4.2.5　计算机病毒的构成

计算机病毒是以现代计算机系统为环境而存在发展的,因此,它的结构由计算机软件和硬件环境所决定。通常计算机病毒程序包括三大模块,即引导模块、传染模块和表现/破坏模块。传染模块是病毒程序的一个重要组成部分,它负责病毒的传染工作,主要完成寻找目标,检查目标文件中是否有传染标记(如果没有传染标记,则进行传染),将病毒程序和传染标记放入宿主程序中等工作。破坏模块负责病毒的破坏工作。后两个模块各包含了一段触发条件检查代码,分别检查是否满足传染和表现/破坏的触发条件,只有在满足相应条件时,计算机病毒才会进行传染或表现/破坏。

1. 引导模块

引导模块的作用是将病毒由外存引入内存,使传染模块和表现/破坏模块处于活动状态。

系统启动时,病毒程序的引导模块率先将自身的程序代码引入并驻留在内存中,获得系统的控制权,随后引入正常的操作系统。只要触发条件得到满足,就立即触发病毒,对未被感染的磁盘进行传染。

引导模块的工作方式是通过非授权加载,将分散的病毒程序在非法占用的存储空间进行重新装配,构成一个整体病毒程序,使静态病毒激活成为动态病毒。

1) 静态病毒

静态病毒是指存储介质(如软盘、硬盘、磁带等)上的计算机病毒,由于没有处于加载状态,故不能执行病毒的传染或破坏作用。

2) 动态病毒

动态病毒是指已进入内存,处于运行状态,或通过某些中断能立即获得运行权的计算机病毒。

引导模块还会对内存的病毒代码采取保护措施,以避免病毒程序被覆盖。在完成病毒程序的安装后,对内存中的病毒代码采取保护措施,使之不被覆盖。然后执行正常的系统功能,以隐蔽和保护自己。

2. 传染模块

传染是病毒最基本的特征之一,是病毒的再生机制。传染模块的作用就是将病毒传染到其他对象上去。该模块一般包括两部分内容,即传染条件判断部分和传染部分(大多数病毒都带有传染标志,一般来说,如果某个目标有该病毒的特殊标识,就不再向该目标传染)。一旦发现攻击目标后,判断部分检查是否有病毒的传染标识以及其他的特定条件,符合条件才会执行传染部分,从而把病毒全部链接到被传染的攻击目标之上。

在单机环境下,计算机病毒的传染途径有:通过磁盘引导扇区进行传染、通过操作系统文件进行传染、通过应用程序文件进行传染。

在 Internet 中,病毒的传播还可以通过电子邮件、Web 页面进行。

基于计算机病毒技术的发展趋势,可以预料,通过电磁波进行传染的病毒也是有可能出现的。

3. 表现/破坏模块

病毒程序的引导模块和传染模块是为表现/破坏模块服务的。表现/破坏模块的作用就是实施病毒的表现及破坏作用,它也分为触发条件判断部分和表现/破坏部分。

表现/破坏模块可以在第一次病毒代码加载时运行,也可能在第一次病毒代码加载时,只将引导模块引入内存,然后再通过触发某些中断机制而运行。

一般情况下,病毒是基于一个或若干个触发条件都满足的情况下才触发其表现/破坏功能的。触发条件一般有以下几类:与系统时钟有关的以时间、日期和星期等作为触发条件;以计数作为触发条件,当满足某个设定值时,即触发病毒;上述两类触发条件的逻辑运算以及其他工作触发条件。

4.2.6　计算机病毒的传染机制

计算机病毒的传染是指病毒由一定载体携带,从一个计算机系统(或文件)进入另一个计算机系统(或文件)的过程。

计算机病毒与生物病毒一样,有其自身的病毒体(病毒程序)和寄生体。寄生体为病毒提供一种生存环境,是一合法程序,这样合法程序就成了病毒程序的寄生体,或称病毒程序的载体。通常合法程序被称为宿主或宿主程序。

病毒可寄生于合法程序的任何位置,当病毒程序寄生于合法程序后,病毒就成了程序的一部分,并在程序中占有合法的地位。感染后的程序相当于在原合法程序中嵌入了病毒程序。为了增强活力,病毒程序通常寄生于一个或多个被频繁调用的程序中,并伺机感染更多的程序。

计算机病毒对宿主程序实施感染的过程和方法是由病毒的传染机制决定的。病毒的传染机制,即它的传染方式,是由病毒程序制造者在编写病毒程序时规定的。

1. 计算机病毒的传染过程

计算机病毒的传染过程与生物学病毒的传染过程非常相似,它寄生在宿主程序中,进入计算机后借助操作系统和宿主程序的运行,自我复制,大量繁殖。

系统引导型病毒在传染时,把原来引导记录的内容存储到磁盘的某个扇区,而把病毒程序存放在原来引导记录位置处。

文件型病毒传染的手法通常有添加和嵌入。添加就是把病毒程序添加到文件的头部和尾部;嵌入则是将病毒程序代码直接存放在可执行程序的未用代码和数据段内。

计算机病毒传染的一般过程为:

(1) 当计算机运行染毒的宿主程序时,病毒夺取控制权。

(2) 寻找感染的突破口。

(3) 将病毒程序嵌入感染目标中。

当操作系统程序作为病毒的宿主程序时,病毒代码替换磁盘的 Boot 扇区、主引导扇区,而把 Boot 区的引导程序移到其他位置。因为引导扇区先于其他程序获得对 CPU 的控制,病毒代码通过把自己放入引导扇区,就可以立刻控制整个系统。病毒代码代替了原始的引导扇区信息,并把原始的引导扇区信息移到磁盘的其他扇区。当操作系统需要访问引导数据信息时,病毒会将其引导到存储引导信息的新扇区,从而使操作系统无法发觉信息被挪到了新的地方。另外,病毒的一部分仍驻留在内存中,当新的磁盘插入时,病毒就会把自己写到新的磁盘上。当这个盘被用于另一台机器时,病毒就会以同样的方法传播到那台机器的引导扇区上。这类病毒称为引导型病毒。

对于文件型的病毒来说,病毒程序是在运行其宿主程序时被装入内存的,应用程序只有在被运行时才有系统控制权。这时,病毒会夺取系统控制权,先运行病毒程序,再运行应用程序。但是,当应用程序运行结束后,控制权又交还给系统,这时病毒程序已经无用武之地了。所以,寄生在应用程序中的病毒只在一段短暂的时间内活动,不会引起大范围的感染。正因如此,有相当多的病毒具有驻留内存的功能,虽然应用程序运行结束,但病毒并不随应用程序消失,而是继续潜伏在计算机内存中,并可继续获得感染机会。常驻内存的病毒一旦进入计算机,就会长期潜伏,只要不进行热启动、冷启动或关机,它会一直在内存中监视计算机的运行,一旦触发条件满足,就进行感染和破坏。

2. 传染途径和传染范围

计算机病毒传染的途径有两种:一是利用磁性存储介质,如磁盘或磁带等作为传染载体,另一种是利用网络作为传染载体。

计算机病毒载体扩散区域称为计算机病毒的传染范围。

计算机病毒从其出现到广泛实施攻击并传播开来需要一段时间,这段时间称为计算机病毒实施攻击时间。

3. 计算机病毒的交叉感染

计算机病毒的交叉感染指多种计算机病毒存在于同一个宿主程序中。此时,病毒代码会分散在宿主程序的头部和尾部,其感染方式可能是多种病毒一次感染,也可能是多种病毒同时交叉重复感染。

交叉感染是由于在一台潜伏着多种病毒的计算机上运行某一程序引起的。计算机病毒的交叉感染会导致病毒之间的相互影响,它们争夺寄生位置和传染控制权,造成病毒作用的复杂化,给检测和清除病毒带来一定的困难,有时还会导致染有病毒的磁盘无法使用。

4. 病毒发射枪

病毒发射枪是一种新型计算机病毒发射武器,其载体和运输工具是激光或电磁波,其原理和发射生物病毒炮弹颇为相同。

生物病毒的运载工具是炮弹,将装有病毒和细菌的空心炮弹发射到敌人阵地或后方,使其迅猛传染,杀伤敌人的有生力量。病毒发射枪则利用激光或电磁波遥控技术,将载有计算机病毒程序的激光或电磁波发送到指定目标,同时遥控和激活病毒。

病毒发射枪的出现,结束了病毒单一的传染方式——接触传染的历史。

4.2.7　计算机病毒的表现和破坏

病毒必须具备良好的潜伏性才能不被人们发现,但是它的最终目的不是潜伏而是破坏。

为达到这个目的,病毒需要进行大范围的感染。病毒的感染动作和破坏行为是由它的触发机制决定的,病毒的触发机制用来控制感染和破坏动作的频率。在病毒的触发机制中,病毒制造者预先规定了触发条件,病毒只有在触发条件满足时才进行感染和破坏,否则一直潜伏。

1. 计算机病毒的表现破坏模块

计算机病毒的表现破坏模块是计算机病毒的主体部分,也是计算机病毒的核心。表现破坏模块包括触发条件部分和执行表现破坏部分。

触发是指在一定条件下对于表现破坏功能的调用过程,包括时钟触发、功能触发等。表现破坏部分根据破坏程度分为可恢复性破坏和不可恢复性破坏两类。

2. 病毒的触发条件

病毒的触发条件包括病毒感染的触发条件和病毒发作的触发条件。病毒感染的触发条件是指当这部分条件满足时,病毒即开始传播,感染其他程序;病毒发作的触发条件是指当发作部分的条件满足时,染毒程序即开始进行计算机的破坏行为。通常病毒感染的触发条件较宽松。过于苛刻的触发条件,可能使病毒有好的潜伏性,但不易传播,只具有低杀伤力。过于宽松的触发条件将导致频繁感染与破坏,容易暴露,导致用户做反病毒处理,也不能有大的杀伤力。

对病毒程序来说,设计一个合理的触发条件十分重要。病毒在感染或破坏之前,往往要检查触发条件是否满足,若满足则进行感染或破坏。

常见的病毒触发条件有日期触发、时间触发、键盘触发、感染触发、启动触发、访问磁盘次数触发、调用中断功能触发、CPU 型号触发、打开邮件触发、随机触发、利用系统或工具软件的漏洞触发等。

1) 日期触发

病毒程序将触发条件设置为某些指定的日期,日期触发病毒的方式通常有:每月某日定期触发、某月某日定期触发、以某日为界分时段触发三种。

采用每月某日定期触发的病毒较常见,如 2002 年 2 月开始流行的求职信病毒,在奇数月份的第 6 天,即 1 月 6 日、3 月 6 日、5 月 6 日等,将一些文件大小置零(相当于删除文件且不可恢复),如图 4-3 所示。

图 4-3　求职信病毒

　　某月某日定期触发病毒是将病毒的触发条件固定为某月某日,该日期到时病毒激活。如欢乐时光的触发日期是 3 月 10 日,当发作日期到来时,病毒将硬盘中的所有可执行文件用自己的代码覆盖掉。

　　以某日为界,在其指定的日期之前进行感染,一旦到了规定的日期,就开始进行破坏操作。如暴乱者病毒以 1990 年 8 月 15 日为界,1990 年 8 月 15 日以前,病毒感染现行目录的一个 COM 文件,使被感染文件增长 1055B;1990 年 8 月 15 日以后,不进行感染,而是将硬盘的第一磁道格式化。

　　2) 时间触发

　　时间触发主要有特定时间触发、染毒后累积工作时间触发、文件最后写入时间触发三种。

　　特定时间触发方式是指病毒程序对时间进行判别,当到达某一特定时刻时,病毒发作,执行破坏行为。如 1999 年 3 月 26 日发现的梅莉莎病毒,当机器的分钟值与当前日期相同时触发,造成拒绝服务攻击或用户信息的泄漏,如图 4-4 所示。

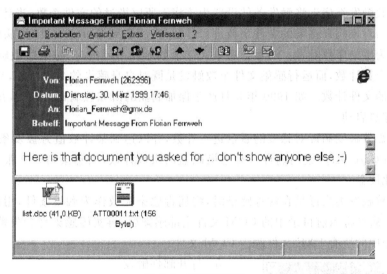

图 4-4　梅莉莎病毒

　　染毒后累积工作时间触发是指感染病毒后对机器的工作时间计时,当达到一定的时间后触发。如磁盘杀手病毒对 PC 每秒 13.2 次的时钟中断进行计数,当计数值达到 300000H 时,病毒被触发。这时,键盘死锁,一些杂乱数据被写入硬盘,直至全部数据被毁坏为止。

　　有些时间触发病毒是以文件最后写入时间触发的。例如,1991 年 5 月产于意大利的研究性病毒 Ah,平时它感染 COM 文件,染毒文件增长 1173B。当发现原文件的最后写入时间是 12:00 时,将破坏被感染的文件。

　　3) 键盘触发

　　键盘触发包括按键次数触发、组合键触发、热启动触发等。

　　通过按键次数触发的典型病毒有产于墨西哥的魔鬼之舞(Devil's Dance)病毒。该病毒运行时,感染当前目录中的所有 COM 文件,感染后文件长度增加 941B。该病毒监视键盘,在 2000 次按键时,改变显示器颜色,在 5000 次按键时,破坏硬盘 FAT 表。

　　组合键触发病毒监视键盘操作,当接受到某种特定的组合键动作时病毒发作。典型的组合键触发病毒是 Yap 病毒,每当用户按 Alt 键或 Alt 与其他键的组合键时,屏幕上会出现许多"臭虫"图案,将屏幕上的其他字符都吃掉。用户如果再按 Alt 或 Alt 键与其他键的组合键时屏幕恢复正常。

热启动触发是当系统执行热启动操作时,引发病毒。如 1990 年 9 月产于台湾的入侵者(Invader)病毒,当计算机热启动(按下 Ctrl+Alt+Delete 组合键)时,病毒发作,系统硬盘第一磁道的数据被破坏。

4) 感染触发

感染触发方式包括运行感染文件个数触发、感染序数触发、感染磁盘数触发和感染失败触发。

运行感染文件个数触发类病毒是将病毒的触发条件设置为机器运行感染文件的个数,当计算机运行时,病毒程序开始对机器运行的染毒文件个数进行计数,当到达某一预先设置的文件个数时,病毒发作。如黑色星期一病毒对运行的病毒程序进行计数,当计算机运行第 240 个染毒程序时,病毒发作,格式化硬盘。

感染序数触发类病毒将触发条件设置为该病毒所感染过的文件个数,当计算机运行时,病毒程序开始对该病毒感染的文件个数进行计数,当感染到第 n 个文件时,病毒触发,这种触发方式称为感染序数触发。与运行感染文件个数触发不同的是,感染序数触发是对自身感染的文件个数计数,而运行感染文件个数触发是既对自身感染的文件计数,又对其他病毒程序感染过的文件计数。如 1990 年 3 月产于保加利亚的研究性病毒 VHP2,每感染 8 个文件,就会引起热启动。

感染磁盘数触发病毒对感染的磁盘进行计数,并以达到某计数值为触发条件。如 1987 年的 Golden Gate 病毒(金门病毒),对感染磁盘的次数计数,当感染第 500 张磁盘时,病毒发作,格式化硬盘。

感染失败触发类病毒是在病毒感染时,将病毒感染失败作为触发条件,用以激活病毒。如 Recovery 病毒将当前目录中的 COM 文件全部感染后,再实施感染将会失败,这时,病毒发作,将目录中的所有 EXE 文件改为 COM 文件。

图 4-5　Happy99 病毒

5) 打开邮件触发

这类病毒一般是借助于电子邮件这个通信工具来传播的,随着 E-mail 的广泛使用,这类病毒的品种也越来越多。当用户预览邮件或者运行附件的时候就满足了该类病毒的触发条件。这类病毒大致可分为两种:一种是以普通邮件方式出现,另一种是以节日问候类邮件出现。

普通邮件型病毒往往会选择比较具有诱惑性的主题,引诱邮件接收者打开邮件,如 Happy99 病毒。当运行 E-mail 中附件名为 Happy99.exe 的文件时(也可能采用其他文件名),屏幕上就会自动打开一个窗口,显示以黑色为底色的满天烟火,如图 4-5 所示。此后,只要发信夹带附件就死机。重新启动计算机后,仍然不能发送夹带附件的信;如果不夹带附件,可以发信,但是

Happy99 会悄悄附在信中,对方如果运行程序,即被感染。这样,这个病毒可能在不知不觉中传染给所联络的每个朋友,而后又假借他们的邮件传染给更多的对象。

节日问候型邮件病毒借助一些特定的日期传播给网络用户,尤其是一些节日,当人们沉浸在节日的快乐中时,往往就放松了警惕,很容易打开这些带有病毒的邮件。典型的有"新年快乐病毒",携带这种病毒的电子邮件以"新年快乐!"为主题,包含一个名为Happynewyear. txt. vbs 的附件。一旦这个附件被打开,病毒就会进入用户的计算机系统,在系统中开一个"后门"。感染病毒的计算机会自动向微软电子邮件软件 Outlook 地址簿中所有的电子信箱发送带毒邮件。

6) 利用系统或工具软件的漏洞触发

这类病毒专门攻击带有某一漏洞的系统或者工具软件。当该病毒在网络上探测到某个带有漏洞的终端用户时,它就通过网络感染该系统,然后自动运行,进行破坏行为。如"红色代码"病毒通过微软公司 IIS 系统漏洞进行感染,造成的破坏主要是涂改网页,对网络上的其他服务器进行攻击,被攻击的服务器又可以继续攻击其他服务器。

3. 病毒的表现破坏形式

不同的计算机病毒均有自己特定的不同程度的表现破坏行为,其表现破坏形式不外乎以下几种:

(1) 计算机系统引导速度和运行速度明显减慢。

(2) 计算机显示屏上出现无意义的画面,诱惑性的信息或时钟倒转。

(3) 计算机经常无端死机或重新启动。

(4) 系统不能识别磁盘或硬盘不能引导系统。

(5) 删除、修改某些系统文件,系统的配置出现错误。

(6) 磁盘坏簇(或坏扇区)无端增多。

(7) 磁盘上出现异常文件(出现一些不可见的表格文件或特定的毫无意义的垃圾数据,自动生成一些具有特殊文件名的文件)。

(8) 磁盘上原有的正常文件不能运行。

(9) 异常访问存储系统,如磁盘驱动器的存取指示灯一直亮着,甚至在无访问操作时也是如此。

(10) 磁盘卷标异常变化,系统不能识别硬盘。

(11) 程序运行时出现异常现象,产生与原设计不相符的运行结果。

(12) 文件的长度、建立日期或属性发生变化。

(13) 文件丢失、损坏、无法正确读取或复制。

(14) 不应驻留内存的程序驻留内存。

(15) 打印机的工作速度减慢,有时产生死锁现象。

(16) 鼠标失控。

(17) Windows 操作系统频繁出错。

(18) Word 和 Excel 提示执行宏。

(19) 计算机系统的蜂鸣器发出异常声响。

(20) 虚假报警或异常要求用户输入口令。

(21) 覆盖磁盘的启动磁道和目录表,使磁盘变成一块废盘。

（22）可执行文件被无端删除。

（23）干扰键盘的正常操作。

4.2.8　计算机病毒的检测与防范

计算机病毒的防范既包括在技术层面上采取措施，更需要在管理层面和法律法规层面上采取措施。只有高度重视管理层面，对计算机信息系统使用人员的行为加以规范，才能使计算机病毒防范工作真正落到实处，从而确保计算机信息系统和信息网络的运行安全。

在技术层面上，计算机反病毒技术包括三个部分：计算机病毒的检测技术、计算机病毒的清除技术、计算机病毒的预防技术。

1. 计算机病毒的检测技术

计算机病毒检测是指检查在特定环境中是否存在计算机病毒，并能够准确地报出病毒名称，检查的对象可以是内存、文件、磁盘引导区等。

病毒检测的目的是发现、确认和报告是否存在病毒，为病毒的消除提供依据。

1）病毒的检测

计算机病毒检测通常有手工检测和自动检测两种方法。

（1）手工检测。

手工检测是指通过一些软件工具（DEBUG、PCTOOLS、NU、SYSINFO 等）提供的功能进行病毒的检测。这种方法比较复杂，需要检测者熟悉机器指令和操作系统，因而无法普及。它的基本过程是利用一些工具软件，对易遭病毒攻击和修改的内存及磁盘的有关部分进行检查，通过与正常情况下的状态进行对比分析，来判断是否被病毒感染。这种方法检测病毒，费时费力，但可以剖析新病毒，检测识别未知病毒，可以检测一些自动检测工具不认识的新病毒。

（2）自动检测。

自动检测是指通过一些杀毒软件来检测系统或磁盘是否有毒的方法。自动检测比较简单，一般用户都可以进行，但需要较好的杀毒软件。这种方法可以方便地检测大量的病毒，但是，自动检测工具只能识别已知病毒，而且自动检测工具的发展总是滞后于病毒的发展，所以检测工具对一些未知病毒不能识别。

手工检测方法操作难度大，技术复杂，它需要操作人员有一定的软件分析经验以及对操作系统有一定的深入了解。而自动检测方法操作简单，使用方便，适合于一般的计算机用户学习使用。但是，由于计算机病毒的种类较多，程序复杂，再加上不断出现病毒的变种，所以自动检测方法不可能检测所有未知的病毒。在出现一种新型病毒时，如果现有的各种杀毒工具无法检测这种病毒，则只能用手工方法进行病毒的检测。其实，自动检测也是在手工检测成功的基础上把手工检测方法程序化后所得到的。因此，手工检测病毒是最基本和最有力的工具。

2）病毒命名规则

杀毒软件报告中出现的病毒名大体都是采用一个统一的命名规则来命名的，其一般格式为

<病毒前缀>.<病毒名>.<病毒后缀>

　　病毒前缀指一个病毒的种类,不同种类的病毒,其前缀也是不同的。如常见的木马病毒的前缀是 Trojan,蠕虫病毒的前缀是 Worm 等。

　　病毒名指一个病毒的家族特征,用来区别和标识病毒家族。如著名的 CIH 病毒的家族名都是统一的 CIH,振荡波蠕虫病毒的家族名是 Sasser 等。

　　病毒后缀是指一个病毒的变种特征,用来区别具体某个家族病毒的某个变种。一般都采用英文中的 26 个字母来表示,如 Worm.Sasser.b 指振荡波蠕虫病毒的变种 B,因此一般称为“振荡波 B 变种”或者“振荡波变种 B”。如果该病毒变种非常多(也表明该病毒生命力顽强),可以采用数字与字母混合表示变种标识。

　　常见病毒类型与病毒前缀如表 4-1 所示。

表 4-1　病毒类型与病毒前缀

病毒类型	病毒前缀
系统病毒	Win32、PE、Win95、W32、W95 等。感染 Windows 操作系统的 *.exe 和 *.dll 文件,并通过这些文件进行传播,如 CIH 病毒
蠕虫病毒	Worm。通过网络或系统漏洞进行传播,如冲击波(阻塞网络)、小邮差(发带毒邮件)等
木马病毒	木马病毒其前缀是:Trojan,黑客病毒前缀名一般为 Hack
黑客病毒	木马病毒通过网络或者系统漏洞进入用户的系统并隐藏,然后向外界泄露用户的信息;黑客病毒有一个可视的界面,能对用户的电脑进行远程控制。它们往往是成对出现的,即木马病毒负责侵入用户的电脑,而黑客病毒则会通过该木马病毒来进行控制,现在两者越来越趋向于整合
脚本病毒	Script。使用脚本语言编写,通过网页进行的传播的病毒,如红色代码(Script.Redlof)。脚本病毒还会有以下前缀:VBS、JS(表明是何种脚本编写的),如欢乐时光(VBS.Happytime)、十四日(Js.Fortnight.c.s)
宏病毒	脚本病毒的一种,前缀是:Macro,如美丽莎(Macro.Melissa)
后门病毒	Backdoor。通过网络传播,给系统开后门,给用户的电脑带来安全隐患,如 IRC 后门 Backdoor.IRCBot
病毒种植程序病毒	Dropper。运行时会从体内释放出一个或几个新的病毒到系统目录下,由释放出来的新病毒产生破坏,如冰河播种者(Dropper.BingHe2.2C)
破坏性程序病毒	Harm。本身具有好看的图标来诱惑用户单击,当用户单击这类病毒时,病毒便会直接对用户的计算机产生破坏,如格式化 C 盘(Harm.formatC.f)
玩笑病毒	Joke。本身具有好看的图标来诱惑用户单击,当用户单击这类病毒时,病毒会做出各种破坏操作来吓唬用户,如女鬼(Joke.Girlghost)病毒
捆绑机病毒	Binder。使用特定的捆绑程序将病毒与一些应用程序如 QQ、IE 捆绑起来,当用户运行这些捆绑病毒时,会表面上运行这些应用程序,然后隐藏运行捆绑在一起的病毒,如捆绑 QQ(Binder.QQPass.QQBin)

　　3) 病毒检测的原理

　　病毒检测的原理包括利用病毒特征代码串的特征代码法、利用文件内容校验的校验和法、利用病毒特有行为特征的行为监测法、用软件虚拟分析的软件模拟法、比较被检测对象与原始备份的比较法、利用病毒特性进行检测的感染实验法以及运用反汇编技术分析被检测对象确认是否为病毒的分析法。

(1) 特征代码法。

特征代码法被认为是用来检测已知病毒的最简单、开销最小的方法。其原理是将所有病毒的代码加以剖析，并且将这些病毒独有的特征搜集在一个病毒特征码资料库中，简称"病毒库"。检测时，以扫描的方式将待检测程序与病毒库中的病毒特征码一一对比，如果发现有相同的代码，则可判定该程序已遭病毒感染。

特征代码法检测准确、快速，能识别病毒的名称，误报率低，并能依据检测结果，做相应的杀毒处理等优点。但该方法不能检测未知病毒，同时，对于搜集已知病毒的特征代码，费用开销大。

(2) 校验和法。

校验和法是根据正常文件的内容，计算其"校验和"，将该校验和写入文件中保存。在文件使用过程中，定期地或每次使用文件前，检查根据文件现有内容算出的校验和与原来保存的校验和是否一致，以此来发现文件是否感染病毒。采用校验和法检测病毒，既可发现已知病毒又可发现未知病毒。在许多常用的检测工具中，都采用了这种方法。

校验和法不能识别病毒种类，不能报出病毒名称。由于病毒感染并非文件内容改变的唯一原因，文件内容的改变有可能是正常程序引起的，所以校验和法常常误报，而且这种方法也会影响文件的运行速度。

病毒感染的确会引起文件内容变化，但是校验和法对文件内容的变化太敏感，又不能区分正常程序引起的变动。当已有软件版本更新、变更口令或修改运行参数时，校验和法都会误报。

校验和法对隐蔽性病毒无效。因为隐蔽性病毒进驻内存后，会自动剥去染毒程序中的病毒代码，使校验和法受骗，对一个有毒文件算出正常校验和。

校验和法的优点是：方法简单、能发现未知病毒、被查文件的细微变化也能发现。缺点是：必须预先记录正常状态的校验和、会误报、不能识别病毒名称、不能对付隐蔽型病毒。

(3) 行为监测法。

利用病毒的特有行为特征来监测病毒的方法，称为行为监测法。

通过对病毒多年的观察研究，人们发现有一些行为是病毒的共同行为，而且比较特殊，如抢占 INT 13H 号中断、修改 DOS 系统数据区的内存总量、更改 COM、EXE 文件内容等。当程序运行时，监视其行为，如果发现了病毒行为，立即报警。

采用行为监测法检测病毒可发现未知病毒，但也可能误报或不能识别病毒名称。

(4) 软件模拟法。

多态性病毒每次感染后其病毒代码都会发生变化，对付这种病毒，特征代码法失效。因为多态性病毒代码实施密码化，而且每次所用密钥不同，把染毒文件中的病毒代码相互比较，也各不相同，无法找出相同的可能作为特征的稳定代码。虽然行为检测法可以检测多态性病毒，但是在检测出病毒后，由于不知病毒的种类，难以做杀毒处理。

为了检测多态性病毒，国外研制了新的检测方法——软件模拟法。它是一种软件分析器，用软件方法来模拟和分析程序的运行，并演绎为在虚拟机上进行查毒、启发式查毒等，是相对成熟的技术。

新型检测工具纳入了软件模拟法，这类工具开始运行时，使用特征代码法检测病毒，如果发现隐蔽病毒或多态性病毒嫌疑时，启动软件模拟模块，监视病毒的运行，待病毒自身的密码译码以后,再运用特征代码法来识别病毒的种类。

（5）比较法。

比较法是用原始备份与被检测的引导扇区或被检测的文件进行比较的方法。

比较法包括长度比较法、内容比较法、内存比较法、中断比较法等。这种比较法不需要专用的查病毒程序,只要用常规 DOS 软件和 PCTOOLS 等工具软件就可以进行。

比较法还可以发现那些尚不能被现有查病毒程序发现的计算机病毒。因为病毒传播很快,新病毒层出不穷,而目前还没有通用的能查出一切病毒、或通过代码分析可以判定某个程序中是否含有病毒的查毒程序,发现新病毒就只有靠比较法和分析法,有时必须结合这两者一同工作。

（6）感染实验法。

感染实验法是一种简单实用的病毒检测方法。由于病毒检测工具落后于病毒的发展,当病毒检测工具不能发现病毒时,采用感染实验法可以检测出病毒检测工具不认识的新病毒,可以摆脱对病毒检测工具的依赖,自主地检测可疑新病毒。

感染实验法的原理是利用病毒的感染性。所有的病毒都会进行感染,如果不会感染,就不称其为病毒。如果系统中有异常行为,最新版的检测工具也查不出病毒时,就可以使用感染实验法:运行可疑系统中的程序后,再运行一些确切知道不带毒的正常程序,然后观察这些正常程序的长度和校验和,如果发现有的程序增长,或者校验和发生变化,就可断言系统中有病毒。

（7）分析法。

使用分析法要求具有比较全面的有关计算机、DOS 结构和功能调用以及关于病毒方面的各种知识。使用分析法的人一般是反病毒技术人员。

分析的步骤分为动态和静态两种。静态分析是指利用 DEBUG 等反汇编程序将病毒代码打印成反汇编后的程序清单进行分析,看病毒分成哪些模块,使用了哪些系统调用,采用了哪些技巧,然后将病毒感染文件的过程转换为清除病毒、修复文件的过程,决定哪些代码可被用做特征码以及如何防御这种病毒。

动态分析是指利用 DEBUG 等程序调试工具在内存带毒的情况下,对病毒做动态跟踪,观察病毒的具体工作过程,以进一步在静态分析的基础上理解病毒工作的原理。在病毒编码比较简单的情况下,动态分析不是必须的。但当病毒采用了较多的技术手段时,必须使用动、静相结合的分析方法才能完成整个分析过程。

2. 计算机病毒的清除技术

计算机病毒的清除是指将计算机病毒从感染对象中清除的过程。计算机病毒的清除技术一般采用还原技术,根据病毒的传染方式设计反病毒程序。根据不同类型病毒的感染方式,需要采取不同的方法进行恢复。如对破坏性传染的病毒(即采用部分覆盖方式传染的病毒),只能用未被破坏的正常程序去覆盖,以达到清除病毒的目的;对于宏病毒的清除,要清除指向宏的链接及宏本身。

将病毒从感染对象中清除以后,要求恢复到被感染之前的状态。对内存中的病毒,要将被病毒修改的中断向量表、函数入口等恢复为原值;对文件中的病毒,要将病毒修改的程序入口指针恢复为原值、清除文件中的病毒体等;对引导区中的病毒,将引导区的内容恢复,使磁盘中的操作系统能正常启动,将分区表等关键信息恢复为原值。

下面是清除计算机病毒的步骤：

（1）必须对系统破坏程度有一个全面的了解，并根据破坏的程度来决定采用有效的计算机病毒清除方法和对策。

如果受破坏的大多是系统文件和应用程序文件，并且感染程度较深，那么可以采取重装系统的办法来达到清除计算机病毒的目的。而当感染的是关键数据文件，或比较严重的时候，如硬件被 CIH 计算机病毒破坏，就可以考虑请防杀计算机病毒专家来进行清除和数据恢复工作。

（2）修复前，尽可能再次备份重要的数据文件。目前防杀计算机病毒软件在杀毒前一般都能够保存重要的数据和感染的文件，以便在误杀或造成新的破坏时恢复现场。但是对那些重要的用户数据文件还是应该在杀毒前手工单独进行备份，备份不能做在被感染破坏的系统内，也不应该与平时的常规备份混在一起。

（3）启动杀毒软件，并对整个硬盘进行扫描。某些计算机病毒在 Windows 95/98 状态下无法完全清除（如 CIH 计算机病毒），此时应使用事先准备的未感染计算机病毒的 DOS 系统软盘启动系统，然后在 DOS 下运行相关杀毒软件进行清除。

（4）发现计算机病毒后，一般应利用杀毒软件清除文件中的计算机病毒，如果可执行文件中的计算机病毒不能被清除，一般应将其删除，然后重新安装相应的应用程序。

（5）杀毒完成后，重启计算机，再次用杀毒软件检查系统中是否还存在计算机病毒，并确定被感染破坏的数据确实被完全恢复。

（6）对于杀毒软件无法杀除的计算机病毒，还应将计算机病毒样本送交防杀计算机病毒软件厂商的研究中心，以供详细分析。

3. 计算机病毒的预防技术

计算机病毒的预防，是指通过建立合理的计算机病毒预防体系和制度，及时发现计算机病毒入侵，并采取有效的手段阻止计算机病毒的传播和破坏，恢复受影响的计算机系统和数据。

计算机病毒的检测和清除是一种被动的方法，而计算机病毒的预防则是一种主动的手段。预防方式包括采用管理手段预防和采用技术手段预防。

1）管理手段预防

加强对计算机系统使用的管理，制定一些管理措施（如限制使用外来程序等）来防止计算机病毒的侵入。管理措施对病毒的预防是通过牺牲系统数据共享的灵活性而换得系统安全性的。

2）技术手段预防

通过免疫软件和预警软件等技术措施来预防计算机病毒对系统的入侵，常用的技术手段包括

（1）病毒免疫技术：对执行程序附加一段程序，这段附加的程序负责执行程序的完整性检验，发现问题时自动恢复原程序。

（2）校验码技术：对系统内的有关程序代码按照一定的算法，计算出其特征参数并加以保存，执行程序代码时进行校验。

（3）病毒行为规则判定技术：采用人工智能的方法，归纳出病毒的行为特征，进行比较。

（4）计算机病毒防火墙：采用一种实时双向过滤技术，起到"双向过滤"的作用，具有对病毒过滤的实时性。对系统的所有操作实时监控，一方面将来自外部环境的病毒代码实时过滤掉，另一方面阻止病毒在本地系统扩散或向外部环境传播。

在与病毒的对抗中，及早发现病毒是关键之一。病毒往往都有一个潜伏期，如果能在病毒发作之前及时发现，就可以采取对应措施进行清除以避免其发作，而且也能够尽量缩小病毒的传播范围。显然，阻止病毒的入侵比病毒入侵后再去发现和排除它重要得多。

4.2.9 计算机病毒的发展历史及趋势

计算机病毒由来已久，最初它们只是一些恶作剧，如今有的已经发展成了军事武器。一家名为 Computer Virus Catalog 的网站对计算机病毒历史进行了研究，在这份历史榜单中，病毒主要集中在 DOS 时代，特别是 20 世纪 90 年代末，是病毒的繁荣期。后来，病毒大都以可视化的形式出现，如电子邮件蠕虫病毒，还有让电脑屏幕布满绿色真菌的病毒等。

此外，每个病毒的风格都是不一样的，像 Cookie Monster 这样的病毒属于玩笑式的病毒，而像 Stuxnet 则会对企业带来灾难，让中毒者心生恐惧。随着时间的推移，病毒的破坏范围也变得越来越大。之前的电脑病毒只是破坏几台电脑，而现在则可以让数百万台计算机中毒，而且还能在全球范围内传播。在 Stuxnet 病毒出现之后，军方也开始涉足病毒行业。曾经作为一个恶作剧存在的病毒，或是最多给企业带来损失的病毒，如今也已经上升到了国家安全这一层面了。

人类在 20 世纪 40 年代研制出了第一台计算机，1949 年 Von Neomanm 提出了计算机程序自我复制的概念，勾画出了计算机病毒的蓝图。1971 年，根据卡通片《史酷比（Scooby Doo）》中的一个形象命名的计算机病毒 Creeper 出现。当然在那时，Creeper 还尚未被称为病毒，因为计算机病毒尚不存在。Creeper 由 BBN 技术公司程序员罗伯特·托马斯（Robert Thomas）编写，通过阿帕网（ARPANET，互联网前身）从公司的 DEC PDP-10 传播，显示 I'm the creeper，catch me if you can! Creeper 在网络中移动，从一个系统跳到另外一个系统并自我复制。但是一旦遇到另一个 Creeper，便将其注销，如图 4-6 所示。

1977 年美国作家雷恩在其科幻小说 The Adolescence of P-1 中提出了计算机病毒的概念。1982 年，里奇·斯克伦塔（Rich Skrenta）在一台苹果计算机上制造了世界上第一个计算机病毒。斯克伦塔编写了一个通过软盘传播的病毒 Elk Cloner，该病毒感染了成千上万的机器，但它是无害的，它只是在用户的屏幕上显示一首诗，如图 4-7 所示。

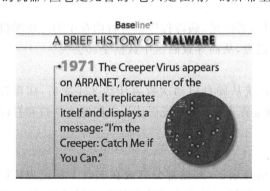

图 4-6　Creeper

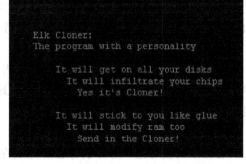

图 4-7　世界上第一个计算机病毒

1986 年,Brain 病毒(也称 Pakistain Brain 病毒)成了第一个在世界上流行的引导型病毒。其后,计算机病毒的发展经历了 DOS 时代、Windows 时代、网络时代等阶段。

1. DOS 病毒阶段

DOS 时代分为 DOS 引导阶段(1987 年前,为引导型病毒)和 DOS 可执行阶段(1989 年出现文件型病毒,1990 年起发展为复合型病毒)。

这些病毒直接修改部分中断向量表,不隐藏不加密自身代码,因此很容易被查出和清除,其代表是:感染引导区的 Stone 病毒、小球病毒和磁盘杀手等,感染文件的耶路撒冷病毒、维也纳病毒和扬基病毒等。

1) 系统引导型病毒

(1) 石头(Stone)病毒。

其表现症状为显示 Your PC is Now Stoned,如图 4-8 所示。它藏身于硬盘的主引导扇区和软盘的引导扇区中。感染硬盘时,主引导记录被移到 0 道 0 面 7 扇区;感染软盘时,把原 BOOT 区内容写入 0 道 1 面 3 扇区。发作后可能会导致某些硬盘和软盘无法再使用。

图 4-8　Stone 病毒

(2) 米开郎基罗病毒。

判断是否为 3 月 6 日(米开郎基罗的生日),若满足,病毒程序就会将内存中的一块随机数据写入启动盘中从第一物理区开始的整个磁盘,从而导致磁盘中数据全部丢失。

(3) 香港病毒。

硬盘启动一次,病毒内部计数器加 1,当系统从硬盘启动次数累计达 224 次后,病毒程序就会将打印口 PRN1 和通信口 COM1 的地址置为 00,使系统误认为未配置通信口和打印机,无法联机通信和打印。

(4) 磁盘杀手病毒。

它感染硬盘时把一部分病毒程序存放在引导扇区,其他部分存放在磁盘上标记为坏簇的扇区中。当病毒程序记数达 48 小时时,执行类似于磁盘格式化的数据销毁功能,使磁盘无法使用,只有重新格式化后才能使用,但原来的信息全部丧失。

2) 文件型病毒

(1) 黑色星期五病毒。

病毒程序位于已感染病毒的.com 文件的最前端,对于.exe 文件则位于文件的后面。

破坏分为两种:一种是在病毒程序内部设置计数器,当值为 2 时,在屏幕上显示"长方块",若值为 0 时,通过执行无用的字符循环程序来减慢系统速度;另一种是日期和星期计数,当系统日历为 13 日且是星期五时,在系统中运行的 EXE 和 COM 文件就会被删除。

(2) 瀑布病毒。

又名雨点病毒,专门攻击.com 文件的文件型病毒,发作时锁死键盘,屏幕上的字符如同瀑布般一个个脱落到屏幕底部,并发出响声。由于采用了数据加密算法,从而难以被检测。其表现/破坏模块采取了一个复杂的激活方式,涉及许多参数,如计时器的计数值、键盘状态、硬盘数据、打印机参数、机器类型、监视器类型、有无时钟卡以及系统日期等。

(3) 扬基(Yankee)病毒。

被感染的文件大小增加约 3KB,发作时会使机器奏 Yankee Dodle 的美国民歌。该病毒采用了反跟踪技术,当它发现 DEBUG 工具跟踪时,会自动从文件中逃走,以抵抗用户的检测。

(4) DIR-2 病毒。

采用特殊的引导方式和传染机制,标志着一种特殊类型的病毒的出现。被传染的文件长度不变,但文件在目录表中的首簇被修改,指向存放的病毒程序处(存放在该盘的最后一簇中)。它不修改系统的中断向量,而是通过修改系统中设备驱动程序的入口,从而获得对系统的控制。

3) 混合型病毒

新世纪病毒:5 月 4 日删除当前加载执行的可执行文件,并显示字符信息 New Century of Computer Now!

当用户试图向硬盘开始处的 6 个扇区(病毒寄生区)写入数据时,病毒程序会拒绝写入,但反馈给调用程序的出口参数仍表示写盘正确。

当试图读取主引导扇区内容时,病毒程序又会从 0 道 0 面 2 扇区读取原主引导程序备份数据,以此蒙骗用户。

2. Windows 病毒阶段

随着 Windows 95 操作系统的普及,1995 年起进入了 Windows 病毒阶段,其最大的特点是大量 DOS 病毒的消失及宏病毒的兴起。

1) 传统型 Windows 病毒

由于运行在 Windows 9X 的可执行文件的结构与 DOS 下可执行文件大相径庭,DOS 病毒在 Windows 9X 环境下失去了进一步破坏或传染的可能性,最后大多数销声匿迹。病毒制造者开始根据 Windows 可执行文件的结构改写病毒的传染模块,产生了部分传统型的 Windows 病毒,其中佼佼者便是 CIH 病毒。CIH 病毒的出现,标志着以 DOS 系统攻击对象的计算机病毒逐渐让位于针对 Windows 的病毒。

CIH 病毒是首例直接破坏计算机系统硬件的病毒。发作时,利用 Windows 95/

Windows 98 的高级电源管理功能进行破坏,通过随机调用内存数据,从硬盘物理初始位置开始,逐一往下写随机数据,从而覆盖硬盘主引导区和 BOOT 区,改写硬盘数据。此外还会用随机数据改写部分可升级主板的 Flash BIOS 系统程序,导致机器无法运行,如图 4-9所示。

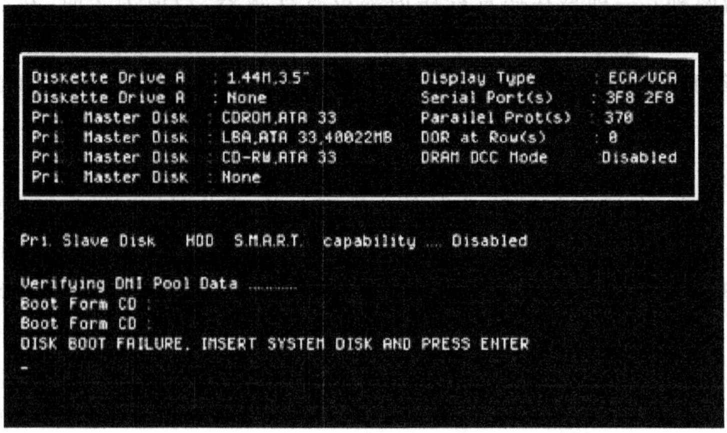

图 4-9　CIH 病毒

2) 宏病毒

另一类 Windows 病毒制造者改变思路,放弃可执行文件,将目标转向了具备宏功能的文档。1995 年,首次出现了针对 Word 6.0 文档的宏语言病毒,它感染 Word 文件,而不是传染软硬盘或可执行的二进制文件。

宏是定制的命令,由一系列 Word 命令和动作组成,可以使用 Word Basic 宏语言来创建复杂的宏,执行宏时,将这些命令或动作激活。宏可以对所有文档有效,也可以只对那些基于特定模板的文档有效。如打开文档时,首先执行系统内部模板或当前模板的 FileOpen宏,打开该文档后,再根据该文档所对应的模板执行 AutoOpen 宏。当打开一个带病毒的模板后,该模板可以通过执行其中的宏程序(如 AutoOpen 宏),将自身所携带的病毒宏程序拷贝到 Word 系统中的通用模板中。若使用带毒模板对文件进行操作(如存盘等),就将该文档文件重新存盘为带毒模板文件,即由原来不带宏程序的纯文本文件转换为带病毒的模板文件。

Word 宏病毒编写容易,一个略懂 Visual Basic for Word 的人利用几条代码就能够完成一个宏病毒的破坏模块,用几十条代码就能够完成一个宏病毒的传染模块,于是,宏病毒开始泛滥起来。

(1) 台湾 No.1 宏病毒。

每月 13 日发作。发作时,屏幕上出现对话框请用户计算数值,除非答对,否则将无法退出 Word。而所出的题目数值是很大的,例如:$7003 \times 3265 \times 1357 \times 48\,921 \times 97 = ?$。如果答错就会开出 20 份新文件,然后再出 1 道计算题,如此循环下去,不但占用内存,而且还会造成硬盘文件链的丢失,如图 4-10 所示。

(2) Cap 宏病毒。

早期的宏病毒存在三个问题:Save As 问题(当用 Save As 指令存放文档时,感染后的

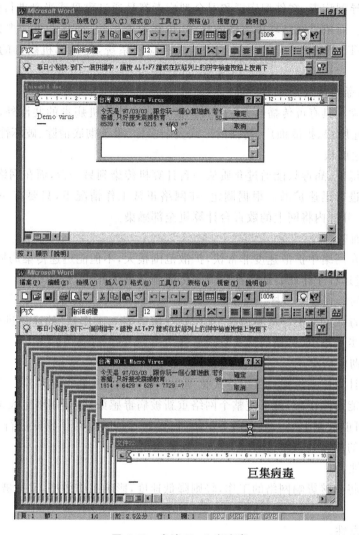

图 4-10　台湾 No. 1 宏病毒

文档不允许用户选择目录、路径和文件类型)、语言版本问题(不同语言版本 Word 下创建的宏病毒通常不能在其他语言版本的 Word 中传播)、生存问题。(当系统中已经有了一个宏病毒,在打开的文件中又有另一种宏病毒,第二个文档中又有第三种,此时谁能生存下来?)委内瑞拉 Jackey 编写的 Cap 宏病毒解决了上述问题。

(3) Strange Days 宏病毒。

第一个同时感染 Word 和 Excel 的宏病毒,并具有关闭 Office 预警机制的能力。

3. 网络病毒阶段

1997 年起进入了网络病毒阶段。网络病毒是指能在网络中传播、复制、破坏,并以网络为平台,对计算机产生安全威胁的所有程序的总和。一般来说,病毒传播通过网络平台,从一台机器传染到另一台机器,然后传遍网上的全部机器。一般只要网络上有一个站点上有病毒,那么其他站点也会有类似的病毒。一个网络系统只要有入口站点,那么,就很有可能感染上网络病毒,使病毒在网上传播扩散,甚至会破坏系统。

原来的引导型病毒、文件型病毒和混合型病毒都是通过磁盘或光盘进行传播的,其传播速度相对较慢。而依靠网络环境传播的病毒,传播速度极快,破坏性更加严重。电子邮件、Web 浏览器、FTP 服务器等 Internet 或 Intranet 应用系统,是计算机病毒的新型寄生和传播载体。

1) 网络病毒的特点

网络病毒除了具有可传播性、可执行性、破坏性等计算机病毒的共性外,还具有一些新的特点:感染速度快、扩散面广、传播的形式复杂多样、难于彻底清除、破坏性大等。

(1) 感染速度快。

在单机环境下,病毒只能通过介质从一台计算机传染到另一台,而在网络中则可以通过网络通信机制进行迅速扩散。根据测定,在网络正常工作情况下,只要有一台工作站有病毒,就可在几十分钟内将网上的数百台计算机全部感染。

(2) 扩散面广。

由于病毒在网络中扩散速度非常快,扩散范围很大,不但能迅速传染局域网内所有的计算机,还能通过远程工作站将病毒在一瞬间传播到千里之外。

(3) 传播的形式复杂多样。

计算机病毒在网络上一般是通过"工作站→服务器→工作站"的途径进行传播的,但现在病毒技术进步了不少,传播的形式复杂多样。

(4) 难以彻底清除。

单机上的计算机病毒通过低级格式化硬盘等措施能将病毒彻底清除。而网络中只要有一台工作站未能清除干净,就可使整个网络重新被病毒感染,甚至刚刚完成杀毒工作的一台工作站,就有可能被网上另一台带毒工作站所感染。因此,仅对工作站进行杀毒,并不能解决病毒对网络的危害。

(5) 破坏性大。

网络病毒将直接影响网络的工作,轻则降低速度,影响工作效率,重则破坏服务器,使网络崩溃。

(6) 可激发性。

网络病毒激发的条件多样,可以是内部时钟、系统的日期和用户名,也可以是网络的一次通信等。一个病毒程序可以按照病毒设计者的要求,在某个工作站上激发并发出攻击。

(7) 潜在性。

网络一旦感染了病毒,即使病毒已被清除,其潜在的危险性也是巨大的。根据统计,病毒在网络上被清除后,85%的网络在 30 天内会被再次感染。

2) 网络病毒的攻击手段

网络病毒的攻击手段可分为非破坏性攻击和破坏性攻击两类。非破坏性攻击一般是为了扰乱系统的运行,并不盗窃系统资料,通常采用拒绝服务攻击或信息炸弹;破坏性攻击是以侵入他人计算机系统、盗窃系统保密信息、破坏系统的数据为目的的。

(1) 设置网络木马。

该方法是利用系统漏洞进入用户的计算机系统,通过修改注册表自启动,运行时有意不让用户察觉,将用户计算机中的所有信息都暴露在网络中。大多数黑客程序的服务器端都是木马。

（2）网络监听。

网络监听是一种监视网络状态、数据流以及网络上传输信息的管理工具，它可以将网络接口设置为监听模式，并且可以截获网上传输的信息，这是黑客使用最多的方法。

（3）网络蠕虫。

网络蠕虫是指利用网络缺陷和网络新技术，对自身进行大量复制的病毒程序。它具有病毒的一些共性，如传播性、隐蔽性、破坏性等，同时又具有自己的一些特征，如不利用文件寄生、对网络造成拒绝服务、与黑客技术相结合等。

1988 年 11 月 3 日，康奈尔大学计算机科学系一年级博士研究生 Morris 编写了首个蠕虫，其目的是为了探究当时的互联网究竟有多大。然而，这个病毒以无法控制的方式进行复制，几小时内造成了约 6000 台电脑被感染，占当时网络中 1/10 的电脑。

根据网络蠕虫感染用户对象的不同，蠕虫病毒分为两类。

一类是面向企业和局域网用户，如"红色代码"、"尼达姆"、"SQL 蠕虫王"等，它们利用系统漏洞主动攻击，可以对整个 Internet 造成瘫痪性的后果。

红色代码（Code Red，2001 年）和红色代码Ⅱ（Code Red Ⅱ）两种蠕虫病毒都利用了在 Windows 2000 和 Windows NT 中存在的一个操作系统漏洞，即缓存区溢出攻击方式，当运行这两个操作系统的机器接收的数据超过处理范围时，数据会溢出覆盖相邻的存储单元，使其他程序不能正常运行，甚至造成系统崩溃。与其他病毒不同的是，Code Red 并不将病毒信息写入被攻击服务器的硬盘，它只是驻留在被攻击服务器的内存中。最初的红色代码蠕虫病毒利用分布式拒绝服务（DDoS）对白宫网站进行攻击。安装了 Windows 2000 系统的计算机一旦中了红色代码Ⅱ，蠕虫病毒会在系统中建立后门程序，从而允许远程用户进入并控制计算机。病毒的散发者可以从受害者的计算机中获取信息，甚至用这台计算机进行犯罪活动。受害者有可能因此成为别人的替罪羊。虽然 Windows NT 更易受红色代码的感染，但是病毒除了让机器死机，不会产生其他危害。

尼姆达（Nimda，2001）在用户的操作系统中建立一个后门程序，使侵入者拥有当前登录账户的权限。尼姆达通过互联网迅速传播，是当时传播最快的病毒。它可以通过邮件等多种方式进行传播，这也是它能够迅速大规模爆发的原因。它使得很多网络系统崩溃，服务器资源都被蠕虫占用。从这种角度来说，尼姆达实质上也是 DDoS 的一种。

SQL 蠕虫王（SQL Slammer，2003 年）是一款 DDoS 恶意程序，透过一种全新的传染途径，采取分布式阻断服务攻击感染服务器，它利用 SQL Server 弱点采取阻断服务攻击 1434 端口并在内存中感染 SQL Server，通过被感染的 SQL Server 再大量散播阻断服务攻击与感染，造成 SQL Server 无法正常作业或宕机，使内部网络拥塞。在补丁和病毒专杀软件出现之前，这种病毒造成 10 亿美元以上的损失。

另一类是针对个人用户的蠕虫，如"爱虫"、"求职性"等，它们通过电子邮件、恶意网页等形式迅速传播。

爱虫（I love you，2000 年）是具有自我复制功能的独立程序，最初也是通过邮件传播的，其破坏性要比 Melissa 强得多。标题通常会说明，这是一封来自您的暗恋者的表白信。邮件中的附件则是罪魁祸首。这种蠕虫病毒最初的文件名为 LOVE-LETTER-FOR-YOU. TXT. vbs，如图 4-11 所示。后缀名 vbs 表明黑客是使用 VB 脚本编写这段程序的。很多人怀疑是菲律宾的奥尼尔·狄·古兹曼制造了这种病毒。由于当时菲律宾没有制定计算机破坏的相关法律,当局只得以盗窃罪的名义传讯他。最终由于证据不足,当局被迫释放了古兹曼。根据媒体估计,爱虫病毒造成大约 100 亿美元的损失。

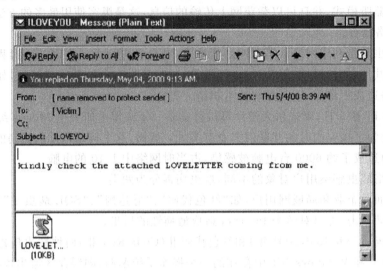

图 4-11　爱虫病毒

　　求职信病毒(Klez,2001 年)是病毒传播的里程碑。求职信病毒出现不久,黑客就对它进行了改进,使它传染性更强。除了向通讯录联系人发送同样邮件外,它还能从中毒者的通讯录里随机抽选一个人,将该邮件地址填入发信人的位置。最常见的求职信病毒通过邮件进行传播,然后自我复制,同时向受害者通讯录里的联系人发送同样的邮件。一些变种求职信病毒携带其他破坏性程序,使计算机瘫痪。有些甚至会强行关闭杀毒软件或者伪装成病毒清除工具。

　　表 4-2 是蠕虫病毒和普通病毒之间的区别。

表 4-2　蠕虫病毒与普通病毒的区别

	蠕虫病毒	普通病毒
存在形式	独立程序	寄存文件
传染机制	主动攻击	宿主程序运行
传染目标	网络计算机	本地文件

　　通过上表的对比,可以预见未来能够给网络带来重大灾难的必定是蠕虫病毒。

　　(4) 捆绑器病毒。

　　捆绑器病毒是一个很新的概念,人们编写这些程序的最初目的是希望通过一次单击同时运行多个程序,然而这一工具却成了病毒的新帮凶。比如说,用户可以将一个小游戏与病毒通过捆绑器程序捆绑,当用户运行游戏时,病毒也会同时悄悄地运行,给计算机造成危害。

　　由于捆绑器会将两个程序重新组合,产生一个自己的特殊格式,所以捆绑器程序的出现,使新变种病毒产生的速度大大增加了。

　　(5) 网页病毒。

　　网页病毒是利用网页来进行破坏的病毒,它存在于网页之中,其实质是利用 Script 语言编写的一些恶意代码。当用户登录某些含有网页病毒的网站时,网页病毒便被悄悄激活。

这些病毒一旦激活,可以利用系统的一些资源进行破坏,轻则修改用户的注册表,使用户的首页、浏览器标题改变,重则可以关闭系统的很多功能,使用户无法正常使用计算机系统,更严重者可以将用户的系统进行格式化。这种网页病毒容易编写和修改,使用户防不胜防,最好的方法是选用有网页监控功能的杀毒软件。

(6) 后门程序。

由于程序员在设计一些功能复杂的程序时,一般采用模块化的程序设计思想,将整个项目分割为多个功能模块,分别进行设计、调试,这时的后门就是一个模块的秘密入口。在程序开发阶段,后门便于测试、更改和增强模块功能。正常情况下,完成设计以后需要去掉各个模块的后门,不过有时由于疏忽或者其他原因(如将其留在程序中,便于日后访问、测试或维护),后门没有去掉,一些别有用心的人会利用穷举搜索法发现并利用这些后门,然后进入系统并发动攻击。

(7) 黑客程序。

黑客程序产生的年代由来已久,但在过去,从没有人将它看作病毒,理由是黑客程序只是一个工具,它有界面又不会传染,不能算作病毒。

而随着网络的发展与人们日益增长的安全需求,必须重新来看待黑客程序。黑客程序一般都有攻击性,它会利用漏洞控制远程计算机,甚至直接破坏计算机;黑客程序通常会在用户的计算机中植入一个木马,与木马内外勾结,对计算机安全构成威胁。所以黑客程序也是一种网络病毒。

(8) 信息炸弹。

信息炸弹是指使用一些特殊工具软件,短时间内向目标服务器发送大量超出系统负荷的信息,造成目标服务器超负荷、网络堵塞、系统崩溃的攻击手段。比如向未打补丁的Windows 95 系统发送特定组合的 UDP 数据包,会导致目标系统死机或重启;向某型号的路由器发送特定数据包致使路由器死机;向某人的电子邮件发送大量的垃圾邮件将此邮箱"撑爆"等。目前常见的信息炸弹有邮件炸弹、逻辑炸弹等。

(9) 拒绝服务。

拒绝服务又叫分布式 DoS 攻击,它是使用超出被攻击目标处理能力的大量数据包消耗系统带宽资源,最后导致网络服务器瘫痪的一种攻击手段。作为攻击者,首先需要通过常规的黑客手段侵入并控制某个网站,然后在服务器上安装并启动一个可由攻击者发出特殊指令的程序来控制进程,攻击者把攻击对象的 IP 地址作为指令下达给进程后,这些进程就开始对目标主机发起攻击。这种方式可以集中大量的网络服务器带宽,对某个特定目标实施攻击,因而威力巨大,顷刻之间就可以使被攻击目标带宽资源耗尽,导致服务器瘫痪。

4. 病毒的发展趋势

计算机病毒技术的发展,也就是计算机最新技术的发展。当一种最新的技术或者计算机系统出现时,病毒总能找到这些技术的薄弱环节进行利用和攻击。同时,病毒制造者们不断吸取已经发现的病毒技术,试图将这些技术融合在一起,制造更具有破坏力的新病毒。

与传统的计算机病毒不同的是,许多新病毒是利用当前最新的编程语言与编程技术实现的,易于修改以产生新的变种,从而逃避反病毒软件的搜索。

有些新病毒利用 Java、ActiveX、VBScript 等技术,可以潜伏在 HTML 页面里,在上网浏览时触发。VBS_KAKWORM.A 病毒虽然早在 1999 年 10 月就被发现,但它的感染率一直居高不下,就是由于它利用 ActiveX 控件中存在的缺陷传播,装有 IE 5.0 或 Office 2000 的计算机都可能被感染。这个病毒的出现使原来不打开带毒邮件附件而直接删除的防邮件病毒方法完全失效。更为令人担心的是,一旦这种病毒被赋予其他计算机病毒的特性,造成的危害很有可能超过现有的任何计算机病毒。

计算机病毒的发展速度越来越快,由只感染可执行文件的病毒演化到同时感染多种微软办公软件的病毒;由只对软件产生破坏的病毒演化到能攻击硬件正常工作的病毒;由单一攻击功能的病毒演化到集蠕虫、后门和黑客三种攻击功能于一身的"多料"病毒;由单机病毒到能利用 FTP 在网上快速传播的蠕虫病毒;由单态性病毒到多态加密抗检测病毒,再到病毒自动生产器、手机病毒等。变形病毒、病毒生产机、病毒与黑客技术合二为一等,将是今后计算机病毒发展的主要方向。

1) 变形病毒

1992 年以来出现的能在传播过程中自动修改病毒代码,改变自身加解密方法的病毒,可以根据不同机器配置、所攻击的文件情况、传染次数等修改病毒程序体代码。每传染一个对象就变化一种样子,变形能力可达上千亿甚至无限,给病毒检测和清除带来了一定困难。如台湾 2 号变形王,其病毒代码可变无限次,并且变形复杂,几乎达到了不可解除的状态;又如 Mutation Engine(变形金刚或称变形病毒生产机),遇到普通病毒后能将其改造为变形病毒,给清除计算机病毒带来极大的困难。

多态变形病毒在代码组成上具有较强的变化能力,在功能上能接收外来信息,能繁衍新的不同种类的病毒,是能自我保护、自我修复的智能化病毒,多态变形病毒将会是今后病毒发展的主要方向。

有的专家认为,要检测、清除病毒变种比病毒原型还要困难,因为:

(1) 病毒变种往往是针对原型病毒的弱点并考虑了已出现的针对该病毒的反病毒技术的特点做了种种变动。病毒变种的攻击性与反病毒技术的对抗性有所增强。

(2) 病毒变种往往会改变原型病毒的长度、感染标记等敏感信息。这可能使许多反病毒工具失去查毒、杀毒能力。

(3) 编写病毒变种很容易,编写反病毒工具困难。反病毒工具的研制总是滞后于病毒的演化。大量的功能变化多端的病毒变种的出现,使人们防不胜防。从病毒某个变种出现,到针对该病毒的反病毒工具的出现之间存在一个空白时间,其间对该种病毒既不能检测也不能清除。

病毒变种在性能上的变化可大可小,有的维持了原版病毒的原貌,仅改变了感染标记;也可能病毒变种在功能、设计思想上都有所变化。病毒编写者注意到许多反病毒工具过分依赖于感染标记,他们只须修改病毒的感染标记,就可以轻而易举地形成该病毒的变种。现今世界上发现的病毒几乎都有变种。

2) 病毒生产机软件

1995 年,有相当一批计算机病毒好像出于同一个家族,其病毒代码长度都不相同,自我加密、解密的密钥也不相同,原文件头重要参数的保存地址不同,病毒的发作条件和现象不同,但主体构造和原理基本相同,它们是由病毒生产机软件生产的,如图 4-12 所示。

对于由病毒生产机软件生产的计算机病毒,目前没有广谱查毒软件,只能是知道一种查杀一种,难以应付由此产生的大量计算机病毒。

威胁对象	威胁类型
C:\Documents and Settings\Administrator\Local Settings\Temporary Internet Files\Content.I	木马 (Win32/Trojan.377)
C:\Documents and Settings\Administrator\Local Settings\Temporary Internet Files\Content.I	HEUR/Malware.QVM13.Gen
C:\Documents and Settings\Administrator\Local Settings\Temporary Internet Files\Content.I	HEUR/Malware.QVM11.Gen
C:\Documents and Settings\Administrator\Local Settings\Temporary Internet Files\Content.I	HEUR/Malware.QVM03.Gen
C:\Documents and Settings\Administrator\Local Settings\Temporary Internet Files\Content.I	感染型病毒 (Win32/Trojan.d77)
C:\Documents and Settings\Administrator\Local Settings\Temporary Internet Files\Content.I	HEUR/Malware.QVM07.Gen
C:\Documents and Settings\Administrator\Local Settings\Temporary Internet Files\Content.I	HEUR/Malware.QVM11.Gen
C:\Documents and Settings\Administrator\Local Settings\Temporary Internet Files\Content.I	木马 (Win32/Trojan.fbb)
C:\Documents and Settings\Administrator\Local Settings\Temp\tmp.tmp	病毒生产机 (Win32/Trojan.2ff)
C:\Documents and Settings\Administrator\Local Settings\Temp\57906_xeex.exe	HEUR/Malware.QVM13.Gen

图 4-12　病毒生产机

病毒自动生成工具在网络上可以很容易获得,使得现在新病毒出现的频率超出以往任何时候。以往计算机病毒都是编程高手制作的,编写病毒显示自己的技术。出现了病毒自动生成工具以后,使用该工具,即使不是程序员,也可以按自己的愿望生成自己所想要的病毒。

3) 病毒与黑客合二为一的病毒

黑客技术和病毒技术的混合,即黑客借助病毒的广泛而迅速的传播特性,把黑客攻击手段从以往一对一的攻击变成了一对多的攻击模式;同时,病毒技术亦借助黑客技术使得病毒的激活变得似乎不复存在,攻击强度骤增。

2001 年,红色代码病毒肆虐全球,意味着病毒与黑客合二为一的新型计算机病毒的诞生,给清除病毒及其隐患带来了困难。

病毒技术与木马技术相结合,会出现带有明显病毒特征的木马或者带有木马特征的病毒。由于木马的危害性很大,黑客们可通过木马远程控制计算机并获取计算机资源。现在已经出现类似于此的病毒——Nimuda(尼姆达)病毒,它虽然没有木马最直接的特征,但是会给感染该病毒的计算机留下后门。随着计算机病毒知识的广泛传播,制造木马的黑客们会加紧对计算机病毒技术的研究,来加大木马的传播速度和破坏效果。

网游大盗等盗号木马就是通过进程注入盗取流行的各大网络游戏(魔兽,梦幻西游等)账号,从而通过买卖装备获得利益,如图 4-13所示。这类病毒本身一般不会对抗杀毒软件,但经常伴随着 AV 终结者、机器狗等病毒出现。

4) "反病毒程序"病毒

反病毒程序把每个未感染文件的关键特征信息存放到数据库中,然后把当前文件与存储在数据库中原来的文件进行核对。"反病毒程序"病毒会删除这种病毒定义文件,从而破坏了反病毒程序中的扫描程序检测病毒的能力,使得反病毒程序无法检测病毒,如熊

图 4-13　网游大盗

猫烧香、AV终结者、磁碟机病毒、机器狗病毒等。

熊猫烧香是一种经过多次变种的蠕虫病毒,2006年10月16日由25岁的中国湖北人李俊编写,2007年1月初肆虐网络。病毒变种使用户计算机中毒后可能会出现蓝屏、频繁重启以及系统硬盘中数据文件被破坏等现象。同时,该病毒的某些变种可以通过局域网进行传播,进而感染局域网内所有计算机系统,最终导致企业局域网瘫痪,无法正常使用,它能感染系统中EXE、COM、PIF、SRC、HTML、ASP等文件,它还能终止大量的反病毒软件进程并且删除扩展名为GHO的备份文件。被感染的用户系统中所有EXE可执行文件全部被改成熊猫举着三根香的模样,如图4-14所示。

图4-14　熊猫烧香

AV终结者(2007年)又名"帕虫",AV即是"反病毒"的英文(Anti-Virus)缩写,是一种是闪存寄生病毒,主要的传播渠道是成人网站、盗版电影网站、盗版软件下载站、盗版电子书下载站。禁用所有杀毒软件以及大量的安全辅助工具,让用户计算机失去安全保障;破坏安全模式,致使用户根本无法进入安全模式清除病毒;AV终结者还会下载大量盗号木马和远程控制木马。

磁碟机病毒(2007年)会关闭一些安全工具和杀毒软件并阻止其运行,对于不能关闭的某些辅助工具,会通过发送窗口信息洪水,使得相关程序因为消息得不到处理处于假死状态;会破坏安全模式,删除一些杀毒软件和实时监控的服务,远程注入其他进程来启动被结束进程的病毒。病毒会在每个分区下释放AUTORUN.INF来达到自运行,感染除SYSTEM32目录外其他目录下的所有可执行文件,并且会感染RAR压缩包内的文件。病毒造成的危害及损失10倍于"熊猫烧香",如图4-15所示。

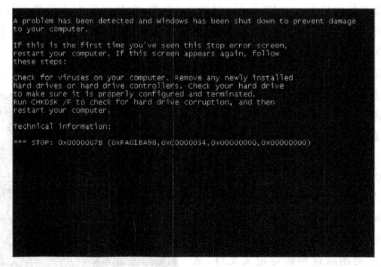

图4-15　磁碟机病毒

机器狗病毒(2007 年)因最初的版本采用电子狗的照片做图标而被网民命名为"机器狗",该病毒的主要危害是充当病毒木马下载器,与 AV 终结者病毒相似,病毒通过修改注册表,使大多数流行的安全软件失效,然后疯狂下载各种盗号工具或黑客工具,给用户计算机带来严重的威胁。机器狗病毒直接操作磁盘以绕过系统文件完整性的检验,通过感染系统文件(如 explorer.exe,userinit.exe,winhlp32.exe 等)达到隐蔽启动;通过还原系统软件导致大量网吧用户感染病毒,无法通过还原来保证系统的安全,如图 4-16 所示。

图 4-16　机器狗病毒

近几年许多新的病毒,大都具备了一定的对抗反病毒技术的能力。诸如多形性病毒、轻微破坏病毒和对抗覆盖法技术的出现,使得现有的反病毒技术受到很大程度上的对抗。多形性病毒是采用特殊加密技术编写的病毒,这种病毒在每感染一个对象时采用随机方法对病毒主体进行加密。在多形性病毒的不同样本中,甚至不存在连续两个字节是相同的。这种病毒主要是针对查毒软件而设计的,所以使得查毒软件的编写更困难,并且还会带来许多误报。在这些病毒面前,单纯的特征码技术已完全失去作用。

5) 网络蠕虫

随着网络应用的日益广泛,计算机病毒减少了对传统传播介质的关注,网络蠕虫成为病毒设计者的首选。

蠕虫病毒区别于其他各类病毒最重要的特征是它可以以一个独立的个体而存在于一台计算机上,而其他病毒都是寄生类病毒。蠕虫病毒自身就已经可以完成复制、传播、感染、破坏等所有功能。

除了网络具有传播广、速度快的优点以外,蠕虫的一些特征也促使病毒制造者特别青睐这种病毒类型。

蠕虫病毒主要利用系统漏洞进行传播,在控制系统的同时,为系统打开后门。如"尼达姆"病毒就是利用 IE 浏览器的漏洞,使得感染了"尼达姆"病毒的邮件在未进行手工打开附件的情况下病毒就能激活,而此前有很多防病毒专家一直认为,对于带有病毒附件的邮件,只要不打开附件,病毒就不会有危害。因此,病毒制造者特别是一些"黑客"更趋向于使用这种病毒。

　　蠕虫病毒编写简单,不需要经过复杂的学习,如 Happy time(欢乐时光)病毒使用简单的脚本语言编写。只要仔细研究一下这些蠕虫病毒的源代码,就可以很容易地编写一个相似的病毒出来。同时,由于其编码的简单性,甚至可以编写出专门的病毒生产机,批量生成变种病毒。尽管这些病毒变种在技术上没有太多创新,但是单纯使用特征码扫描的防病毒软件并不能识别这些极其相似的病毒。

　　震网(Stuxnet,2009—2010)是一种 Windows 平台上针对工业控制系统的计算机蠕虫,它是首个旨在破坏真实世界,而非虚拟世界的计算机病毒,利用西门子公司控制系统(SIMATIC WinCC/Step7)存在的漏洞感染数据采集与监控系统(SCADA),向可编程逻辑控制器(PLCs)写入代码并将代码隐藏。这是有史以来第一个包含 PLC Rootkit 的计算机蠕虫,也是已知的第一个以关键工业基础设施为目标的蠕虫。据报道,该蠕虫病毒可能已感染并破坏了伊朗纳坦兹的核设施,并最终使伊朗的布什尔核电站推迟启动,如图 4-17 所示。

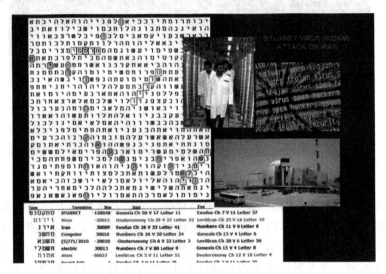

图 4-17　震网病毒

　　6)病毒向非计算机设备领域扩散

　　随着 WAP 和信息家电的普及,手机和信息家电将逐步复杂和智能化,手机、信息家电和 Internet 的结合也会日益紧密,病毒制造者也会将兴趣和攻击目标逐步向手机和信息家电转移。从理论上说,信息产品越复杂、和网络联系越紧密,这些信息产品软件部分开放的程度也会越高,利用软件缺陷制造和传播病毒的几率也就越大。

　　手机病毒是以手机为感染对象,以手机网络和计算机网络为平台,通过病毒短信等形式,对手机进行攻击,从而造成手机异常的一种新型病毒。

　　手机病毒一般会从两个方面进行攻击,一种是攻击移动网络,通过对网络服务器和网关的破坏与控制,使用户无法正常收发短信,享受正常的移动数据服务,并且还会向手机用户发送大量的垃圾信息,使用户不胜其烦;另一种攻击方式是直接对手机进行攻击,利用手机操作系统的漏洞,破坏手机操作系统,删除手机中存储的数据,使手机不能正常工作甚至崩溃,并且也有可能损坏手机芯片,使手机硬件受损。

　　手机病毒初次登场是在 2000 年 6 月,世界上第一个手机病毒 VBS. Timofonica 在西班牙出现。这个新病毒通过运营商 Telefonica 的移动系统向该系统内的任意用户发送骂人的短消息,这种攻击模式类似于邮件炸弹,它通过短信服务运营商提供的路由向任何用户发送大量垃圾信息或者广告,在大众眼里,这种短信炸弹充其量也只能算是恶作剧而已。

随着时代的发展,新的病毒、蠕虫的威胁会不断出现,这就有可能影响到众多手持设备,日益普及的移动数据业务成为这些病毒滋生蔓延的温床,一些病毒可以利用手机芯片程序的缺陷,对手机操作系统进行攻击。

2014 年 1 月 14 日开始出现的"手机幽灵"病毒伪装为"下载管理"程序在后台运行,它能够远程操控手机,不经用户许可,恶意删除或安装第三方推广应用。受病毒感染的手机,当用户网络连接状况发生变化、用户手机解锁、安装新的应用程序后,该病毒就会自动开始执行远程服务器的指令,在后台强制卸载 UC 浏览器等知名应用,严重影响用户对这些应用的正常使用。除此之外,该病毒应用还可以在未获得用户允许的情况下,私自发短信、弹出广告、强迫下载安装第三方推广应用,不仅恶意消耗用户手机流量,也使手机面临被恶意扣费等安全风险。截至 1 月 25 日,该恶意应用线上安装、卸载用户总数达到了十几万人次。

网络安全机构 Proofpoint 发现了针对物联网设备的攻击——"僵尸物联网"。从 2013 年 12 月 23 日到 2014 年 1 月 6 日不到半个月的时间里,全球已经有超过 10 万台"物联网"设备进行了发送垃圾电子邮件行为。在这其中并不包括传统的笔记本、智能手机和平板电脑,而指的是许多媒体播放器、智能电视,甚至还包括了一台电冰箱。这些设备在这段期间内共计发送了超过 75 万份垃圾邮件。

IDC 机构预测到 2020 年,将会有超过 2000 亿设备将被连接到网络上。危险的是这些"僵尸物联网"很难通过一般计算机使用的防病毒和防垃圾邮件软件程序来阻止,僵尸网络攻击已经成为了一个主要的安全隐患问题,这一新情况的出现将加剧安全问题。

【例 4-1】　删除脚本解释器防止脚本蠕虫。

(1) 打开"我的电脑",执行"工具"|"文件夹选项"命令,打开"文件类型"选项卡,出现图 4-18。

图 4-18　"文件夹选项"对话框

（2）选择 VBS 文件类型，单击"高级"按钮，出现图 4-19。

（3）在"操作"框中单击"打开"命令，再单击"编辑"按钮，出现图 4-20。

图 4-19　"编辑文件类型"对话框

图 4-20　VBScrip 类型文件的编辑对话框

（4）修改脚本文件关联，将默认的关联程序 WScript. exe 修改成其他文件，如记事本 Notepad. exe，单击"确定"。

此外，从系统中删除 WScript. exe 文件或将其改名，也可以使任何类型的脚本文件无法执行，这样，脚本病毒也就无法运行了。

4.3　木　　马

木马是特洛伊木马的简称，是一种在远程计算机之间建立起连接，使远程计算机能通过网络控制本地计算机上的程序。它冒名顶替，以人们所知晓的合法而正常的程序（如计算机游戏、压缩工具乃至防治计算机病毒软件等）面目出现，来达到欺骗欲获得该合法程序的用户将之在计算机上运行，产生用户所料不及的破坏后果之目的。通俗地讲，木马就是一种"挂羊头，卖狗肉"的实施破坏作用的计算机程序。

从本质上讲，木马程序属于远程管理工具的范畴，如 PCAnyWhere 等，其目的在于通过网络进行远程管理控制。木马和远程控制软件的区别在于木马具有隐蔽性，远程控制软件的服务器端在目标计算机上运行时，目标计算机上会出现很醒目的标志，而木马类软件的服务器端在运行时则使用多种手段来隐藏自己。

4.3.1　木马原理

一般情况下，木马程序由服务器端程序（Server）和客户端程序（Client）组成。其中Server 端程序安装在被控制对象的计算机上，Client 端程序是控制者所使用的，Server 端程序和 Client 端程序建立起连接就可以实现对远程计算机的控制了。在通过 Internet 将服务器程序和客户端程序连接后，若用户的计算机运行了服务端程序，则控制者就可使用客户端程序来控制用户的计算机，实现对远程计算机的控制。

1. 木马的发展过程

从木马的发展来看,基本上可以分为两个阶段。在网络还处于以 UNIX 平台为主的时期,木马就产生了,当时的木马程序功能相对简单,往往是将一段程序嵌入系统文件中,用跳转指令来执行一些木马的功能。这个时期木马的设计者和使用者大都是具备相当的网络和编程知识的技术人员。随着 Windows 平台的日益普及,一些基于图形操作的木马程序出现了,用户界面的改善,使用者不用懂太多的专业知识就可以熟练地操作木马,木马入侵事件也频繁出现,而且由于这个时期木马的功能已日趋完善,因此破坏性也更大了。

世界上第一个计算机木马是出现在 1986 年的 PC-Write 木马。它伪装成共享软件 PC-Write 的 2.72 版本(事实上,编写 PC-Write 的 Quicksoft 公司从未发行过 2.72 版本),一旦用户信以为真运行该木马程序,那么他的下场就是硬盘被格式化。此时的第一代木马还不具备传染特征。

木马第一次和病毒联合是 1988 年 11 月的"莫里斯蠕虫"事件,莫里斯蠕虫是第一个蠕虫程序,并且附带了一个盗窃别人密码的木马程序在里面。

1989 年出现了 AIDS 木马。由于当时很少有人使用电子邮件,所以 AIDS 的作者就利用现实生活中的邮件进行散播:给其他人寄去一封封含有木马程序软盘的邮件。之所以叫这个名称是因为软盘中包含 AIDS 和 HIV 疾病的药品、价格、预防措施等相关信息。软盘中的木马程序运行后,虽然不会破坏数据,但是它将硬盘加密锁死,然后提示受感染用户花钱消灾。可以说第二代木马已具备了传播特征(尽管通过传统的邮递方式)。

随着 Internet 的普及,新一代木马出现了,它兼备伪装和传播两种特征并结合 TCP/IP 网络技术四处泛滥。木马的主要目标也不再是进行文件和系统的破坏,而是带有收集密码、远程控制等功能,这段时期比较有名的有国外的 BO2000(BackOrifice)和国内的冰河木马。它们有以下共同特点:基于网络的客户端/服务器应用程序。具有搜集信息、执行系统命令、重新设置机器、重新定向等功能。当木马程序攻击得手后,计算机就完全成为黑客控制的傀儡主机,黑客成了超级用户,用户的所有计算机操作不但没有任何秘密而言,而且黑客可以远程控制傀儡主机对别的主机发动攻击,这时候被俘获的傀儡主机成了黑客进行进一步攻击的挡箭牌和跳板。

这时期的木马比较显著的特点是以单独的程序形式存在,带来的问题是木马的网络行为很容易被一些个人防火墙所阻断。为了解决这个问题,一种新的技术被广泛应用,这就是进程注入技术。进程注入技术是将代码注入另一个进程,并以其上下文运行的一种技术。木马经常把自己注入 IE 浏览器中,由于 IE 浏览器经常需要访问网络,因此在防火墙弹出是否允许 IE 浏览器访问网络时,用户经常会单击允许,殊不知自己机器中的木马已经偷偷地去连接网络了。

21 世纪以来,各种脚本病毒、蠕虫病毒、黑客程序等和木马的结合越来越紧密,病毒和木马技术的发展速度空前高涨。2001 年 8 月爆发了"红色代码Ⅱ"病毒,除了其巨大的危害以外,病毒释放出的木马可以使中毒者的计算机完全暴露,通过网络被任何人控制。2002 年爆发的 Bugbear 病毒,不用打开附件就可以中毒,并且释放一个木马来记录受害者的键盘输入。2003 年的"巨无霸"病毒可以从自带的列表中下载木马执行,让受害者的计算机毫无遮拦地暴露在网络上。

对于杀毒软件来说,使用成熟的特征码杀毒技术仍然可以通过和对病毒同样的处理手段对此时的木马进行查杀。但从 2004 年开始,一切变得不一样了。2004 年,在黑客圈子内部,有人公开提出免杀技术,这种技术是针对杀毒软件的特征码直接修改木马的二进制代码,由于当时还没有强有力的工具出现,所以一般都使用 WinHEX 工具逐字节更改,需要相当的技术能力,这种手工方式只在少数黑客内部流传。

2005 年,著名的免杀工具 CCL,一个自动化的特征码定位工具被公布,这使得免杀技术在很短的时间内开始公开化。一批黑客站点有意或无意的宣传使得越来越多的人开始讨论免杀技术,各大杀毒软件面临严重的信任危机。一个懂一点基本的 PE 文件知识与免杀工具的使用的初学者就可以轻易编辑一个木马,修改其特征码使其躲过杀毒软件的检测。据统计,著名木马灰鸽子曾在短短一年之内出现超过 6 万个变种,绝大部分都源于免杀技术的普及。

同样也是在这一年,一些杀毒厂商提出"主动防御"的概念,这门听起来显得很专业的技术是用来增强已经对木马不再构成杀伤力的特征码识别技术。通过对病毒行为规律分析、归纳、总结,并结合反病毒专家判定病毒的经验,提炼成病毒识别规则知识库。模拟专家发现新病毒的机理,通过对各种程序动作的自动监视,自动分析程序动作之间的逻辑关系,综合应用病毒识别规则知识,实现自动判定新病毒,达到主动防御的目的。

通过这种技术,在木马访问网络、注入进程等行为发生时,杀毒软件会及时通告给用户。虽然还不完善,但至少还是可以对未知的木马做出一定的预警。

道高一尺,魔高一丈,为了抵御主动防御技术,木马的开发者们又把目光转向了一门新的技术——ROOTKIT 技术。这种技术最早应用于 UNIX 系统,也被称为"系统级后门",就是在操作系统中通过嵌入代码或模块的方式掌握系统控制权,方便以后随时登录系统。木马主要通过 ROOTKIT 技术来隐藏自己,使杀毒软件无法察觉木马的存在,或者干脆从系统级上禁用杀毒软件的某些功能。这样一来,木马和杀毒软件的争夺主要就集中在系统控制权的争夺上了。谁能拿到系统控制权就可以反制另一方,从 2006 年开始,双方的争夺开始进入白热化,新的突破点和防护点不断被研究出来。但总体上说,杀毒软件处于被动状态,毕竟操作系统涉及的方方面面太广了,只要无法进行系统级的全面防护,那么一旦单点被突破就前功尽弃。

未知木马样本的收集对于杀毒软件来说也是个新的挑战,现代高级木马可以做到让用户毫无差觉,没有进程,启动后没有文件,这样就很难用收集样本的方式来进行分析,而在没有样本的条件下进行木马分析简直是太难了。

例如 2007 年 7 月,一个新的不可检测的 ROOTKIT —— Rustock.c 发布,但在接近一年后,Dr. Web(一个俄罗斯反病毒公司)的研究人员才对外宣称他们已经发现了 Rustock.c 的样本,并确认在当时的系统保护手段下这个木马是不可检测的。

当时间来到 2008 年,两个新的进展给了人们摆脱这种尴尬局面的希望。第一个是芯片厂商推出的芯片安全和虚拟化技术,这使得安全软件有希望得到系统的彻底控制权,随着技术的发展,基于这种技术的安全软件有望在不远的未来出现;另一方面,基于虚拟化芯片技术的 ROOTKIT 也将揭开神秘的面纱,两者的对抗仍将继续。

另一个有变革性意义的技术是安全厂商推出的云安全技术,这项技术将从过去由用户受到攻击之后再杀毒,到现在的侧重于防毒,实现一个根本意义上的转变。

2. 木马的特点

木马具有隐蔽性和非授权性的特点。所谓隐蔽性是指木马的设计者为了防止木马被发现,会采用多种手段隐藏木马,用户即使发现感染了木马,由于不能确定其具体位置,往往只能望"马"兴叹。

所谓非授权性是指一旦控制端与服务端连接后,控制端将享有服务端的大部分操作权限,包括修改文件、修改注册表、控制鼠标、键盘等,而这些权力并不是服务端赋予的,而是通过木马程序窃取的。

木马程序本身很小,执行后将自动加入系统启动区执行,具有自我加载的特点。执行过程中木马程序并不会在系统中显示,使用者很难察觉有木马程序常驻在系统中。

3. 木马的危害

木马的主要危害是对系统安全性的损害,木马的典型症状是偷窃口令,包括拨号上网的口令、信箱口令、主页口令、甚至信用卡口令等。其次,可以通过木马程序传播病毒。最后,它能使远程用户获得本地机器的最高操作权限,通过网络对本地计算机进行任意操作,例如添加删除程序、锁定注册表、获取用户保密信息、远程关机等。木马使用户的计算机完全暴露在网络环境之中,成为别人操纵的对象。

4. 木马的种类

自木马程序诞生以来,已经出现了许多类型,下面是一些常见的分类:

1) 远程访问型木马

远程访问型木马是数量最多、危害最大,同时也是知名度最高的一种木马。这种木马可以访问远程硬盘、安装服务端程序。通过运行服务端程序,就可以获得远程机器的 IP 地址,进而控制异地的计算机。这种木马可以使远程控制者在本地机器上做任何事情,使其在被感染的计算机上为所欲为,可以任意访问文件,得到机主的私人信息。这种类型的木马有著名的 BO(Back Office)、国产的冰河等。

2) 密码发送型木马

密码发送型木马的目的是找到所有的隐藏密码,并且在受害者不知道的情况下把它们发送到指定的信箱。木马一旦被执行,就会自动搜索内存、cache 临时文件夹以及各种敏感密码文件,搜索到密码后,木马就会将密码发送到指定的邮箱。这类木马大多数使用 25 号端口发送 E-mail。

3) 键盘记录型木马

键盘记录型木马是一种非常简单的木马,它只做一种事情,就是记录受害者的键盘敲击,并且在 LOG 文件里做完整的记录。这种特洛伊木马随着 Windows 的启动而启动,记录受害者在线和离线状态下敲击键盘时的按键情况。下木马的人可以从中分析出有用信息。

4) 毁坏型木马

毁坏型木马的唯一功能是毁坏并且删除文件。该木马可以自动删除计算机上的所有 DLL 或 INI 或 EXE 文件。这是非常危险的特洛伊木马,一旦感染该木马而没有及时删除,计算机中的信息会在顷刻间"灰飞烟灭"。

5) DoS 攻击木马

给受害者种上 DoS 攻击木马,日后这台计算机就成为 DoS 攻击的得力助手。这种木马的危害体现在攻击者可以利用它来攻击一台又一台计算机,给网络造成很大的伤害和损失。

6）FTP 型木马

FTP 型木马能够打开计算机的 21 端口(FTP 所使用的默认端口),使网络中的其他用户可以用一个 FTP 客户端程序而不用密码连接到计算机,并且可以进行最高权限的上传下载。

7）反弹端口木马

普通木马工作时都是由客户端向服务器端发送请求的,而一旦服务器端装有防火墙的话,防火墙就会对一切外来数据进行检测,除了定义好的合格数据包外,其他一切数据包都会被过滤掉,这样木马就不能实现连接,破坏就无从谈起。但防火墙在默认情况下认为所有向外的数据包都是正常的,这就为反弹端口木马打下了基础。反弹端口木马是由服务器端向外发送连接请求,这样的请求数据包不会给防火墙拦截,当客户端的数据包经过防火墙时,防火墙也会以为那是正常数据包的返回信息。大名鼎鼎的"网络神偷"就是反弹端口木马的典型代表。

5. 木马的伪装方式

木马通常会进行伪装以欺骗他人执行木马的服务器端程序,下面是常见的伪装方式:

1）修改图标

对木马程序的图标进行修改,从而伪装成其他类型的文件,以达到欺骗用户的目的。现在有的木马已经可以将木马服务端程序的图标改成 HTML、TXT、ZIP 等各种文件的图标,具有相当大的迷惑性。

2014 年 8 月,受某明星吸毒事件影响,一个"两岸三地 120 名艺人涉毒名单"在网上被疯狂转发,而实际上是一个名为 120mingdan. doc. exe 的文件,如图 4-21 所示。它通过隐藏文件扩展名将自身伪装成一个 Word 文档。用户一旦运行,电脑将被黑客控制,沦为肉鸡,导致用户的隐私信息、账号密码被盗。

图 4-21　修改图标

2）出错显示

如果打开一个文件后没有任何反应,这很可能就是个木马程序,木马的设计者也意识到了这个缺陷,所以已经有木马提供了一个叫作出错显示的功能。当服务端用户打开木马程序时,会弹出一个错误提示框(当然是假的),错误内容可自由定义,大多会定制成一些诸如"文件已破坏,无法打开!"之类的信息,当服务端用户信以为真时,木马却悄悄侵入了系统。

3）定制端口

很多老式的木马端口都是固定的,这给判断是否感染了木马带来了方便,只要查一下特定的端口就知道感染了什么木马,所以现在很多新式的木马都加入了定制端口的功能,控制端用户可以在 1024～65 535 任选一个端口作为木马端口,这样就给判断所感染的木马类型带来了麻烦。

4) 自我销毁

当服务端用户打开含有木马的文件后,木马会将自己复制到 Windows 的系统文件夹中。一般来说源木马文件和系统文件夹中的木马文件的大小是一样的(捆绑文件的木马除外),那么中了木马的系统只要在近来收到的信件和下载的软件中找到源木马文件,然后根据源木马的大小去系统文件夹中找到相同大小的文件,判断一下哪个是木马就行了。木马的自我销毁功能弥补了木马的这一缺陷。当安装完木马后,源木马文件将自动销毁,这样服务端用户就很难找到木马的来源,在没有查杀木马的工具帮助下,就很难删除木马了。

5) 木马更名

安装到系统文件夹中的木马的文件名一般是固定的,那么只要根据一些查杀木马的文章,在系统文件夹中查找特定的文件,就可以断定中了什么木马。所以现在有很多木马都允许控制端用户自由定制安装后的木马文件名,这样就很难判断所感染的木马类型了。

6) 捆绑文件

将木马捆绑到一个安装程序上,当安装程序运行时,木马在用户毫无察觉的情况下,偷偷地进入系统。也可以将木马和一张图片捆绑,当用户打开"图片"时,木马就在后台不知不觉地运行了。

【例 4-2】　使用 WinRAR 自解压功能伪装木马。

(1) 将冰河木马服务器端程序 G_Server.exe 和图片文件 test.jpg 放在目录 test 中,选中这两个文件,单击鼠标右键,选择"添加到 test.rar"。

(2) 打开 test.rar 文件,出现如图 4-22 所示的窗口。

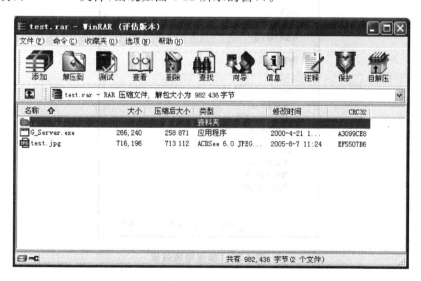

图 4-22　将木马服务器端程序与图片文件一起压缩

(3) 单击"自解压"按钮,出现图 4-23。

(4) 单击"高级自解压选项"按钮,出现图 4-24。

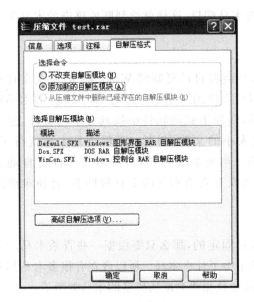

图 4-23　自解压

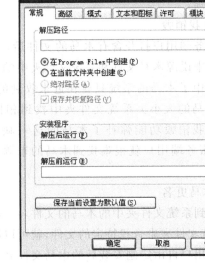

图 4-24　高级自解压选项

（5）在"解压缩路径"中填入解压后的路径，在"解压缩之后运行"文本框中输入木马的服务器端程序 G_server.exe，在"解压缩之前运行"文本框中输入图片文件 test.jpg。

（6）打开"模式"选项卡，选择"全部隐藏"和"覆盖所有文件"，如图 4-25 所示，这两个选项是为了不让 WinRAR 解压时弹出窗口。

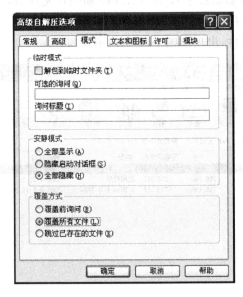

图 4-25　加强隐藏效果

（7）连续单击"确定"按钮，关闭 WinRAR 窗口。这样就完成了捆绑，在同一目录下生成了 test.exe 文件。

（8）运行 test.exe 文件，系统调用默认关联的图片查看器打开 test.jpg 文件，并悄悄运行 G_server.exe 文件。

【**例 4-3**】　使用 EXEbinder 伪装木马。

（1）运行 EXEbinder 软件，出现图 4-26。

（2）单击"执行文件 1"按钮，选择木马的服务器端程序，如冰河 G_Server.exe。

（3）单击"执行文件 2"按钮，选择一个常见的文件，如记事本 notepad.exe 文件。

（4）单击"目标文件"按钮，选择运行 notepad.exe 文件后木马种植的路径和文件名，如图 4-27 所示。

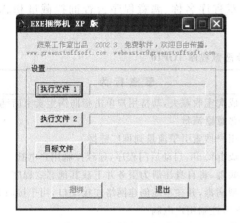

图 4-26　EXEbinder 运行界面

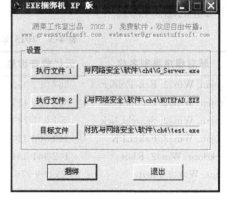

图 4-27　木马捆绑的设置

（5）单击"捆绑"按钮，完成木马的伪装工作，如图 4-28 所示。

（6）到别的机器中运行 test.exe 文件，出现记事本，但同时在后台悄悄地运行了 G_Server.exe 文件，种植了冰河木马。如图 4-29 所示，在 Windows 任务管理器中新增了 test.exe、notepad.exe、kernel32.exe 和 Sysexplr.exe 4 个进程，后两个是冰河程序。

图 4-28　完成木马的伪装

图 4-29　悄悄运行冰河木马

6. 木马的运行机制

攻击者通过欺骗等方法使受害者运行木马的 Server 端程序后，程序将常驻在内存中并开放一个特殊的端口，通过监听该端口以确定是否有客户端程序需要进行远程连接。如果收到一个连接请求，则 Server 程序将等待来自客户端的指令以执行相应的操作。

7. 2013 年三季度恶意程序分析

表 4-3 给出了云查询拦截量排名前 10 的恶意程序名称、恶意程序云查询拦截量和恶意程序对应的恶意行为。

表 4-3　2013 年 3 季度恶意程序 TOP10

恶意程序类别名称	云拦截查询量	恶 意 行 为
Trojan. Win32. FakeFolder	567 022 952	伪装成淘宝收藏夹，劫持用户单击指向淘宝卖家店铺
Trojan. Win32. Liuliangbao	314 929 415	后台恶意刷流量
Trojan. Win32. SearchClick	301 537 722	劫持用户搜索引擎流量到推广链接
Trojan. Win32. FakeLPK	142 502 330	伪装成 lpk. dll，启动后门程序，远程控制用户电脑
Backdoor. Win32. Rbot	102 361 334	后门病毒，将自身注册为服务并下载其他恶意程序
Virus. Win32. Parite	25 699 776	感染型病毒，并在本地创建网络连接端口，用于接收远程指令，控制用户电脑
Trojan. win32. UrlHijack	22 255 321	淘宝客木马，隐藏在某游戏软件中，当用户访问淘宝或百度时，跳转到推广劫持页面
VirusOrg. Win32. Alman	31 122 729	感染型病毒，远程控制用户电脑，下载其他恶意软件
Trojan. Win32. Spy	13 077 644	DNF 盗号木马，通过远程 3389 端口控制用户电脑，盗取 DNF 账号
Worm. Win32. AutoRun	11 171 919	远程控制木马，向 U 盘和移动硬盘中写入 Autorun. inf 指向自身，用户双击打开 U 盘即会运行木马，开启后门端口，远程控制用户电脑

从这份榜单上看，远程控制木马、淘宝客木马、刷流量型木马和盗号木马是 2013 年第三季度最为活跃的恶意程序。

1）"收藏夹替身"堪称木马之王

排在榜单第一位的恶意程序是一款淘宝店铺推广木马，称之为"收藏夹替身"，其云查询拦截量达到了约 5.7 亿次。该木马会用淘宝店铺的链接替换掉用户电脑中的淘宝网收藏夹，如果用户没有收藏淘宝，则会自动为用户创建收藏。用户单击收藏夹内链接会直接进入该淘宝店铺页面，从而实现为店铺进行推广的目的。

这种木马看似对用户没有实质性伤害，但其实该木马指向的网站可以随意变化，如果指向了假冒淘宝网的钓鱼欺诈网站，那么很可能给用户带来经济损失。

2）远程控制木马反常活跃

远程控制木马曾经十分流行，利用该类木马，黑客可以远程操控用户电脑，使用户的电脑沦为肉鸡，但近年来国内已经很少出现。三季度 TOP10 木马中出现多个远程控制木马，值得用户和安全厂商警惕，很可能与国内网站流量攻击和社交媒体营销黑产有关。

3）广告推广木马渐成主流

排在第 1 位、第 2 位、第 3 位和第 7 位的恶意程序都属于恶意推广程序，基本行为都是劫持流量。尤其是搜索引擎劫持木马和淘宝客木马,已经越来越成为主流,而排名第二的后台刷广告流量木马同时也是第一季度的"木马王"。

这些木马不直接给用户造成经济损失,用户不易察觉,同时省去黑产链后期洗钱的过程,收入都是"广告费",安全软件不易拦截,所以预计将成为今后一段时间的主流木马。

4) 游戏盗号依然猖獗

继二季度上榜之后,针对 DNF 游戏(地下城与勇士)的盗号木马和虚假外挂再次登上恶意程序拦截量的 TOP10 榜单,侧面上说明了该游戏的火爆,但同时玩家也需要特别注意账号安全。

5) 比特币热潮导致"挖矿木马"活跃

虽然并未上榜,但由于比特币行情大热,导致比特币"挖矿木马"家族正在快速膨胀,三季度平均每月新增比特币"挖矿木马"变种近万个。

此类木马重点攻击配备独立显卡的电脑,普遍具备三个特征:

第一,检测中招电脑是否有独立显卡,优先使用显卡 GPU"挖矿",如果没有则使用CPU"挖矿";第二,检测中招电脑是否已安装了比特币客户端,如存在比特币电子钱包密钥文件,则直接窃取并发送到黑客服务器;第三,木马将自身设置为开机启动项,或利用流行软件漏洞加载运行,使其能够在电脑开机联网后就开始"挖矿"。

被植入比特币"挖矿木马"的电脑,系统性能会受到较大影响,电脑操作会明显卡慢、散热风扇狂转;另一个危害在于,"挖矿木马"会大量耗电,并造成显卡、CPU 等硬件急剧损耗。

4.3.2　木马实例——冰河

冰河是由广东省黑白网络工作室的黄鑫编写的国产远程管理软件,主要由 G_Client.exe 和 G_Server.exe 两个文件组成。G_Client.exe 是监控端程序,可以用于监控远程计算机和配置服务器,对应的 G_Server.exe 就是服务器端程序。G_server.exe 可以任意改名,而且运行时无任何提示,直接进入内存,并将被控制计算机的 7626 端口开放,使得拥有冰河客户端软件 G_Client.exe 的计算机可以对其进行远程控制。

1. 客户端控制程序配置

(1) 双击运行客户端控制程序 G_Client.exe,界面如图 4-30 所示。

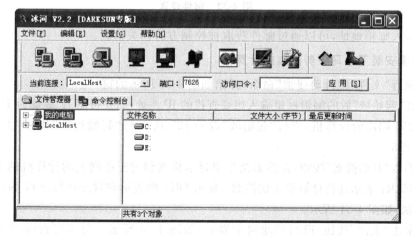

图 4-30　冰河界面

（2）单击"文件"|"配置服务器程序"或单击"配置本地服务器程序"按钮，出现图 4-31。

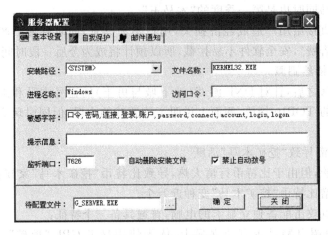

图 4-31　服务器配置

（3）设置"访问口令"，这样只有知道口令才能实现远程控制。单击"邮件通知"选项，出现图 4-32。

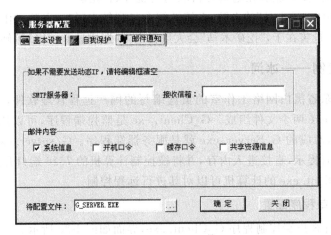

图 4-32　邮件设置

（4）输入邮箱地址，可以通过邮件获取被控制方的相关信息。

2. 搜索安装了木马服务器端的计算机

（1）执行"文件"|"自动搜索"命令，弹出如图 4-33 所示的窗口。

（2）在"起始域"后的编辑框里输入想要查找的 IP 地址，如要搜索 IP 地址为 127.0.0.1～127.0.0.255 网段的计算机，应将"起始域"设为 127.0.0，将"起始地址"和"终止地址"分别设为 1 和 255。

（3）单击"开始搜索"按钮，在搜索结果里显示检测到的正在网上的计算机的 IP 地址，地址前面的 ERR：表示这台计算机无法控制；显示 OK：则表示它曾经运行过 G_Server.exe，可以进行控制，如图 4-34 所示。

（4）单击"关闭"按钮，返回到冰河主界面，如图 4-35 所示。与未搜索前的冰河界面相比，在"文件管理器"下增加了搜索到的计算机。

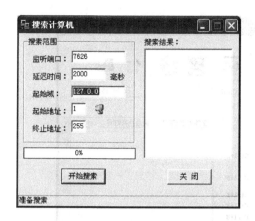
图 4-33　搜索计算机窗口

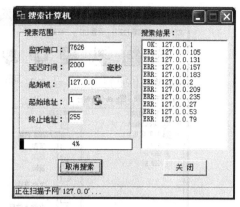
图 4-34　找到目标计算机

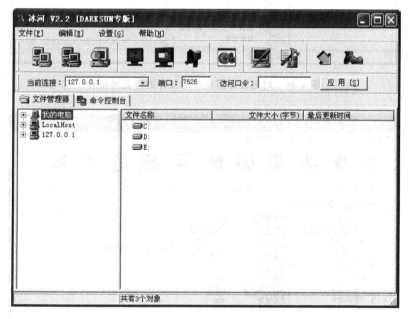
图 4-35　主界面发生了变化

3. 对找到的计算机实现远程控制

（1）在"文件管理器"中可以对远程计算机中的文件进行各种操作，就像对自己的计算机中的文件操作一样方便，如图 4-36 所示。

（2）单击"命令控制台"，在如图 4-37 所示的"口令类命令"中可以查看系统信息、各种口令、按键记录等。

（3）在如图 4-38 所示的"控制类命令"中，可以对被控制方计算机进行"查看屏幕"、"屏幕控制"、"远程关机"、"鼠标锁定"等操作。

（4）在"网络类命令"中可以进行创建共享等操作；在"文件类"命令中可以对目录、文件进行各种操作；在"注册表读写"中可以对注册表键值进行读写等操作；在"设置类命令"中可以进行更改计算机名等操作。

图 4-36　对远程计算机中的文件进行各种操作

图 4-37　口令类命令

4. 冰河的清除

冰河的 G_Server.exe 服务端程序在计算机上运行后,会在 Windows\system32 目录下生成 Kernel32.exe 和 Sysexplr.exe 两个文件,并将自身删除,这样木马实际上就变成了Kernel32.exe 和 Sysexplr.exe。Kernel32.exe 在开机时自动启动,它是木马的主程序,用来和客户端连接;Sysexplr.exe 通过修改注册表与扩展名为 txt 的文件进行关联,双击打开任

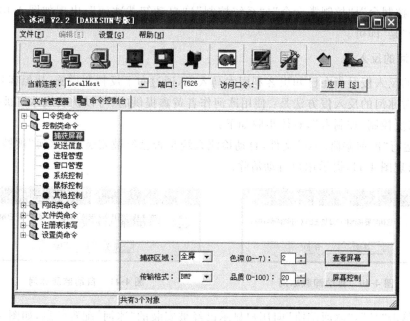

图 4-38　控制类命令

何一个 TXT 文件后，该程序就会被执行一遍，再由它生成一个 Kernel32. exe 文件，并让其随系统启动。如果只删除了 Kernel32. exe 而没有删除 Sysexplr. exe，就相当于什么也没做，因为 Sysexplr. exe 会借助文件关联重新生成主程序。

要想删除冰河，必须将 Kernel32. exe 和 Sysexplr. exe 都删除才行，具体步骤如下：

（1）按下 Ctrl＋Alt＋Delete 键，打开"任务管理器"，单击"进程"选项，找到 Kernel32. exe 和 Sysexplr. exe 的进程，单击"结束进程"按钮，使它们退出内存。

（2）到 Windows\system32 目录下找到 Kernel32. exe 和 Sysexplr. exe 两个文件，将它们删除。

（3）修改被冰河修改过的注册表：单击"开始"|"运行"，在运行文本框中输入 regedit，单击"确定"按钮，出现"注册表编辑器"对话框，打开 HKEY _ LOCAL _ MACHINE \ SOFTWARE \ Microsoft\Windows\CurrentVersion\Run，双击"默认"字符串，出现如图 4-39 所示的对话框。将其数据内容 C:\WINDOWS\system32\KERNEL32.exe 删除。

图 4-39　"编辑字符串"对话框

（4）用同样方法处理注册表的 HKEY_LOCAL_MACHINE\SOFTWARE\Microsoft\Windows\CurrentVersion\Runservices 项，这样就取消了 Kernel32. exe 的开机启动。

（5）打开注册表的 HKEY_CLASSES_ROOT\txtfile\shell\open\command 项，双击"默认"字符串，在"数值数据"文本框中输入 C:\WINDOWS\system32\notepad. exe %1，单击"确定"按钮，这样就恢复了 TXT 文件与记事本的关联，Sysexplr. exe 再也不起作用了。

对于冰河 1.2 正式版以后的各版本都在客户端提供了彻底的卸载功能，具体方法是：

执行"命令控制台"|"控制类命令"|"系统控制"|"自动卸载冰河",出现如图 4-40 所示的对话框,单击"是"即可。

5. 冰河的反入侵

木马的反入侵是指在已知黑客利用木马入侵,通过布下反控制措施,让黑客暴露出真实身份。针对冰河的反入侵方法是:使用冰河作者黄鑫提供的、可以伪装成冰河被控端的"冰河陷阱"来反控制"控制者",具体步骤如下:

(1) 运行"冰河陷阱.exe"文件,自动检测系统是否已经被安装了"冰河"被控端程序,如果是,则出现图 4-41,提示用户自动清除。

图 4-40　自动卸载冰河　　　　　　　　　图 4-41　自动监测冰河

(2) 单击"是","冰河陷阱"向用户显示已经被安装的"冰河"配置信息,如图 4-42 所示。

(3) 单击"确定",清除所有版本的"冰河"被控端程序,并提示清除日志保存在当前目录的"清除日志.txt"文件中,如图 4-43 所示。

图 4-42　显示配置信息　　　　　　　　　图 4-43　显示配置信息

(4) 单击"确定",出现如图 4-44 所示的运行主界面(如果在运行"冰河陷阱.exe"文件时,系统中没有冰河,则直接出现主界面)。

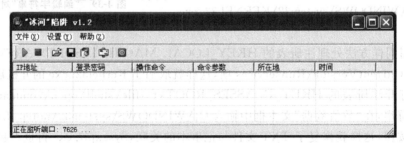

图 4-44　"冰河陷阱"运行主界面

此时,"冰河陷阱"会完全模拟真正的"冰河"被控端程序对监控端的命令进行响应,使监控端产生仍在正常监控的错觉,同时完全记录监控端的 IP 地址、命令、命令参数等相关信息。在入侵者尚未退出"冰河"监控端程序之前,还可以通过"冰河信使"功能与入侵者对话。并可以将所有由远程监控端上传的文件,保存在 UPLOAD 目录下供用户分析。

4.3.3　木马的检测

随着科学技术的发展,木马也变得越来越狡猾,很多木马已经可以借助邮件、网页、局域网、磁盘等多种方式进行传播,一些木马甚至能够阻止反病毒软件对它的检测。

如何检测一个系统中是否有木马程序呢?木马的本质是程序,必须运行起来后才能工作,所以必定会在系统中留下一些蛛丝马迹。下面针对一些常用木马所惯用的伎俩来找出躲在系统中的木马。

1. 检查是否存在陌生进程

因为木马的运行会生成系统进程,虽然也有一些技术可以使木马进程不显示在进程管理器中,但大多数木马在运行时都会在系统中生成进程。

进程检查可以通过按下 Ctrl+Alt+Delete 键,在出现的任务管理器中实现。也可以通过"开始"|"程序"|"附件"|"系统工具"|"系统信息"|"软件环境"|"正在运行的任务"中详细检查当前正在运行的进程,如图 4-45 所示。表 4-4 列举了最基本的系统进程,它们是系统运行的基本条件,其他附加的系统进程,可以根据需要增加或减少。

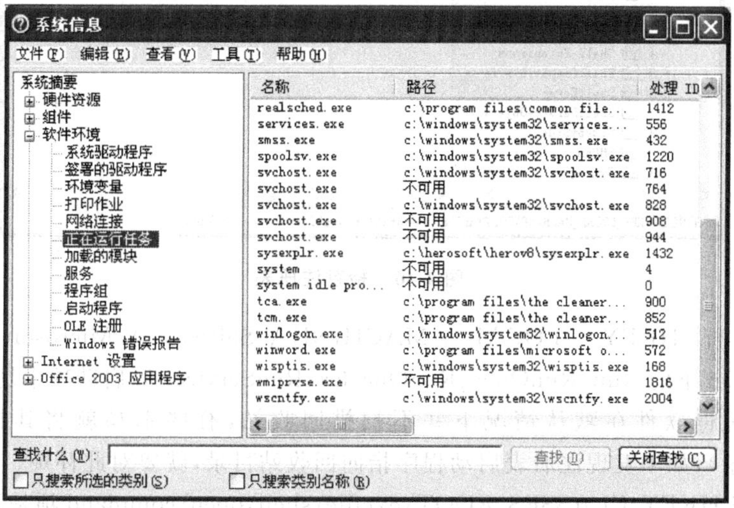

图 4-45　在系统信息中检查进程

表 4-4　最基本的系统进程

进程名	功 能 作 用
csrss.exe	管理 Windows 图形相关任务
explorer.exe	管理 Windows 图形壳,包括开始菜单、任务栏、桌面和文件管理
lsass.exe	控制 Windows 安全机制
services.exe	管理启动和停止服务
smss.exe	会话管理服务

续表

进程名	功 能 作 用
spoolsv.exe	打印管理
svchost.exe	加载并执行系统服务指定的 DLL 文件。根据启动的服务多少,该进程数量也会不同,一般在 4~5 个
winlogon.exe	Windows 登录管理器,用于处理系统的登录和登录过程

2. 检查注册表

虽然有少数木马与特定的文件捆绑,在运行被捆绑的文件时运行,但大部分木马都把自己登记在开机启动的程序中,这样就可以通过注册表进行检查。

执行"开始"|"运行",在弹出的对话框中输入 regedit,打开注册表编辑器,检查注册表的启动项,如图 4-46 所示。

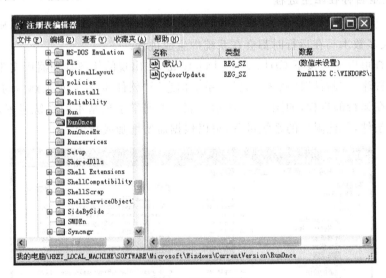

图 4-46 检查注册表

(1) 检查 HKEY_LOCAL_MACHINE\Software\Microsoft\Windows\CurrentVersion 下的 Run、RunOnce、RunOnceEx、RunServices 等启动项中是否有可疑的程序。由于反病毒软件在默认情况下并不扫描回收站,有些木马就将其挂在回收站中(recycled 目录),如果发现注册表启动程序指向回收站目录,就要对此怀疑。

(2) 检查 HKEY_CLASSES_ROOT\exefile\shell\open\command 项是否有 EXE 文件关联型木马程序,正确的键值应该是:"%1" % *。如果看到键中包含任何默认以外的东西,就要将其改回默认值。例如当其值为 files32.vxd "%1" % * 时,表示任何 EXE 文件运行时,放置在 files32.vxd 中的代码也随之自动运行。

(3) 检查 HKEY_CLASSES_ROOT\inffile\shell\open\command 项是否有 inf 文件关联型木马程序,正确的键值应该是:Windows\System32\NOTEPAD.EXE %1。

(4) 检查 HKEY_CLASSES_ROOT\inifile\shell\open\command 项是否有 ini 文件关联型木马程序,正确的键值应该是:Windows\System32\NOTEPAD.EXE %1。

(5) 检查 HKEY_CLASSES_ROOT\txtfile\shell\open\command 项是否有 txt 文件关

联型木马程序,正确的键值应该是：Windows\system32\NOTEPAD. EXE %1。

3. 检查开放的端口

在网络技术中,端口有两种意思：一是物理意义上的端口,如 ADSL Modem、集线器、交换机、路由器等用于连接其他网络设备的接口(RJ-45 端口、SC 端口等)；二是逻辑意义上的端口,一般是指 TCP/IP 协议中的端口,端口号的范围是 0～65 535。这里指逻辑意义上的端口。

逻辑意义上的端口有多种分类标准,按端口号分布分为知名端口(范围是 0～1023,如 FTP 的 21 端口,SMTP 的 25 端口,HTTP 的 80 端口)和动态端口(范围是 1024～65 535,这些端口号一般不固定分配给某个服务,只要应用程序向系统提出访问网络的申请,系统就可以从这些端口号中分配一个给该程序使用)。动态端口也常常被病毒、木马程序所利用,如冰河默认连接端口是 7626、WAY 2.4 是 8011、Netspy 3.0 是 7306、YAI 病毒是 1024 等。

一般的木马都会在系统中监听某个端口,因此可以通过查看系统上开启的端口来判断是否有木马在运行,查看方法如下。

执行“开始”|“运行”,在弹出的对话框中输入 cmd,在打开的窗口中输入命令：netstat -an(命令的开关符含义如表 4-5 所示),可以查看系统当前已经建立的连接和正在监听的端口,同时可以查看正在连接的远程主机的 IP 地址,如图 4-47 所示。

表 4-5　netstat 命令开关符含义

开关符	含　义
-a	显示所有活动的 TCP 连接以及计算机监听的 TCP 和 UDP 端口
-e	显示以太网发送和接收的字节数、数据包数等
-n	只以数字形式显示所有活动的 TCP 连接的地址和端口号
-o	显示活动的 TCP 连接并包括每个连接的进程 ID(PID)
-s	按协议显示各种连接的统计信息,包括端口号

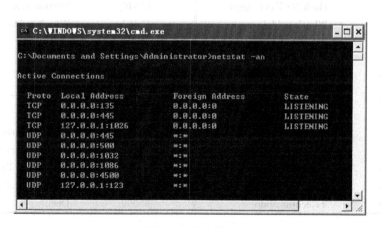

图 4-47　检查端口

Local Address 栏对应的是本机的 IP 地址和开放的端口,如果端口号与常见木马的端口号相同,说明本机藏有该种木马。

表 4-6 给出了部分常用木马和它们所用端口的对应表,低端口常用来窃取口令并传送

给黑客,高端口常用来通过网络远程控制木马程序。

表 4-6　部分常见木马使用的端口号

端口号	木马名称	端口号	木马名称
666	Satanz backdoor	1001	Silencer
1011	Doly Trojan	1170	Psyber Stream Server
1234	Ultors Trojan	1245	VooDoo Doll
1492	FTP99CMP	1600	Shivka
1807	SpySender	1981	Shockrave
1999	BackDoor	2001	Trojan Cow
2023	Ripper	2115	Bugs
2140	Deep Throat、The Invasor	2801	Phineas
3700	Portal of Doom	4092	WinCrash
4590	IcqTrojan	5000	Sockets de Troie
5001	Sockets de Troie 1. x	5321	Firehotcker
5400	Blade Runner	5401	Blade Runner 1. x
5402	Blade Runner 2. x	5569	Robo Hack
5742	WinCrash	6670	DeepThroat
6771	DeepThroat	6969	GateCrasher、Priority
7000	Remote Grab	7300	Netspy
7301	Netspy 1. x	7306	Netspy 2. x
7307	Netspy 3. x	7308	Netspy 4. x
7789	ICQKiller	9872	Portal of Doom
9873	Portal of Doom 1. x	9874	Portal of Doom 2. x
9875	Portal of Doom 3. x	9989	iNi- Killer
10067	Portal of Doom 4. x	10167	Portal of Doom 5. x
11000	Senna Spy	11223	Progenic trojan
12223	Hack'99 KeyLogger	12346	NetBus 1. x
12361	Whack-a-Mole	12362	Whack-a-Mole 1. x
16969	Priority	20001	Millennium
20034	NetBus Pro	21544	GirlFriend
22222	Prosiak	23456	Evil FTP
26274	Delta	31337	Back Orifice
31338	DeepBO	33333	Prosiak
40412	The Spy	40421	Masters Paradise
40422	Masters Paradise 1. x	40423	Masters Paradise 2. x
40426	Masters Paradise 3. x	50505	Sockets de Troie
50766	Fore	53001	Remote Windows Shutdown
61466	Telecommando	65000	Devil

　　默认情况下,有很多不安全的或没有什么用的端口是开启的,如 FTP 服务的 21 端口、Telnet 服务的 23 端口、SMTP 服务的 25 端口、RPC 服务的 135 端口等。为了保证系统的安全性,可以通过下面的方法关闭端口。

　　(1) 执行"控制面板"|"管理工具"|"服务",在如图 4-48 所示的"服务"窗口中找到相关服务,如 DHCP。

图 4-48　服务窗口

（2）双击该服务，出现如图 4-49 所示的属性对话框。

（3）单击"停止"按钮，停止该服务。在"启动类型"下拉列表框中选择"已禁用"，如图 4-50所示。

图 4-49　属性对话框

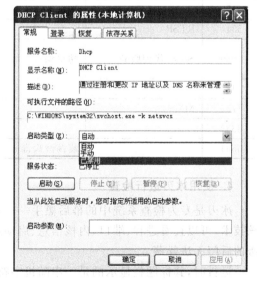

图 4-50　更改启动类型

（4）单击"确定"按钮。这样,关闭了 DHCP 服务就相当于关闭了对应的端口。

表 4-7 是部分常端口的作用、漏洞和操作建议。

表 4-7　部分端口的作用、漏洞和操作建议

端口号	作　　用	漏　　洞	建　　议
21	FTP 服务	通过匿名登录被黑客利用	如果不架设 FTP 服务器,建议关闭
23	Telnet 服务	存在提升权限、拒绝服务等严重漏洞	建议关闭
25	SMTP 服务	被黑客利用转发垃圾邮件	如果不架设 SMTP 邮件服务器,建议关闭
53	DNS 服务	最易遭黑客攻击	如果不提供域名解析服务,建议关闭
79	Finger 服务	被扫描探测相关信息	建议关闭
80	HTTP		为了能正常上网,必须开启
110	POP3 服务	被窃取 POP 账号用户名和密码	如果是执行邮件服务器,可以打开
113	验证服务	被基于 IRC 等木马程序所利用	
119	网络新闻组	Happy99 蠕虫病毒默认端口	如经常使用 USENET 新闻组,不定期关闭该端口
135	远程过程调用	"冲击波"病毒	建议关闭
139	文件和打印机共享	被扫描探测相关信息	如果不提供共享,建议关闭
443	HTTPS	SSL 漏洞	及时安装微软针对 SSL 漏洞的最新安全补丁
445			
554	RTSP		Real 流媒体
1080	Socks 代理服务	蠕虫病毒	除使用 WinGate 共享上网外,建议关闭
1433			
1755	MMS		微软流媒体
3389			
5554		震荡波病毒	建议关闭

4. 使用冰刃进行检查

冰刃是专为检查系统中的幕后黑手——木马和后门而设计的,它使用了大量新颖的内核技术,可以查看进程、端口、内核信息、启动组、服务、注册表和任何隐藏的文件等,使内核级的后门无法躲藏。

运行时,其标题栏显示的是一串随机字符串,而不是通常所见的软件程序名,如图 4-51 所示。这样,很多通过标题栏来关闭程序的木马和后门在它面前都无功而返了,一些木马或后门就算通过鼠标或键盘钩子控制窗口退出按钮,也不能结束 IceSword 的运行。

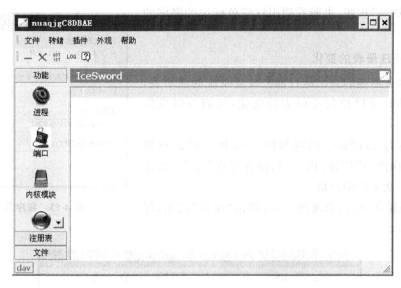

图 4-51　随机出现的标题栏字符串

单击"进程"按钮,在右侧列出的进程中,隐藏的进程会以红颜色醒目地标记出,以方便查找隐藏自身的系统级后门,并可以使用右键菜单的"结束进程"将它们结束。

单击"端口"按钮,显示进程端口关联。它的前 4 项与 netstat -an 类似,后两项是打开该端口的进程,如图 4-52 所示。

协议	本地地址	远程地址	状态	进程ID	进程程序名称
TCP	0.0.0.0 : 80	0.0.0.0 : 0	LISTENING	3992	C:\WINDOWS\system32\inetsrv\ine
TCP	0.0.0.0 : 445	0.0.0.0 : 0	LISTENING	4	NT OS Kernel
TCP	0.0.0.0 : 135	0.0.0.0 : 0	LISTENING	1652	C:\WINDOWS\system32\svchost.exe
TCP	0.0.0.0 : 2889	0.0.0.0 : 0	LISTENING	1944	C:\WINDOWS\system32\svchost.exe
TCP	192.168.1.100 : 139	0.0.0.0 : 0	LISTENING	4	NT OS Kernel
TCP	0.0.0.0 : 443	0.0.0.0 : 0	LISTENING	3992	C:\WINDOWS\system32\inetsrv\ine
TCP	0.0.0.0 : 25	0.0.0.0 : 0	LISTENING	3992	C:\WINDOWS\system32\inetsrv\ine
TCP	0.0.0.0 : 1037	0.0.0.0 : 0	LISTENING	3992	C:\WINDOWS\system32\inetsrv\ine
UDP	127.0.0.1 : 3971	* : *		688	C:\Program Files\360safe\360se\
UDP	192.168.1.100 : 53	* : *		1692	C:\WINDOWS\system32\svchost.exe
UDP	0.0.0.0 : 1031	* : *		1692	C:\WINDOWS\system32\svchost.exe
UDP	127.0.0.1 : 3479	* : *		1292	C:\Program Files\360\360Safe\
UDP	192.168.1.100 : 1900	* : *		1944	C:\WINDOWS\system32\svchost.exe
UDP	0.0.0.0 : 3456	* : *		3992	C:\WINDOWS\system32\inetsrv\ine
UDP	192.168.1.100 : 137	* : *		4	NT OS Kernel
UDP	127.0.0.1 : 1900	* : *		1944	C:\WINDOWS\system32\svchost.exe
UDP	127.0.0.1 : 3637	* : *		3192	C:\Program Files\Microsoft Offi
UDP	127.0.0.1 : 1032	* : *		1692	C:\WINDOWS\system32\svchost.exe
UDP	0.0.0.0 : 445	* : *		4	NT OS Kernel
UDP	192.168.1.100 : 138	* : *		4	NT OS Kernel
RAW	---	---	---	4	NT OS Kernel

图 4-52　进程端口关联

单击"服务"按钮,也能看到用红颜色标记的隐藏的木马服务。

5．监控注册表的变化

木马服务器端的首次运行都会改变系统的注册表,使用RegShot可以监控注册表的变化,从而及时发现木马。

（1）运行RegShot,出现如图4-53所示的运行界面。单击"快照一"按钮,执行"扫描并保存"命令,对注册表进行一次全面的扫描。

（2）扫描结束后,出现图4-54,单击"保存"按钮,保存扫描结果。

图 4-53　程序界面

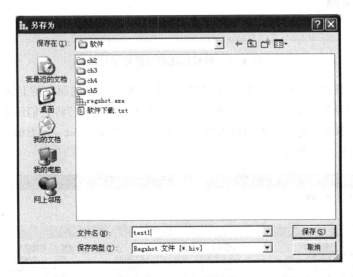

图 4-54　保存扫描结果

（3）保存结束后,"快照一"按钮为不可用状态,如图4-55所示。

（4）执行冰河服务器端程序,然后单击"快照二"按钮,进行第二次扫描,扫描完成后进行保存,保存完毕后"快照二"按钮也变成不可用,如图4-56所示。

图 4-55　第一次保存结束

图 4-56　第二次保存结束

（5）单击"比较"按钮，稍后得到以下结果：

REGSHOT 记录文件
个人注释：
日期时间：2005/9/7 09:24:35, 2005/9/7 09:25:41
计算机名：HEIN - 4A7F0C8380, HEIN - 4A7F0C8380
用户名称：Administrator, Administrator

添加键值：5

HKEY_LOCAL_MACHINE\SOFTWARE\Microsoft\Windows\CurrentVersion\Run\: "C:\WINDOWS\system32\
Kernel32.exe"
HKEY_LOCAL_MACHINE\SOFTWARE\Microsoft\Windows\CurrentVersion\Runservices\: "C:\WINDOWS\
system32\Kernel32.exe"
…… …… …… ……
…… …… …… ……

修改键值：9

HKEY_LOCAL_MACHINE\SOFTWARE\Classes\txtfile\shell\open\command\: "Notepad.exe % 1"
HKEY_LOCAL_MACHINE\SOFTWARE\Classes\txtfile\shell\open\command\: "C:\WINDOWS\system32\
Sysexplr.exe % 1"
…………
…………

总计：14

从上面的结果中可以看到：冰河木马添加了包括 Run、RunServices 在内的 5 个键值，指向 Kernel32.exe 文件；修改了 9 个键值，其中将文本文件与 Sysexplr.exe 文件建立了关联。而 Kernel32.exe 和 Sysexplr.exe 文件就是冰河木马。

4.3.4　木马的清除

通过以上方法，基本能确定系统中是否存在木马。

手工清除木马的步骤是：找到木马文件、结束木马进程、删除木马文件、进行善后处理（如修改注册表、恢复文件关联等），具体过程详见 4.3.2 节中"4.冰河的清除"小节。

当然，木马查找和清除最好的办法还是借助于专门的软件实现。专业的木马清除工具有 Trojan Hunter 和 AVG Anti-Spyware（Ewido）等，在如图 4-57 所示的 AVG Anti-Spyware 窗口中可以按需扫描，图 4-58 显示了扫描到的安全威胁及其相关信息。

木马查杀工具和杀毒工具一样，病毒库中有多少木马的特征信息，它就能查杀多少木马，没有升级病毒库的查杀工具就如同虚设，对新出现的木马根本没有检测和查杀能力，因此要经常升级病毒库。

4.3.5　木马的预防

与病毒一样，木马是一种危险的破坏性程序，要保护自己的机器不被木马入侵，应该做

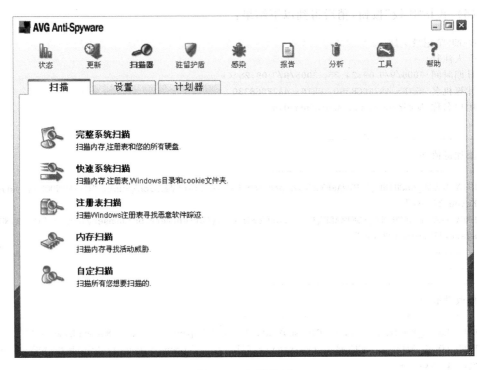

图 4-57　扫描选项

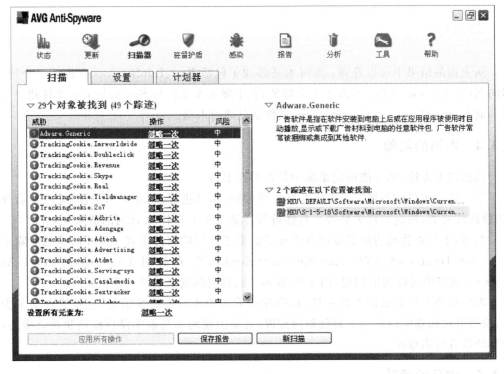

图 4-58　扫描结果

到以下几点：

1. 防止电子邮件传播木马

一定要养成良好的上网习惯，不要随意运行邮件中的附件。在通常情况下，包含木马的邮件都将木马隐藏在附件中，常用的伎俩是采用双扩展名，如将木马文件 2005.exe 改名为 2005.txt.exe，再换上一个记事本图标，这样用户看到的只是一个文件名为 2005.txt 的文本文件，如果双击的话就会运行木马了。解决办法是在资源管理器中执行"工具"|"文件夹选项"，在"文件夹选项"对话框中打开"查看"选项卡，将"隐藏已知文件类型的扩展名"复选项去除，如图 4-59 所示。

利用电子邮件传播木马的更隐蔽的方式是通过邮件正文进行。由于 IE 漏洞造成 HTML 文件中可以被放入不安全的代码，而电子邮件可以通过 HTML 方式发送，所以当用户浏览 HTML 格式的邮件内容时，在没有打开附件的情况下就不知不觉地中了木马。

所以，当面对一封主题不明确或主题很有诱惑性的邮件时，最好的办法是把整个邮件保存到本地硬盘，先用杀毒软件查杀，确定安全后再打开。

2. 防止下载时感染木马

养成良好的下载习惯，不要到一些小网站中下载东西，对任何下载的文件和程序都不要直接打开，而是先使用杀毒软件查毒后再打开。

使用 FlashGet 等下载工具进行下载，并把下载工具和杀毒软件进行捆绑，以达到下载后自动杀毒的目的。

在 FlashGet 中实现捆绑的方法如下：

(1) 运行 FlashGet，执行"工具"|"选项"命令。

(2) 打开"文件管理"选项卡，选中"下载完毕后进行病毒检查"复选框，如图 4-60 所示。

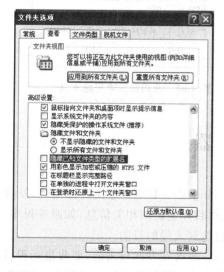

图 4-59　显示文件扩展名

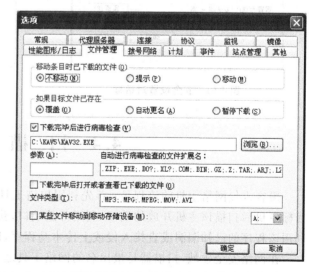

图 4-60　下载完毕后进行病毒检查

(3) 单击"浏览"按钮，选择杀毒软件所在位置。"参数"和"自动进行病毒检查的文件扩展名"两个文本框按默认设置。

3. 防止浏览网页时传播木马

由于 IE 默认设置的不安全性,导致文件和程序可以在不经过允许的情况下被下载到本地执行,可以通过对 IE 进行安全设置杜绝这种途径的传播,具体方法如下:

(1) 打开 IE,执行"工具"|"Internet 选项"。

(2) 在"Internet 选项"对话框中打开"安全"选项卡,再单击"自定义级别"按钮,出现如图 4-61 所示的对话框。

(3) 将"Active 控件及插件"中所有选项设置为禁用。这就阻止了 IE 自动下载和执行文件的可能性,杜绝了这类木马的传播。

4. 使用防火墙

虽然很多传统的防火墙不会阻止木马进入被保护的网络,但它们可以阻止任何木马连接到黑客并进行远程访问。即使木马能够通过邮件通知黑客它的入侵成功,新的木马端口也很有可能被正确配置的防火墙拒绝,如图 4-62 所示。

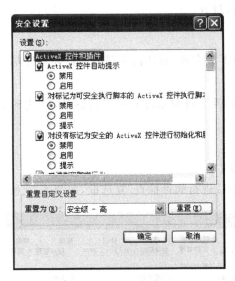

图 4-61　安全设置对话框

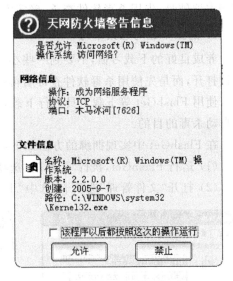

图 4-62　使用防火墙拒绝木马

4.4　扫　描　器

黑客入侵网络主机的流程是:首先利用扫描工具 ping 某一 IP 段,寻找目标主机,发现目标主机后扫描该主机开放的端口,利用开放端口,获取目标主机的相关信息,如服务程序,利用该程序的已知漏洞或直接入侵或上传木马程序,以达到入侵的目的。

在网络安全领域,扫描器是最出名的网络工具之一。黑客在发起攻击前,要收集远程目标主机的相关信息;一名优秀的网络管理员也需要随时了解服务器端的运行状态,以便发现安全隐患。对双方而言,一个好的端口扫描器可以起到事半功倍的作用。

扫描是攻击过程的一个极其重要的环节,成功的扫描往往能直接导致一次成功的攻击,而一次粗心大意的扫描往往会使攻击者得不到有用的信息而被迫知难而退,甚至被人跟踪从而被反黑或者入狱。从防御角度看,能防好黑客扫描,基本就成功了一半。

4.4.1　漏洞概述

系统安全漏洞,也叫系统脆弱性,简称漏洞,是计算机系统在硬件、软件、协议的设计与实现过程中或系统安全策略上存在的缺陷和不足。这些安全缺陷被技术高低不等的入侵者利用,从而达到控制目标主机或破坏的目的。

非法用户可利用漏洞获得计算机系统的额外权限,在未经授权的情况下访问或提高其访问权限,从而破坏系统的安全性。

1. 漏洞造成的危害

漏洞造成的危害是多方面的。近年来许多突发的、大规模的网络安全事件多数都是由于漏洞而导致的。

漏洞对系统造成的危害在于:虽然它本身不会直接对系统造成危害,但它可能会被攻击者利用,继而破坏系统的安全特性。

通常而言,漏洞会对以下 5 种系统安全特性造成危害:

1) 系统的完整性

攻击者可以利用漏洞入侵系统,对系统数据进行非法篡改,达到破坏数据完整性的目的。

2) 系统的机密性

攻击者利用漏洞给非授权的个人和实体泄漏受保护信息。有些时候,机密性和完整性是交叠的。

3) 系统的可用性

攻击者利用漏洞破坏系统或者网络的正常运行,导致信息或网络服务不可用,合法用户的正常服务要求得不到满足。

4) 系统的可控性

攻击者利用漏洞对授权机构控制信息的机密性造成危害。

5) 系统的可靠性

攻击者利用漏洞对用户认可的质量特性(信息传递的迅速性、准确性等)造成危害。

下面是两个漏洞危害的简单实例:

【例 4-4】　利用 Windows XP 的 AutoRun 漏洞删除硬盘文件。

AutoRun 指在 Windows XP 系统的计算机中插入光盘后,光盘中 Autorun. inf 文件指定的程序被自动运行的现象。利用 Windows XP 的 AutoRun 漏洞进行攻击的过程如下:

(1) 新建一个文本文件,输入以下内容:

```
[AutoRun]
open = run\del c:\test.txt
```

(2) 保存文件,将该文件重命名为 Autorun. inf。

(3) 使用光盘刻录工具刻录一张光盘,在光盘的根目录中加入 Autorun. inf 文件。

(4) 在 C 盘根目录下新建 test. txt 文件。

(5) 插入光盘并让其自动运行。

(6) 光盘自动运行结束后,查看 C 盘根目录,发现文件 test. txt 已被删除。

【例 4-5】　利用 Foxmail 的漏洞取消保护口令。

(1) 运行 Foxmail。

(2) 右单击账户名 test,执行"访问口令"命令,出现如图 4-63 所示的对话框。

(3) 在对话框中输入口令,单击"确定"按钮。

(4) 关闭并重新打开 Foxmail,双击被保护的账户 test,出现如图 4-64 所示的对话框,表示访问口令设置已生效,单击"取消"按钮,然后关闭 Foxmail。

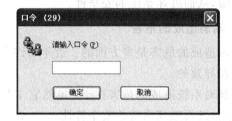

图 4-63　设置访问口令　　　　图 4-64　访问口令生效

(5) 通过"我的电脑"进入 Foxmail 程序的安装文件夹,再进入 mail\test 文件夹,找到保存账户配置信息的 Account. stg 文件,将其删除。

(6) 运行 Foxmail,双击被保护的账户 test,发现对该账户的所有操作均可进行。这是由于 Account. stg 文件被删除后,Foxmail 会自动新建一个空的 Account. stg 文件,而新建文件的账户口令为空值,所以删除 Account. stg 文件后可以直接访问被保护的账户。

2. 漏洞产生的原因

漏洞产生的主要原因是由于程序员不正确或不安全的编程引起的。漏洞产生的原因不外乎以下几种:

1) 输入验证错误

由于未对用户提供的输入数据的合法性做适当的检查。这种错误导致的安全问题最多。

2) 访问验证错误

由于程序的访问验证部分存在某些可利用的逻辑错误,或用于验证的条件不足以确定用户的身份而造成的。这类缺陷使非法用户绕过访问控制成为可能,从而导致未经授权的访问。

3) 竞争条件错误

由于程序在处理文件等实体时在时序和同步方面存在问题,在处理的过程中可能存在一个机会窗口使攻击者能够施以外来的影响。

4) 意外情况处置错误

由于程序在它的实现逻辑中没有考虑到一些本应该考虑的意外情况。这种错误比较常见。

5) 配置错误

由于系统和应用的配置有误,或是软件安装在错误的地方,或是参数配置错误,或是访问权限配置错误等。

6）环境错误

由于一些环境变量的错误或恶意设置造成的漏洞，导致有问题的特权程序可能去执行攻击代码。

7）设计错误

这个类别是非常笼统的，严格来说，大多数漏洞的存在都是设计错误造成的。

3. 漏洞的分类

从应用的角度看，系统漏洞可以分为网络安全漏洞和系统安全漏洞两种。网络安全漏洞主要是因提供网络服务而产生的，系统漏洞主要是针对本地用户而言的。

通常根据漏洞产生的原因、存在的位置和利用漏洞攻击的原理进行分类，如表 4-8 所示。

表 4-8　漏洞的分类

漏洞产生原因			漏洞存在位置				漏洞攻击原理				
故意		无意	软件			硬件	拒绝服务	缓冲区溢出	欺骗	后门	程序错误
恶意	非恶意		应用软件	系统	服务器						

4. 漏洞的发现

漏洞是客观存在的，但是漏洞的存在不一定能够被发现。

漏洞是不断地被人们发现并公布出来的。漏洞的发现者主要是程序员、系统管理员、安全服务商、黑客以及普通用户。

从攻击者的角度，他们会不断地去发现目标系统的安全漏洞，从而通过漏洞入侵系统。从系统安全防护的角度来看，系统管理员会努力发现可能存在的系统漏洞，在漏洞被攻击者发现、利用之前就将其修补好。

5. 漏洞的检测

漏洞检测即通过一定的技术方法主动地去发现系统中未知的安全漏洞。

现有的漏洞检测技术有源代码扫描、反汇编代码扫描、渗透分析、环境错误注入等。源代码扫描、反汇编代码扫描以及渗透分析都是一种静态的漏洞检测技术，不需要程序运行即可分析程序中可能存在的安全漏洞。而环境错误注入是一种动态的漏洞检测技术，它在程序动态运行过程中测试软件存在的漏洞，是一种比较成熟的漏洞检测技术。

1）源代码扫描

源代码扫描技术主要针对开放源代码的程序，由于相当多的安全漏洞在源代码中会出现类似的错误，所以就可以通过匹配程序中不符合安全规则的部分，如文件结构、命名规则、函数、堆栈指针等，从而发现程序中可能隐含的安全缺陷。这种漏洞检测技术需要熟练掌握编程语言，并预先定义出不安全代码的审查规则，通过表达式匹配的方法检查源程序代码。这种方法不能发现程序动态运行过程中存在的安全漏洞，而且会出现大量的误报。

2）反汇编代码扫描

对于不公开源代码的程序，反汇编代码扫描是最有效的检测方法。分析反汇编代码需要有丰富的经验和很高的技术。可以自行分析代码，也可以使用辅助工具得到目标程序的汇编脚本语言，再对汇编出来的脚本语言使用扫描的方法，检测不安全的汇编代码序列。通过反汇编代码扫描这种方法可以检测出大部分的系统漏洞,但这种方法费时费力,对人员的技术水平要求很高,同样不能检测到程序动态运行过程中产生的安全漏洞。

3) 渗透分析

渗透分析方法是依据已知安全漏洞知识检测未知的漏洞。但是渗透分析是以事先知道系统中的某种漏洞为先决条件的。渗透分析的有效性与执行分析的程序员有关,缺乏评估的客观性。

4) 环境错误注入

环境错误注入法是在软件运行的环境中故意注入人为的错误,并验证反应——这是验证计算机和软件系统容错性和可靠性的一种有效方法。

【例 4-6】 使用 Windows 基准安全分析器检查漏洞。

Microsoft Baseline Security Analyzer(MBSA)是微软提供的检测 Windows 系统安全的免费软件。可以进行 Windows 操作系统安全漏洞检测、IIS 安全分析、Office 安全分析和 SQL Server 安全分析,其使用步骤如下:

(1) 启动 Microsoft Baseline Security Analyzer,出现如图 4-65 所示的主界面。

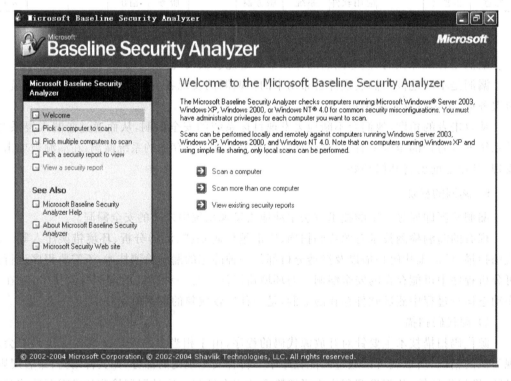

图 4-65 MBSA 主界面

(2) 若要对单机进行检测,单击 Pick a computer to scan,出现图 4-66。

其中 Check for Windows vulnerabilities 项分析 Windows 的安全性,Check for weak passwords 项对弱口令进行分析,Check for IIS vulnerabilities 项对 Internet Information Server 的脆弱性进行评估,Check for SQL vulnerabilities 项对 SQL Server 的脆弱性进行分析,Check for hotfixes 项对最新的安全更新进行检查。

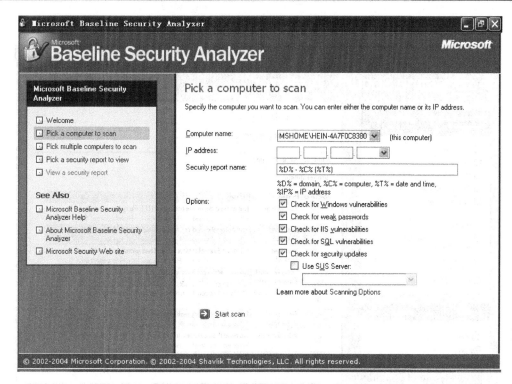

图 4-66　检测单台计算机

（3）单击 Start Scan 按钮，系统进入扫描状态，如图 4-67 所示。

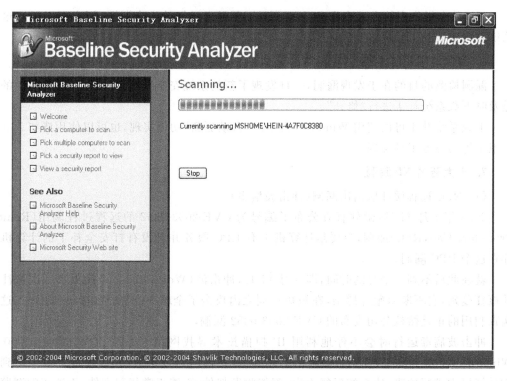

图 4-67　系统进行扫描

(4) 扫描结束后,自动出现分析结果和安全报告,如图 4-68 所示。

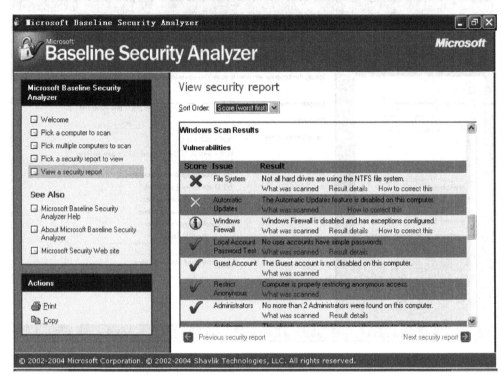

图 4-68　分析结果和安全报告

(5) 单击报告中的 Result Details 链接,就会列出详细的安全漏洞,用户可以根据这些系统漏洞安装补丁程序。

6. 漏洞的修补

漏洞检测的目的在于发现漏洞,一旦发现了新的系统安全漏洞,那么下一步需要做的就是及时下载系统补丁进行"修补"。

下载系统补丁可以使用 Windows 自带的"自动更新"功能实现,也可以使用诸如 360 安全卫士等第三方工具实现。

7. 十大著名 XP 漏洞

(1) RPC 远程缓冲区溢出漏洞(冲击波蠕虫)。

2003 年 7 月 21 日,微软官方公布了编号为 CVE-2003-0352 的远程过程调用(Remote Procedure Call,RPC)漏洞,只要是计算机上有 RPC 服务并且没有打安全补丁的计算机都存在这个 RPC 漏洞。

就在此后不到一个月的时间,即 8 月 11 日,冲击波(Worm. Blaster)蠕虫第一次被注意并疯狂蔓延,它不断繁殖并感染,在短短一周之内攻击了全球 80% 的 Windows 用户。这款病毒利用的正是微软公司发布的 CVE-2003-0352 漏洞。

冲击波病毒运行时会不停地利用 IP 扫描技术寻找网络上系统为 Windows 2000 或 Windows XP 的计算机,找到后就利用上述漏洞进行攻击,攻击成功后,病毒会被传送到对方计算机中进行感染,使系统反复重启、不能收发邮件、不能正常复制文件、无法正常浏览网页,不能进行复制粘贴等操作。另外,冲击波病毒还会对微软的一个升级网站进行拒绝服务攻击,导致该网站堵塞,使用户无法通过该网站升级系统。在 2003 年 8 月 16 日以后,该病毒还会使被攻击的系统丧失更新该漏洞补丁的能力。

冲击波病毒利用系统漏洞自动发起攻击的特点,使当时的很多普通电脑用户第一次深切地感受到不及时给系统打补丁的严重危害,也纠正了很多人固有的"只要不访问不良网站,不使用盗版软件,电脑就不会感染木马病毒"的错误认识。

(2) Windows Helps 和 Support 中心远程命令执行漏洞(震荡波蠕虫)。

2003 年 9 月,微软公司发布了"Windows 帮助和支持中心"的远程命令执行漏洞,编号为 CVE-2003-0907。次年,一名来自德国下萨克森州罗滕堡的 17 岁学生编写了震荡波(Sasser)蠕虫,该病毒利用这个远程命令执行漏洞,几天内就让上千万台电脑感染,造成超过 500 万美元的经济损失。震荡波蠕虫可以随机地扫描网络中计算机的 IP 端口,然后进行传播。尽管可以利用防火墙阻止该电脑蠕虫的传播,但给系统打上微软针对该漏洞的MS04-011 补丁才是最根本的解决措施。

(3) MSDTC COM+远程代码执行漏洞(黛蛇蠕虫)。

2005 年 12 月 18 日,一款名为"黛蛇"(Dasher)的蠕虫病毒出现在网上。这款病毒利用了多个漏洞进行传播,而其中最主要的就是利用了微软 10 月发布的编号为 CVE-2005-1978的 MSDTC COM+远程代码执行漏洞。

用户的计算机被该蠕虫病毒感染后,会自动连接到黑客控制的服务器,等待黑客进行远程控制。病毒会自动下载多个恶意程序并攻击其他漏洞。该病毒还会自动记录用户的键盘操作,以窃取用户的 QQ、MSN、网络游戏、网上银行等的账号和密码并发送给黑客,给用户带来经济损失。

(4) Windows Server 服务远程缓冲区溢出漏洞(魔鬼波蠕虫)。

微软在 2006 年 8 月 8 日例行发布了编号为 CVE-2006-3439 的 Windows Server 服务远程缓冲区溢出漏洞。而仅仅几天以后,利用该漏洞传播的"魔鬼波"(Mocbot. b)蠕虫现身互联网,感染该蠕虫的计算机将被黑客远程完全控制,沦为"肉鸡",并可能导致 RPC 服务崩溃,使用户无法上网。

(5) Windows Server 服务 RPC 请求缓冲区溢出漏洞(Gimmiv 蠕虫)。

2008 年 10 月 24 日,微软发布了罕见的紧急 Windows 安全补丁(MS08-067),到 26 日为止,安全研究人员正式宣布了一种新的名为 Gimmiv 的蠕虫诞生,并公布了部分源代码。

该蠕虫是一种木马间谍类病毒,利用了 Windows Server 服务 RPC 请求缓冲区溢出漏洞(编号为 CVE-2008-4250),感染成功后会依次检测并记录系统中是否存在指定的反病毒软件,依次检测并记录当前系统版本信息,采集系统信息及用户敏感信息后,会将以上收集到的信息发送到特定的网站。

(6) Windows SMB NT Trans2 请求远程拒绝服务及代码执行漏洞(Conficker 蠕虫)。

2008 年 11 月,Conficker(也被称作 Kido)利用 Windows 操作系统编号为 CVE-2008-4835 的漏洞将自己植入未打补丁的电脑,并以局域网、U 盘等多种方式传播。有相关报告称,由于有 30% 的 Windows 计算机没有更新微软 2008 年 10 月发布的补丁,导致 Conficker的传播范围非常之广,超过 1500 万台计算机。

当 Conficker 蠕虫在一台电脑中成功运行时,它会禁用一些系统服务,如 Windows 系统更新,Windows 安全中心,Windows Defender 和 Windows 错误报告等。然后它会连接至特定的服务器,并进行传播、收集个人信息,以及下载安装附加的恶意程序到受害人的计算机中。

当时,美国国防部报告说已经有很多主要的系统和桌面计算机被感染,Conficker 已经遍布行政办公室、潜艇、医院和整个城市。一位法国士兵在家使用 U 盘中了 Conficker,随后法国海军内网被大面积感染,军方如临大敌,不仅切断所有 Web 与电邮系统,部分战机的起飞计划也被突然叫停。随后,英国、德国的军事系统也爆出大面积感染 Conficker 蠕虫的消息,其传播能力与影响力可见一斑。

(7) IE"极光"漏洞。

2010 年 1 月,微软官方发布了 Microsoft Security Advisory (979352)安全公告,确认在 IE6/7/8 版本中,存在名为 Aurora(极光)的漏洞(编号为 CVE-2010-0249),涉及的操作系统包括:Windows 2000 SP4,Windows XP/2003/Vista/2008,Windows 7。微软在安全公告中表示,IE 在特定情况下,有可能访问已经被释放的内存对象导致任意代码执行,该漏洞可以被用来进行网页挂马。

1 月 12 日,Google 在其官方 blog 上发表文章,称 Google 和至少 20 家其他公司遭到了源自中国的攻击。攻击造成部分 Google 知识产权被盗。通过技术分析,这些攻击带有明显的针对性。而在此事件中,攻击 Google 所利用的正是 Aurora(极光)漏洞。

(8) 微软 Lnk(快捷方式)漏洞。

2010 年 7 月,微软 Lnk 漏洞(CVE-2010-2568)引发广泛关注。Lnk 漏洞是影响范围最大的一次微软漏洞事件,当时主流版本的 Windows 操作系统都受到了影响。该漏洞可以让黑客实现"看一眼就中毒"的传播感染方式。以前的病毒、木马大多需要用户主动单击打开,而通过 Lnk 漏洞传播的病毒木马在用户浏览文件名的时候就已经发作了,让用户防不胜防。

超级工厂病毒(Stuxnet 蠕虫病毒)是世界上首个专门针对工业控制系统编写的破坏性病毒。它便是利用了 Windows Shell 漏洞传播恶意文件的,而造成这个漏洞的原因是 Windows Lnk 漏洞(即错误地分析快捷方式,当用户单击特制快捷方式的显示图标时可能执行恶意代码)。

(9) 暴雷漏洞。

2013 年 6 月 13 日凌晨,微软发布紧急公告,称 Windows 基础组件出现高危漏洞"暴雷"(CVE-2012-1889),并推出"暴雷"漏洞临时解决方案。"暴雷"是基于 Windows 基础组件的远程攻击漏洞,黑客可以通过该漏洞,以恶意网页、文档等形式将任意木马植入用户电脑,窃取重要资料和账号信息。该漏洞影响多个版本 Office,几乎全体 Windows 用户都受威胁。

"暴雷"漏洞由 360 互联网安全中心和 Google 相继发现,并将漏洞细节报告给微软公司的。微软表示:在默认情况下,IE 能够在部分版本上运行增强安全配置的模式,微软的主动防御计划(MAPP)也将向合作的安全软件合作伙伴提供漏洞的具体信息,方便安全软件更新。

(10) IE"秘狐"漏洞(XP 停服后的第一个重大安全漏洞)。

2014 年 4 月 26 日,微软官方公布了安全公告 2963983,曝出了一种可以远程执行代码的漏洞(CVE-2014-1776),该漏洞存在于 IE6 到 IE11 的各个版本中。如果用户访问到特别设计过的恶意网站,可能会导致用户电脑被完全控制、删除数据、安装恶意软件。

北京时间 5 月 2 日凌晨,微软官网发布紧急安全补丁(安全公告:MS14-021),用于修复上周曝出的 IE"秘狐"高危漏洞。这是微软 2014 年首次打破每月第二个周二定期打补丁的惯例,甚至为已停止服务支持的 Windows XP 系统也提供了补丁。

由于这是微软 4 月 8 日停止对 Windows XP 系统进行更新后报出的第一个高危安全漏洞,因此备受业内关注。"秘狐"漏洞也为人们敲响了警钟。

8. 网站漏洞攻击

2013 年,在扫描的 91.2 万个各类网站中,存在安全漏洞的网站为 59.7 万个,占扫描网站总数的 65.5%。其中,存在高危安全漏洞的网站共有 26.6 万个,占扫描网站总数的 29.2%。

高危是指黑客可以取得服务器控制权限,可以对网站进行肆意更改;中危指黑客能够入侵网站,且可以造成篡改;低危是存在扫描行为,可能给网站带来危害。

在被扫出的各类网站安全漏洞中,跨站脚本漏洞(41.6%)和 SQL 注入漏洞(15.5%)两类高危安全漏洞是占比最高的网站安全漏洞,二者之和超过网站所有漏洞检出总次数的一半。

黑客利用漏洞入侵网站,实现内容篡改,数据窃取或控制网站等目的。

2013 年,被拦截漏洞攻击次数最多的 10 个漏洞类型包括:PHP-DDoS 脚本拒绝服务攻击、Apache Struts2 远程命令执行漏洞、远程代码执行漏洞、基于 GET 方式的 SQL 注入漏洞、备份文件探测、通用远程代码执行漏洞、SQL 注入扫描攻击、任意文件包含漏洞、跨站脚本攻击、敏感信息泄露等,占到漏洞攻击拦截总量的 67.7%。

4.4.2　扫描器原理

一个端口就是一个潜在的通信通道,也就是一个入侵通道。对目标计算机进行端口扫描,能得到许多有用的信息。进行扫描的方法很多,可以是手工扫描,也可以用端口扫描软件进行。

1. 端口扫描的概念

端口扫描技术是一项自动探测本地和远程系统端口开放情况的策略及方法,它使系统用户了解系统目前向外界提供了哪些服务,从而为系统用户管理网络提供了一种手段。

端口扫描向目标主机的 TCP/IP 服务端口发送探测数据包,并记录目标主机的响应。通过分析响应来判断服务端口是打开还是关闭,就可以得知端口提供的服务或信息。

端口扫描也可以通过捕获本地主机或服务器的流入流出 IP 数据包来监视本地主机的运行情况,它仅能对接收到的数据进行分析,从而发现目标主机的某些内在的弱点,而不会提供进入一个系统的详细步骤。

2. 常见端口扫描技术

利用 TCP 协议来进行端口扫描是常用的端口扫描方法,因为现在的很多网络应用都是基于 TCP 协议来实现的,例如 Web 服务器就是基于 TCP 端口 80 的。最基本的 TCP 扫描就是使用 TCP 连接来实现,如果目标主机能够连接成功,就表示对方开放了此端口,如果失败就表示端口关闭。

TCP 协议的数据格式如图 4-69 所示。TCP 中有 6 个标志位,其中 ACK 表示确认号;

SYN 置1时用来发起一个连接;FIN 置1时表示发送端完成发送任务,用来释放连接,表明发送方已经没有数据发送了;RST 置1时重建连接,如果接收到 RST 位,通常表明发生了某些错误。

16位源端口号		16位目的端口号
32位序号		
32位确认序号		
4位首部长度	保留(6位)	URG ACK PSH RST SYN FIN	16位窗口大小
16位校验和		16位紧急指针

图 4-69 TCP 数据格式

TCP 正常连接也称为三次握手过程,在这个过程中,第一个报文的代码位设置为 SYN,序列号为 m,表示开始一次握手。接收方收到这个段后,向发送者回发一个报文。代码位设置为 SYN 和 ACK,序列号设置为 n,确认序列号设置为 $m+1$。发送者在收到这个报文后,就可以进行 TCP 数据发送,于是,它又向接收者发送一个 ACK 段,表示双方的连接已经建立。在完成握手之后,就开始正式的数据传输。上面握手段中的序列号都是随机产生的。

TCP 扫描技术中主要利用 TCP 连接的三次握手特性来进行,也就是所谓的半开扫描。这些办法可以绕过一些防火墙,而得到防火墙后面的主机信息。这些方法还有一个好处就是比较难被记录,不容易被系统发现。

常见的端口扫描技术包括 TCP connect 扫描、TCP SYN 扫描、秘密扫描以及其他扫描,如图 4-70 所示。

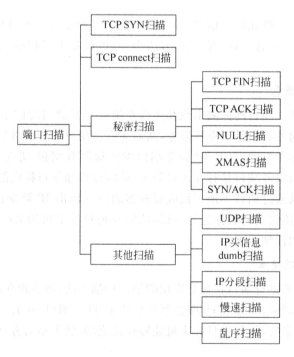

图 4-70 常见端口扫描技术

1）TCP connect 扫描

通过端口扫描，根据远程主机开放的端口，可以初步确定对方提供的服务类型。

进行端口扫描最常用的方法就是尝试与远程主机的端口建立一次正常的 TCP 连接，若连接成功则表示目标端口开放。这种扫描技术称为"TCP connect 扫描"，TCP connect 扫描是 TCP 端口扫描的基础，也是最直接的端口扫描方法。它实现起来非常容易，只需要在软件编程中调用 Socket API 的 connect() 函数去连接目标主机的指定端口，完成一次完整的 TCP 三次握手连接建立过程，如果端口开放，则连接建立成功；否则，则返回−1，表示端口关闭。

TCP connect 端口扫描服务端与客户端建立连接成功（目标端口开放）的过程如图 4-71 所示。

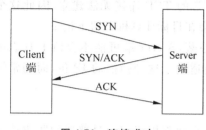

图 4-71　连接成功

（1）Client 端发送 SYN。

（2）Server 端返回 SYN/ACK，表明端口开放。

（3）Client 端返回 ACK，表明连接已建立。

（4）Client 端主动断开连接。

TCP connect 端口扫描服务端与客户端未建立连接成功（目标端口关闭）的过程如下。

（1）Client 端发送 SYN。

（2）Server 端返回 RST/ACK，表明端口未开放。

这种扫描方式的优点如下：

（1）实现简单，对操作者的权限没有严格要求（有些类型的端口扫描需要操作者具有 root 权限），系统中的任何用户都有权力使用这个调用，而且如果想要得到从目标端口返回 banners 信息，也只能采用这一方法。

（2）扫描速度快。如果对每个目标端口以线性的方式，使用单独的 connect() 调用，可以通过同时打开多个套接字，从而加速扫描。

缺点是会在目标主机的日志记录中留下痕迹，易被发现，并且数据包会被过滤掉。目标主机的 logs 文件会显示一连串的连接和连接出错的服务信息，并且能很快地使它关闭。

2）TCP SYN 扫描

TCP 通信双方是使用三次握手来建立 TCP 连接的，申请建立连接的客户端需要发送一个 SYN 数据报文给服务端，服务端会回复 ACK 数据报文。

半开放扫描就是利用三次握手的弱点来实现的：扫描器向远程主机的端口发送一个请求连接的 SYN 数据报文，如果没有收到目标主机的 SYN/ACK 确认报文，而是 RST 数据报文，就说明远程主机的这个端口没有打开。而如果收到远程主机的 SYN/ACK 应答，则说明远程主机端口开放，其扫描过程如图 4-72 所示。

（1）Client 发送 SYN。

（2）如果 Server 端发送 SYN/ACK，就可以判断端口开放，如图 4-73（a）所示；如果 Server 端回复 RST，表示端口关闭，如图 4-73（b）所示。

（3）如果端口开放，则 Client 发送 RST 断开。

扫描器在收到远程主机的 SYN/ACK 后，不会再

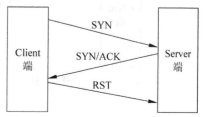

图 4-72　TCP SYN 扫描

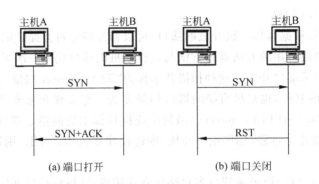

图 4-73 端口判断

回复自己的 ACK 应答,这样,三次握手并没有完成,正常的 TCP 连接无法建立,因此这个扫描信息不会被记入系统日志。这种扫描技术一般不会在目标计算机上留下记录。

TCP SYN 扫描的优点是比 TCP connect 扫描更隐蔽,Server 端可能不会留下日志记录。其缺点是在大部分操作系统下,扫描主机需要构造适用于这种扫描的 IP 包,而通常情况下,构造自己的 SYN 数据包必须要有 root 权限。

3) 秘密扫描

秘密扫描是一种不被审计工具所检测的扫描技术,它通常用于在通过普通的防火墙或路由器的筛选时隐藏自己。

秘密扫描能躲避 IDS、防火墙、包过滤器和日志审计,从而获取目标端口的开放或关闭的信息。由于没有包含 TCP 三次握手协议的任何部分,所以无法被记录下来,比半连接扫描更为隐蔽。但是这种扫描的缺点是扫描结果的不可靠性会增加,而且扫描主机也需要自己构造 IP 包。

现有的秘密扫描有 NULL 扫描、TCP FIN 扫描、TCP ACK 扫描、XMAS 扫描和 DUMP 扫描等。

4) NULL 扫描

其原理是将一个没有设置任何标志位的数据包发送给 TCP 端口,在正常的通信中至少要设置一个标志位。根据 RFC 793 的要求,在端口关闭的情况下,若收到一个没有设置标志位的数据字段,那么主机应该舍弃这个字段,并发送一个 RST 数据包,否则不会响应发起扫描的客户端计算机。也就是说,如果 TCP 端口处于关闭,则响应一个 RST 数据包,若处于开放则无响应,如图 4-74 所示。

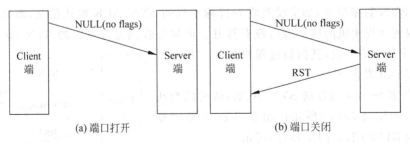

图 4-74 NULL 扫描

　　但是 Windows 系统主机不遵从 RFC 793 标准,且只要收到没有设置任何标志位的数据包,不管端口是处于开放还是关闭都响应一个 RST 数据包,因此,对 Windows 系统而言,NULL 扫描是无效的。

　　5) TCP FIN 扫描

　　TCP FIN 扫描使用的是 FIN 标志,如果发送一个 FIN 标志的 TCP 报文到一个关闭的端口,那么应该返回一个 RST 报文,如果发送到一个开放的端口,那么应该没有任何反应。如果收到 ICMP 端口不可达错误数据包,则不能确认是否开放或者关闭,把它称为状态未知端口,如图 4-75 所示。

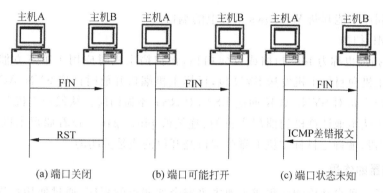

図 4-75　TCP FIN 扫描

　　构造含有 FIN 标志的 TCP 数据包到目标主机 B 的某一个端口,如果返回含有 RST 的 TCP 报文,那么表示端口关闭,如果没有任何反应,则有可能表示端口打开,如果产生 ICMP 差错报文,则端口的状态是未知。

　　上文的“有可能”是指由于网络环境的复杂性,或者由于有防火墙或存在其他网络过滤设备,阻碍了正常的数据流程,所以不能够明确判断端口是否打开。需要注意的是,对 Windows 系统而言,TCP FIN 扫描是无效的。

　　6) TCP ACK 扫描

　　TCP ACK 扫描是利用标志位 ACK,而 ACK 标志在 TCP 协议中表示确认序号有效,它表示确认一个正常的 TCP 连接。但是在 TCP ACK 扫描中没有进行正常的 TCP 连接过程,实际上是没有真正的 TCP 连接。那么当发送一个带有 ACK 标志的 TCP 报文到目标主机的端口时,目标主机会怎样反应呢?

　　使用 TCP ACK 扫描不能够确定端口的关闭或者开放,因为当发送给对方一个含有 ACK 的 TCP 报文时,无论端口是开放或者关闭,都返回含有 RST 标志的报文。所以,不能使用 TCP ACK 扫描来确定端口是否开放或者关闭。但是可以利用它来扫描防火墙的配置,用它来发现防火墙规则,确定它们是有状态的还是无状态的,哪些端口是被过滤的。

　　7) XMAS 扫描

　　通过将 TCP 数据包中的 ACK、FIN、RST、SYN、URG、PSH 标志位置 1 后发送给目标主机。在目标端口开放的情况下,目标主机将不返回任何信息。

　　正常情况下,URG、PSH、FIN 三个标志位不能被同时设置,但通过该扫描可以判断端口是关闭的还是开放的,如图 4-76 所示。

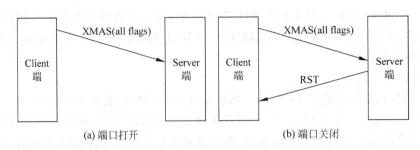

图 4-76　XMAS 扫描

该扫描同样不能判断 Windows 平台上的端口。

8) DUMP 扫描

DUMP 扫描也称为 Idle 扫描或反向扫描,在扫描主机时应用了第三方僵尸计算机扫描。由僵尸主机向目标主机发送 SYN 包,目标主机端口开放时回应 SYN/ACK,关闭时返回 RST;僵尸主机对 SYN/ACK 回应 RST,对 RST 不做回应。从僵尸主机上进行扫描时,进行的是一个从本地计算机到僵尸主机的、连续的 ping 操作。查看僵尸主机返回的 Echo 响应的 ID 字段,能确定目标主机上哪些端口是开放的或是关闭的。

3. 扫描器的作用

扫描器是一种自动检测远程或本地主机安全性弱点的程序,通过使用扫描器可以不留痕迹地发现远程服务器的各种 TCP 端口的分配、提供的服务和它们的软件版本。可以让用户间接或直观地了解到远程主机所存在的安全问题。

通过端口扫描,可以得到许多有用的信息,例如目标计算机的用户名,目标计算机正在运行什么服务,这个服务是由哪种软件提供的,运行的是什么操作系统。知道了目标计算机上运行的操作系统和服务应用程序后,就能利用已经发现的漏洞来进行攻击。如果目标计算机的网络管理员没有对这些漏洞及时修补的话,入侵者就能轻而易举地闯入该系统,获得管理员权限,并留下后门。入侵者得到目标计算机上的用户名后,能使用口令破解软件,多次尝试后,就有可能进入目标计算机。

一般情况下,搜集一个网络或者系统的信息,是一个比较综合的过程。可以从下面几点进行:

(1) 找到网络地址范围和关键的目标机器 IP 地址。

(2) 找到开放端口和入口点。

(3) 找到系统的制造商和版本。

(4) 找到某些已知的漏洞。

4. 扫描器的分类

按照扫描的目的进行分类,扫描器可以分为端口扫描器和漏洞扫描器。

端口扫描向目标主机的 TCP/IP 服务端口发送探测数据包,并记录目标主机的响应。通过分析响应来判断服务端口是打开还是关闭的,就可以得知端口提供的服务或信息。端口扫描也可以通过捕获本地主机或服务器的流入流出 IP 数据包来监视本地主机的运行情况,它仅能对接收到的数据进行分析,从而发现目标主机的某些内在弱点,而不会提供进入一个系统的详细步骤。

端口扫描器并不是一个直接攻击网络漏洞的程序,它单纯地用于扫描主机开放的端口及端口的相关信息,仅仅能帮助人们发现目标机的某些内在的弱点。通过选用远程 TCP/IP 不同端口的服务,并记录目标给予的回答,通过这种方法,可以搜集到很多关于目标主机的各种有用的信息,如是否能匿名登录,是否有可写的 FTP 目录,是否开放 TELNET 服务等。常见的端口扫描器有 nmap、portscan 等,它们不能直接给出可以利用的漏洞,只给出与攻击系统相关的信息。一个好的端口扫描器能对它得到的数据进行分析,帮助人们查找目标主机的漏洞。

漏洞扫描器不仅仅提供简单的端口扫描功能,还带有入侵性质,如 Shadow Security Scanner、流光和 X-Scan 等。它们不仅可以对远程操作系统类型及端口进行扫描,而且还可以对应用程序信息、漏洞及系统弱口令进行扫描。它们用已知的漏洞攻击方法检查目标主机,如果发现攻击生效,则向扫描者报告该漏洞。相对于端口扫描器,漏洞扫描器的威胁性更大,黑客可以直接利用扫描的结果进行攻击。

4.4.3 漏洞扫描器 X-Scan

X-Scan 是由国内著名的网络安全站点——安全焦点开发的一款运行在 Windows 平台下完全免费的扫描工具。它采用多线程方式对指定 IP 地址段(或单机)进行安全漏洞检测,支持插件功能,提供了图形界面和命令行两种操作方式。扫描内容包括:远程服务类型、操作系统类型及版本,各种弱口令漏洞、后门、应用服务漏洞、网络设备漏洞、拒绝服务漏洞等二十几个大类。

下面是使用 X-Scan 进行网络漏洞扫描的实现过程:

(1) 运行 X-Scan 的图形界面程序 xscan_gui. exe,出现如图 4-77 所示的界面。

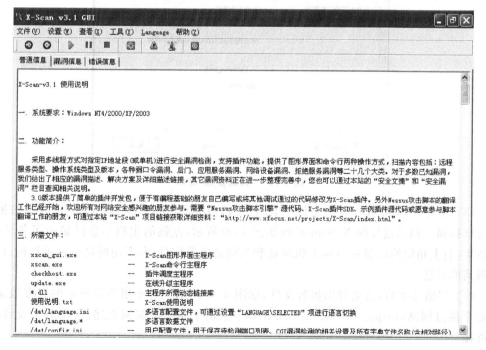

图 4-77　X-Scan 运行界面

（2）执行“设置”|“扫描模块”命令，出现“扫描模块”窗口，如图 4-78 所示。根据需要选择相应的扫描选项，设置完成后单击“确定”按钮。

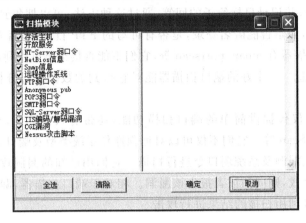

图 4-78　“扫描模块”窗口

（3）执行“设置”|“扫描参数”命令，出现“扫描参数”窗口，如图 4-79 所示。在“基本设置”界面的“指定 IP 范围”中设置目标主机的 IP 地址，在其他界面中根据需要做相应的设置或保留默认值，设置完成后单击“确定”按钮。

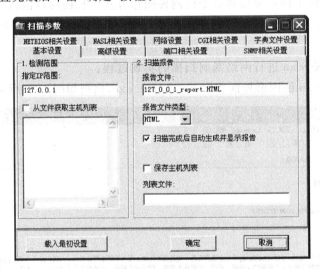

图 4-79　“扫描参数”窗口

（4）单击 X-Scan 程序界面工具栏中的“开始扫描”按钮，或执行“文件”|“开始扫描”命令进行扫描。扫描过程的 X-Scan 界面如图 4-80 所示，左侧的主机信息树显示了各项扫描的结果，右上角的窗口显示目标主机地址和当前进度等信息，右下角的窗口显示扫描过程中检测到的信息。

（5）扫描结束后，自动弹出报告文件，如图 4-81 所示。对于报告中显示的大多数漏洞，在安全焦点网站(http://www.xfocus.net)中给出了相应的漏洞描述、解决方案及详细描述链接。

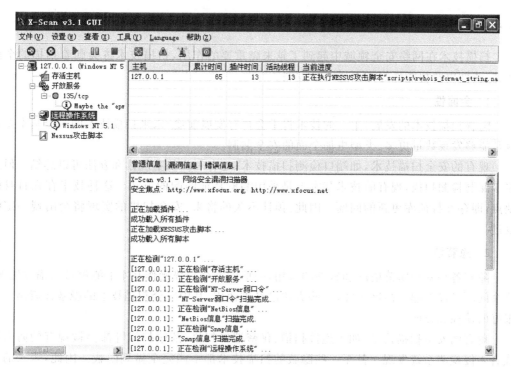

图 4-80 检测过程中的信息

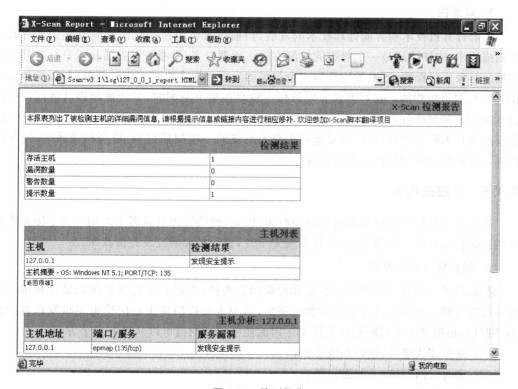

图 4-81 检测报告

4.4.4 扫描技术的发展趋势

扫描技术在网络安全领域中起到了越来越重要的作用,扫描技术将会朝着扫描的全面性、隐蔽性以及智能性等方面进一步发展。

1. 全面性

随着扫描技术的发展,单一的技术将不会再有发展前途,未来扫描技术的一个基本要求就是能够发现数量更多、类型更加全面的安全漏洞。

现有的安全扫描技术,如端口检测扫描技术,还有一些基本规律和方法可以总结。但是对于漏洞检测扫描,现有的技术基本上是采用漏洞特征匹配的方法。这种技术存在自身的缺点,即存在特征库更新的问题。因此,预计不久的将来,安全扫描的实现将会出现一定的改进。

2. 隐蔽性

随着各种安全防范措施和软件的应用,一般的安全扫描操作基本上能够被扫描方发现。这个问题已经引起了高度关注,一些方法已经被使用,其中安全扫描技术的隐蔽性就是一个很好的途径和方向。

现有的安全扫描技术,如半连接扫描、秘密端口扫描、乱序扫描等都会被现有的防火墙或者入侵检测系统发现。甚至一些隐蔽的扫描技术都不能完全做到隐蔽。因此,未来的一些用于特殊应用的安全扫描技术将会令扫描操作更加隐蔽、更加难被发现。

3. 智能性

随着计算机技术和智能处理技术的发展,扫描技术也向智能化的方向发展。现有的安全扫描技术,应该说还是一个静态的检测方法。所谓静态,是指一种扫描技术只针对其所能扫描的对象进行检测,还未能达到当安全扫描器发现目标主机某些端口开放时,智能地对其相关的漏洞进行检测;或者当它发现目标主机存在某个漏洞时,智能地调用其他漏洞扫描技术对相关漏洞进行检测。相信将来这种情况将会得到进一步的改进,前景将非常乐观。提高扫描技术的智能性,可以明显地减少毫无意义的一些扫描过程,提高扫描效率,同时可以深入了解某个漏洞的相关影响程度。

4.4.5 反扫描技术

黑客常常利用扫描技术进行信息的收集,因此,网络管理员或者个人用户为了阻止非正常的扫描操作并防止网络攻击,增加系统安全性,就有必要研究反扫描技术。

1. 反扫描技术的原理

扫描技术一般可以分为主动扫描和被动扫描两种,它们的共同点是在扫描过程中都需要与受害主机互通正常或非正常的数据报文,其中主动扫描是主动向受害主机发送各种探测数据包,根据其回应判断扫描的结果。因此防范主动扫描可以从以下三个方面入手:

(1) 减少开放端口,做好系统防护;

(2) 实时监测扫描,及时做出警告;

(3) 伪装知名端口,进行信息欺骗。

被动扫描与受害主机建立的连接通常是正常连接,发送的数据包也属于正常范畴,而且被动扫描不会向受害主机发送大规模的探测数据,因此防范被动扫描的方法到目前为止只有采用信息欺骗这一种方法。

2. 反扫描技术的组成

扫描是网上攻击者获取信息的最重要途径,是攻击开始的前奏。防范和发现扫描要靠多种技术综合才能做到。在反扫描技术领域中常用的几种网络安全技术分别是防火墙技术、入侵检测技术、审计技术和访问控制技术。审计技术和访问控制技术是信息安全领域最基本也是最古老的防范技术,防火墙技术和入侵检测技术是近年来提出的新技术,现在已经成为研究的热点,这两类技术在反扫描领域中最重要的价值是实时发现,同时还具备一些简单的反击功能,因此它们有着举足轻重的作用。它们构成了一个完整的网络安全防护体系,所防范的内容包括各类扫描、攻击在内的全方位的网络破坏活动。如果仅仅是对扫描进行防范,可以采用系统信息欺骗、数据包监听、端口监测、Honeypot 与 Honeynet 等方法。

1) 防火墙技术

防火墙技术是一种允许内部网接入外部网络,但同时又能识别和抵抗非授权访问的网络技术,是网络控制技术中的一种。防火墙的目的是要在内部、外部两个网络之间建立一个安全控制点,所有从因特网流入或流向因特网的信息都经过防火墙,并检查这些信息,通过允许、拒绝或重新定向经过防火墙的数据流,防止不希望的、未经授权的通信进出被保护的内部网络,实现对进出内部网络的服务和访问的审计和控制。它是实现网络安全策略的一个重要组成部分。

2) 入侵检测技术

入侵检测是指发现未经授权非法使用计算机系统的个体,或合法访问系统但滥用其权限的个体。其目的是从计算机系统和网络的不同关键点采集信息,然后分析这些信息以寻找入侵的迹象,针对外部攻击、内部攻击和误操作给系统提供安全保护。入侵检测系统按其实现方式可以分为基于主机的入侵检测系统和基于网络的入侵检测系统;按照信息的处理机制又可以分为分布式和集中式;按照其入侵检测模型的分类可以分为异常检测、滥用检测和复合检测。

3) 审计技术

审计技术是使用信息系统自动记录网络中机器的使用时间、敏感操作和违纪操作等,为系统进行事故原因查询、定位、事故发生后的实时处理提供详细可靠的依据或支持。它是发现攻击、修补漏洞的主要手段。一个安全系统中的审计系统是对系统中任一或所有的安全事件进行记录、分析和再现的处理系统。它的主要目的就是检测和阻止非法用户对计算机系统的入侵,并记录合法用户的误操作。

4) 访问控制技术

访问控制是指对主体访问客体的权限或能力的限制,包括限制进入物理区域(出入控制)和限制使用计算机系统资源(存取控制),其目的是保证网络资源不被非法使用和非法访问。访问控制模型从 20 世纪 70 年代开始至今已经经过了数代的更新,其中著名的有自主访问控制模型(DAC)、强制访问控制模型(MAC)以及基于角色的访问控制模型(RBAC)和最新的基于任务的访问控制模型(TBAC)。

5) 系统信息欺骗

对远程操作系统的识别可以通过获取相关软件的旗标(banner)来判断。如果修改了这些程序默认返回的信息,就会导致攻击者对系统构成做出错误的判断,相应的攻击动作也会有一定的偏离,从而在一定程度上保护了系统的安全。

修改旗标的方法很多,一种是修改网络服务的配置文件,许多服务都在其配置文件中提供显示版本号的配置选项;第二种是修改服务器的源代码,然后重新编译;第三种是直接修改软件的可执行文件,这种方法有一定的破坏性,可以使用一些专门修改旗标的工具进行修改。

6) 数据包监听

数据包监听的方法有两类,一类是依据来自同一数据源的、发送到目标主机的连续端口的数据包数量来判断。但攻击者可以修改扫描的间隔时间,以较慢的速度来扫描;或者在扫描的过程中夹杂大量来自虚假 IP 地址的数据包,将真正的扫描探测包混杂其中,在这样的情况下这种方法就很容易被蒙骗过去。

数据包监听的另一类方法是过滤数据报文,即抓取数据包进行分析。它和防火墙的包过滤技术非常相似,只是约束范围要小一些,它仅仅将一些在扫描中会出现的特殊报文作为匹配规则,一旦发现扫描活动,则提供报警、封锁 IP、发送虚假信息等手段进行保护。

7) 端口监测

端口监测的工具有好多种,最简单的一种是在某个不常用的低端口进行监听,如果发现有对该端口的外来连接请求,就认为有端口扫描。通常情况下这些工具都会对连接请求的来源进行反向探测,同时弹出提示窗口告警。

第二种是监听一些知名端口,如被保护主机若不开放 Web 服务和 FTP 服务,就可以将 Web 服务默认的 80 端口和 FTP 服务默认的 21 端口交给端口监测工具来监听。这样当攻击者对这些知名端口进行探测时,立即就可以知道对方正在收集自己的信息,这很可能是一次攻击的开始。

8) Honeypot 与 Honeynet

Honeypot 和 Honeynet 是网络诱捕技术中的两类,网络诱捕技术是使入侵者相信信息系统存在有价值的、可利用的安全弱点,并具有一些可攻击窃取的资源。它能够显著地增加入侵者的工作量、入侵复杂度以及入侵的不确定性,从而使入侵者不知道其进攻是否奏效或成功。而且,它允许防护者跟踪入侵者的行为,在入侵者之前修补系统可能存在的安全漏洞。

Honeypot 也称为蜜罐系统,它是针对网络攻击的诱骗工具,通过模拟一个或多个易受攻击的系统,给攻击者提供一个包含漏洞并容易被攻破的系统作为他们的攻击目标。其应用场合分为两类:一类是用于保护正常的服务器环境,其目的是"误导"攻击者,减少组织所受到的各种攻击,称为"产品型"Honeypot;另一类是用于收集黑客组织信息,研究攻击者的手法及技巧,其目的是"研究"攻击者,称为"研究型"Honeypot。

Honeypot 不仅可以对攻击进行检测和报警,由于它不提供正常的网络服务,任何对蜜罐系统的网络访问都被认为是攻击,所以 Honeypot 的另一大优点就是不会产生误报和漏报。

Honeynet 被称为陷阱网络、蜜网,它建立的是一个真实的网络和主机环境,可使用各种不同的操作系统及设备,如 Solaris、Linux、Windows NT、Cisco Switch 等。所有系统都是标准的机器,在这些系统上运行的都是真实完整的操作系统及应用程序,且不同的系统平台上运行着不同的服务,使建立的网络环境看上去更加真实可信。Honeynet 是一个网络系统,而并非某台单一主机,这个网络系统隐藏在防火墙后面,所有进出的数据都受到关注、捕获及控制。这些被捕获的数据同 Honeypot 一样被用于研究和分析入侵者使用的工具、方法及动机。

在 4.3.2 一节中的"冰河陷阱"就是一个颇具蜜罐特征的程序,它可以让使用冰河的入侵者被受害者逮个正着。个人 PC 蜜罐系统的实现可以使用 Defnet Honeypot 或 KFSensor 等工具实现。

【例 4-7】　使用 KFSensor 打造蜜罐。

(1) 双击 kfsens30.exe 文件进行安装,安装完毕重新启动,出现图 4-82,通过设置向导进行蜜罐设置,如图 4-82 所示。

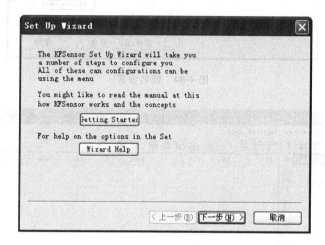

图 4-82　设置向导

(2) 单击"下一步",进行端口设置,如图 4-83 所示。

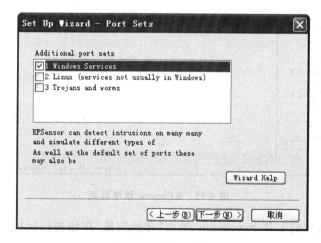

图 4-83　端口设置

(3) 单击"下一步",该蜜罐设置一个域名,使其更像一台服务器,如图 4-84 所示。

(4) 一路单击"下一步",完成蜜罐设置。设置完成后,运行 KFSensor,出现如图 4-85 所示的程序界面,本机成为一个满是漏洞的蜜罐。

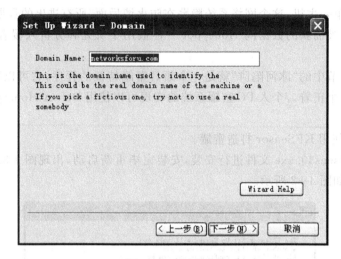

图 4-84　域名设置

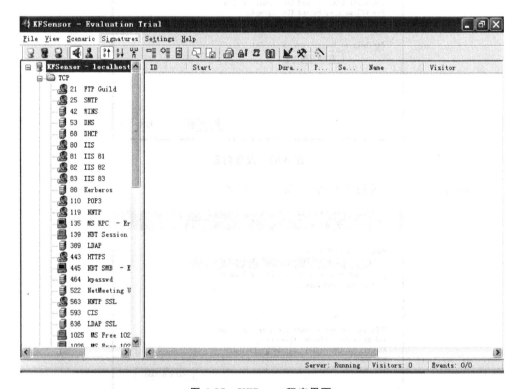

图 4-85　KFSensor 程序界面

（5）运行端口扫描工具 Superscan，单击"开始扫描"按钮进行扫描，不一会就可以得到扫描结果，如图 4-86 所示。

从扫描结果中可以看到被扫描的机器开放了很多危险的端口，并且存在许多漏洞，当然这些都是 KFSensor 模拟出来的。

（6）在使用 Superscan 扫描的同时，KFSensor 发现有人扫描，其图标就会变成红色，这时可以打开 KFSensor，如图 4-87 所示。

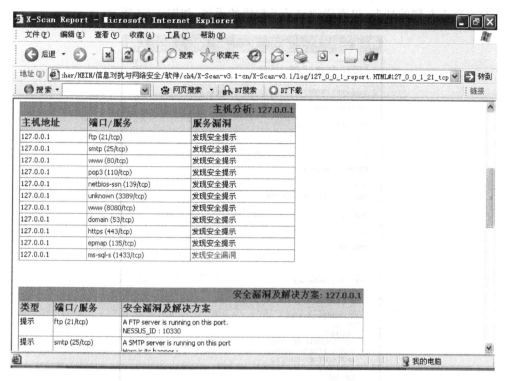

图 4-86 扫描结果

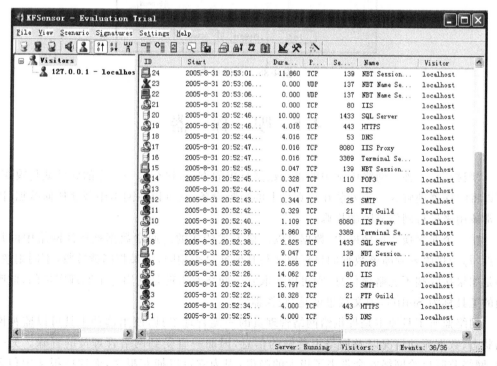

图 4-87 打开 KFSensor

（7）双击右侧的日志，里面详细记录了扫描的手法，如图 4-88 所示。

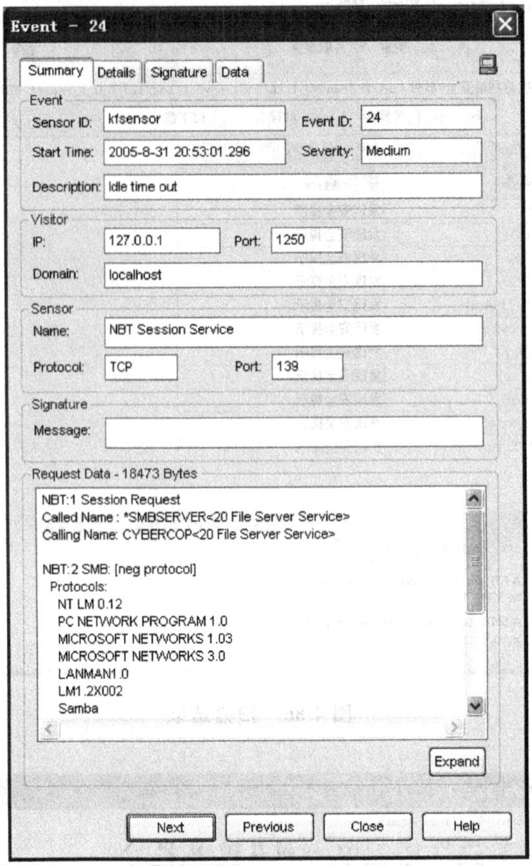

图 4-88　入侵日志

4.5　嗅　探　器

　　"嗅探"是一种在网络中常用的进行数据收集的方法，执行这一操作的软件就是嗅探器。可以将嗅探器理解为一个安装在计算机上的窃听设备，它可以在网络中截获任何数据，因此经常被用来进行网络故障的检修。

　　在一个非交换式局域网中，数据是以广播方式传送的。通常数据被送往网络中的每个节点，每个接收者判断该数据的目标地址与其地址是否相同，如果相同就接收，不同则忽略。但是如果接收端不忽略该信息，则可以获取它。网络监听就是利用这个原理实现的，监听所用的工具称为 Sniffer，中文意思就是"嗅探器"。

　　网络监听工具原本是提供给网络管理员的一类管理工具，使用这种工具可以监视网络的状态、数据流动情况以及网络上传输的信息，因而一直受到网络管理员的青睐。另一方面，网络监听也给网络安全带来了极大的隐患，因为它可以捕获报文，而这些报文中包含一些敏感信息，因此网络监听工具也成了黑客使用最多的方法。但有一个前提条件，那就是监听只能是同一网段的主机,这里同一网段是指物理上的连接。因为不是同一网段的数据包,在网关就被滤掉,传不到该网段来。否则一个 Internet 上的一台主机,便可以监视整个Internet 了。

网络监听常常被用来获取用户的口令。当前网上的数据绝大多数是以明文形式传输的,而且口令通常都很短且容易辨认。当口令被截获,则可以非常容易地登上另一台主机。

4.5.1　网络监听原理

以太网是现在应用最广泛的计算机联网方式。以太网协议的工作方式是:将要发送的数据包发往连接在一起的所有主机,数据包中包含着应该接收数据包的主机的正确地址。因此,只有与数据包中目标地址一致的那台主机才能接收数据包。但是,当主机工作在监听模式下,无论数据包中的目标地址是什么,主机都将接收。

在 Internet 上,有许多这样的局域网,几台甚至几十台主机通过一条电缆,一个集线器连在一起。在协议的高层看来,当同一网络中的两台主机通信时,源主机将写有目标主机IP 地址的数据包直接发向目标主机,或者当网络中的一台主机同外界的主机通信时,源主机将写有目标主机 IP 地址的数据包发向网关。要发送的数据包必须从 TCP/IP 协议的 IP层交给网络接口,即数据链路层。网络接口不能识别 IP 地址,在网络接口部分,由 IP 层来的带有 IP 地址的数据包又增加了一部分信息:以太帧的帧头。在帧头中,有两个域分别为只有网络接口才能识别的源主机和目的主机的物理地址(MAC 地址),这是一个 48 位的地址。这个 48 位的地址是与 IP 地址对应的,也就是说,一个 IP 地址,必然对应一个物理站址。

在以太网中,填写了物理地址的帧从网络接口中,也就是从网卡中发送出去,传送到物理线路上,如果局域网是由一条粗缆或细缆连接而成的,则数字信号在电缆上传输,信号能够到达线路上的每一台主机。当使用集线器时,发送出去的信号到达集线器,由集线器再发往连接在集线器上的每一条线路。于是,在物理线路上传输的数字信号也能到达连接在集线器上的每一主机。

数字信号到达一台主机的网络接口时,在正常情况下,网卡读入数据帧,进行检查,如果数据帧中携带的物理地址是自己的,或者物理地址是广播地址,则将数据帧交给上层协议软件,也就是 IP 层软件,否则就将这个帧丢弃。对于每一个到达网络接口的数据帧,都要进行这个过程。然而,当主机工作在监听模式下,则所有的数据帧都将被交给上层协议软件处理。

要使主机工作在监听模式下,需要向网络接口(网卡)发送控制命令,将其设置为监听模式。在 UNIX 系统中,发送这些命令需要超级用户的权限。这一点限制了在 UNIX 系统中,普通用户是不能进行网络监听的,只有获得超级用户权限,才能进行网络监听。但是在Windows 系统中,则没有这个限制。

嗅探器之所以能发挥作用,主要是由局域网的特殊工作方式决定的。在局域网内少不了集线器、网卡这样的网络设备,计算机通过这些设备进行通信时,采用的是广播方式,即将需要发送的信息发给局域网内的每一台计算机。当网卡接收到数据后首先会判断接收到的数据是否是发送给自己的,如果是则对其进行处理,如果不是,则置之不理,就当什么也没有发生一样。嗅探器把经过当前计算机的所有数据全部接收下来,然后根据关键字,比如"账号"、"密码"等敏感词汇进行筛选,找出有价值的信息。

目前的绝大多数计算机网络使用共享的通信信道,通信信道的共享意味着计算机有可能接收发向另一台计算机的信息。另外 Internet 中使用的大部分协议都是很早设计的,许多协议的实现都基于一种非常友好的、通信的双方充分信任的基础之上,因此网络安全是非常脆弱的。在通常的网络环境下,用户的所有信息,包括用户名和口令信息都是以明文方式在网上传输的。因此,黑客和网络攻击者进行网络监听,获得用户的各种信息并不是一件很困难的事,只要具有初步的网络和 TCP/IP 协议知识,便能轻易地从监听到的信息中提取出感兴趣的部分。

4.5.2　监听工具"艾菲"网页侦探

监听工具可以是硬件,也可以是软件。就目前而言,品种最多、应用最广泛的还是软件,绝大多数管理员和黑客使用的也是软件类嗅探器。

Sniffer 程序不计其数,主要分为基于 UNIX 系统和 Windows 系统两大类。下面以"艾菲"网页侦探为例,说明其用于监听局域网上传输的 HTTP 数据的过程。

【例 4-8】 "艾菲"网页侦探。

(1) 运行 EffeTech HTTP Sniffer,程序界面如图 4-89 所示。

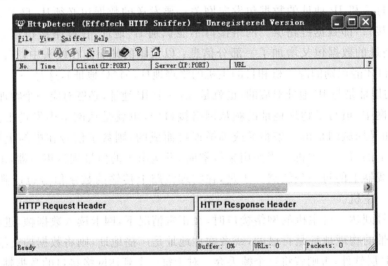

图 4-89　"艾菲"网络侦探程序界面

(2) 执行 Sniffer|Select an adapter 命令,出现如图 4-90 所示的对话框。

(3) 选择本机使用的网络适配器后,单击 OK 按钮结束设置。

(4) 设置嗅探参数,主要是指定针对哪些计算机发送或者接收的数据进行捕捉,以及捕捉什么样的数据,以避免无关数据的干扰。执行 Sniffer|Filter,出现图 4-91。

(5) 在 General 中定义容纳嗅探数据的缓冲区大小,如果要监听的网络中通信繁忙,这个值要大些;在 Content 中选择被监视的文件类型,最常用的是静态 Web 页面和图片,用来监视别人浏览了哪些网页,其次是其他文件,用来监视别人

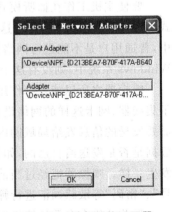

图 4-90　选择网络适配器

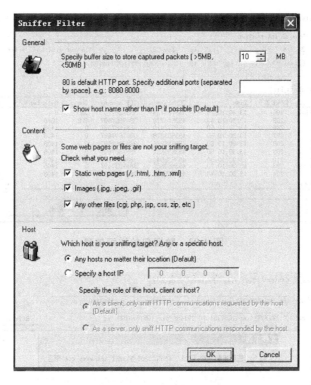

图 4-91　设置嗅探参数

下载了哪些文件；Host 中设置主机的范围，如果有明确的监听目标，应当选择 Specify a host IP 并输入它的 IP 地址。

（6）执行 Sniffer|Start 开始监听，很快就可以看到主界面中列出监听到的数据项目。每一个条目代表一个数据包，数据包中包含图片、文本等，如图 4-92 所示。

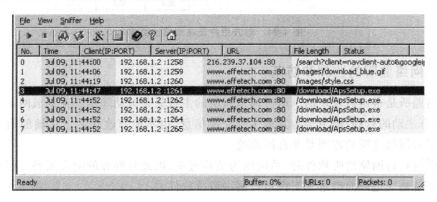

图 4-92　监听到的数据项目

（7）在数据包中随便找一个条目并双击鼠标，弹出一个对话框，显示该数据包的详细信息，如图 4-93 所示。

（8）打开 Content 选项卡，出现如图 4-94 所示的对话框，这正是对方用户正在浏览的页面。

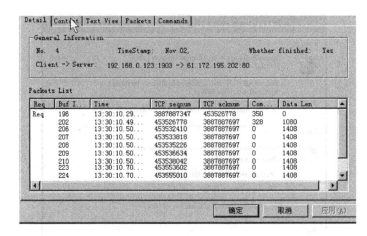

图 4-93　数据包的详细信息

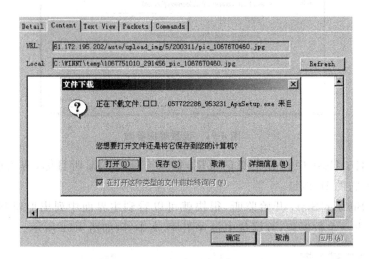

图 4-94　对方用户正在浏览的页面

4.5.3　网络监听的监测和防范

网络监听是很难被发现的。运行网络监听的主机只是被动地接收在局域网上传输的信息，并没有主动的行动，既不会与其他主机交换信息，也不能修改在网上传输的信号。这一切决定了对网络监听的监测是非常困难的。

当系统运行网络监听软件时，系统因为负荷过重，因此对外界的响应很慢。但也不能因为一个系统响应过慢而确定其正在运行网络监听软件。

1. 网络监听的监测

以下是在 Windows 系统下监听程序的检测方法：

（1）由于 Sniffer 程序运行时占用大量资源，使系统对外界响应变慢，使网络掉包率比较高。如果有人在监听，则发送出去的数据包不可能每次都全部很流畅地到达目的地。通过一些网络软件，可以看到网络上数据包的传送情况。例如使用最简单的 ping 命令就能看到数据包丢失了多少。

　　（2）Sniffer 程序运行时要处理的数据量很大，需要占用大量的带宽。使用某些带宽控制器可以看到当前带宽的分布情况。如果某台主机长时间占用较大的带宽，那么它就有可能在监听。

　　（3）对于怀疑运行监听程序的机器，用正确的 IP 地址和错误的物理地址去 ping 它，运行了监听程序的机器会有响应。这是因为正常的机器不接收错误的物理地址，而处于监听状态的机器能接收，所以就会响应。

　　（4）往网上发大量不存在的物理地址的数据包，由于监听程序要处理这些数据包，将导致性能下降。通过比较该机器前后性能加以判断。

　　（5）入侵者很可能使用的是一个免费的监听软件。在这种情况下，管理员就可以检查目录，找出监听程序，但这很困难而且很费时间。另外，如果监听程序被换成另一个名字，管理员也不可能找到这个监听程序。

　　最好的方法是利用第三方检查工具，如专业的反监听工具 Anti-Sniffer 和一些免费工具，如 CheckSniff、ARPKiller 等。

2. 防范网络监听

　　防范网络监听的方法包括进行合理的网络分段、使用交换式集线器、对敏感数据进行加密、采用 VLAN 技术等。

　　网络分段被认为是控制网络广播风暴的一种基本手段，其实它也是保证网络安全的一项措施。它的目的是将非法用户和敏感的网络资源相互隔离，从而防止可能的非法监听。分段时尽量使相互信任的机器属于同一个网段，使它们之间不必担心 Sniffer 的存在，并在各个网段之间进行硬件屏蔽。

　　当两台机器之间通过共享式集线器进行数据通信时，两台机器之间的数据包（单播包）还会被同一台集线器上的其他用户所监听。因此，以交换式集线器代替共享式集线器，使单播包仅在两个节点之间传送，从而防止非法监听。

　　对于一些敏感的数据，如用户的 ID 和口令等，可以先加密数据后再进行传输，有专门针对这种应用的协议，如 SSH（Secure Shell）。这样，监听者得到的是乱码，使监听工具失去作用。

4.6　拒绝服务攻击

　　破坏一个网络或系统的运作往往比真正取得它们的访问权限容易得多，现在不断出现的具有强破坏性的种种拒绝服务（Denial of Service，DoS）攻击就说明了这一点。拒绝服务攻击是黑客常用的攻击方法，拒绝服务攻击最主要的目的是造成被攻击服务器资源耗尽或系统崩溃而无法提供服务。这样的入侵对于服务器来说可能并不会造成损害，但可以造成人们对被攻击服务器所提供服务的信任度下降，影响公司的声誉以及用户对网络服务的使用。这类攻击主要是利用网络协议的一些薄弱环节，通过发送大量无效请求数据包造成服务器进程无法短期释放，大量积累耗尽系统资源，使得服务器无法对正常的请求进行响应，造成服务的瘫痪。

　　像 TCP/IP 之类的网络互联协议是按照在开放和彼此信任的群体中使用来设计的，在当前的现实环境中却表现出内在的缺陷。用户通过普通的网络连线,传送信息要求服务器予以确定,服务器经确认后回复用户,用户被确认后,就可以登入服务器。"拒绝服务"的攻击方式就是利用了服务器在回复过程中存在的资源占用缺陷,攻击者将众多要求确认的信息传送到服务器,使服务器里充斥着各种无用的信息,所有的信息都有需要回复的虚假地址,以至于当服务器试图回传时,却无法找到用户。根据协议的规定,服务器相关进程会进行暂时的等候,有时超过一分钟,之后才进行进程资源的释放。由于攻击者不断地发送这种虚假的连接请求信息,当进入等待释放的进程增加速度远大于系统释放进程的速度时,就会造成服务器中待释放的进程不断积累,最终造成资源的耗尽而导致服务器瘫痪。

DoS 攻击威胁了大范围的网络服务,它不仅造成了服务的中断,部分攻击还会造成系统的完全崩溃甚至设备的损毁。拒绝服务攻击由于不是使用什么漏洞实现的,目前还没有很好的解决方案,因此也就被恶意的入侵者大量地使用,是目前最具有危险性的攻击。

4.6.1　DoS 攻击类型

DoS 攻击从攻击目的和手段上主要分为以下一些类型,它们以不同的方式对目标网络造成破坏。

1. 带宽耗用 DoS 攻击

带宽耗用 DoS 攻击的本质就是攻击者消耗掉某个网络的所有可用的带宽。为了达到这一目的,一种方法是攻击者通过使用更多的带宽造成受害网络的拥塞,对于拥有 100Mb/s 带宽网络的攻击者来说,对于 T1 连接的站点进行攻击可以完全填塞目标站点的网络链路。另一种方法是攻击者通过征用多个站点集中拥塞受害者的网络连接来放大 DoS 攻击效果,这样带宽受限的攻击者就能够轻易地汇集相当高的带宽,成功地实现对目标站点的完全堵塞。

2. 资源衰竭 DoS 攻击

资源衰竭攻击与带宽耗用攻击的差异在于前者集中于系统资源而不是网络资源的消耗。一般来说,它涉及诸如 CPU 利用率、内存、文件系统和系统进程总数之类系统资源的消耗。攻击者往往拥有一定数量系统资源的合法访问权。之后,攻击者会滥用这种访问权消耗额外的资源,这样,系统或合法用户被剥夺了原来享有的资源,造成系统崩溃或可利用资源耗尽。

3. 编程缺陷 DoS 攻击

编程缺陷攻击就是利用应用程序、操作系统等在处理异常条件时的逻辑错误实施的 DoS 攻击。攻击者不需要发送大量的数据包来进行攻击,而是通过向目标系统发送精心设计的畸形分组来导致服务的失效和系统的崩溃。

4. 基于路由的 DoS 攻击

在基于路由的 DoS 攻击中,攻击者操纵路由表项以拒绝向合法系统或网络提供服务。诸如路由信息协议和边界网关协议之类较早版本的路由协议没有或只有很弱的认证机制,这就给攻击者变换合法路径提供了良好的前提,往往通过假冒源 IP 地址就能创建 DoS 攻击。这种攻击的后果是受害网络的分组或者经由攻击者的网络路由,或者被路由到不存在的黑洞网络上。

5. 基于 DNS 的 DoS 攻击

递归功能允许 DNS 服务器处理不是自己所服务区域的解析请求,当某个 DNS 服务器接收到一个不是自己所服务区域的查询请求时,它将把该请求间接传送给所请求区域的权威性 DNS 服务器。从这个权威性服务器接收到响应后,最初的 DNS 服务器再把该响应发回给请求方。攻击者利用 DNS 递归的功能,产生虚假的高速缓存 DNS 信息,通过将主机名称映射到其他的 IP 地址或不存在的 IP 地址上,用户就无法正确地获得需要的服务,达到拒绝服务的目的。

4.6.2　DoS 攻击手段

DoS 攻击主要有以下攻击手段。

1. 邮件炸弹

邮件炸弹是一种最简单的 DoS 攻击,它通过短时间内向某个用户发送大量的电子邮件,从而消耗硬盘空间,阻塞网络带宽。

2. SYN 洪泛

SYN Flood 攻击是最为经典的拒绝服务攻击,它利用了 TCP 协议实现上的一个缺陷,通过向网络服务所在端口发送大量的伪造源地址的攻击报文,就可能造成目标服务器中的半开连接队列被占满,从而阻止其他合法用户进行访问。这种攻击早在 1996 年就被发现,但至今仍然显示出强大的生命力。很多操作系统,甚至防火墙、路由器都无法有效地防御这种攻击,而且由于它可以方便地伪造源地址,追查起来非常困难。它的数据包特征通常是,源发送了大量的 SYN 包,并且缺少三次握手的最后一步握手 ACK 回复。

攻击者首先伪造地址对服务器发起 SYN 请求,服务器就会回应一个 ACK+SYN。而真实的 IP 会认为,没有发送请求,不作回应。服务器没有收到回应,会重试 3～5 次并且等待一个 SYN Time(一般 30s～2min)后,丢弃这个连接。

如果攻击者大量发送这种伪造源地址的 SYN 请求,服务器端将会消耗非常多的资源来处理这种半连接,保存遍历会消耗非常多的 CPU 时间和内存,何况还要不断对这个列表中的 IP 进行 SYN+ACK 的重试。最后的结果是服务器无暇响应正常的连接请求——拒绝服务。在服务器上用 netstat -an 命令查看 SYN_RECV 状态的话,就可以看到如图 4-95 所示的情况。

```
TCP   10.10.10.13:139      192.168.1.95:12295      SYN_RECEIVED
TCP   10.10.10.13:139      192.168.1.95:43613      SYN_RECEIVED
TCP   10.10.10.13:139      192.168.1.95:45626      SYN_RECEIVED
TCP   10.10.10.13:139      192.168.1.95:51567      SYN_RECEIVED
TCP   10.10.10.13:139      192.168.1.96:16653      SYN_RECEIVED
TCP   10.10.10.13:139      192.168.1.96:24637      SYN_RECEIVED
TCP   10.10.10.13:139      192.168.1.96:46674      SYN_RECEIVED
TCP   10.10.10.13:139      192.168.1.96:53784      SYN_RECEIVED
TCP   10.10.10.13:139      192.168.1.96:63246      SYN_RECEIVED
TCP   10.10.10.13:139      192.168.1.97:17252      SYN_RECEIVED
TCP   10.10.10.13:139      192.168.1.97:19265      SYN_RECEIVED
```

图 4-95　SYN 洪泛攻击

这种攻击非常具有破坏性,首先引发 SYN 洪泛只需要很小的带宽;其次,由于攻击者对 SYN 分组的源地址进行伪装,从而使得 SYN 洪泛成了隐蔽的攻击,查找发起者变得非常困难。

3. ACK 洪泛

ACK Flood 攻击是在 TCP 连接建立之后,所有的数据传输 TCP 报文都是带有 ACK 标志位的,主机在接收到一个带有 ACK 标志位的数据包的时候,需要检查该数据包是否存在。如果存在则检查该数据包所表示的状态是否合法,然后再向应用层传递该数据包;如果在检查中发现该数据包不合法,例如该数据包所指向的目的端口在本机并未开放,则主机操作系统协议栈会回应 RST 包,告诉对方此端口不存在。

这里,服务器要做两个动作:查表、回应 ACK/RST。这种攻击方式显然没有 SYN Flood 给服务器带来的冲击大,因此攻击者一定要用大流量 ACK 小包冲击才会对服务器造成影响。按照 TCP 协议,随机源 IP 的 ACK 小包应该会被 Server 很快丢弃,因为在服务器的 TCP 堆栈中没有这些 ACK 包的状态信息。但是实际上通过测试,发现有一些 TCP 服务会对 ACK Flood 比较敏感,比如说 JSP Server,在数量并不多的 ACK 小包的打击下,JSP Server 就很难处理正常的连接请求。对于 Apache 或者 IIS 来说,10kb/s 的 ACK Flood 不构成威胁,但是更高数量的 ACK Flood 会造成服务器网卡中断频率过高,负载过重而停止响应。可以肯定的是,ACK Flood 不但可以危害路由器等网络设备,而且对服务器上的应用有不小的影响。

4. UDP 洪泛

常见的 UDP Flood 利用大量 UDP 小包冲击 DNS 服务器或 Radius 认证服务器、流媒体视频服务器。100kb/s 的 UDP Flood 经常将线路上的骨干设备例如防火墙打瘫,造成整个网段的瘫痪。由于 UDP 协议是一种无连接的服务,在 UDP Flood 攻击中,攻击者可发送大量伪造源 IP 地址的小 UDP 包。但是,由于 UDP 协议是无连接性的,所以只要开了一个 UDP 的端口提供相关服务的话,那么就可针对相关的服务进行攻击。

5. Connection 洪泛

Connection Flood 是典型的、非常有效地利用小流量冲击大带宽网络服务的攻击方式,其原理是利用真实的 IP 地址向服务器发起大量的连接,并且建立连接之后很长时间不释放,占用服务器的资源,造成服务器上残余连接(WAIT 状态)过多,效率降低,甚至资源耗尽,无法响应其他客户所发起的连接。

其中一种攻击方法是每秒钟向服务器发起大量的连接请求,这类似于固定源 IP 的 SYN Flood 攻击,不同的是采用了真实的源 IP 地址。通常这可以在防火墙上限制每个源 IP 地址每秒钟的连接数来达到防护目的。但现在已有工具采用慢速连接的方式,也即几秒钟才和服务器建立一个连接,连接建立成功之后并不释放并定时发送垃圾数据包给服务器使连接得以长时间保持。这样一个 IP 地址就可以和服务器建立成百上千的连接,而服务器可以承受的连接数是有限的,这就达到了拒绝服务的效果。

在受攻击的服务器上使用 netstat -an,就可以看到来自少数几个源的大量连接状态,如图 4-96 所示。

如果统计的话,可以看到连接数对比平时出现异常。并且增长到某一值之后开始波动,说明此时可能已经接近性能极限。因此,对这种攻击的判断:在流量上体现并不大,甚至可能会很小;大量的 ESTABLISH 状态;新建的 ESTABLISH 状态总数有波动。

图 4-96　Connection 洪泛攻击

6. Smurf 攻击

Smurf 攻击是一种简单有效的 DoS 攻击,它利用 ICMP 和广播地址实现。该攻击向一个子网的广播地址发一个带有特定请求(如 ICMP 回应请求)的包,并且将源地址伪装成想要攻击的主机地址。子网上所有主机都回应广播包请求而向被攻击主机发包,使该主机受到攻击。如向一个网络上的多个系统发送定向广播的 ping 请求(ping 使用了 ICMP 协议),这些系统接着对请求做出响应,造成了攻击数据的放大。Smurf 攻击通常需要至少三个角色:攻击者、放大网络和受害者。攻击者向放大网络的广播地址发送源地址,伪造成受害者系统的 ICMP 回射请求分组。放大网络中的各个主机相继向受害者系统发出响应。如果攻击者给一个拥有 100 个会对广播 ping 请求做出响应的系统的放大网络发出 ICMP 分组,它的 DoS 攻击效果就放大了 100 倍。这样,大量的 ICMP 分组发送给受害者系统,造成网络带宽的耗尽。

7. HTTP Get 攻击

HTTP Get 攻击主要是针对存在 ASP、JSP、PHP、CGI 等脚本程序,并调用 MySQL Server、Oracle 等数据库的网站系统而设计的,特征是和服务器建立正常的 TCP 连接,并不断地向脚本程序提交查询、列表等大量耗费数据库资源的调用,典型的以小搏大的攻击方法。

一般来说,提交一个 GET 或 POST 指令对客户端的耗费和带宽的占用是几乎可以忽略的,而服务器为处理此请求却可能要从上万条记录中去查出某个记录,这种处理过程对资源的耗费是很大的。常见的数据库服务器很少能支持数百个查询指令同时执行,而这对于客户端来说却是轻而易举的。因此攻击者只需通过 Proxy 代理向主机服务器大量递交查询指令,只需数分钟就会把服务器资源消耗掉而导致拒绝服务,常见的现象就是网站慢如蜗牛、ASP 程序失效、PHP 连接数据库失败、数据库主程序占用 CPU 偏高。

这种攻击的特点是可以完全绕过普通的防火墙防护,轻松找一些 Proxy 代理就可实施攻击;缺点是对付只有静态页面的网站效果会大打折扣,并且有些 Proxy 会暴露攻击者的 IP 地址。

8. UDP DNS Query 泛洪攻击

UDP DNS Query Flood 攻击实质上是 UDP Flood 的一种,但是由于 DNS 服务器的不可替代的关键作用,一旦服务器瘫痪,影响一般都很大。

UDP DNS Query Flood 攻击采用的方法是向被攻击的服务器发送大量的域名解析请求,通常请求解析的域名是随机生成或者是网络世界上根本不存在的域名,被攻击的 DNS 服务器在接收到域名解析请求时,首先会在服务器上查找是否有对应的缓存,如果查找不到并且该域名无法直接由服务器解析的时候,DNS 服务器会向其上层 DNS 服务器递归查询域名信息。域名解析的过程给服务器带来了很大的负载,每秒钟域名解析请求超过一定的数量,就会造成 DNS 服务器解析域名超时。

根据微软的统计数据，一台 DNS 服务器所能承受的动态域名查询的上限是每秒钟
9000 个请求。而一台 PC 上可以轻易地构造出每秒钟几万个域名解析请求，足以使一台硬
件配置极高的 DNS 服务器瘫痪，由此可见 DNS 服务器的脆弱性。同时需要注意的是，蠕虫
扩散也会带来大量的域名解析请求。

【例 4-9】　使用 HGod 实现拒绝服务攻击的演示。

HGod 是一款命令行下运行的程序，命令为：

hgod < Target > < StartPort[- EndPort] | Port1, Port2, Port3…> [Option]

其中<Target>是要攻击的目标，可以是计算机名、域名或者 IP 地址；<StartPort>
为要攻击的目标端口，IGMP/ICMP 攻击可以随便设置一个端口，SYN Flood 攻击可以支持
多端口同时攻击；[Option]为攻击参数选项。

（1）单击"开始"|"运行"，在出现的"运行"对话框中输入 cmd，单击"确定"按钮。

（2）在命令行窗口中输入 hgod 127.0.0.1 80，按 Enter 键，即对指定的计算机进行
ICMP 攻击，如图 4-97 所示。

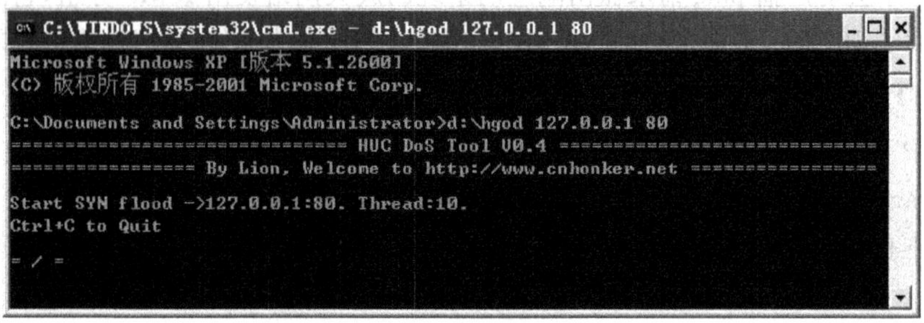

图 4-97　使用 HGod 进行拒绝服务攻击

（3）此时打开任务管理器，发现 CPU 使用记录猛然增加到 100%。在命令行窗口中按
下 Ctrl＋C 组合键，终止攻击，可以看到 CPU 使用记录恢复到正常，如图 4-98 所示。

图 4-98　使用 HGod 进行拒绝服务攻击时 CPU 使用情况的变化

4.6.3　DDoS 攻击

最基本的 DoS 攻击就是利用合理的服务请求来占用过多的服务资源,从而使合法用户无法得到服务器的响应。而分布式拒绝服务(Distributed Denial of Services,DDoS)攻击是在传统的 DoS 攻击基础之上产生的一类特殊形式的攻击方式。

单一的 DoS 攻击一般采用一对一的方式,当攻击目标 CPU 速度低、内存小或者网络带宽小等各项性能指标不高时,效果是明显的。随着计算机与网络技术的发展,计算机的处理能力迅速增长,内存大大增加,同时也出现了千兆级别的网络,这使得 DoS 攻击的困难程度加大了。这样分布式的拒绝服务攻击就应运而生了,它利用大量的傀儡机来发起进攻,用比从前更大的规模来进攻受害者。

DDoS 最早可追溯到 1996 年最初,在中国 2002 年开始频繁出现,2003 年已经初具规模。近几年由于宽带的普及,很多网站开始盈利,其中很多非法网站利润巨大,造成同行之间互相攻击,还有一部分人利用网络攻击来敲诈钱财。同时 Windows 平台的漏洞大量被公布,流氓软件、病毒、木马充斥网络,稍有技术的人很容易非法入侵并控制大量个人计算机来发起 DDoS 攻击从中谋利。攻击已经成为互联网上的一种最直接的竞争方式,而且收入非常高,在利益的驱使下,攻击已经演变成非常完善的产业链。通过在大流量网站的网页里注入病毒木马,可以通过 Windows 平台的漏洞感染浏览网站的人,一旦中了木马,这台计算机就会被后台操作的人控制,这台计算机也就成了所谓的“肉鸡”。每天都有人专门收集“肉鸡”,然后以几毛到几块一只的价格出售,因为利益需要,攻击的人就会购买,然后遥控这些“肉鸡”攻击服务器。

长久以来,DDoS 攻击一直是威胁互联网安全的主要因素,据绿盟科技 2014 年上半年 DDoS 威胁报告:2014 上半年政府网站依然是 DDoS 攻击最主要的目标,占总数的三分之一,其次则是针对商业公司的攻击。与 2013 下半年相比,政府网站和在线游戏受到的攻击比例有所下降,而运营商和商业公司则有所上升。与 2013 上半年相比,最明显的区别是针对银行的 DDoS 急剧减少,如图 4-99 所示。

DDos 的工作原理如图 4-100 所示,一般来说,黑客通过以下步骤进行 DDoS 攻击。

1) 搜集了解目标的情况

搜集的对象包括被攻击目标主机数目、地址情况,目标主机的配置、性能,目标的带宽等。

对于 DDoS 攻击者来说,攻击互联网上的某个站点的重点就是确定到底有多少台主机在支持这个站点,一个大的网站可能有很多台主机利用负载均衡技术提供同一个网站的 WWW 服务。如果要进行 DDoS 攻击的话,要所有这些主机都瘫掉才行。在实际应用中,一个 IP 地址往往还代表着数台机器:网站维护者使用了四层或七层交换机来做负载均衡,把对一个 IP 地址的访问以特定的算法分配到下属的每个主机上去。这对于 DDoS 攻击者来说情况就更复杂了,他面对的任务可能是让几十台主机的服务都不正常。所以,事先搜集情报对 DDoS 攻击者来说是非常重要的,这关系到使用多少台傀儡机才能达到效果的问题。

2) 占领傀儡机

黑客随机地或者是有针对性地利用扫描器去发现互联网上有漏洞的机器,如程序溢出漏洞、CGI、Unicode、FTP、数据库漏洞……随后就是尝试入侵了,占领了一台傀儡机后,他

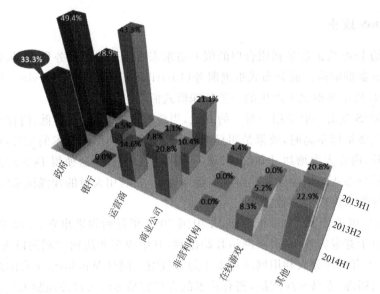

	2013H1	2013H2	2014H1
■政府	28.9%	49.4%	33.3%
■银行	43.3%	6.5%	0.0%
■运营商	1.1%	7.8%	14.6%
■商业公司	21.1%	10.4%	20.8%
■非营利机构	4.4%	0.0%	0.0%
■在线游戏	0.0%	5.2%	8.3%
■其他	1.1%	20.8%	22.9%

图 4-99　2004 年上半年 DDoS 攻击分布

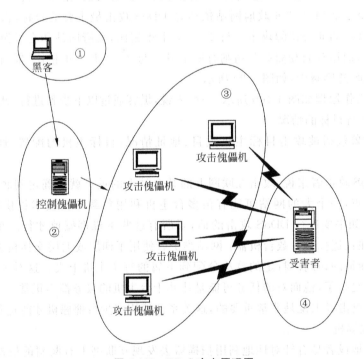

图 4-100　DDoS 攻击原理图

会把 DDoS 攻击用的程序上载过去。在攻击机上,会有一个 DDoS 的发包程序,黑客利用它向受害目标发送恶意攻击包。

3) 实际攻击

经过前两个阶段的精心准备,黑客就开始瞄准目标准备发射了。黑客登录到作为控制台的傀儡机,向所有的攻击机发出命令,埋伏在攻击机中的 DDoS 攻击程序就会响应控制台的命令,一起向受害主机以高速度发送大量的数据包,导致它死机或是无法响应正常的请求。

【例 4-10】 DDoS 攻击演示。

DDoS 攻击者是一个 DDoS 攻击工具,在上网时自动对事先设定好的目标进行攻击。

软件分为生成器(DDoSMaker.exe)与 DDoS 攻击者程序(DDoSer.exe)两部分。软件在下载安装后只有生成器 DDoSMaker.exe,没有 DDoS 攻击者程序,DDoS 攻击者程序要通过生成器进行生成。

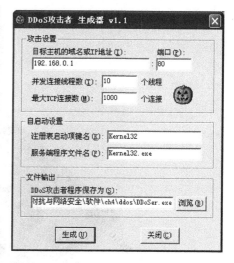

图 4-101 生成器界面

(1) 运行生成器(DDoSMaker.exe),弹出如图 4-101 所示的运行界面。

(2) 在"目标主机的域名或 IP 地址"文本框中输入要攻击主机的域名或 IP 地址。

(3) 在"端口"文本框中输入要攻击的端口,该软件只能攻击基于 TCP 的服务。端口中填写 80 就是攻击 HTTP 服务,21 就是攻击 FTP 服务,25 就是攻击 SMTP 服务,110 就是攻击 POP3 服务等。

(4) "并发连接线程数"、"最大 TCP 连接数"的值越大对服务器的压力越大,当然占用本机资源也越大,一般使用默认值。

(5) "注册表启动项键名"是在注册表里写入的启动项的键名,"服务端程序文件名"是在 Windows 系统目录里的文件名,当然是越隐蔽越好。

(6) "DDoS 攻击者程序保存为"中的文件就是生成的 DDoS 攻击者程序,只要运行了 DDoS 攻击者程序就会立即开始攻击。

(7) 设置完成后单击"生成"按钮,出现图 4-102 所示的确认对话框。

(8) 单击"是"按钮,完成 DDoS 攻击者程序的生成,出现如图 4-103 所示的对话框。

图 4-102 确认对话框

图 4-103 完成生成 DDoS 攻击者程序

DDoS 攻击者程序类似于木马软件的服务端程序,程序运行后不会显示任何界面,看上去好像没有反应,其实它已经将自己复制到系统里面了,并且会在每次开机时自动运行。它运行时,唯一会做的工作就是不断地对事先设定好的目标进行攻击。

4.6.4　DDoS 反射攻击

据绿盟科技 2014 年上半年 DDoS 威胁报告,DNS Flood 是最主要的 DDoS 攻击方式,占总数的 42%,其次是 TCP Flood、UDP Flood 和 HTTP Flood。与 2013 下半年相比,DNS Flood 和 HTTP Flood 的数量有所减少,而 TCP Flood 则大幅上升;与 2013 上半年相比,DNS Flood 的上升和 HTTP Flood 的下降最为显著,如图 4-104 所示。

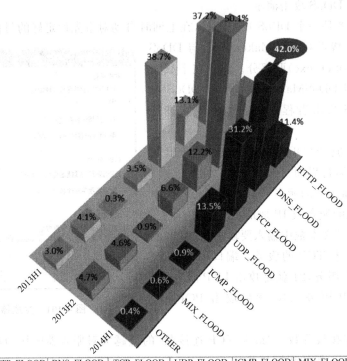

	HTTP_FLOOD	DNS_FLOOD	TCP_FLOOD	UDP_FLOOD	ICMP_FLOOD	MIX_FLOOD	OTHER
■2013H1	37.2%	13.1%	38.7%	3.5%	0.3%	4.1%	3.0%
■2013H2	20.9%	50.1%	12.2%	6.6%	0.9%	4.6%	4.7%
■2014H1	11.4%	42.0%	31.2%	13.5%	0.9%	0.6%	0.4%

图 4-104　DDoS 攻击情况

按照 DDoS 攻击所针对的攻击目标和所属的层次,可以将 DDoS 攻击大体分为三类:针对网络带宽资源的 DDoS 攻击(网络层)、针对连接资源的 DDoS 攻击(传输层)以及针对计算资源的攻击(应用层)。针对网络带宽的 DDoS 攻击是最古老而常见的一种 DDoS 攻击方式。

无论是服务器的网络接口带宽,还是路由器、交换机等互联网基础设施的数据包处理能力,都存在着事实上的上限。当到达或通过的网络数据包数量超过这个上限时,就会出现网络拥堵、响应缓慢的情况。针对网络带宽资源的 DDoS 攻击就是根据该原理,利用广泛分布的僵尸主机发送大量的网络数据包,占满被攻击目标的全部带宽,从而使正常的请求无法得到及时有效的响应,造成拒绝服务。

攻击者可以使用 Ping Flood、UDP Flood 等方式直接对被攻击目标展开针对网络带宽资源的 DDoS 攻击,但这种方式不仅低效,还很容易被查到攻击的源头。虽然攻击者可以使用伪造源 IP 地址的方式进行隐藏,但更好的方式是使用 DDoS 反射攻击技术。

DDoS 反射攻击是指利用路由器、服务器等设施对请求产生应答,从而反射攻击流量并隐藏攻击来源的一种 DDoS 技术。DDoS 反射攻击的基本原理如图 4-105 所示。

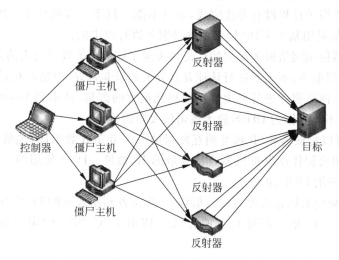

图 4-105 DDoS 反射攻击

在进行 DDoS 反射攻击时,攻击者通过控制端控制大量僵尸主机发送大量的数据包。这些数据包的特别之处在于:其目的 IP 地址指向作为反射器的服务器、路由器等设施,而源 IP 地址则被伪造成被攻击目标的 IP 地址。反射器在收到数据包时,会认为该数据包是由被攻击目标所发来的请求,因此会将响应数据发送给被攻击目标。当大量的响应数据包涌向攻击目标时,就会造成拒绝服务攻击。

发动 DDoS 反射攻击需要在互联网上找到大量的反射器,对于某些种类的反射攻击,这并不难实现。例如,对于 ACK 反射攻击,只需要找到互联网上开放 TCP 端口的服务器即可,而这种服务器在互联网上是大量存在的。

相比于直接伪造源地址的 DDoS 攻击,DDoS 反射攻击由于增加了一层反射步骤,更加难以追溯攻击来源。

4.6.5 DDoS 放大攻击

DDoS 放大攻击是 DDoS 反射攻击的一种特殊形式。简单地说,当使用的反射器对网络流量具有放大作用时,DDoS 反射攻击就变成了 DDoS 放大攻击。

针对网络带宽资源的 DDoS 攻击、DDoS 反射攻击和 DDoS 放大攻击的关系见图 4-106。

进行 DDoS 放大攻击的方式与 DDoS 反射攻击的方式是基本一致的,不同之处在于反射器(放大器)所提供的网络服务需要满足一定的条件。

首先,在反射器提供的网络服务协议中,需要存在请求

图 4-106 DDoS 三类攻击关系

和响应数据量不对称的情况,响应数据量需要大于请求数据量。响应数据量与请求数据量的比值越大,放大器的放大倍数也就越大,进行 DDoS 放大攻击的效果也就越明显。

其次,进行 DDoS 放大攻击通常会使用无须认证或握手的协议。DDoS 放大攻击需要将请求数据的源 IP 地址伪造成被攻击目标的 IP 地址,如果使用的协议需要进行认证或者握手,则该认证或握手过程没有办法完成,也就不能进行下一步的攻击。因此,绝大多数的DDoS 放大攻击都是用基于 UDP 协议的网络服务进行攻击的。

最后,放大器使用网络服务部署的广泛性决定了该 DDoS 放大攻击的规模和严重程度。如果存在某些网络服务,不需要进行认证并且放大效果非常好,但是在互联网上部署的数量很少,那么利用该网络服务进行放大也不能得到很大的流量,达不到 DDoS 攻击的效果,这种网络服务也就不具备作为 DDoS 放大攻击放大器的价值。

DNS 作为可以将域名和 IP 地址相互映射的一个分布式数据库,能够使人更方便地访问互联网,而不用去记住能够被机器直接读取的 IP 地址。DNS 使用的 TCP 与 UDP 端口号都是 53,主要使用 UDP 协议。

通常,DNS 响应数据包会比查询数据包大,攻击者利用普通的 DNS 查询请求就能够将攻击流量放大 2~10 倍。但更有效的方法是使用 RFC 2671 中定义的 DNS 扩展机制EDNSO。

在没有 EDNSO 以前,对 DNS 查询的响应数据包被限制在 512 字节以内。当需要应答的数据包超过 512 字节时,根据 DNS 服务实现的不同,可能会丢弃超过 512 字节的部分,也可能会使用 TCP 协议建立连接并重新发送。无论是哪种方式,都不利于进行 DNS 放大攻击。

在 EDNSO 中,扩展了 DNS 数据包的结构,增加了 OPT RR 字段。在 OPT RR 字段中,包含了客户端能够处理的最大 UDP 报文大小的信息。服务端在响应 DNS 请求时,解析并记录下客户端能够处理的最大 UDP 报文的大小,并根据该大小生成响应的报文。

攻击者能够利用 DIG(Domain Information Groper)和 EDNSO 进行高效的 DNS 放大攻击。

攻击者向广泛存在的开放 DNS 解析器发送 dig 查询,将 OPT RR 字段中的 UDP 报文大小设置为很大的值(如 4096),并将请求的源 IP 地址伪造成被攻击目标的 IP 地址。DNS解析器收到查询请求后,会将解析的结果发送给被攻击目标。当大量的解析结果涌向目标时,就会导致目标网络拥堵和缓慢,造成拒绝服务攻击,如图 4-107 所示。

攻击者发送的 DNS 查询请求数据包大小一般为 60 字节左右,而查询返回结果的数据包大小通常为 3000 字节以上,因此,使用该方式进行放大攻击能够达到 50 倍以上的放大效果。极端情况下,36 字节的查询请求能够产生 3~4kB 的应答,也就是说,能够对攻击流量进行一百倍的放大。

在 2013 年 3 月对 Spamhaus 的 DDoS 攻击中,主要就使用了 DNS 放大攻击技术,使得攻击流量达到了史无前例的 300Gb/s,甚至拖慢了局部互联网的响应速度。

【例 4-11】 针对 Spamhaus 的 DDoS 攻击。

Spamhaus 是一家致力于反垃圾邮件的非营利组织,总部在伦敦和日内瓦。Spamhaus维护了一个巨大的垃圾邮件黑名单,这个黑名单被很多大学/研究机构、互联网提供商、军事机构和商业公司广泛使用。从 2013 年 3 月 18 日起,Spamhaus 开始遭受 DDoS 攻击。攻击

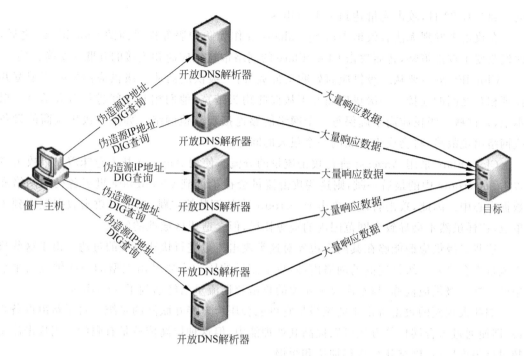

图 4-107　DNS 反射攻击示意图

者通过僵尸网络和 DNS 反射技术进行攻击,攻击流量从 10Gb/s 不断增长,在 3 月 27 日达到惊人的 300Gb/s 攻击流量,被认为是互联网史上最大规模的 DDoS 攻击事件。

从 2013 年 3 月 18 日起,Spamhaus 的网站开始遭受 DDoS 攻击。攻击流量占满了 Spamhaus 的全部连接带宽,导致其网站无法访问。如图 4-108 所示的是 DDoS 防护设备前的路由器上记录的流量数据。

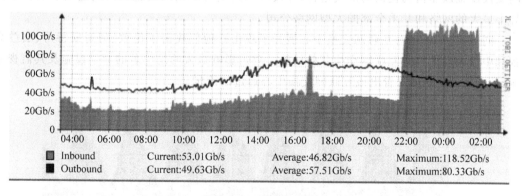

图 4-108　攻击流量图

图中的绿色区域代表入站的请求数据流量,蓝线代表出站的响应数据流量。可以看出,初始的攻击相对比较温和,攻击流量约为 10Gb/s。在世界标准时间 16:30 左右有一次持续约 10 分钟的大流量攻击,这应该是一次测试攻击。从世界标准时间 21:30 开始,攻击者将攻击流量增大到 75Gb/s。

从 2013 年 3 月 19 日到 2013 年 3 月 21 日,对 Spamhaus 的攻击流量在 30~90Gb/s 波

动。到 3 月 22 日,攻击流量达到了 120Gb/s。

在攻击者发现无法有效地击垮 Spamhaus 和作为防护服务提供商的 CloudFlare 之后,他们改变了攻击策略,转而攻击 CloudFlare 的网络带宽供应商和连接的互联网交换设施。

CloudFlare 主要从二级供应商处购买带宽,而二级供应商从一级供应商处购买带宽并保证相互之间的连接。一级供应商并不从彼此购买带宽,他们相互之间进行对等结算。根本上,是这些一级供应商来确保每一个网络能够连接到其他网络。如果一级供应商的设备或网络出现故障,将会成为互联网一个很大的问题。

CloudFlare 采用 Anycast 进行攻击流量的分流。使用 Anycast 技术意味着如果攻击者攻击 traceroute 中的最后一跳,则这些攻击流量会被扩散到 CloudFlare 世界各处的网络和数据中心中。因此,攻击者改为攻击 traceroute 中的倒数第二跳,这使得攻击数据汇聚到了单点,这样虽然不会导致全网范围内的资源耗尽,但会造成区域性的问题。

这些二级供应商能够在其网络边界对这类攻击流量进行快速有效的过滤。由于这些攻击流量不会进入二级供应商的网络内部,攻击流量的压力主要是由大型的一级供应商来承担的。据一级供应商称,与本次攻击相关的攻击数据流量已经达到了 300Gb/s。

如此大规模的攻击所带来的挑战是它可能会压垮连接互联网的系统。对于路由设备来说,即便通过组合端口等方式可以提高其处理能力,但这种提高依然是有限的。当攻击流量超过该限度以后,网络就会变得拥堵和缓慢。

在 3 月 27 日和之前的几天,随着攻击流量的不断增大,大量的攻击数据汇聚到欧洲的几个一级供应商网络内部,造成网络拥堵。这影响了上千万的互联网用户,普通用户即使访问与 Spamhaus 或 CloudFlare 无关的网站时也会感到缓慢。

除了二级供应商,防护方还通过互联网交换中心(Internet Exchanges,IXs)与其他网络进行连接。从根本上讲,这些互联网交换中心是连接不同网络的交换机。在欧洲,这些互联网交换设施以非营利机构的形式运行,并被认为是重要的基础设施。它们连接了上百个世界上最大的网络和几乎全部的大型网络公司。

同样,攻击者也对互联网交换中心展开了攻击。他们攻击了伦敦、阿姆斯特丹、法兰克福和中国香港的核心互联网交换基础设施。攻击影响最大的是伦敦的交换设施及其监视系统,从图 4-109 中可以看出该互联网交换中心通过的流量。

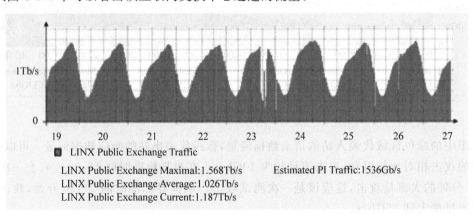

图 4-109　交换中心通过的流量

攻击者使用的主要攻击技术是 DNS 反射技术。在本次事件中,攻击者向大量的开放 DNS 服务器发送了对 ripe.net 域名的解析请求,并将源 IP 地址伪造成 Spamhaus 的 IP 地址,大量开放 DNS 服务器的响应数据产生了大约 75Gb/s 的攻击流量。DNS 请求数据的长度约为 36 字节,而响应数据的长度约为 3000 字节,这意味着利用 DNS 反射能够产生约 100 倍的放大效应,因此,攻击者只需要掌握和控制一个能够产生 750Mb/s 流量的僵尸网络就能够进行这么大规模(75Gb/s)的攻击。

从攻击数据中记录到了三万个不同的开放 DNS 服务器,这说明平均每台开放 DNS 服务器只需要产生 2.5Mb/s 的流量,这通常是不会被安全检测机制发现的。

除了 DNS 反射技术,攻击者还使用了 ACK 反射等其他技术进行攻击,如图 4-110 所示。在 ACK 反射攻击中,攻击者向大量服务器发送大量的 SYN 包,并将源 IP 地址伪造成攻击目标的 IP 地址。同 DNS 反射攻击类似,这种方式伪装了攻击的来源,使攻击看起来像是合法的响应;与 DNS 反射攻击不同的是,这种方式不存在放大效应。

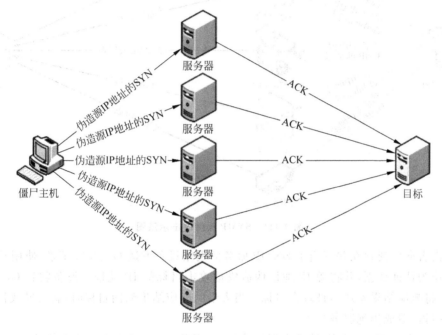

图 4-110 ACK 反射攻击示意图

4.6.6 SNMP 放大攻击

SNMP 是简单网络管理协议(Simple Network Management Protocol)的缩写,该协议是目前 TCP/IP 网络中应用最为广泛的网络管理协议,它提供了一个管理框架来监控和维护互联网设备。SNMP 协议使用 UDP 161 端口进行通信。

由于 SNMP 的效果很好,网络硬件厂商开始把 SNMP 加入他们制造的每一台设备中。今天,各种网络设备上都可以看到默认启用的 SNMP 服务,从交换机到路由器,从防火墙到网络打印机,无一例外。同时,许多厂商安装的 SNMP 都采用了默认的通信字符串(Community String),这些通信字符串是程序获取设备信息和修改配置必不可少的。最常见的默认通信字符串是 public 和 private,除此之外还有许多厂商私有的默认通信字符串。

几乎所有运行 SNMP 的网络设备上,都可以找到某种形式的默认通信字符串。

在 SNMPv1 中定义的 Get 请求可以尝试一次获取多个 MIB 对象,但响应消息的大小受到设备处理能力的限制。如果设备不能返回全部请求的响应,则会返回一条错误信息。在 SNMPv2 中,添加了 GetBulk 请求,该请求会通知设备返回尽可能多的数据,这使得管理程序能够通过发送一次请求就获得大段的检索信息。

利用默认通信字符串和 GetBulk 请求,攻击者能够开展有效的 SNMP 放大攻击,如图 4-111 所示。

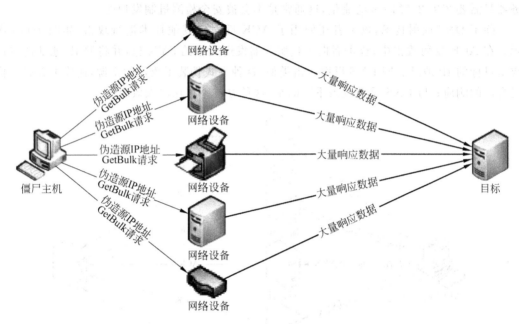

图 4-111　SNMP 反射攻击示意图

攻击者向广泛存在并开启了 SNMP 服务的网络设备发送 GetBulk 请求,使用默认通信字符串作为认证凭据,并将源 IP 地址伪造成被攻击目标的 IP 地址。设备收到 GetBulk 请求后,会将响应结果发送给被攻击目标。当大量的响应结果涌向目标时,就会导致目标网络拥堵和缓慢,造成拒绝服务攻击。

攻击者发送的 GetBulk 请求数据包约为 60 字节,而请求的响应数据能够达到 1500 字节以上,因此,使用该方式进行放大攻击能够达到 20 倍以上的放大效果。

4.6.7　DDoS 攻击的防范

对 DDoS 攻击的防护,需要从攻击源头、放大器、被攻击目标三个方面进行防护,才能达到最有效的防护效果。

1. 对开放 DNS、SNMP 服务的设备进行防护

首先,应确认设备上的 DNS、SNMP 服务是否是必要的,如非必要,则应该关闭这些服务。

如果必须开放 DNS、SNMP 服务,则应加强对这些服务请求的鉴权和认证。例如,DNS 服务不应对互联网上的任意计算机都提供域名解析服务,而只响应该 ISP 或该网络内部的

DNS 解析请求；SNMP 要使用非默认的独特的通信字符串，并尽可能升级到 SNMPv3 版本，以提高安全性。

最后，还应该限制 DNS、SNMP 响应数据包大小的阈值，直接丢弃超大的响应数据包。

2. ISP 对伪造源 IP 地址的数据包进行过滤

攻击者能够发送伪造源 IP 地址的数据包，这是针对网络带宽资源的 DDoS 攻击能够产生的根本原因。通过伪造源 IP 地址，不仅能够发动 DDoS 反射攻击和 DDoS 放大攻击，还能够有效地隐藏攻击来源，降低攻击者面临的风险。如果 ISP 能够对伪造源 IP 地址的数据包进行过滤，使其不能进入互联网中，就能够从根本上解决针对网络带宽资源的 DDoS 攻击问题。

在 RFC 2827/BCP 38 中高度建议使用入口过滤，以阻止伪造源 IP 地址的网络攻击。遗憾的是，只有少数公司和 ISP 遵守了这些建议。只有当所有接入互联网的设备都遵守该规则时，才能彻底阻止伪造源 IP 地址的网络攻击。

3. 使用 Anycast 技术对攻击流量进行稀释和清洗

利用 DDoS 放大攻击技术，能够打出很大的流量。对这种规模的攻击，需要对攻击流量在多个清洗中心进行分布式清洗，将攻击流量扩散和稀释，之后在每个清洗中心进行精细的清洗。

使用 Anycast 技术进行防护是一种可行的方案。通过使用 Anycast 技术，可以有效地将攻击流量分散到不同地点的清洗中心进行清洗。在正常环境下，这种方式能够保证用户的请求数据被路由到最近的清洗中心；当发生 DDoS 攻击时，这种方式能够将攻击流量有效地稀释到防护方的网络设施中。此外，每一个清洗中心都声明了相同的 IP 地址，攻击流量不会向单一位置聚集，攻击情况从多对一转变为多对多，网络中就不会出现单点瓶颈。在攻击流量被稀释之后，清洗中心对流量进行常规的清洗和阻断就变得相对容易了。

4.6.8　移动互联网环境下的 DDoS 攻防

移动互联网出现以前，传统的网络访问过程是由普通的 PC 通过运营商提供的有线宽带网络访问 Web 等服务器，而 DDoS 攻击者也是通过同样的路径进行攻击的。

在移动互联网出现之后，一种新的网络访问过程产生了。在移动互联网环境下，智能设备通过运营商提供的移动网络来访问 App 服务器成为一种常见的网络访问方式。然而，移动互联网并不仅仅增加了这一种信息传递路径。例如，智能设备可以通过 Wi-Fi 接入传统的宽带网络，访问 App 服务器或者传统 Web 服务器；而传统的 PC 则可以通过 3G 无线网卡等设备接入移动网络，访问传统的 Web 服务器或通过特定方式访问 App 服务器。同样，DDoS 攻击者也可以使用这些路径当中的任一路径进行 DDoS 攻击。在这种情况下，DDoS 攻击产生了一些新的变化，现有的抗 DDoS 方案也面临了新的挑战。

1. 客户端

随着移动互联网的快速发展，智能设备的计算能力和设备数量都得到了极大的提高。主流的手机和平板等智能设备，不论是 Android 设备还是 iOS 设备，其 CPU 都已经达到了多核 1.5GHz 以上的运算速度，RAM 容量也都在 1GB 以上，其计算能力已经与 PC 不相上下。智能设备的数量也在飞速增长，根据官方给出的数据，Android 设备的数量已经超过 9

亿台,iOS 设备的数量也已经超过了 6 亿台,作为对比,2013 年全球 PC 数量为 17.8 亿台。可见,仅 Android 设备和 iOS 设备的总和就已经接近全球 PC 的数量,而移动设备的数量依然在高速增长。快速增长的计算能力和设备数量,使智能设备具有了发动 DDoS 攻击的可能性。

同时,与 PC 相比,智能设备的安全防范较差,更容易成为僵尸设备。现有的智能设备主要是 Android 和 iOS 两大平台。Android 设备由于操作系统和生态环境的开放性等原因,很容易被植入恶意代码成为僵尸设备;iOS 设备相对比较封闭,但进行越狱后依然能够从第三方源安装程序,存在成为僵尸设备的可能。不过,即使是从官方应用市场上安装的应用,也依然有可能是逃过检查的恶意应用。更重要的是,智能设备的用户通常没有较强的安全意识,不能够意识到这些智能设备与 PC 并没有本质的区别,导致恶意软件乘虚而入并控制设备发动攻击。

由于智能设备的这些特性,DDoS 攻击工具和僵尸程序已经逐渐出现在了智能设备上。

一些 DDoS 攻击工具以压力测试工具的名义出现。例如,如图 4-112 所示的低轨道离子炮(Low Orbit Ion Cannon,LOIC)就以压力测试工具的名义出现在 Google Play 上,可以进行 TCP、UDP 和 HTTP 洪水攻击;如图 4-113 所示的另一款名为 AnDOSid 的应用则可以发动 HTTP POST 洪水攻击。这些工具都非常简单易用,只需要输入目标就可以开始进行攻击。

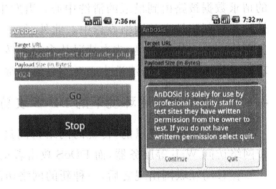

图 4-112　LOIC　　　　　　　　　　　　　图 4-113　AnDOSid

而 Android. DDoS. 1. origin 等恶意软件也瞄准了智能设备,通过伪装、诱骗等方式吸引用户单击运行,在后台连接 C&C 服务器,并等待命令发动攻击。

可以说,目前的智能设备计算能力强、设备数量多、安全性差,已经具备了形成僵尸网络发动 DDoS 攻击的可能性。随着移动互联网的不断发展,由智能设备组成僵尸网络的风险会越来越大。

不过,目前这种类型的僵尸网络还不多见,其恶意行为多以信息窃取为主,即使发动 DDoS 攻击也与传统 PC 上的攻击方式没有太大的区别,尚未对 DDoS 攻防的现状造成太大影响。

2. 数据网络

移动数据网络传输速度的提升与移动互联网的快速发展具有密不可分的关系,同时网络带宽的提升也为通过移动网络发动 DDoS 攻击提供了可能性。

与 2G 网络相比,3G 网络在数据传输速度上有了很大的提升,其下行速度可以达到 2Mbps 以上,上行速度可达 384Kb/s 以上。此外,部分国家和地区的运营商已经部署了实用的 3.5G(下行速度 14Mb/s,上行速度 5.8Mb/s)和 4G(下行速度 1Gb/s,上行速度 500Mb/s)通信网络,甚至超过了一般的传统宽带网络的传输速度,通过这些高速网络进行 DDoS 攻击是完全可能的。

目前,还没有通过移动网络发起大规模 DDoS 攻击的案例,这是因为移动数据网络的流量资费还相对较高,用户对于流量的消耗也比较敏感。不过,随着数据流量资费的不断下调以及部分运营商推出的不限流量等套餐,通过移动网络发起的 DDoS 攻击流量将会不断增长。

虽然移动网络上的数据传输同样是基于 TCP/IP 协议进行的,但与传统的宽带网络相比,依然存在一定的差异性,这些差异会对当前的 DDoS 防护方案产生一定的影响。

例如,移动网络的一个特点是对于接入的终端大量使用 NAT 方式进行地址分配。由于智能设备数量的不断增长和 IPv4 地址数量耗尽,国内的三家运营商目前都会给接入其网络的设备分配一个私有的 IP 地址,设备在进行通信时通过 NAT 方式与互联网上的其他设备进行连接。在这种情况下,大量的设备会使用同一个网关 IP 地址与服务器进行通信,而如果依然以 IP 地址作为 DDoS 攻击防护和清洗机制的话,就会产生大量的误伤或漏报,影响 DDoS 防护的效果。

不过,随着 IPv6 的逐渐应用和推广,上面的问题会逐步得到解决。IPv6 网络的地址空间非常大,能够从根本上解决目前 IP 地址短缺的问题。同时,IPv6 网络环境下也不再有 NAT 机制,网络变得更加扁平化,每一台设备进行网络访问的时候都使用不同的公网 IP 地址,这样 IP 地址依然可以作为 DDoS 攻击的防护和清洗依据,而现有的防护方案不受到影响。

除大规模使用 NAT 带来的问题外,移动数据网络还有一些其他的特性可能导致现有防护方案失效或产生大量误杀(例如由于传输媒介不同导致网络延时增加等问题),这需要对现有的防护方案做进一步的测试和改进。

3. 服务器

移动互联网环境下,DDoS 攻防变化的另一个主要方面体现在对于服务器防护难度的增加。

对于传统的 Web 服务器,防护应用层 DDoS 攻击原理如图 4-114 所示。

当用户使用浏览器访问 www.example.com 时,访问请求会被发送到防护设备,防护设备会将请求重定向到验证页面。在验证页面,防护设备会使用 JavaScript 等脚本语言发送一条简单的运算请求,或者在验证页面生成一个验证码,以检查访问请求是否是由真实的浏览器/用户发出的。

如果请求是由真实的浏览器发出的,那么浏览器会正确地计算出运算结果并返回;如果请求是由真实的用户发出的,那么用户就能够填写正确的验证码。此时防护设备再将浏览器的访问请求重定向到 Web 服务器的 www.example.com/thisurl 上。经过这个过程,正常用户即可进行有效的访问。

如果请求是由发起 DDoS 攻击的僵尸主机发送的,由于僵尸程序通常不能进行 JavaScript 等脚本的执行,也无法自动识别出验证码的内容,因而不能返回正确的结果,这时防护设备会丢弃访问请求,而不会给出跳转到 Web 服务器的链接。因此,当发生应用层

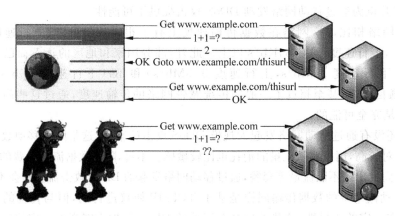

图 4-114　防护应用层 DDoS 原理

DDoS 攻击时,大量僵尸程序发出的访问请求会被防护设备直接丢弃,不会对真正的服务器造成影响。

　　然而,对于移动互联网环境下的 App 服务器,使用传统防护方法则有可能造成对合法应用访问的拒绝服务。

　　大部分移动 App 的 Get 请求取回的数据不是一个页面,而是一个 XML 或者 JSON 结构,App 在得到数据后进行解析并展示即可。因此,大量的移动 App 并不是基于浏览器页面进行交互的,在开发的过程中也就不需要加入对 JavaScript 脚本执行的支持。当防护设备将访问重定向到验证页面时,App 能够得到该页面的内容,但没有办法执行并展示其中的 JavaScript 脚本,无法给出正确的验证结果。这时,访问请求就会被当成僵尸程序的访问请求直接丢弃,导致无法正常获取服务内容。

　　可以看到,当 App 服务器遭到应用层 DDoS 攻击时,如果不开启防护设备,则大量的僵尸程序请求会耗尽服务器资源,导致正常应用请求访问缓慢或无法访问;而如果开启防护设备的现有防护方法,则会直接将正常应用的访问请求当作僵尸程序发起的请求丢弃,正常用户依然无法访问。现有的 DDoS 防护方案面临着巨大的挑战。

　　虽然目前还没有方法能够完全解决这个问题,但在发生了针对 App 服务器的应用层 DDoS 攻击时,可以通过一些技术手段进行一定程度的缓解。

　　通常可以认为,对于 App 服务器的合法访问绝大多数来源于移动设备上的 App。这是因为 App 的 Get 请求取回的数据通常不是一个页面,而是一个 XML 或者 JSON 结构,App 能够对这个结构进行解析和展示,而使用浏览器进行访问却通常没有意义。因此,在发生应用层 DDoS 时,可以通过检查请求来源的方法,丢弃明显不合理的请求包。

　　例如,可以通过检查 App 的指纹信息来过滤掉明显非法的访问请求。通常,App 的请求格式比较单一固定,不具有浏览器访问的格式多样性,也不需要为非官方的 App 提供兼容。最简单的 App 指纹是 HTTP 请求中的 User-Agent 字段,大多数的移动 App 都会定义自己的 UA,可以将其作为最明显的指纹特征。除了 UA 以外,一部分应用还可能在 HTTP 请求的 Header 中加入其他头部字段,这些字段的存在与否以及这些字段的顺序关系都可以作为 App 的指纹信息。建立指纹信息后,当发生应用层 DDoS 攻击时,就可以将不符合 App 指纹信息的请求直接丢弃,以对 DDoS 攻击产生一定的缓解作用。

但是,HTTP 请求中的 Header 字段是能够被伪造的,攻击者只要知道应用的请求格式,就能够伪造出完全符合的 HTTP 请求头部。因此该方法只能对一部分通用的攻击工具进行防护。

对于 App 服务器的 DDoS 攻击,最根本有效的解决办法是在 App 应用中添加对脚本或验证码的支持,以便使防护设备能够分辨出僵尸程序和合法用户的区别,从而有效地屏蔽和丢弃僵尸程序发起的访问请求。

4.7　共　享　攻　击

网络中的计算机为了彼此之间交换数据的方便,经常会打开共享功能,将硬盘中的数据提供给网络中的其他用户使用。共享攻击是利用对方共享的硬盘进入对方电脑,然后利用一些木马程序进一步控制对方的电脑。共享是 Windows 中一个经常使用的功能,网上有很多计算机打开了共享功能,都可以作为攻击的目标。

4.7.1　共享攻击的实现

要实现共享攻击,首先要找到有共享的机器,Shed 集成了扫描器的部分功能,可以自动寻找提供了硬盘共享的计算机,并打开这些硬盘。下面是使用 Shed 扫描共享机器的过程:

(1) 运行 Shed,程序界面如图 4-115 所示。

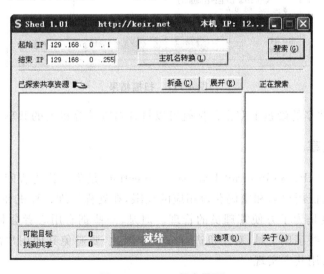

图 4-115　Shed 程序界面

(2) Shed 不仅能发现硬盘,还能发现其他共享资源,如打印机。单击"选项"按钮,可以进行扫描对象设置,如图 4-116 所示。

(3) 设置完毕后单击"确定"按钮,回到程序界面。在"起始 IP"文本框中输入扫描的起始 IP 地址,在"结束 IP"文本框中输入扫描的终止 IP 地址。如果知道对方计算机的主机名的话,可以在"主机名转换"按钮上方的文本框中输入其主机名并单击"主机名转换"按钮,Shed 会自动填写 IP 地址。

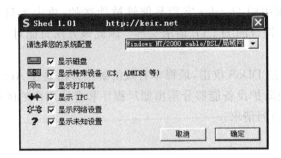

图 4-116 设置扫描对象

（4）单击"搜索"按钮开始扫描，扫描结果如图 4-117 所示。

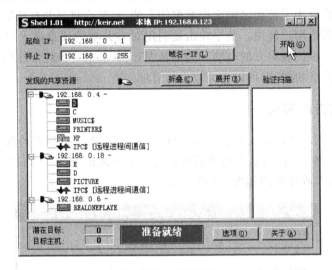

图 4-117 扫描结果

（5）直接在共享的硬盘上双击鼠标就可以打开对方计算机上的共享资源。

4.7.2 禁用共享

图 4-117 中的 IPC＄(Internet Process Connection)是为了让进程间通信而开放的命名管道，可以通过验证用户名和密码获得相应的权限，在远程管理计算机和查看计算机的共享资源时使用，初衷是为了方便管理员的管理。但是，一些别有用心者会利用 IPC＄，查找用户列表，并使用一些字典工具，对主机进行攻击。因此，要避免其他用户浏览自己硬盘中的信息，可以通过禁用共享实现。

1. 终止 Server 服务

在 Windows XP 默认的情况下，硬盘会以 C＄、D＄ 等方式共享，这是 Windows XP 为了方便共享资源及管理员远程访问而设置的，如果不想在局域网中与其他用户共享文件，可以通过终止 Server 服务来实现，方法如下：

（1）单击"开始"|"运行"，输入 Msconfig 命令后按 Enter 键。

（2）在出现的"系统配置使用程序"对话框中，打开"服务"选项卡，将 Server 选项前的复选框清空，如图 4-118 所示。

图 4-118　终止 Server 服务

2. 清除默认共享

Windows 2000 系统在默认安装时,会产生默认的共享文件夹。一旦攻击者知道该系统的管理员密码后,就可以通过"\\工作站名\共享名称"的方法打开系统指定的文件夹,造成安全隐患。将默认的共享隐患从系统中清除的方法如下:

(1) 单击"开始"|"运行",输入 cmd,进入命令行状态。

(2) 输入命令 net share,系统将自动显示出本系统中所有默认的共享文件夹。

(3) 输入 net share 共享名/del 命令,就可以将指定的共享文件夹删除,如图 4-119 所示。

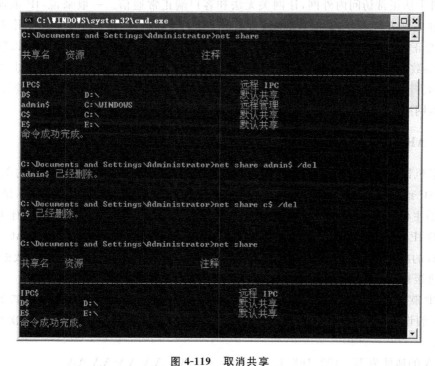

图 4-119　取消共享

（4）若想自动将系统所有的隐藏共享文件夹全部取消，可以在记事本中编写程序del.bat，如图4-120所示。编写完成后在"开始"菜单的"启动"中建立该文件的快捷方式，重新启动计算机即可。

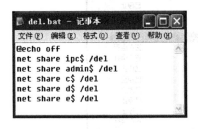

图4-120　编写程序自动取消共享

3. 屏蔽139、445端口

139、445端口实现对共享文件和打印机的访问，因此，IPC＄连接需要139或445端口的支持，通过关闭上述端口或使用防火墙屏蔽上述端口，可以防止共享攻击。

4. 设置复杂密码

如果必须开启共享服务，则要设置复杂密码，防止攻击者通过IPC＄穷举密码进行攻击。

4.8　ARP欺骗攻击

在局域网中实际传输的是"帧"，帧里面有目标主机的MAC地址。一台主机要与另一台主机进行直接通信，必须要知道目标主机的MAC地址，目标MAC地址就是通过地址解析协议（Address Resolution Protocol，ARP）获得的。所谓"地址解析"就是主机在发送帧前将目标IP地址转换成目标MAC地址的过程，ARP的基本功能就是通过目标设备的IP地址，查询目标设备的MAC地址，以保证通信的顺利进行。

ARP欺骗攻击是针对ARP的一种攻击技术，可以造成内部网络的混乱，让某些被欺骗的计算机无法正常访问内外网，让网关无法和客户端正常通信。一般来说，IP地址的冲突可以通过多种方法和手段来避免，而ARP工作在更低层，隐蔽性更高，系统并不会判断ARP缓存正确与否，无法像IP地址冲突那样给出提示。而且很多黑客工具可以随时发送ARP欺骗数据包和ARP恢复数据包，这样就可以实现在一台普通计算机上通过发送ARP数据包的方法来控制网络中任何一台计算机上网与否，甚至还可以直接对网关进行攻击，让所有连接网络的计算机都无法正常上网。

4.8.1　ARP欺骗攻击原理

当某机器A要向主机B发送报文时，会查询本地的ARP缓存表，找到B的IP地址对应的MAC地址后，就进行数据传输。如果未找到，则广播一个ARP请求报文，请求IP地址为B的主机回答其物理地址。网上所有主机包括B都收到ARP请求，但只有主机B识别自己的IP地址，于是向A主机发回一个ARP响应报文，其中就包含B的MAC地址。A接收到B的应答后，就会更新本地的ARP缓存，接着使用这个MAC地址发送数据。因此，本地高速缓存的这个ARP表是本地网络流通的基础，并且这个缓存是动态的。

ARP欺骗攻击就是通过伪造IP地址和MAC地址实现ARP欺骗的，过程如下。

（1）假设有这样一个网络，包含一个Hub或交换机，并连接了三台机器，依次是计算机A，B，C。

① A的地址为IP：192.168.1.1，MAC：AA-AA-AA-AA-AA-AA。

②　B 的地址为 IP：192.168.1.2，MAC：BB-BB-BB-BB-BB-BB。

③　C 的地址为 IP：192.168.1.3，MAC：CC-CC-CC-CC-CC-CC。

（2）正常情况下，在 A 计算机上运行 ARP -A，查询 ARP 缓存表应该出现以下信息。

Interface：192.168.1.1 on Interface 0x1000003

Internet Address Physical Address Type

192.168.1.3 CC-CC-CC-CC-CC-CC dynamic

（3）在计算机 B 上运行 ARP 欺骗程序，发送 ARP 欺骗包。

B 向 A 发送一个伪造的 ARP 应答，这个应答中的数据为：发送方 IP 地址是 192.168.1.3(C 的 IP 地址)，MAC 地址是 DD-DD-DD-DD-DD-DD(C 的 MAC 地址本来应该是 CC-CC-CC-CC-CC-CC，这里被伪造了)。当 A 接收到 B 伪造的 ARP 应答，就会更新本地的 ARP 缓存。A 不知道这是从 B 发送过来的，A 这里只有 192.168.1.3(C 的 IP 地址)和无效的 DD-DD-DD-DD-DD-DD MAC 地址。

（4）在 A 计算机上运行 ARP -A 查询 ARP 缓存信息，原来正确的信息现在已经出现了错误。

Interface：192.168.1.1 on Interface 0x1000003

Internet Address Physical Address Type

192.168.1.3 DD-DD-DD-DD-DD-DD dynamic

（5）当 A 计算机访问 C 计算机(192.168.1.3)时，MAC 地址会被 ARP 错误地解析成 DD-DD-DD-DD-DD-DD。

当局域网中一台机器反复向其他机器，特别是向网关，发送这样无效假冒的 ARP 应答信息包时，严重的网络堵塞就会开始。由于网关 MAC 地址错误，所以从网络中计算机发来的数据无法正常发送到网关，自然无法正常上网，这就造成了无法访问外网的问题。另外由于很多时候网关还控制着局域网，这时 LAN 访问也就出现问题了。

4.8.2　ARP 攻击防护

目前对于 ARP 攻击防护主要有两种方法：绑定 IP 和 MAC、使用 ARP 防护软件。

1. 静态绑定

最常用的方法就是做 IP 和 MAC 的静态绑定，在局域网内把主机和网关都做 IP 和 MAC 绑定。

欺骗是通过 ARP 动态实时的规则欺骗内网机器，所以把 ARP 全部设置为静态，可以解决对内网计算机的欺骗，同时在网关也要进行 IP 和 MAC 的静态绑定，这样双向绑定才比较保险。

IP 和 MAC 地址静态绑定可以通过命令"arp -s IP MAC 地址"实现，如 arp -s 192.168.10.1 AA-AA-AA-AA-AA-AA。

当然，对于网络中的每一台主机都做静态绑定，工作量是非常大的，并且在计算机每次重启后，都必须重新绑定。

2. 使用 ARP 防护软件

ARP 类防护软件的工作原理是过滤所有的 ARP 数据包，对每个 ARP 应答进行判断，只有符合规则的 ARP 包才会被进一步处理,这样,就防御了计算机被欺骗。同时,对每一个发送出去的 ARP 应答都进行检测,只有符合规则的 ARP 数据包才会被发送出去,这样就实现了对发送攻击的拦截。如图 4-121 所示的是 360ARP 防火墙的拦截界面。

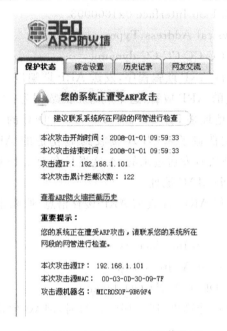

图 4-121　ARP 防护软件拦截界面

4.9　数据库攻击

数据库在许多企业中没有得到恰当的安全保护,黑客利用非常简单的攻击,如弱口令、不严谨的配置、未打补丁等已知漏洞,进入数据库。

4.9.1　SQL 注入攻击

SQL 注入就是利用程序员对用户输入数据的合法性检测不严或不检测的特点,故意从客户端提交特殊的代码,然后收集程序及服务器的信息,从而获取相关资料的一种攻击行为。

1. SQL 注入攻击基本原理

打开浏览器,执行"工具"|"Internet 选项"|"高级",将"显示友好 HTTP 错误信息"前面的勾去掉,如图 4-122 所示。否则,无论服务器返回什么错误,IE 都只显示"HTTP 500 服务器错误",不能获得更多的提示信息。

对于 SQL Server 数据库,如果服务器 IIS 提示没关闭,并且 SQL Server 返回错误提示的话,就可以直接从出错信息中获取相关资料。

在浏览器中输入网址 http://www.***.com/show.asp?id=123 and user>0,服务器将进行 Select * from 表名 where 字段=123 and user>0 这样的查询,然后将查询结果返

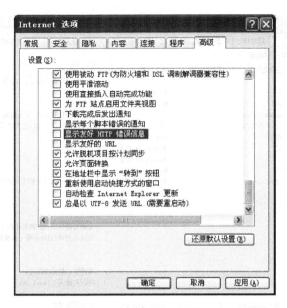

图 4-122　Internet 选项设置

回给客户端浏览器。

前面的语句是正常的,重点在 and user>0。user 是 SQL Server 的一个内置变量,它的值是当前连接的用户名,类型为 nvarchar。拿一个 nvarchar 的值跟 int 的数 0 比较,系统会试图将 nvarchar 的值转成 int 型,在转换的过程中肯定会出错,SQL Server 的出错提示如下。

错误类型:

```
Microsoft OLE DB Provider for ODBC Drivers (0x80040E07)
[Microsoft][ODBC SQL Server Driver][SQL Server]将 nvarchar 值 'xyz' 转换为数据类型为 int 的列时发生语法错误。
show.asp, 第 47 行
```

别有用心的人从“将 nvarchar 值'xyz'转换为数据类型为 int 的列时发生语法错误”这个出错信息中获得以下信息:xyz 是变量 user 的值,这样,不费吹灰之力就拿到了数据库的用户名。

当然整个过程是很烦琐的,而且要花费很多的时间,漏洞入侵的成本很高。如果只能以这种手动方式进行 SQL 注入入侵的话,那么许多存在 SQL 注入漏洞的 ASP 网站就会安全很多。但是如果利用专门的黑客工具来入侵的话,情况就大大不同了。手动方式进行 SQL 注入入侵至少需要半天或一天乃至更多的时间,而利用专门的工具入侵只需要几分钟的时间,如图 4-123 所示。

SQL 注入通过网页对网站数据库进行修改,它能够直接在数据库中添加具有管理员权限的用户,从而最终获得系统管理员权限。黑客可以利用获得的管理员权限任意获得网站上的文件或者在网页上加挂木马和各种恶意程序,对网站和访问该网站的用户造成巨大危害。

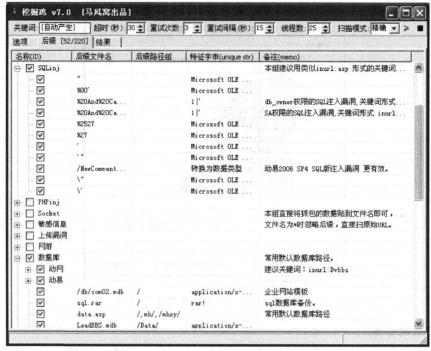

(a) 挖掘机

(b) 啊D注入

图 4-123　数据库入侵工具

2. 防范 SQL 注入攻击

要防范 SQL 注入攻击,在设计的时候就要对 SQL 语句的变量进行过滤处理,把所有客户提交上来的东西都先检查一遍,看看有没有 SQL 注入常用到的关键字。SQL 通用防注入系统的相关代码如下。

```
If Request.Form <>"" Then StopInjection(Request.Form)
If Request.QueryString <>"" Then StopInjection(Request.QueryString)
If Request.Cookies <>"" Then StopInjection(Request.Cookies)
Function StopInjection(values)
    For Each N_Get In values
        If Sec_Form_open = 1 Then
            'response.write SelfName
            For N_i = 0 To UBound(Sec_Form)
            'response.write SelfName
                'response.write Sec_Form(N_i)
                If Instr(LCase(SelfName),Sec_Form(N_i))> 0 Then
                    Exit Function
                else
                    Select_BadChar(values)
                End If
            Next
        Else
            Select_BadChar(values)
        End If
    Next
End Function
Function Select_BadChar(values)
    For N_Xh = 0 To Ubound(N_Inf)
        If Instr(LCase(values(N_Get)),N_Inf(N_Xh))<> 0 Then
            If WriteSql = 1 Then InsertInfo(values)
            N_Alert(alert_info)
            Response.End
        End If
    Next
End Function
```

4.9.2　暴库攻击

SQL 注入攻击的目的是要得到数据库中的用户名、密码等,如果不用注入就可以得到整个数据库,不是更好吗? 于是暴库成了一个比注入更简单的入侵手段。

2012 年,网站遭遇黑客攻击的事件频频发生,暴库的案例时有发生。所谓暴库,是指黑客入侵网站后将网站数据库中的数据导出。而黑客暴库的主要目标就是窃取用户的账号、E-mail 和密码。

国内方面,2012 年 6 月,某知名网址导航被曝因 SQL 注入漏洞致使大量用户的详细资料泄露;12 月,国内某著名电商网站曝出验证码设计缺陷,用户认证缺陷,可被暴力破解,导致大量账号信息泄露。

国际方面,2012 年 1 月,亚马逊旗下的电子商务网站 Zappos 被黑客入侵,2400 万用户的账户信息被窃取,被窃信息包括用户姓名、电子邮件、电话号码、住址、信用卡号的最后四位等。6 月,1500 万 eHarmony(相亲网站)密码和 3 万 LinkedIn(社交网站)密码被破解,遭破解的账号和密码被公布在网络论坛上。7 月,雅虎旗下网站 Yahoo Voice 遭黑客攻击,45.3 万用户信息被曝光在网上,被张贴在网上的信息包括用户名和明文密码。

一个网站遭遇暴库,其他网站的用户账号也会受到威胁。因为暴库还有一个叫作撞号的"孪生兄弟"。所谓撞号,就是黑客利用已经窃取的账号和密码,到其他网站上进行批量的尝试登录(通常都是由编写程序自动执行的)。如果登录成功,则撞号成功。

由于很多国内用户习惯于在多个网站上使用相同账号和密码,因此,黑客的撞号成功率实际上很高,一般可以达到 10%以上。事实上,当一个用户在多个网站上使用相同的账号和密码时,安全性最差的一个网站就决定了这套账号和密码的安全级别。

1. 暴库攻击基本原理

比较流行的暴库法包括%5c 暴库法和 conn. asp 暴库法。

对于包含 asp?id=地址的网页,如 www. ***. com/yddown/view. asp?id=3,在打开网页时,把网址中的/换成%5c,如 www. ***. com/yddown%5cview. asp?id=3,然后提交,就可以暴出数据库的路径。

%5c 实际上是\的十六进制代码,即\的另一种表示方法。

在 ASP 中调用数据库时,都会用到一个连接数据库的文件 conn. asp,它会创建一个数据库连接对象,定义要调用的数据库路径,如

```
DBPath = Server.MapPath("admin/rds_dbd32rfd213fg.mdb")
```

连接数据库时,Server. MapPath 方法将网站中的相对路径转变成物理上的绝对路径。

当 Server. MapPath 方法将相对路径转为真实路径时,它实际是由三部分路径加在一起得到的:网页目前执行时所在的相对路径,也就是从网站物理根目录起的相对路径,如 conn. asp 位于根目录的/yddown/目录下;然后调用的数据库的相对路径 admin/rds_dbd32rfd213fg. mdb,这样就得到从根目录起的完整相对路径:/yddown/admin/rds_dbd32rfd213fg. mdb。

设置 IIS 时,每一个网站都必须指定它在硬盘上的物理目录,如网站根目录所在的物理目录为 D:\111。Server. MapPath 方法通过"网站根目录的物理地址+完整的相对路径",从而得到真实的物理路径。这样,数据库在硬盘上的物理路径是:D:\111\yddown\admin\rds_dbd32rfd213fg. mdb。

暴库的基本原理就是当提交 www. ***. com/yddown%5cview. asp?id=3 时,view. asp 调用 conn. asp,得到网页相对路径/yddown\,再加上 admin/rds_dbd32rfd213fg. mdb,就得到/yddown\+admin/rds_dbd32rfd213fg. mdb。在 IIS 中,/和\代表着不同的意义,遇到\时,IIS 认为它已到了根目录所在的物理路径,不再往上解析,于是网站的完整相对路径变成了 admin/rds_dbd32rfd213fg. mdb,再加上根目录的物理路径,得到的真实路径变成:D:\111\admin\rds_dbd32rfd213fg. mdb,而这个路径是不存在的,数据库连接当然会失败,于是 IIS 会报错,并给出错误原因:

```
Microsoft JET Database Engine 错误 '80004005'
```

'D:\111\admin\rds_dbd32rfd213fg. mdb'不是一个有效的路径。确定路径名称拼写是否正确,以及是否连接到文件存放的服务器。

/yddown/conn. asp,行 12

这样,就暴出了数据库 rds_dbd32rfd213fg. mdb 的路径。下载该数据库后,通过对数据库中表的关键字段进行 MD5 破解,就可以得到用户名和密码了。

%5c 暴库法利用了绝对路径出错暴出数据库路径,而 conn. asp 暴库法则利用了相对路径出错暴出数据库路径。

如动力文章系统的 conn. asp 位于系统的 inc 目录下,而很多调用它的文件,如 User_ChkLogin. asp,在系统根目录下。这样,当 conn. asp 执行时,它是在系统根目录 D:\wwwroot\zyx688\wwwroot\下执行的,因此,在 conn. asp 文件中调用数据库时,考虑到执行时的目录路径,数据库的相对地址写成如下:

```
dim db
db = "database/fp360609.asp"
```

这样,当它在系统根目录下执行时,数据库的相对路径在根目录下的 database 目录内。但在直接请求它时,它工作的当前目录是在根目录下的 INC 目录内,这时,数据库的相对路径就变成了 inc/database/fp360609. asp,多出了 inc,它当然出错。

2. 防范爆库攻击

暴库是因为 IIS 服务器会对每个执行错误给出详细说明,并停止执行,而 IIS 的默认设置又将错误信息返回给用户。因此,要避免暴库,就应改变 IIS 的默认设置,选取错误时只给一个出错的页面,如"处理 URL 时服务器出错。请与系统管理员联系",而不给详细信息。

作为网站管理者,如果无法对虚拟主机设置,只要在可能出错的页面,特别是在 conn. asp 文件中,添加以下语句:

```
On Error Resume Next
```

这样,当出错时,恢复执行下面的语句,也就是不理会出错,这样就不会给出错误信息了。

4.10　防　火　墙

互联网的资源共享与开放模式,为生活带来了方便,但网络安全问题也日益突出,使用防火墙可以有效地防御大多数来自网络的攻击。

4.10.1　基本概念

防火墙的本义是指古代人们在房屋之间修建的一道墙,这道墙可以防止火灾发生的时候蔓延到别的房屋。而这里所说的防火墙当然不是指物理上的防火墙,而是指隔离在本地网络与外界网络之间的一道防御系统,是这一类防范措施的总称。

防火墙是建立在内外网络边界上的过滤封锁机制,内部网络被认为是安全的和可以信赖的,而外部网络(通常是 Internet)被认为是不安全的和不可信赖的。防火墙的作用是防止不希望的、未经授权的通信进出被保护的内部网络,通过边界控制强化内部网络的安全。防火墙在网络中的位置如图 4-124 所示。

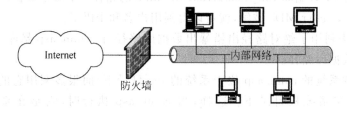

图 4-124 防火墙在网络中的位置

防火墙通常是运行在一台或者多台计算机之上的一组特别的服务软件,用于对网络进行防护和通信控制。但是在很多情况下防火墙以专门的硬件形式出现,这种硬件也被称为防火墙,它是安装了防火墙软件,并针对安全防护进行了专门设计的网络设备,本质上还是软件在控制。

防火墙一般安放在被保护网络的边界,要使防火墙起到安全防护的作用,必须做到以下几点:

(1) 所有进出被保护网络的通信必须通过防火墙。

(2) 所有通过防火墙的通信必须经过安全策略的过滤或者防火墙的授权。

(3) 防火墙本身是不可被侵入的。

1. 防火墙的目的和功能

使用防火墙的目的包括以下几个方面:

(1) 限制他人进入内部网络。

(2) 过滤掉不安全的服务和非法用户。

(3) 防止入侵者进入内部网络。

(4) 限定对特殊站点的访问。

(5) 监视局域网的安全。

防火墙具有的功能包括:

1) 访问控制功能

这是防火墙最基本也是最重要的功能,通过禁止或允许特定用户访问特定的资源,保护网络的内部资源和数据。禁止非授权的访问,识别哪个用户可以访问何种资源。

2) 内容控制功能

根据数据内容进行控制,如防火墙可以从电子邮件中过滤掉垃圾邮件,可以过滤掉内部用户访问外部服务的图片信息,也可以限制外部访问,使它们只能访问本地 Web 服务器中的一部分信息。

3) 全面的日志功能

完整地记录网络访问情况,包括内外网进出的访问。记录访问是什么时候发生的,进行了什么操作,以检查网络访问情况。就如银行的录像监视系统,记录下整体的营业情况,一旦有什么事发生,就可以看录像,查明事实。防火墙的日志系统也有类似的作用,一旦网络发生了入侵或者遭到破坏,就可以对日志进行审计和查询。

4) 集中管理功能

防火墙是一个安全设备,针对不同的网络情况和安全需要,需要制定不同的安全策略,然后在防火墙上实施,使用中还需要根据情况改变安全策略,而且在一个安全体系中,防火墙可能不止一台,所以防火墙应该是易于集中管理的,这样管理员就可以很方便地实施安全策略。

5) 自身的安全和可用性

防火墙要保证自身的安全,不被非法侵入,保证正常的工作。如果防火墙被侵入,防火墙的安全策略被修改,那么内部网络就变得不安全。防火墙也要保证可用性,否则网络就会中断,网络连接就失去意义。

2. 防火墙的局限性

安装防火墙并不能做到绝对安全,它有许多不足之处:

(1) 防火墙不能防范不经由防火墙的攻击。

例如,如果允许从受保护网内部不受限制地向外拨号,一些用户可以形成与 Internet 直接的连接,从而绕过防火墙,造成一个潜在的后门攻击渠道。

(2) 防火墙不能防止感染了病毒的软件或文件的传输。

只能在每台主机上装反病毒软件。因为病毒的类型太多,操作系统也有多种,不能期望防火墙去对每一个进出内部网络的文件进行扫描,查出潜在的病毒,否则,防火墙将成为网络中最大的瓶颈。

(3) 防火墙不能防止数据驱动式攻击。

有些表面看起来无害的数据通过电子邮件发送或者其他方式复制到内部主机上,一旦被执行就形成攻击。攻击可能导致主机修改与安全相关的文件,使得入侵者很容易获得对系统的访问权。

(4) 防火墙不能防范恶意的内部人员侵入。

内部人员了解内部网络的结构,如果他从内部入侵主机,或进行一些破坏活动,因为该通信没有通过防火墙,所以防火墙无法阻止。

(5) 防火墙不能防范不断更新的攻击方式。

防火墙的安全策略是在已知的攻击模式下制定的,所以对全新的攻击方式缺少阻止功能。防火墙不能自动阻止全新的侵入,所以以为安装了防火墙就可以高枕无忧的思想是危险的。

4.10.2　防火墙技术

防火墙技术几乎与路由器同时出现,最早的防火墙采用了包过滤技术。图 4-125 是防火墙技术的发展历史。

1989 年,贝尔实验室的 Dave Presotto 和 Howard Trickey 推出了电路层防火墙,同时提出了应用层防火墙(代理防火墙)的初步结构。

1992 年,USC 信息科学院的 BobBraden 开发出了基于动态包过滤技术的防火墙,后来演变为状态检测技术。1994 年,以色列的 CheckPoint 公司开发出了第一个采用这种技术

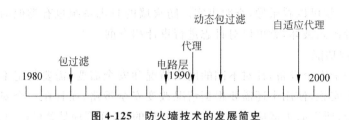

图 4-125　防火墙技术的发展简史

的商业化的产品。

1998 年，NAI 公司推出了一种自适应代理技术，并在其产品 Gauntlet Firewall for NT 中得以实现，给代理类型的防火墙赋予了全新的意义。

1. 包过滤技术

包过滤技术是防火墙在网络层中根据数据包中包头信息有选择地实施允许通过或阻断。依据防火墙事先设定的过滤规则，检查数据流中每个数据包头部，根据数据包的源地址、目的地址、TCP/UDP 源端口号、TCP/UDP 目的端口号及数据包头中的各种标志位等因素来确定是否允许数据包通过，其核心是安全策略即过滤规则的设计。

包过滤防火墙通常工作在网络层，因此也称为网络层防火墙。包过滤对单个包实施控制，根据数据包内部的源地址、目的地址、协议类型、源端口号及目的端口号、各种标志位以及 ICMP 消息类型等参数与过滤规则进行比较，判断数据是否符合预先制定的安全策略，从而决定数据包的转发或丢弃。

包过滤技术的发展经历了两个阶段：静态包过滤和动态包过滤。

1）静态包过滤技术

静态包过滤技术是指根据定义好的过滤规则审查每个数据包，以确定其是否与某一条包过滤规则匹配，过滤规则是基于数据包的报头信息制定的，通常也被称为访问控制表。静态包过滤防火墙工作方式如图 4-126 所示。

2）动态包过滤技术

动态包过滤技术采用动态设置包过滤规则的方法，避免了静态包过滤技术所带来的不灵活问题。采用这种技术的防火墙对通过其建立的每一个连接都进行跟踪，并且根据需要动态地在过滤规则中增加或更新条目。动态包过滤工作方式如图 4-127 所示。

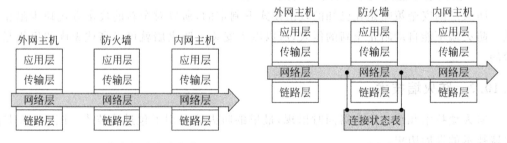

图 4-126　静态包过滤防火墙　　　　　　图 4-127　动态包过滤防火墙

包过滤技术作为防火墙的应用有两类：一是路由设备在完成路由选择和数据转发之外，同时进行包过滤，这是目前较常用的方式；二是在一种称为屏蔽路由器的路由设备上启动包过滤功能。

　　基于包过滤技术的防火墙实现起来比较简单,因此包过滤技术在防火墙上的应用非常广泛。由于 CPU 用来处理包过滤的时间相对很少,而且这种防护措施对用户透明,合法用户在进出网络时,根本感觉不到它的存在,使用起来很方便。

　　但是其缺点也是非常明显的。首先,在机器中配置包过滤规则比较困难。其次,当过滤规则增加到一定数量的时候,由于频繁的匹配工作会导致网络性能直线下降。最后,包过滤技术无法抵御一些特殊形式的攻击。

　　包过滤技术由于本身的缺陷性,现在已经逐渐为其他技术所取代。

2. 应用代理技术

　　所谓应用代理技术是指在 Web 主机上或在单独一台计算机上运行代理服务器软件,监测、侦听来自网络上的信息,对访问内部网的数据起到过滤作用,从而保护内网免受破坏。

　　代理服务器作用在应用层,它用来提供应用层服务的控制,在内部网络向外部网络申请服务时起到中转作用。内部网络只接受代理提出的服务请求,拒绝外部网络其他节点的直接请求。

　　具体地说,代理服务器是运行在防火墙主机上的专门的应用程序。防火墙主机可以是具有一个内部网络接口和一个外部网络接口的双重宿主主机,也可以是一些可以访问 Internet 并被内部主机访问的堡垒主机。这些程序接受用户对 Internet 服务的请求(如 FTP、Telnet),并按照一定的安全策略将它们转发到实际的服务中。

　　代理服务可以实现用户认证、详细日志、审计跟踪和数据加密等功能,并实现对具体协议及应用的过滤。这种防火墙能完全控制网络信息的交换,控制会话过程,具有灵活性和安全性,但可能影响网络的性能,对用户不透明,且对每一种服务都要设计一个代理模块,建立对应的网关层,实现起来比较复杂。

　　基于应用代理技术的防火墙经历了两个发展阶段:代理防火墙和自适应代理防火墙。

1) 代理防火墙

　　第一代代理防火墙也叫应用层网关防火墙。这种防火墙通过代理技术参与到一个 TCP 连接的全过程。它一般针对某一特定的应用使用特定的代理模块,由用户端的代理客户和防火墙端的代理服务器两部分组成,它不仅能理解数据包头的信息,还能理解应用信息内容本身。当代理服务器得到一个客户的连接请求时,它们将核实客户请求,并使用特定的安全代理应用程序来处理连接请求,将处理后的请求传递到真实的服务器上,然后接收服务器应答,做进一步处理后,将答复交给发出请求的最终客户。代理服务器在外部网络向内部网络申请服务时发挥了中转作用。代理防火墙的工作方式如图 4-128 所示。

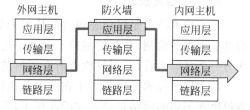

图 4-128　代理防火墙

　　应用网关技术是建立在网络应用层上的协议过滤,它针对特别的网络应用服务协议即数据过滤协议,并且能够对数据包进行分析并形成相关的报告。应用网关对某些易于登录和控制所有输入输出的通信环境给予严格的控制,以防止有价值的程序和数据被窃取。它的另一个功能是对通过的信息进行记录,如什么样的用户在什么时间连接了什么站点。在实际工作中,应用网关一般由专用工作站来完成。

应用层网关的优点是它易于记录并控制所有的进出通信,并对 Internet 的访问做到内容级的过滤,控制灵活而全面,安全性高。应用级网关具有登记、日志、统计和报告功能,有很好的审计功能,还可以具有严格的用户认证功能。应用层网关的缺点是需要为每种应用写不同的代码,维护比较困难,另外就是速度较慢。

2)自适应代理防火墙

自适应代理技术是将代理技术与包过滤技术相结合而产生的一种新技术,仍属于应用代理技术的一种。它结合了代理防火墙的安全性和包过滤防火墙的高速度等优点,在毫不损失安全性的基础上将代理防火墙的性能提高了数倍。

在自适应代理防火墙中,初始的安全检查仍然发生在应用层,一旦安全通道建立后,随后的数据包就可重新定向到网络层。在安全性方面,自适应代理防火墙与标准代理防火墙是完全一样的,同时还提高了处理速度。自适应代理技术可以根据用户定义的安全规则,动态"适应"传送中的数据流量。当安全要求较高时,安全检查仍在应用层中进行,保证实现传统防火墙的最大安全性;而一旦可信任身份得到认证,其后的数据便可直接通过速度快得多的网络层。自适应代理防火墙工作方式如图 4-129 所示。

包过滤技术通过特定的逻辑判断来决定是否允许特定的数据通过。其优点是速度快、实现方便。缺点是审计功能差,过滤规则的设计存在矛盾关系,即如果过滤规则简单,则安全性差;如果过滤规则复杂,则管理困难。一旦判断条件满足,防火墙内部网络的结构和运行状态便"暴露"在外来用户面前。

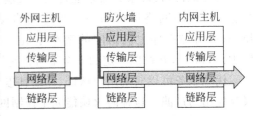

图 4-129　自适应代理防火墙

代理技术则能进行安全控制和加速访问,有效地实现防火墙内外计算机系统的隔离,安全性好,可以实现较强的数据流监控、过滤、记录和报告等功能。其缺点是对于每一种应用服务都必须为其设计一个代理模块来进行安全控制,而每一种网络应用服务的安全问题各不相同,分析困难,因此实现也困难。

在实际应用中,防火墙通常是多种解决不同问题的技术的有机组合。大多数防火墙将数据包过滤和代理服务器结合起来使用。

3. 状态检测技术

状态检测技术是以动态包过滤技术为基础发展起来的。不同于包过滤和应用代理技术的基于规则的检测,状态检测技术是基于连接状态的过滤,它把属于同一连接的所有数据包作为一个整体来看待,不仅检查所有通信的数据,还分析先前通信的状态。

状态检测技术采用了一个在网关上执行网络安全策略的软件引擎,称为检测模块。检测模块在不影响网络正常工作的前提下,采用抽取相关数据的方法对网络通信的各层实施监测。它把每个合法网络连接保存的信息(包括源地址、目的地址、协议类型、协议相关信息、连接状态和超时时间等)叫作状态,通过抽取部分状态信息,动态地将其保存起来,作为以后指定安全决策的参考。

要实现状态检测,最重要的是实现连接的跟踪功能。对于单一连接的协议来说相对比较简单,只需要数据包头的信息就可以进行跟踪。但对于一些复杂协议,除了使用一个公开端口的连接进行通信外,在通信过程中还会动态建立子连接进行数据传输,而子连接的端口信息是在主连接中通过协商得到的随机值。因此对于此类协议,用包过滤防火墙就只能打开所有端口才能允许通信,但这会带来很大的安全隐患。对于状态检测防火墙,则能够进一步分析主连接中的内容信息,识别出所协商的子连接的端口,在防火墙上将其动态打开,连接结束时自动关闭,充分保证系统的安全。

状态检测技术改进了包过滤技术仅考虑进出网络的数据包,而不关心数据包状态的缺点,在防火墙的核心部分建立状态检测表,并将进出网络的数据当成一个个的会话,利用状态表跟踪每一个会话的状态。状态检测对每一个包的检查不仅根据规则表,更考虑了数据包是否符合会话所处的状态,因此状态检测技术为防火墙提供了对传输层的控制能力。

尽管状态检测防火墙显著增强了简单包过滤防火墙的安全,但其安全性仍然无法和应用代理防火墙相比。其缺点在于状态检测防火墙仍然工作在网络层和传输层,无法像代理防火墙那样做到对连接的直接接管和控制。

4.10.3 包过滤防火墙

包过滤防火墙检查所有通过的数据包头部的信息,并按照管理员所给定的过滤规则进行过滤。在配置数据包过滤规则之前,需要明确允许或者拒绝什么服务,并且需要把策略转换成针对数据包的过滤规则。通过制定数据包过滤规则来控制哪些数据包能够进入或者流出内部网络。

数据包过滤在网络中起着重要的作用,可以在单点位置为整个网络提供安全保护。以WWW 服务为例,如果不想让外部用户访问内部的 WWW 服务,只要在包过滤路由器上加上安全规则,禁止外部对内部 WWW 服务的访问,则无论是否所有的内部网络主机都启动了 WWW 服务,它们都将得到保护,这样做很容易也很安全。数据包过滤对用户是透明的,不要求内部网络用户进行任何配置。

1. 数据包过滤的安全策略

一般的包过滤防火墙对数据包的数据内容不做任何检查,而只检查数据包的包头信息。数据包过滤的安全策略基于以下几种方式:

(1) 数据包的源地址或目的地址。

可以根据 IP 协议中的 IP 源地址和 IP 目的地址来制定安全规则,数据包过滤面对的最普遍的 IP 选项字段是源地址路由,源地址路由是由数据包的源地址来指定到达目的地的路由,而不是让路由器根据其路由表来决定向何处发送数据包。

(2) 数据包的 TCP/UDP 源端口或目的端口。

可以根据 TCP 协议中的源端口和目的端口来制定安全规则,因为 TCP 的源端口通常是随机的,所以通常不使用源端口进行控制。通过检查 TCP 标志字段,可以辨认这个 TCP数据包是 SYN 包,还是非 SYN 包。检查单独的 SYN 标志,就可以知道它是 TCP 连接中三次握手中的第一个请求,如果要禁止该连接,只要禁止这个包就可以了。

也可以根据 UDP 协议中的源端口和目的端口来制定安全规则。因为 UDP 的源端口通常是随机的,所以通常不使用源端口进行控制。

(3) 数据包的标志位。

(4) 用来传送数据包的协议。

2. 数据包过滤规则

在配置数据包过滤规则之前,需要明确允许或者拒绝什么服务,并且需要把策略转换成针对数据包的过滤规则。

在数据包过滤规则中有两种基本的安全策略:默认接受或默认拒绝。默认接受是指除非明确指定禁止某个数据包,否则数据包是可以通过的。而默认拒绝则相反,除非明确指定允许某个数据包通过,否则数据包是不可以通过的。从安全的角度讲,默认拒绝更安全。

在制定了数据包规则后,对于每一个数据包,路由器会从第一条规则进行检查,直到找到一个可以匹配它的规则,然后根据规则来决定是接受还是拒绝整个数据包;如果规则表中没有匹配的规则,则根据设置的安全策略进行处理,如默认拒绝,则这个数据包将被拒绝。

3. 状态检测的数据包过滤

当防火墙接收到初始化 TCP 连接的 SYN 包时,要对这个带有 SYN 的数据包进行安全规则检查。将该数据包在安全规则里依次比较,如果在检查了所有的规则后,该数据包都没有被接受,那么拒绝该次连接。如果该数据包被接受,那么本次会话的连接信息被添加到状态监测表,该表位于防火墙的状态检测模块中。对于随后的数据包,就将包信息和该状态监测表中所记录的连接内容进行比较,如果会话在状态表内,而且该数据包状态正确,该数据包被接受;如果不是会话的一部分,该数据包被丢弃。

这种方式提高了系统的性能,因为不是每一个数据包都要和安全规则比较。只有在新的请求连接的数据包到来时才和安全规则比较。所有的数据包与状态检测表的比较都在内核模式下进行,所以执行速度很快。

4. 数据包过滤的局限性

数据包过滤的局限性表现如下:

(1) 不能进行内容级控制。

例如对于一个 Telnet 服务器,不能做到禁止 user1 登录而允许 user2 登录。因为用户名是数据包内容部分的信息,过滤系统不能辨认从而无法控制。又如不能针对一个 FTP 服务器,允许用户下载某些文件,而禁止用户下载某些文件。因为文件名也属于数据包内容,所以不能辨认。

(2) 数据包的过滤规则制定比较复杂。

需要针对不同的 IP 或者服务制定很多的安全规则,而且过滤规则会存在冲突或者漏洞,检查起来相对困难。

(3) 有些协议不适合包过滤。

4.10.4 屏蔽主机防火墙

实际使用的防火墙系统一般会采用多种防火墙技术,如屏蔽主机防火墙和屏蔽子网防火墙。

屏蔽主机防火墙由包过滤路由器(屏蔽路由器)和堡垒主机(代理服务器)组成,堡垒主机配置在内部网络上,路由器则放置在内部网络和 Internet 之间,通过路由器把内部网络和外部网络隔开,如图 4-130 所示。

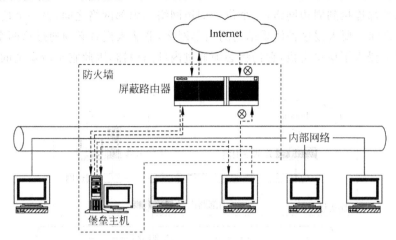

图 4-130　屏蔽主机防火墙

它所提供的安全等级比包过滤防火墙系统高,因为它实现了网络层安全(包过滤)和应用层安全(代理服务),入侵者在破坏内部网络的安全性之前,必须首先渗透两种不同的安全系统。

1. 堡垒主机

堡垒主机得名于古代战争中用于防守的坚固的堡垒,它位于内部网络的最外层,像堡垒一样对内部网络进行保护。堡垒主机可以防止内部用户直接访问 Internet,其作用就像一个代理,过滤掉未经授权的要进入 Internet 的流量。

在防火墙体系中,堡垒主机是 Internet 上的主机能连接到的唯一的内部网络上的系统。任何外部的系统要访问内部的系统或服务都必须先连接到这台主机,它是在 Internet 上公开的,在网络上最容易遭受非法入侵的设备。所以堡垒主机要保持更高等级的主机安全,防火墙设计者和管理人员需要致力于堡垒主机的安全,而且在运行期间对堡垒主机的安全给予特别的注意。

2. 屏蔽主机防火墙的原理和实现过程

堡垒主机位于内部网络上,包过滤路由器放置在内部网络和外部网络之间。在路由器上设置相应的规则,使得外部系统只能访问堡垒主机。由于内部主机和堡垒主机处于同一个网络,内部系统是否允许直接访问外部网络,或者是要求使用堡垒主机上的代理服务来访问外部网络完全由企业的安全策略来决定。对路由器的过滤规则进行配置,使其只接收来自堡垒主机的内部数据包,就可以强制内部用户使用代理服务。

4.10.5　屏蔽子网防火墙

屏蔽子网防火墙通过添加周边网络更进一步把内部网络和 Internet 隔开。

周边网络是一个被隔离的独立子网,充当了内部网络和外部网络的缓冲区,在内部网络与外部网络之间形成了一个"隔离带",这就构成一个所谓的"非军事区"(DeMilitarized Zone,DMZ)。

屏蔽子网防火墙的结构如图 4-131 所示。它由两个屏蔽路由器和堡垒主机组成,每一个屏蔽路由器都连接到周边网络,一个位于周边网络与内部网络之间,另一个位于周边网络与 Internet 之间。要入侵这种体系结构的内部网络,非法入侵者必须通过这两个路由器,即使非法入侵者侵入了堡垒主机,它仍将必须通过内部路由器,因此它是最安全的防火墙系统之一。

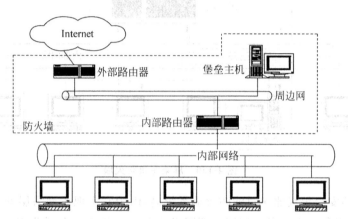

图 4-131 屏蔽子网防火墙

屏蔽子网防火墙具有以下优点:

(1) 入侵者必须突破三个不同的设备才能非法入侵由外部路由器、堡垒主机、内部路由器保护的内部网络。

(2) 由于外部路由器只能向 Internet 通告 DMZ 网络的存在,Internet 上的系统没有与内部网络相通。这样网络管理员就可以保证内部网络是"不可见"的,并且只有在 DMZ 网络上选定的服务才对 Internet 开放。

(3) 由于内部路由器只向内部网络通告 DMZ 网络的存在,内部网络上的系统不能直接通往 Internet,这样就保证了内部网络上的用户必须通过驻留在堡垒主机上的代理服务才能访问 Internet。

(4) 由于 DMZ 网络是一个与内部网络不同的网络,NAT(网络地址变换)可以安装在堡垒主机上,从而避免在内部网络上重新编址或重新划分子网。

4.10.6 防火墙的发展趋势

防火墙是信息安全领域最成熟的产品之一,为了满足日益提高的安全需求,防火墙也在不断发展,其主要发展趋势如下。

1. 模式转变

传统的防火墙通常都设置在网络的边界位置,不管是内网与外网的边界,还是内网中不同子网的边界,都以数据流进行分隔,形成安全管理区域。但恶意攻击的发起不仅仅来自于外网,内网也同样存在着很多安全隐患,对于这种问题,边界式防火墙处理起来是比较困难的。所以现在越来越多的防火墙产品以分布式为体系进行设计,以网络节点为保护对象,可以最大限度地覆盖需要保护的对象,大大提升安全防护强度。这不仅仅是单纯的产品形式的变化,还象征着防火墙产品防御理念的升华。

　　防火墙的几种基本类型各有优点,很多厂商将这些方式结合起来,以弥补单纯一种方式带来的漏洞和不足。比较简单的方式就是既针对传输层面的数据包特性进行过滤,同时也针对应用层的规则进行过滤,这种综合性的过滤设计可以充分挖掘防火墙核心功能的能力,是在自身基础之上进行再发展的最有效途径之一。目前较为先进的过滤方式是带有状态检测功能的数据包过滤,已经成为现有防火墙产品的一种主流检测模式。

　　目前,防火墙的信息记录功能日益完善,通过防火墙的日志系统,可以方便地追踪过去网络中发生的事件,还可以完成与审计系统的联动,具备足够的验证能力,以保证在调查取证过程中采集的证据符合法律要求。

2. 功能扩展

　　现在的防火墙产品已经呈现出集成多种功能的设计趋势,包括 VPN、AAA、PKI、IPSec 等附加功能,甚至防病毒、入侵检测这样的主流功能,都被集成到防火墙产品中了。防火墙已经逐渐向 IPS(入侵防御系统)的产品转化,很多时候已经无法分辨这样的产品到底是以防火墙为主,还是以其他某个功能为主。有些防火墙集成了防病毒功能,这样的设计会给管理性能带来不少提升,但同时也对防火墙产品的另外两个重要因素,性能和自身的安全问题,产生影响。

　　防火墙的管理功能一直在迅猛发展,并且不断地提供一些方便好用的功能给管理员,这种趋势仍将继续,更多新颖实效的管理功能会不断地涌现出来。当防火墙的规则被变更或类似的被预先定义的管理事件发生之后,报警行为会以多种途径发送至管理员,包括即时的短信或移动电话拨叫功能,以确保安全响应行为在第一时间被启动。将来,通过类似手机、PDA 这类移动处理设备也可以方便地对防火墙进行管理,当然,这些管理方式的扩展需要首先面对的问题还是如何保障防火墙系统自身的安全性不被破坏。

3. 性能提高

　　由于功能的扩展、应用的日益丰富、流量的日益复杂,未来的防火墙产品会呈现出更强的处理性能要求,所以,诸如并行处理技术等经济实用的性能提升手段将越来越多地应用在防火墙产品平台上。相对来说,单纯的流量过滤性能是比较容易处理的问题,而与应用层涉及越紧密,性能提高所需要面对的情况就会越复杂。在大型应用环境中,防火墙的规则库至少有上万条记录,而随着过滤的应用种类的提高,规则数量会以几何级数的程度上升,这是对防火墙负荷的考验。

　　除了硬件因素之外,规则处理的方式及算法也会对防火墙性能造成很明显的影响,所以在防火墙的软件部分也会融入更多先进的设计技术,并衍生出更多的专用平台技术,以缓解防火墙的性能要求。

4.10.7　使用天网防火墙保护终端网络安全

　　天网防火墙个人版是由天网安全实验室制作的给个人计算机使用的网络安全程序,它根据系统管理者设定的安全规则把守网络,提供强大的访问控制、信息过滤等功能,抵挡网络入侵和攻击,防止信息泄露。

　　天网防火墙把网络分为本地网和互联网,可以针对来自不同网络的信息设置不同的安全方案,其界面清晰易懂,适合个人使用,如图 4-132 所示。

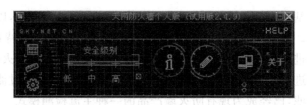

图 4-132　天网防火墙界面

防火墙启动后,单击界面中间的"应用程序网络使用情况"按钮,如果计算机中藏有木马,就可以立即发现。如图 4-133 所示,在列表中发现一个陌生的程序 r_server.exe 在监听4899 端口,很有可能是木马在等待指令,可以马上调用木马清理工具对其进行检查。

图 4-133　检查应用程序网络使用情况

在默认的规则中,天网防火墙能实现以下功能:

(1) 防止外部计算机探测到本机的 IP 地址并进一步窃取账号和密码。

(2) 防止外来的蓝屏攻击造成 Windows 系统崩溃以至死机。

(3) 防止用户的个人隐秘信息泄露。

(4) 防止黑客利用冰河等木马软件进行攻击。

(5) 形成一堵坚固的保护层,把所有来历不明的访问挡在层外,以保护用户的系统安全。

根据需要,用户还可以自行定义应用程序规则和 IP 规则。

1. 应用程序规则设置

可以根据需要对应用程序访问 Internet 进行限制,方法如下:

(1) 单击左侧的"应用程序规则"按钮,列出能够访问 Internet 的应用程序,如图 4-134所示。

(2) 单击程序名称后面的"选项"按钮,在"应用程序规则高级设置"界面中可以控制某些程序对 TCP 或 UDP 的访问权限以及可访问的端口等,如图 4-135 所示。

当一个没有被列在"应用程序规则"界面中的程序试图访问网络时,天网会发出如图 4-136所示的"警告信息"。

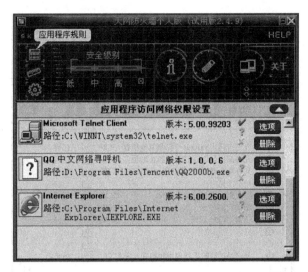

图 4-134 应用程序规则设置

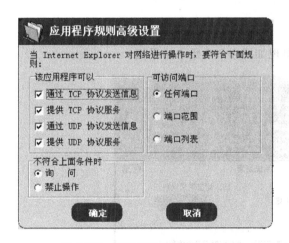

图 4-135 应用程序规则高级设置

图 4-136 警告信息

应当特别注意"地址"和"路径"两个条目,如果感到很陌生一定要提高警惕。特别是启动了一个不需要上网的程序也弹出这样的警告时要特别小心,因为有可能它正在偷偷地收集信息。

2. IP 规则设置

天网防火墙默认的安全规则是一套适合在普通情况下保护个人用户网络安全的规则集合,如果需要,可以单击左侧中间的"自定义 IP 规则"按钮进行一些比较复杂的设置,如图 4-137 所示。

通过 IP 规则来设定防火墙对 IP 的检查和过滤方式,以达到控制 IP 包过滤规则的目的。其中比较重要的是要选择"防御 ICMP 攻击"、"防御 IGMP 攻击"。如果要防止共享攻击,不要选中"允许局域网中的机器使用我的共享资源",要选中"禁止互联网上的机器使用

图 4-137　自定义 IP 规则

我的共享资源"。

3. 系统设置

单击左侧下方的"系统设置"按钮,出现如图 4-138 所示的界面。

图 4-138　系统设置

在"启动"项选中"开机后自动启动防火墙",天网防火墙将随着操作系统的启动自动启动。若选中"应用程序权限"项中的"允许所用的应用程序访问网络,并在规则记录这些程序",则所有的应用程序对网络的访问都默认为允许。单击"防火墙自定义规则"项中的"重置"按钮,所有个人设置的规则都将被删除。如果计算机在局域网内,则一定要设置好"局域网地址"项,这样防火墙就可以以这个地址来区分局域网或者 Internet 的 IP 来源。

4.11 入侵检测技术

入侵检测技术是近年来迅速发展起来的、主动保护自己免受攻击的一种网络安全技术。作为防火墙的合理补充,入侵检测技术能够帮助系统对付网络攻击,扩展了系统管理员的安全管理能力,提高了信息安全基础结构的完整性。

入侵检测系统(Intrusion Detection System,IDS)提供主动的网络保护,它从计算机网络系统中的若干关键点收集信息,并对其进行分析,自动检测网络流量中违反安全策略的行为或遭受潜在攻击的模式。传统操作系统加固技术和防火墙隔离技术等静态安全防御技术,对网络攻击手段缺乏主动反应,入侵检测作为动态安全的核心技术,很好地解决了这个问题。它通过研究入侵行为的过程与特征,使系统能够对入侵事件和入侵过程做出实时响应。

假如防火墙是一幢大楼的门卫,那么 IDS 就是这幢大楼里的监视系统。一旦小偷爬窗进入大楼,或内部人员有越界行为,只有实时监视系统才能发现情况并发出警告。不同于防火墙,IDS 入侵检测系统是一个监听设备,没有跨接在任何链路上,无须网络流量流经它便可以工作。

入侵检测技术自 20 世纪 80 年代初提出以来,经过三十多年的不断发展,从最初的一种有价值的研究想法和单纯的理论模型,迅速发展出种类繁多的各种实际原型系统,并且在近十年内涌现出许多商用入侵检测系统产品,已经成为计算机安全防护领域内不可缺少的一种重要的安全防护技术。

4.11.1 基本概念

入侵是对信息系统的非授权访问以及(或者)未经许可在信息系统中进行的操作,包括

(1) 外部入侵者:系统的非授权用户。

(2) 内部入侵者:超越合法权限的系统授权用户。

(3) 违法者:在计算机系统上执行非法活动的合法用户。

(4) 恶意程序的威胁:病毒、特洛伊木马程序、恶意 Java 或 ActiveX 程序等。

(5) 为未来攻击进行准备工作的活动:探测和扫描系统配置信息和安全漏洞。

入侵检测是对企图入侵、正在进行的入侵或者已经发生的入侵进行识别的过程。是从计算机网络或计算机系统中的若干关键点搜集信息并对其进行分析,从中发现网络或系统中是否有违反安全策略的行为和遭到袭击的迹象的一种机制。

入侵检测系统使用入侵检测技术对网络系统进行监视,并根据监视结果进行不同的安全动作,最大限度地降低可能的入侵危害。

例如,有一个连接着 Internet 的 Web 服务器,允许一定的客户、员工和一些潜在的客户访问存放在该 Web 服务器上的 Web 页面。然而不希望其他员工、顾客或未知的第三方的未授权访问。一般情况下,可以采用一个防火墙或者认证系统阻止未授权访问。然而,有时

简单的防火墙措施或者认证系统可能被攻破。入侵检测是一系列在适当的位置上对计算机未授权访问进行警告的机制。对于假冒身份的入侵者,入侵检测系统也能采取一些措施来拒绝其访问。

1. 入侵检测系统的基本任务

入侵检测系统的基本任务包括:

(1) 监视并分析用户和系统的活动;

(2) 核查系统配置和漏洞;

(3) 评估系统关键资源和数据文件的完整性;

(4) 识别已知的攻击行为;

(5) 统计分析异常行为;

(6) 操作系统日志管理并识别违反安全策略的用户活动。

对一个成功的入侵检测系统来讲,它不但可使系统管理员时刻了解网络系统的任何变更,还能为网络安全策略的制定提供指南。更为重要的是它管理、配置简单,从而使非专业人员可以通过 IDS 系统非常容易地获得网络安全。而且入侵检测系统还会根据网络威胁、系统构造和安全需求的改变而改变。入侵检测系统在发现入侵后,会及时做出响应,包括切断网络连接、记录事件和报警等。

2. 入侵检测系统的工作方式

入侵检测系统就像是一个有着多年经验、熟悉各种入侵方式的网络侦察员,通过对数据流的分析,从数据流中过滤出可疑数据包,通过与已知的入侵方式进行比较,确定入侵是否发生以及入侵的类型并进行报警。

网络管理员可以根据这些报警确切地知道所受到的攻击并采取相应的措施。可以说,入侵检测系统是网络管理员经验积累的一种体现,它极大地减轻了网络管理员的负担,降低了对网络管理员的技术要求,提高了网络安全管理的效率和准确性。

目前大部分网络攻击在攻击前都有一个搜集资料的过程,如基于特定系统的漏洞攻击,在攻击之前需要进行端口扫描,以确认系统的类型以及漏洞相关的端口是否开启。某些攻击在初期就表现出较为明显的特征,如假冒有效用户登录,攻击初期的登录尝试具有明显的特征。对于这两类攻击,入侵检测系统可以在攻击的前期准备时期或是在攻击刚刚开始的时候进行确认并发出警报。同时入侵检测系统可以对报警的信息进行记录,为以后的一系列实际行动提供证据支持。这就是入侵检测系统的预警功能。

入侵检测一般采用旁路侦听机制,因此不会产生对网络带宽的大量占用,系统的使用对网内外的用户来说是透明的,不会有任何的影响。入侵检测系统的单独使用不能起到保护网络的作用,也不能独立地防止任何一种攻击。但它是整个网络安全系统的一个重要组成部分,它扮演着网络安全系统中侦察与预警的角色,协助网络管理员发现并处理任何已知的入侵。可以说,它是对其他安全系统的有力补充,弥补了防火墙在高层上的不足。通过对入侵检测系统所发出警报的处理,网络管理员可以有效地配置其他安全产品,使整个网络安全系统达到最佳工作状态,尽可能降低因攻击带来的损失。

3. 入侵检测系统的基本结构

入侵检测系统的基本结构包括信息收集、信息分析和结果处理三部分,如图 4-139

所示。

1）信息收集

信息收集是入侵检测的第一步，IDS 收集到
的数据是它进行检测和决策的基础。

信息收集的内容包括系统、网络、数据及用户
活动的状态和行为。

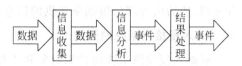

图 4-139　入侵检测系统的基本结构

信息收集的方法包括直接监控法和间接监控法。直接监控是指从数据生成地或属地直
接获取数据；间接监控是指从能反映监控目标行为的数据源处获取数据。直接监控要优于
间接监控，这是因为：

（1）从非直接数据源获取的数据在被 IDS 使用之前，有被入侵者修改的潜在可能。

（2）非直接数据源可能无法记录某些事件。

（3）从间接数据源获取的数据量一般都非常大，直接监控方法生成的数据量相对较小。

（4）间接监控机制的伸缩性差。

（5）直接监控的时延小得多，这样 IDS 才能据此做出更及时的响应。

入侵检测的信息收集工具包括外部探测器和内部探测器。外部探测器的形式是监控组
件与被监控程序分离，而内部探测器则在所监控的程序代码内实现。由于内部探测器实现
起来难度较大，所以在现有的 IDS 产品中，只有很少一部分采用。

2）信息分析

对于采用上述方法收集到的有关系统、网络、数据及用户活动的状态和行为等信息，一
般通过三种技术手段进行分析：模式匹配、统计分析和完整性分析。其中模式匹配和统计
分析方法用于实时的入侵检测，完整性分析则用于事后分析。

模式匹配就是将收集到的信息与已知的网络入侵和系统误用模式数据库进行比较，从
而发现违背安全策略的行为。该方法的一大优点是只需收集相关的数据集合，显著减小了
系统负担，且技术已相当成熟。它与病毒防火墙采用的方法一样，检测准确率和效率都相当
高。但是，该方法存在的弱点是需要不断升级以对付不断出现的黑客攻击手法，不能检测到
从未出现过的黑客攻击手段。

统计分析方法首先给系统对象创建一个统计描述，统计正常使用时的一些测量属性。
测量属性的平均值将被用来与网络、系统的行为进行比较，任何观察值在正常值范围之外
时，就认为有入侵发生。其优点是可以检测到未知的入侵和更为复杂的入侵，缺点是误报、
漏报率高，且不适应用户正常行为的突然改变。具体的统计分析方法如基于专家系统的、基
于模型推理的和基于神经网络的分析方法，目前是研究的热点，并正处于迅速发展之中。

完整性分析主要关注某个文件或对象是否被更改，包括文件和目录的内容及属性，它在
发现被更改的应用程序方面特别有效。其优点是不管模式匹配方法和统计分析方法能否发
现入侵，只要攻击导致了文件或其他对象的任何改变，它都能够发现。缺点是一般以批处理
方式实现，不能用于实时响应。

3）结果处理

结果处理包括主动响应、被动响应或者两者的混合。

主动响应就是当攻击或入侵被检测到时，自动做出一些动作。包括收集相关信息、中断
攻击过程、阻止攻击者的其他行动、反击攻击者。

被动响应提供攻击和入侵的相关信息,包括报警和告示、SNMP 协议通知、定期事件报告文档,然后由管理员根据所提供的信息采取相应的行动。

4. 入侵检测系统的分类

根据入侵检测系统的检测对象和工作方式的不同,入侵检测系统主要分为两大类:基于主机的入侵检测系统和基于网络的入侵检测系统。

从数据分析手段看,入侵检测通常可以分为滥用入侵检测和异常入侵检测。

滥用入侵检测的技术基础是分析各种类型的攻击手段,并找出可能的“攻击特征”集合。滥用入侵检测利用这些特征集合或者对应的规则集合,对当前的数据来源进行各种处理后,再进行特征匹配或者规则匹配工作,如果发现满足条件的匹配,则指示发生了一次攻击行为。

异常入侵检测的假设条件是对攻击行为的检测可以通过观察当前活动与历史正常活动情况之间的差异来实现。

比较而言,滥用入侵检测比异常入侵检测具备更好地确定解释能力,即明确指示当前发生的攻击手段类型,因而在诸多商用系统中得到广泛应用。另一方面,滥用入侵检测具备较高的检测率和较低的虚警率,开发规则库和特征集合相对于建立系统正常模型而言,也要更方便、更容易。滥用检测的主要缺点在于一般只能检测到已知的攻击模式。而异常检测的优点是可以检测到未知的入侵行为。

从现有的实际商用系统来看,大多数都是基于滥用入侵检测技术的。不过,在若干种优秀的入侵检测系统中,也采用了不同形式的异常入侵检测技术和对应的检测模块。

4.11.2　基于主机的入侵检测系统

基于主机的入侵检测系统通常从主机的审计记录和日志文件中获得所需要的主要数据源,并辅之以主机上的其他信息,在此基础上完成检测攻击行为的任务。

基于主机的入侵检测系统用于保护单台主机不受网络攻击行为的侵害,需要安装在被保护的主机上。它直接与操作系统相关,控制文件系统以及重要的系统文件,确保操作系统不会被随意地删改,能够及时发现操作系统所受到的侵害,并且由于它保存一定的校验信息和所有系统文件的变更记录,所以在一定程度上还可以实现安全恢复。

1. 基于主机的入侵检测系统的优缺点

基于主机的入侵检测系统的优点是:能够较为准确地监测到发生在主机系统高层的复杂攻击行为,其中许多发生在应用进程级别的攻击行为是无法依靠基于网络的入侵检测来完成的。

基于主机的入侵检测系统的缺点是:严重依赖于特定的操作系统平台;由于运行在保护主机上,会影响宿主机的运行性能;通常无法对网络环境下发生的大量攻击行为做出及时的反应。

2. 基于主机的入侵检测系统的部署

基于主机的入侵检测系统主要安装在关键主机上,这样可以减少规划部署的花费,使管理的精力集中在最重要最需要保护的主机上。同时,为了便于对基于主机的入侵检测系统的检测结果进行及时检查,需要对系统产生的日志进行集中。通过进行集中的分析、整理和显示，可以大大减少对网络安全系统日常维护的复杂性和难度。由于基于主机的入侵检测系统本身需要占用服务器的计算和存储资源，因此，要根据服务器本身的空闲负载能力选取不同类型的入侵检测系统并进行专门的配置。

4.11.3　基于网络的入侵检测系统

基于网络的入侵检测系统通过监听网络中的数据包来获得必要的数据来源，并通过协议分析、特征匹配、统计分析等手段发现当前发生的攻击行为。

基于网络的入侵检测系统通常作为一个独立的个体放置在被保护的网络上，它使用原始的网络分组数据包作为进行攻击分析的数据源，通过将实际的数据流量记录与入侵模式库中的入侵模式进行匹配，寻找可能的攻击特征。如果是正常数据包，则允许通过或留待进一步分析；如果是不安全的数据包，则可以进行阻断网络连接等操作，在这种情况下，还可以重新配置防火墙以阻断相应的网络连接，共同保护主机的安全。一旦检测到攻击，入侵检测系统应答模块通过通知、报警以及中断连接等方式来对攻击做出反应。

1. 基于网络的入侵检测系统的优缺点

基于网络的入侵检测系统的优点是：提供实时的网络行为检测、同时保护多台网络主机、具有良好的隐蔽性、有效保护入侵证据、不影响被保护主机的性能。

基于网络的入侵检测系统的缺点是：防入侵欺骗的能力较差、在交换式网络环境中难以配置、检测性能受硬件条件限制、不能处理加密后的数据。

基于网络的入侵检测系统和基于主机的入侵检测系统都有各自的优势和不足，这两种方式各自都能发现对方无法检测到的一些网络入侵行为，如果同时使用互相弥补不足，会起到良好的检测效果。

2. 基于网络的入侵检测系统的部署

基于网络的入侵检测系统可以在网络的多个位置对网络入侵检测器进行部署。入侵检测的部署点可以划分为 4 个位置：DMZ 区、外网入口、内网主干、关键子网，如图 4-140 所示。

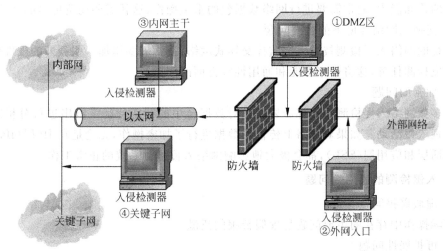

图 4-140　系统设置

根据检测器部署位置的不同，入侵检测系统具有不同的工作特点。用户需要根据自己的网络环境以及安全需求进行网络部署，以达到预定的网络安全需求。

4.11.4　现有入侵检测技术的局限性

入侵检测系统是企业安全防御系统中的重要部件，但入侵检测系统并不是万能的，现有的入侵检测技术还存在许多不足。

1. 主机入侵检测技术存在的问题

1）对系统性能的影响

主机入侵检测依赖部署在目标主机上的代理进行工作，并且通常是在分布式的网络系统内部署多个检测代理组件来完成对目标系统的安全监控。主机入侵检测对系统性能的影响体现在两个方面：

（1）目标主机上生成的审计数据量通常是很大的，而负责处理这些审计数据的代理势必要占据主机的处理能力，从而影响主机的运行性能；

（2）如果主机代理需要通过网络将数据和报警信号传送到控制台进行统一处理，则大量代理所发送的网络数据包会占用可观的带宽资源，从而影响网络的运行性能。

通常需要根据具体情况，在两种不同性能影响情况中进行折中处理。

2）部署和维护的问题

由于主机入侵检测需要在每个目标机上都至少部署一个代理，所以如何实现方便的统一部署、管理和维护工作是一项困难的工作，特别是在分布式的网络环境下尤其如此。

3）安全问题

代理直接部署在目标系统上，因此获得非法权限的用户可以直接关闭该代理的运行并删除该代理。主机上的审计记录来源同样较容易被恶意地删改，从而躲避过主机入侵检测。

2. 网络入侵检测技术面临的主要问题

1）高速网络环境下的检测问题

网络带宽的增长速度已经超过了计算能力的提高速度，尤其对于入侵检测而言，为了保证必需的检测能力，通常需要进行网络数据包的重组操作，这就需要耗费更多的计算能力。

2）交换式网络环境下的检测问题

传统的网络入侵检测技术无法监控交换式网络，通常需要添加一些额外的硬件措施，才能够完成检测任务，这将带来性能和通用性等方面的问题。

3）加密的问题

大多数网络入侵检测技术都需要通过对数据包中的特定特征字符串进行分析匹配，才能够发现入侵活动。如果对网络上传输的数据进行了加密操作，无论是在 IP 层（IPSec），还是在会话层和应用层（SSL），都会极大地影响网络入侵检测系统的正常工作。

3. 入侵检测的通用性问题

1）虚假警报问题

实际操作中存在的主要问题是虚假警报的泛滥。

2）可扩展性问题

可扩展性问题可以分为时间上的扩展性和空间上的扩展性。

3）管理问题

首先考虑与网络管理系统的集成问题；其次是如何来管理入侵检测系统内部可能存在的大量部件。

4）支持法律诉讼

现有的入侵检测系统对于法律诉讼的支持问题，设计考虑还不太完善。

5）互操作性问题

未来的各种入侵检测系统必须能够遵循统一的数据交换格式和传输协议，从而能够方便地共享信息，更好地进行协同工作。

4.11.5　Windows 简单安全入侵检测

Windows 自带了强大的安全日志系统，从用户登录到特权的使用都有很详细的记录，但是在默认安装下安全审核是关闭的。

1. 打开安全审核

执行"控制面板"|"管理工具"|"本地安全策略"|"本地策略"|"审核策略"命令，在如图 4-141 所示的窗口中打开需要的审核。

图 4-141　本地安全设置

审核策略确定是否将安全事件记录到计算机上的安全日志中，同时也确定是否记录登录成功或登录失败，或两者都记录。一般来说，"审核登录事件"和"审核账户管理"是人们最关心的事件，要同时打开其成功和失败审核，对于其他的审核也要打开失败审核。打开的方法是双击对应的策略，如双击"审核登录事件"，出现如图 4-142 所示的对话框，然后选择成功审核和失败审核。

2. 查看安全日志

设置安全日志后应该制定一个安全日志的检查机制，因为入侵者一般都是晚上行动的，所以上午的第一件事就是查看日志是否有异常。执行"控制面板"|"管理工具"|"事件查看器"命令，在如图 4-143 所示的"事件查看器"窗口中可以进行安全日志的查看。

除了安全日志，应用程序日志和系统日志也是非常好的辅助检测工具。一般来说，入侵者除了在安全日志中留下痕迹，在系统和应用程序日志中也会留下蛛丝马迹。

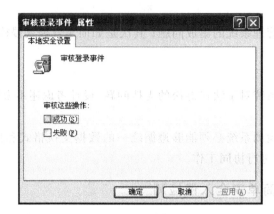

图 4-142　审核的设置

图 4-143　事件查看器

【例 4-12】　查看上网时间。

(1) 在"事件查看器"左侧的窗口中右单击"系统",执行"属性"命令,在"系统属性"对话框中打开"筛选器"选项卡,在"事件来源"中选择 RemoteAccess,如图 4-144 所示。

图 4-144　筛选 RemoteAccess 事件

（2）单击"确定"按钮，回到"事件查看器"主窗口，在右边的界面中就会显示出上网的开始时间和结束时间，相邻的两个时间中较早的就是开始上网的时间，较晚的则是下线的时间，如图 4-145 所示。

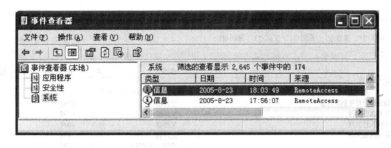

图 4-145　上网时间的查看

【例 4-13】　查看计算机开关机时间。

（1）在"事件查看器"左侧的界面中右键单击"系统"，执行"属性"命令，在"系统属性"对话框中打开"筛选器"选项卡，在"事件来源"中选择 eventlog。

（2）单击"确定"按钮，回到"事件查看器"主窗口，双击界面右侧的某条记录，如果在出现的对话框中显示"事件服务已启动"，对应的时间就是计算机开机或重新启动的时间；如果描述的信息是"事件服务已停止"，其对应的时间就是计算机的关机时间，如图 4-146 所示。

图 4-146　查看计算机开关机时间

4.11.6　主机入侵防御系统

主机入侵防御系统（Host Intrusion Prevent System，HIPS）与传统意义的防火墙和杀毒软件不同，它并不具备特征码扫描和主动杀毒等功能，它是一种将系统控制权交给用户的防御体系,它的作用是让用户了解一个进程的加载情况并让用户决定这个进程能否运行,换句话说,系统的安全性取决于用户本身。如图 4-147 所示的是 HIPS 软件 Malware Defender。

图 4-147　HIPS 软件

目前主机入侵防御系统可提供三种防御:应用程序防御体系(Application Defend, AD)、注册表防御体系(Registry Defend,RD)、文件防御体系(File Defend,FD)。它通过可定制的规则对本地的运行程序、注册表的读写操作以及文件的读写操作进行判断并允许或禁止。这三种体系合称为 3D,根据实际情况,并非所有 HIPS 都提供了完整的 3D 体系,例如文件防御体系就经常被取消。

1. 应用程序防御体系

AD 是大部分 HIPS 最重要的功能,这个功能的优劣足以直接影响系统安全。

AD 通过拦截系统调用函数来达到监视目的,当一个程序请求执行时,系统会记录该程序的宿主,即该程序的执行请求由哪个程序发出。

在 Windows 里,用户启动的程序,其宿主为 Windows 外壳程序 Explorer. exe。因为用户的交互界面是由该程序负责的,用户双击鼠标执行一个程序时,实际上就是通过 Explorer. exe 向内核传递的消息,于是它便成为用户程序的宿主。

并非所有程序都是通过 Explorer. exe 执行的,系统自身也执行着许多基本进程,这些进程几乎都由 smss. exe 所产生。而这些通过 smss. exe 产生的进程又能成为其他进程的宿主,如 services. exe 成为 svchost. exe 的宿主等,这些层层叠叠的关系被称为"进程树"(Process Tree)。

当程序执行的请求被系统捕获后,系统会产生一个创建进程的函数调用,称为

CreateProcess,位于 kernel32.dll。这个函数的功能是执行一些基本的初始化工作,然后将程序请求封装传递到内核接口 ntdll 的 NtCreateProcess 函数中。该函数把有关的参数从用户空间拷贝到内核并做进一步处理,直至最后新的进程被成功创建,而 ntdll 也只是个内核接口而已,实际的内核体是 ntoskrnl.exe。程序员通过编写内核驱动拦截 NtCreateProcess、NtCreateSection 等函数就实现了对创建进程的控制。在这点上,病毒作者和安全专家做的事情都是相同的,只不过用来实现破坏系统安全作用的被称为 Rootkit 木马,用来保护系统的被称为"应用程序防御体系"而已。HIPS 的"应用程序防御体系"也是通过驱动拦截实现的,只是它把创建进程的决定权交给用户。

在 HIPS 的监视下,当一个进程被请求创建时,用户层的应用程序接口函数 CreateProcess 被拦截并被获取调用参数来分析出程序的执行体和宿主等,然后 HIPS 将这个执行请求挂起(暂停执行 CreateProcess 及以后的步骤),并于桌面弹出一个对话框报告用户当前拦截的进程创建信息,其中包括执行体、宿主、被拦截的 API 等,最后等待用户决定是否继续让其执行。

用户必须具备相关的进程概念,如桌面快捷方式和幕后调用的可执行程序实际文件名的对应关系,这样才不至于出现一头雾水的后果。用户的决定对于系统安全才是致命的。

HIPS 的 AD 体系不仅能拦截到用户或某个程序产生的进程创建请求,它还能拦截到进程产生的所有操作,如 DLL 加载、组件调用等,这样也能用它来拦截一些 DLL 形态的进程注入。

例如,用户在浏览网页时,HIPS 突然报告说浏览器进程"试图创建 123.exe 进程",或者运行某些安装程序时 HIPS 拦截到该安装程序"试图创建 1.exe 进程",只要用户选取了"拒绝执行"功能,这些潜在的木马就无法入侵用户的系统了——但是要注意一点,那就是木马本体已经被释放或下载回来了,只是它们无法被执行而已。

HIPS 不是杀毒软件,它不能阻止非法程序的下载和释放,更不提供自动删除文件的功能,它所做的,只是拦截进程操作而已,使用 HIPS 保护的系统安全取决于用户自身。

2. 注册表防御体系

在 Windows 系统结构中,注册表一直扮演着一个重要角色,许多非法程序和木马也是通过修改注册表达到许多黑暗目的的,如主页修改劫持等。而木马等程序的自启动也是由注册表的启动项负责的,因此,要进一步确保系统安全的话,对注册表的监视保护是必须的。

许多注册表监视工具并不能帮助用户保护注册表,因为它们仅仅是位于用户层的程序而已,其调用的 API 函数也是经过层层封装返回的,在当前许多进入了核心层的木马面前,这些程序根本就是被耍猴的对象。

要正确监视到真正的注册表操作,就必须进入核心层,抢先拦截到系统相关的底层注册表操作函数,这就是注册表防御体系的工作。

系统提供了一系列的注册表读写访问函数来实现用户层的功能,而这些 API 和之前提到的创建进程函数一样,也是一种对系统内核导出函数的封装传递。如果相关函数被驱动木马拦截,普通的注册表监视程序,包括系统自带的注册表编辑器也无法发现某些项目或执行相关操作,这就是"删不掉的启动项"的来由。

在内核层中,注册表的名称并非为 Registry,而是 HIVE(蜂巢),它的数据结构称为 Cell(蜂室),这是最底层最不可被欺骗的注册表形态结构。许多高级的 Rootkit 分析程序都提供分析注册表的功能,实际上就是通过分别读取用户层返回和 HIVE 数据结构来判断对比系统中是否存在被恶意隐藏的数据项的。分析 HIVE 文件是漫长的过程,这是对付高级隐藏时才不得已而为之的方法,而平时安全工具只需要拦截到内核层导出的操作函数如 NtOpenKey、NtCreateKey、NtQueryKey 等就可以了,这正是注册表防御体系要做的事情。

RD 默认提供了对几个常见的系统敏感注册表项进行监视,如启动项、服务驱动项、系统策略项、浏览器设置项等。所有木马要自启动都必须经过启动项或服务驱动项的添加修改来实现,如要对浏览器进行劫持和主页修改就得通过修改浏览器设置项等,而这些操作默认都被 RD 视为敏感行为而拦截挂起,并弹出警告框报告用户该次操作的具体内容和发出操作请求的执行体。操作最终能否通过也同样取决于用户本身,由于它拦截了系统核心层导出的 API 函数,无论是木马还是用户程序的操作都逃不过法眼,从而实现了真正有效的监视和拦截。

3. 文件防御体系

FD 的作用是监视系统敏感目录的文件操作,如修改删除系统目录里的任何文件或创建新文件等,也可用来发现被驱动木马隐藏的文件本体。

FD 体系在许多杀毒软件里已经提供,一部分 HIPS 为了提高效率,并不具备 FD,因为它相对要消耗的资源比较大。

实现文件防御体系的要点同样也是拦截系统底层函数如 NtOpenFile 等。HIPS 默认对系统敏感目录进行监控保护,一旦发现异常读写,则把相关操作挂起,并提示用户是否放行。

FD 不仅仅只有 HIPS 提供,其他安全工具如 360 安全卫士、超级巡警等也具备此功能,该功能运作起来要比前两者消耗的资源大些。

【例 4-14】 应用沙盘、影子系统打造综合防御系统。

(1) 沙盘,也叫沙箱,是 HIPS 的一种,称为沙盘 HIPS。电脑就像一张纸,程序的运行与改动,就像将字写在纸上。而沙盘就相当于在纸上放了块玻璃,程序的运行与改动就像字写在了那块玻璃上,除去玻璃,纸上还是一点改变都没有。

(2) 沙盘在运行的程序与系统之间建立一个隔离层,运行程序时,就会将程序直接调入该隔层中。此后,程序对系统所做的修改,都会被限制在这个隔离层中,而不会真正地去触及系统。这样的话,就算电脑感染了病毒和木马,也不会对系统造成真正的伤害。

(3) 允许在"沙盘环境"中运行浏览器或其他程序,在沙盘中运行的程序所产生的变化可以随时删除。可用来保护浏览网页时真实系统的安全,也可以用来清除上网、运行程序的痕迹,还可以用来测试软件、测试病毒等用途。即使在沙盘进程中下载的文件,也可以随着沙盘的清空而删除。主流沙盘包括 defensewall、geswall、bufferzone、sandboxie 等。

(4) 安装、运行 sandboxie,如图 4-148 所示。

(5) 右键单击"沙盘 DefaultBox",执行"在沙盘中运行"|"运行网页浏览器",如图 4-149 所示。

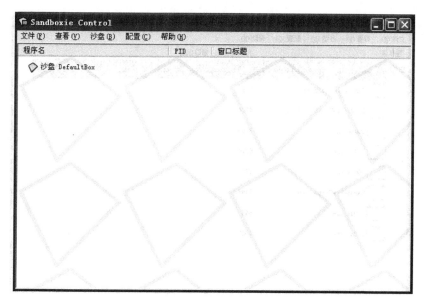

图 4-148　Sandboxie

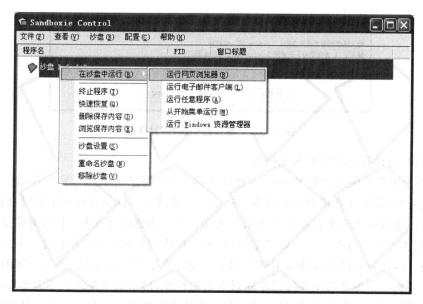

图 4-149　在沙盘中运行网页浏览器

（6）弹出默认浏览器，同时，沙盘中显示相关的程序名，如图 4-150 所示。

（7）右键单击"沙盘 DefaultBox"，执行"在沙盘中运行" | "运行任意程序"，出现如图 4-151 所示的"在沙盘中运行"对话框。

（8）单击"浏览"按钮，选择所需要在沙盘中运行的程序即可。

（9）沙盘与虚拟机（VMWare、Microsoft Virtual PC 等）的不同之处：虚拟机是在真实的系统中建立一个完全虚拟的另一个操作系统（如在 Windows 中虚拟 Linux）；沙盘并不需要虚拟整个计算机，它只根据现有系统虚拟一个环境，让指定程序运行在其中。这样比较节

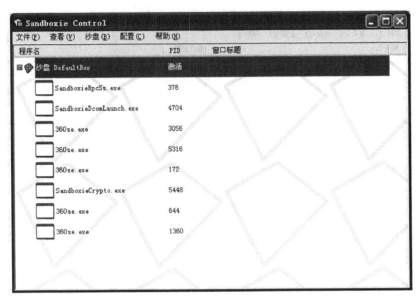

图 4-150　沙盘中显示相关的程序名

图 4-151　"在沙盘中运行"对话框

约系统资源,对计算机配置要求也较低。

(10) 影子系统隔离保护 Windows 操作系统,同时创建一个和真实操作系统一模一样的虚拟化系统,就像计算机的虚拟替身。进入影子模式可以保证在使用电脑时,因为无意操作发生破坏电脑的改变不会被保存下来。例如:不小心删除了文件,上网浏览留下垃圾文件,计算机不小心中毒等。进入影子系统后,所有操作都是虚拟的,不会对真正的系统产生任何影响。因此所有的病毒和流氓软件都无法侵害真正的操作系统,因为侵害的只是原来系统的影子而已。安装影子系统后不降低电脑的性能,启动影子系统也不需要等待的时间。此外影子系统的应用非常广泛,如果想安装一个软件做测试;如果打算浏览很多网页,又不想网址被记录;如果想阅读一封可疑的邮件或者打开一个可疑的网站链接,影子系统将是系统安全的选择。常用的影子系统有:Power Shadow、Shadow Defender、冰冻精灵等。

(11) 安装 Power Shadow 后,开机会出现三个模式选择菜单:正常模式、单一影子模式、完全影子模式,如图 4-152 所示。

(12) 模式选择也可以在系统启动后,在"模式选择"中,单击相应的"进入"按钮实现,如图 4-153 所示。

图 4-152　开机菜单

图 4-153　选择工作模式

（13）如果选择单一影子保护模式，电脑的系统盘（通常情况下为 C 盘）会被保护起来。在单一影子模式下，木马或病毒攻击系统都是无效的，重启后就会消失。可以将需要保存的工作存储在系统盘以外的分区盘符。

（14）如果选择进入完全影子模式保护，影子系统会保护整台电脑的所有盘符，木马或病毒对电脑中任何盘符的攻击都是无效的，重启后就会消失。可以将需要保存的工作存至非保护的分区或者移动硬盘。

（15）如果需要保存文件到 C 盘，或升级 C 盘的软件，则进入正常模式。

（16）由于在影子模式下所做的任何改变都将在重启后消失，因此如果想要修改系统设置、安装新软件、增加删除修改文件等，选择正常模式就可以了。修改后再进入影子模式，这样既可以保护电脑，也可以正常工作、学习和娱乐。

（17）沙盘与影子系统的区别：沙盘是对电脑的局部进行保护，影子系统是对整个系统进行保护。沙盘一般是设置某个程序在"沙盘"中运行，而不是将整个 Windows 都置于"影子"模式下。也就是可以很灵活地设置一个或几个觉得"危险"的程序运行在"沙盘"，而其他一切则正常运行。因此，对普通用户来说，沙盘的局部保护功能可能会更加方便。而且，用户还可以设置让沙盘像影子系统一样对整个系统进行保护。

4.12　数 据 备 份

数据备份是把文件或数据库从原来存储的地方复制到其他地方的活动，其目的是为了在设备发生故障，或发生其他威胁数据安全的灾害时保护数据，将数据遭受破坏的程度降到最小。

4.12.1　数据备份与恢复

备份方法有"重点备份"和"全面备份"两种，"重点备份"只选择重要的数据和文档进行备份,速度较快,适宜经常进行;"全面备份"是对所有文件进行备份,速度较慢,不宜经常进行。

1. 基本备份方法

Windows 自带了功能强大的备份工具,通常情况下完全可以满足日常备份的需要,操作步骤如下:

(1) 执行"开始"|"程序"|"附件"|"系统工具"|"备份",出现如图 4-154 所示的备份工具主界面。

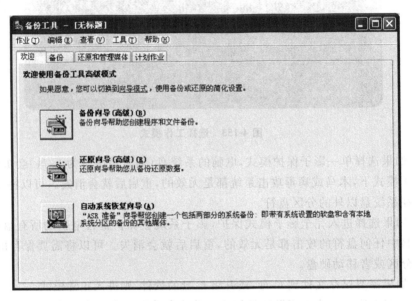

图 4-154 备份工具主界面

(2) 单击"备份向导"按钮,出现欢迎页面,如图 4-155 所示。

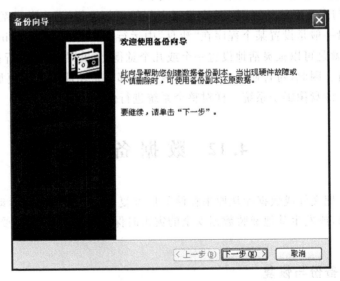

图 4-155 备份向导欢迎页面

（3）单击"下一步"按钮，出现图 4-156。

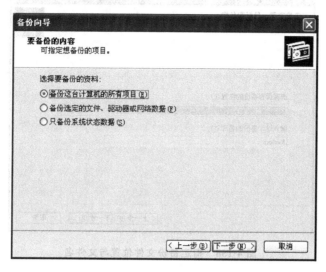

图 4-156　指定备份项目

（4）通常选择"备份指定的文件、驱动器或网络数据"，单击"下一步"，出现图 4-157。

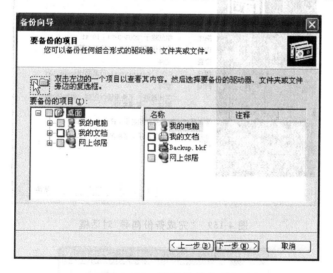

图 4-157　选择备份内容

（5）选中需要备份的文件或文件夹前面的复选框，单击"下一步"按钮，出现图 4-158。

（6）选择保存的位置，输入备份文件的名称，单击"下一步"按钮，出现图 4-159。

（7）单击"完成"按钮，系统进行备份，备份结束后，出现图 4-160。

2. 高级备份功能

（1）在"完成备份向导"对话框中单击"高级"按钮可以进行更多的设置，如图 4-161 所示。

"备份"程序支持 5 种方法备份计算机或网络上的数据。

"正常"是最常用的备份类型，效率比较高，使用这种备份类型进行备份时，已经备份的

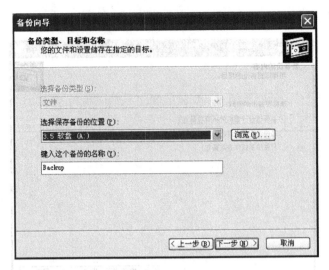

图 4-158　指定备份文件位置与文件名

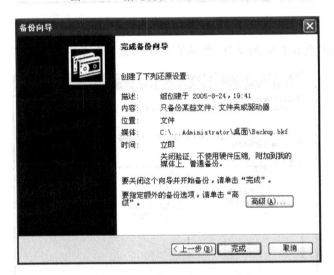

图 4-159　"完成备份向导"对话框

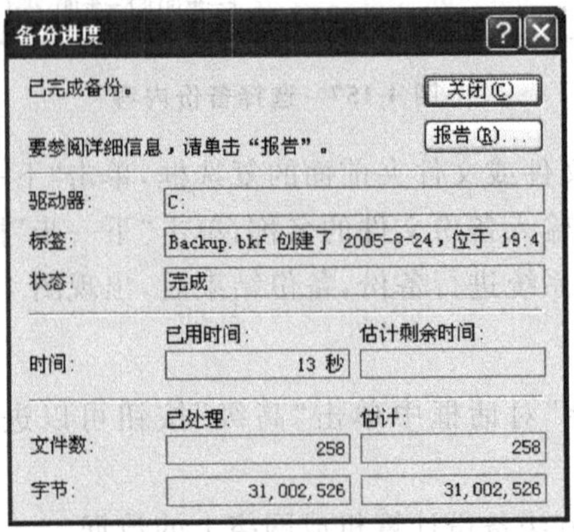

图 4-160　备份完成

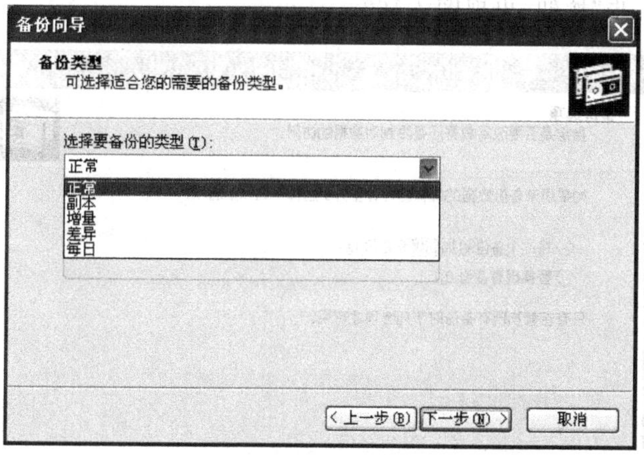

图 4-161　备份类型

文件将会被清除"归档"属性,也就是说这个文件被标记为"已经备份"。下次备份的时候,如果文件没有修改就不需要再次备份了。

"副本"是一种效率相对较低的备份类型,每次备份时,所有文件不论以前是否备份过,也不论备份是否修改过,一律进行备份。

"增量"备份只备份上一次正常或增量备份后,创建或改变的文件。它将文件标记为已经备份(换句话说,存档属性被清除)。如果使用正常和增量备份的组合,需要具有上一次普通备份集和所有增量备份集,以便还原数据。

"差异"备份从上次正常或增量备份后,创建或修改的差异备份副本文件。它不将文件标记为已经备份(换句话说,没有清除存档属性)。如果要执行普通备份和差异备份的组合,则还原文件和文件夹将需要上次已执行过普通备份和差异备份。

"每日"备份复制执行每日备份的当天中修改的所有选中的文件。备份的文件将不会标记为已经备份(换句话说,没有清除存档属性)。

(2)选择备份类型后,单击"下一步"按钮,出现图 4-162。

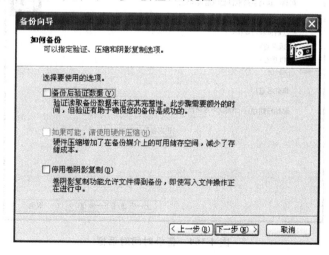

图 4-162　备份选项

(3) 单击"下一步"按钮,出现图 4-163。

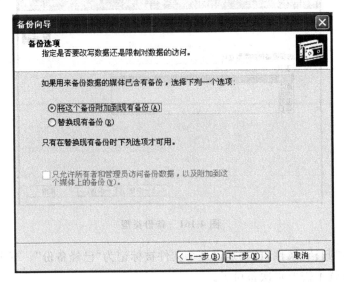

图 4-163　选择附加或替换备份

(4) 如果选择"将这个备份附加到现有备份",那么备份时新的备份内容不会覆盖原来的备份内容,而是在一个文件中,以后可以指定恢复到任何时候,当然所消耗的磁盘空间会大一些。如果将其与"备份类型"进行巧妙的搭配也可以节省大量的磁盘空间。如在"备份类型"中选择"差异",就可以尽可能地节省磁盘空间。

3. 自动备份

自动备份为备份制定一个"计划任务",到了指定的时候计算机会自动进行备份。

(1) 在图 4-163 中单击"下一步"按钮,出现图 4-164。

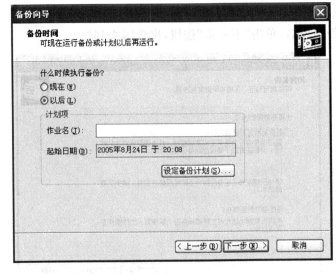

图 4-164　备份时间对话框

（2）选择"以后"，单击"设定备份计划"按钮，弹出"计划作业"对话框，如图 4-165 所示。

图 4-165 指定计划任务

（3）指定计划任务后，单击"确定"按钮，完成备份时间间隔和备份开始时间的设置。

备份启动后，最好关闭正在运行的程序，因为有些程序会对备份有影响。如用 Word 打开一个文档，该文档将无法备份。此外还要养成在其他外部存储介质上定期备份的习惯，如光盘、网络备份等。

4. 数据还原

数据备份后都会得到一个单独的文件，在需要还原的时候，只要双击该文件，在备份工具中选择"还原与管理媒体"，如图 4-166 所示。

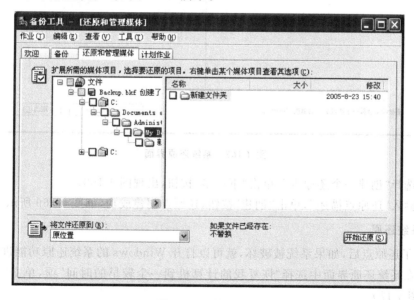

图 4-166 数据还原

选择需要还原的文件或文件夹，在"将文件还原到"中选择文件还原的目的地，单击"开始还原"按钮进行还原。

4.12.2　Windows 系统还原功能

利用 Windows 系统还原功能，可以在 Windows 出现故障无法启动或者正常运行时恢复到以前的状态，要实现这样的功能，必须定期设置"还原点"，然后才能在紧急情况发生时进行恢复。设置还原点就如同给 Windows 照一张"快照"，当 Windows 被病毒或者恶意代码破坏得面目全非时，系统还原功能可以根据这个"快照"对 Windows 进行"整容"，让它恢复原样。

1. 还原点的创建

还原点创建的具体步骤如下：

（1）执行"开始"|"程序"|"附件"|"系统工具"|"系统还原"，出现图 4-167。

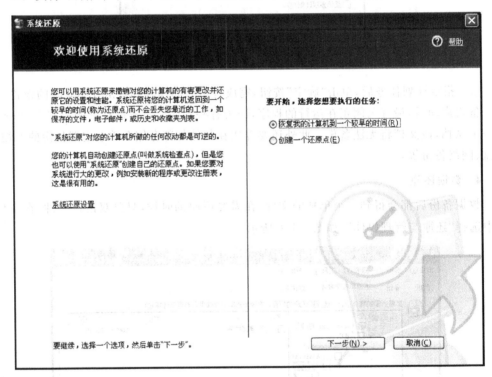

图 4-167　系统还原界面

（2）选择"创建一个还原点"，单击"下一步"按钮，出现图 4-168。

（3）输入"还原点描述"，单击"创建"按钮，还原点创建成功，如图 4-169 所示。

2. 系统还原

创建了还原点后，如果系统被破坏，就可以打开 Windows 的系统还原功能进行还原。

（1）在系统还原界面中选择"恢复我的计算机到一个较早的时间"项，单击"下一步"按钮，出现图 4-170。

（2）选择日期和还原点，一路单击"下一步"按钮，出现图 4-171。

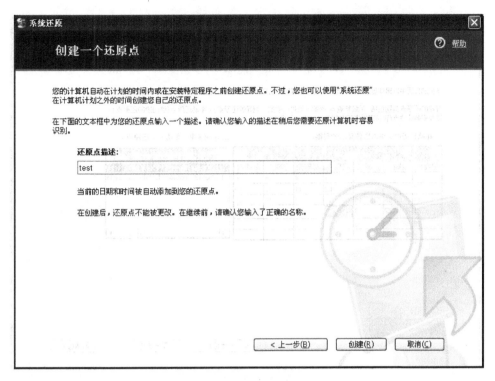

图 4-168　创建还原点

图 4-169　还原点已创建

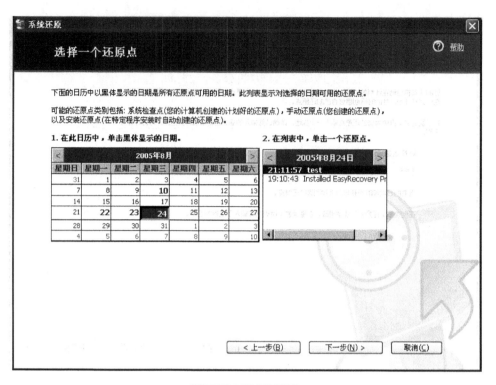

图 4-170　选择还原点

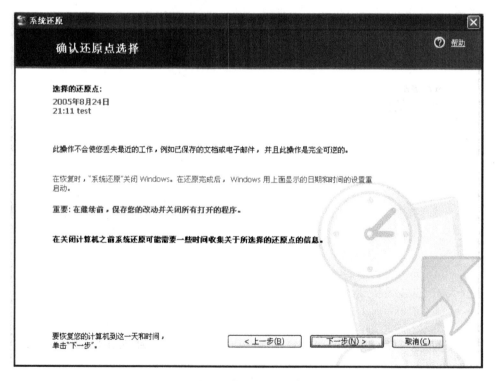

图 4-171　确认还原点

（3）单击"下一步"按钮，系统进行还原，如图 4-172 所示。

图 4-172 系统还原

（4）系统还原完毕后，自动重新启动，出现图 4-173。

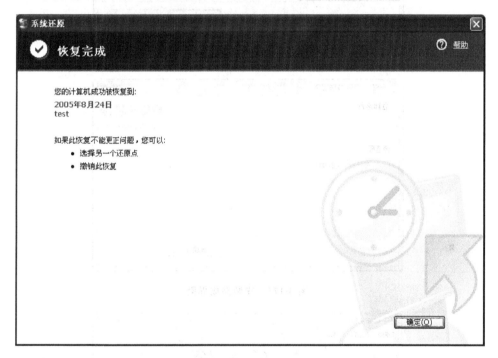

图 4-173 系统恢复成功

（5）单击"确定"按钮，成功恢复到指定的还原点。

4.12.3 Ghost 备份

现在的操作系统越来越庞大，安装时间也越来越长，一旦系统崩溃，重装系统是一件费心费力的事情，Ghost 能在短短几分钟内恢复原有备份的系统。

"一键 GHOST"是一款智能的 C 盘备份和恢复工具，在"一键 Ghost"界面中只需按下相应热键，调入 Ghost 程序，自动备份或恢复 C 盘数据，操作步骤如下。

（1）运行"一键 GHOST"安装文件，出现如图 4-174 所示的安装界面。

（2）连续单击"下一步"按钮，最后出现如图 4-175 所示的安装完成界面。

（3）单击"完成"按钮，出现如图 4-176 所示的运行界面。

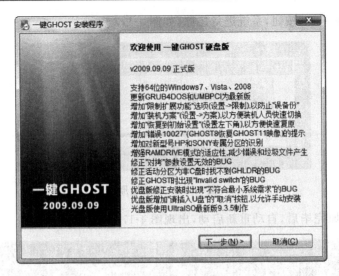

图 4-174　安装界面

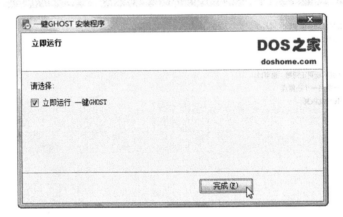

图 4-175　安装完成界面

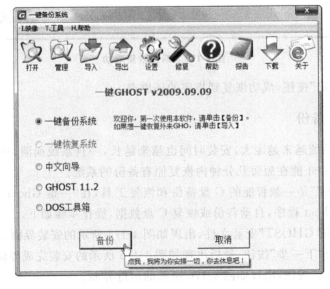

图 4-176　运行界面

（4）单击"备份"按钮，系统重启，出现如图 4-177 所示的启动界面。

（5）选择"一键 GHOST"选项并按 Enter 键，出现如图 4-178 所示的 GRUB4DOS 界面。

图 4-177　启动界面　　　　　　　图 4-178　GRUB4DOS 界面

（6）选择第一项并按 Enter 键，进入"MS-DOS 一级菜单"，如图 4-179 所示。

图 4-179　"MS-DOS 一级菜单"界面

（7）选择第一项并按 Enter 键，进入"MS-DOS 二级菜单"，如图 4-180 所示。

（8）选择第一项并按 Enter 键，进入"一键 Ghost"主菜单，如图 4-181 所示。

 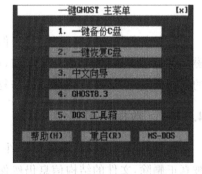

图 4-180　"MS-DOS 二级菜单"界面　　　　图 4-181　"一键 Ghost"主菜单

（9）选择"一键备份 C 盘"选项并按 Enter 键，出现"一键备份 C 盘"提示框，如图 4-182 所示。按下键盘上的 K 键，自动备份 C 盘。

（10）当系统崩溃或出现问题时，可以使用"一键 Ghost"程序将备份快速恢复。恢复系统的过程与备份系统的过程相似，只需在主界面中选择"一键恢复 C 盘"，在如图 4-183 所示的界面中按下键盘上的 K 键,即可快速恢复。恢复过程如图 4-184 所示。

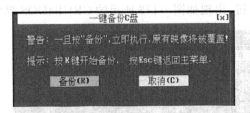

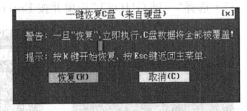

图 4-182　"一键备份 C 盘"提示框　　　　图 4-183　"一键恢复 C 盘"提示框

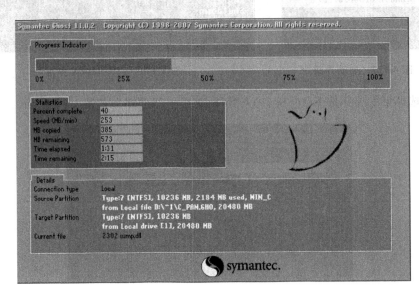

图 4-184　恢复 C 盘过程

4.13　数据急救

对备份数据的恢复比较容易,但是如果数据没有备份或者连同备份一起丢失了,或者对磁盘进行了误格式化、误分区操作,或者由于病毒而使某个分区消失,这时就可以使用专门的数据恢复工具,实现硬盘数据修复功能。

4.13.1　数据急救原理

数据急救就是将被删除的文件重新找回。数据被删除或硬盘被格式化后,文件并没有被真正删除,文件的结构信息仍然保留在硬盘上,除非新的数据将其覆盖。

数据恢复工具使用模式识别技术找回位于硬盘上不同地方的文件碎块,并根据统计信息对这些文件碎块进行重整,接着在内存中建立一个虚拟的文件系统并列出所有文件和目录。即使整个分区都不可见、或者硬盘上只有非常少的分区维护信息,只要在删除文件、格式化硬盘等操作后,没有在对应分区内写入大量新信息,数据恢复工具都可以高质量地找回文件。

　　为了提高数据的修复率,一旦发现异常的文件丢失,或者某个磁盘上的文件全部丢失,应当立刻停止任何写入操作(不要新建任何文件,也不要保存任何文件)。

4.13.2　数据恢复工具 EasyRecovery

　　EasyRecovery 的使用非常方便,并具有多项起死回生的功能:

(1) 修复主引导扇区(MBR)。

(2) 修复 BIOS 参数块(BPB)。

(3) 修复分区表。

(4) 修复文件分配表(FAT)或主文件表(MFT)。

(5) 修复根目录。

　　当硬盘经过以下操作后,EasyRecovery 也可以修复数据:

(1) 受病毒影响。

(2) 格式化或分区。

(3) 误删除。

(4) 由于断电或瞬时电流冲击造成数据损坏。

(5) 由于程序的非正常操作或系统故障造成数据损坏。

1. 找回丢失的文件

(1) 运行 EasyRecovery,出现如图 4-185 所示的程序主界面。

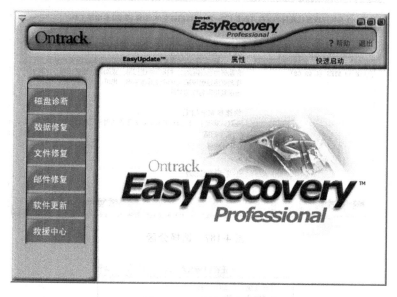

图 4-185　系统主界面

(2) 单击"数据修复",出现图 4-186。

(3) 单击 DeleteRecovery,出现图 4-187。

(4) 选择丢失文件以前存放的磁盘分区(如 E 盘)。如果在窗口右下角的"文件过滤器"中输入或选择文件类型,可以缩小恢复的范围,提高精确度。单击"下一步"按钮,进行扫描,如图 4-188 所示。

图 4-186　数据修复界面

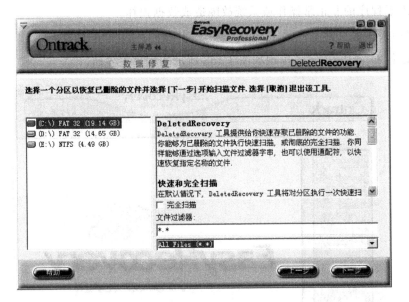

图 4-187　选择分区

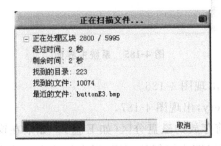

图 4-188　扫描文件

（5）扫描结束后，EasyRecovery 列出可以修复的文件列表，如图 4-189 所示。

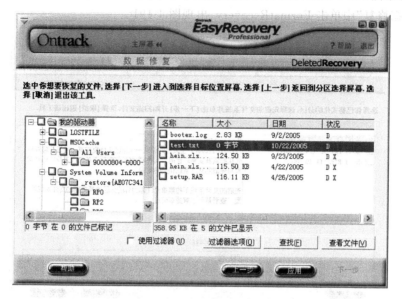

图 4-189　列出可以修复的文件

（6）选择要修复的文件（如 test.txt），单击"下一步"按钮，出现图 4-190。

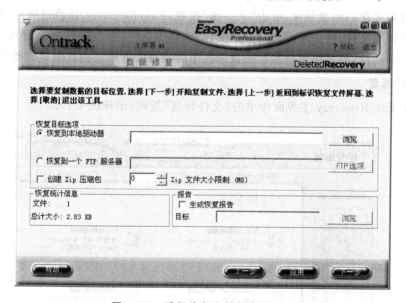

图 4-190　选择恢复文件的存放位置

（7）设置恢复文件的存放位置，注意这个位置一定不要与原来的文件在同一个分区中，否则一旦恢复失败，原来的文件就可能永远找不回来了。单击"浏览"按钮，在出现的对话框中选择 D 盘，单击"下一步"按钮，将 test.txt 文件复制到 D 盘根目录下。

（8）在 D 盘根目录中找到 test.txt 文件，恢复成功。

2. 恢复被格式化的硬盘

硬盘被病毒或恶意程序格式化后，只要抢救及时，绝大多数情况下都可以将硬盘中的数据恢复。

在"数据修复"中单击 FormatRecovery,出现图 4-191。

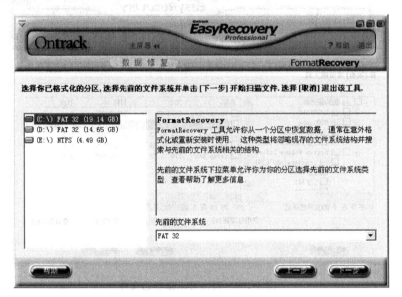

图 4-191　选择已格式化的分区

选择被格式化的磁盘分区,单击"下一步"按钮,EasyRecovery 开始扫描。扫描结束后,列出所有找到的文件,选中所有的文件和文件夹,单击"下一步"按钮,然后设置目标位置到其他较大的驱动器,即可将被格式化磁盘分区中的所有文件恢复到其他驱动器中。

3. 文件修复

(1) 在 EasyRecovery 主界面中单击"文件修复"按钮,出现图 4-192。

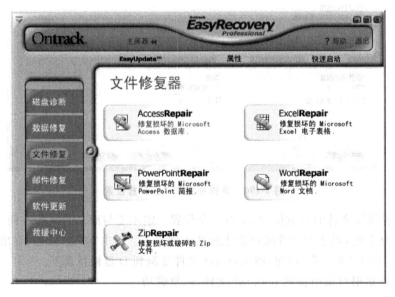

图 4-192　文件修复界面

（2）要修复某一种类型的文件，必须先关闭该应用程序，如要修复 Word 文件，先关闭 Word 程序，然后单击 WordRepair，出现图 4-193。

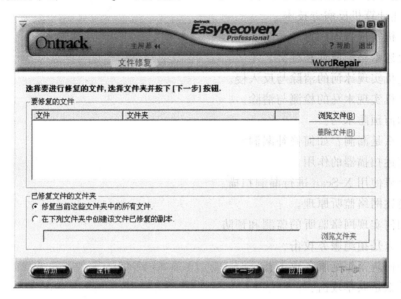

图 4-193　Word 文件修复

（3）选择要修复的文件，按向导提示一步一步执行，即可修复被损坏的文件。

4.13.3　文件的彻底销毁

如果想将某些资料彻底删除，并且使用恢复软件也无法恢复，这时就需要使用文件粉碎机。

一般情况下，Windows 在删除文件时并没有将文件真正从硬盘上抹去，而仅仅是标记了"可写"来表明"这块空间可以覆盖"，如果没有别的文件覆盖这块区域，这些文件将一直保留着。文件粉碎机的原理就是在被删除文件所占的空间处重新写一些东西，以覆盖原来的文件，使恢复软件失去作用。

File Wipe 是一款很好的文件粉碎机，它可以将要删除的文件随机产生十次数据进行粉碎，使要删除的数据彻底消失。

习　　题

1. 简述计算机安全保护的目的及其体现。
2. 简述计算机网络面临的一般安全问题。
3. 简述网络信息安全与保密所面临的威胁。
4. 黑客实现入侵攻击的过程分哪几步？
5. 简述黑客软件的分类。
6. 简述计算机病毒的特点与分类。

7. 计算机病毒三大模块的作用是什么？

8. 简述计算机病毒的触发条件。

9. 简述计算机反病毒技术。

10. 上机实现脚本病毒的预防。

11. 简述木马的原理和种类。

12. 上机实现冰河的清除与反入侵。

13. 上机实现木马的检测与清除。

14. 如何预防木马？

15. 什么是漏洞？如何修补漏洞？

16. 简述扫描器的作用。

17. 上机使用 X-Scan 进行漏洞扫描。

18. 简述网络监听原理。

19. 如何实现网络监听的监测和预防。

20. 什么是拒绝服务攻击？

21. 如何防范拒绝服务攻击？

22. 什么是共享攻击？

23. 上机实现共享的禁用。

24. 简述 ARP 攻击及其防范。

25. 简述数据库攻击及其防范。

26. 简述防火墙的目的和局限。

27. 简述防火墙的主要技术。

28. 简述入侵检测系统的基本结构。

29. 什么是主机入侵防御系统？

30. 安装沙盘、影子系统等打造综合防御系统。

31. 上机实现数据备份和还原。

32. 上机实现数据恢复。

第 5 章　日常上网的安全防范

普通用户在网络上主要进行电子邮件的收发、使用浏览器进行信息浏览、网络购物、兼职、投资以及通过移动互联网进行上述操作。本章主要介绍在这些操作中存在的安全隐患及其防范与消除。

5.1　电子邮件安全防范

E-mail 是 Internet 上最早出现，也是最流行的应用之一，许多信息的交流都通过 E-mail 进行，甚至一些重要电子文档的传送也由其完成，因而 E-mail 的安全问题尤其值得重视。

5.1.1　入侵 E-mail 信箱

入侵 E-mail 信箱的主要目的是窃取信箱的密码，入侵的方式主要有针对 POP3 邮箱的密码猜测攻击和针对 Web 邮箱的密码猜测攻击。

1. 针对 POP3 邮箱的密码猜测攻击

这是对 E-mail 信箱最常用，也是最快速的攻击方法。在使用 POP3 服务时，用户发送密码信息在服务器端进行身份验证。因此攻击者可以通过发送 POP3 连接登录请求和密码信息来猜测用户邮箱的密码。由于大多数 POP3 服务器没有采取错误连接次数控制措施，使得利用 POP3 服务进行字典穷举攻击变得简单易行。

【例 5-1】　利用 NoPassword 破解 POP3 邮箱密码。

（1）运行 NoPassword，出现如图 5-1 所示的界面。

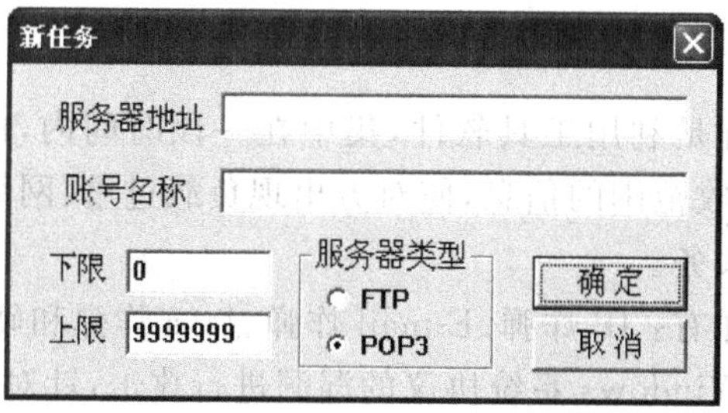

图 5-1　NoPassword 新任务对话框

（2）在"服务器地址"中填入 POP3 服务器地址，在"账号名称"中填入 POP3 邮箱的账户名，在"服务器类型"中选择 POP3，单击"确定"按钮，出现图 5-2。

（3）执行"攻击"|"设定攻击线程参数"命令，出现图 5-3。

（4）拖动上方的"同时最大展开线程数目"至最右端，表示同时打开 100 个攻击线程以增加攻击速度，在"攻击线程的优先级"中选择"优先"以提高攻击的速度，单击 OK 按钮结束设置。

图 5-2　NoPassword 程序主窗口

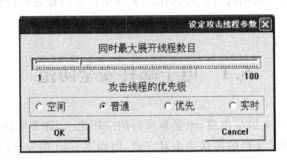

图 5-3　设置攻击线程参数对话框

（5）执行"攻击"|"开始攻击"命令开始进行攻击。

2. 针对 Web 邮箱的密码猜测攻击

对于 Web 方式登录的 E-mail 服务器，尽管可以防止攻击者使用 POP3 服务猜测邮箱密码，但由于用户的账号和密码是以 HTTP 请求方式发送至 E-mail 服务器的，攻击者可以通过发送 HTTP 请求来进行密码猜测。

针对 Web 邮箱的密码猜测攻击可以使用"溯雪"进行破解，如图 5-4 所示。

3. 抵御 E-mail 口令攻击的方法

抵御 E-mail 口令攻击的最佳方法是加强邮箱密码的安全性，选择数字、英文字母和特殊字符的组合，并定期更换密码。

5.1.2　E-mail 炸弹

炸弹攻击的基本原理是利用工具软件，集中在一段时间内，向目标机发送大量垃圾信息，或是发送超出系统接收范围的信息，使对方出现负载过重、网络堵塞等状况，从而造成目标的系统崩溃以及拒绝服务。

网络中最常见的炸弹有：IP 炸弹、E-mail 炸弹、Java 炸弹和硬盘炸弹。

（1）IP 炸弹：利用 Windows 系统协议的漏洞进行攻击，针对 IP 地址进行"轰炸"，使系统断线、蓝屏、死机或重新启动。

（2）E-mail 炸弹：以地址不详、容量庞大的邮件反复发送到被攻击的信箱，造成信息挤爆，不能收到信件，严重的会使邮件服务器瘫痪，不能正常工作。

（3）Java 炸弹：有些聊天室中可以直接发送 HTML 语句，攻击者通过发送恶意代码，使具有漏洞的用户电脑出现蓝屏、浏览器打开无数个窗口或显示巨大的图片，最终使计算机系统资源耗尽而死机。

（4）硬盘炸弹：运行后造成假 0 道损坏，使硬盘不能启动，是炸弹中危害性最大的一种。

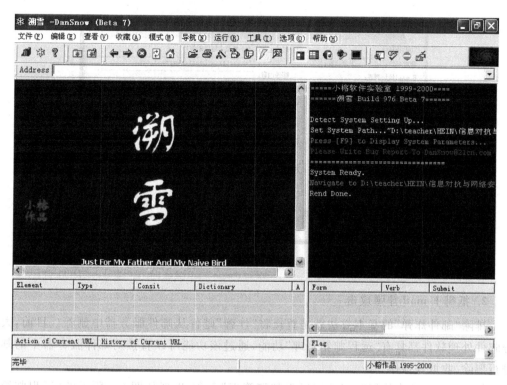

图 5-4　溯雪程序界面

1. E-mail 炸弹攻击

在各种炸弹攻击中,邮件炸弹攻击是最常见的攻击方式。利用相关工具,任何一个刚上网的新手,都可以非常容易地实现这种攻击,因为一个邮件炸弹程序只需要短短几十行就可以实现。事实上,各种层出不穷的邮件炸弹工具,正是这种攻击方式广泛流传的根源。

邮件炸弹造成的危害是可想而知的,由于邮件是需要空间来保存的,而到来的邮件信息也需要系统来处理,过多的邮件会加剧网络连接负担、消耗大量的存储空间;过多的投递会导致系统日志文件变得巨大,甚至溢出文件系统,这会给许多操作系统带来危险,除了操作系统有崩溃的危险之外,由于大量垃圾邮件集中涌来,将会占用大量的处理器时间与带宽,造成正常用户的访问速度急剧下降。对于个人的免费邮箱来说,由于其邮箱容量是有限制的,邮件容量一旦超过限定容量,系统就会拒绝服务,也就是常说的邮箱被"撑爆"了。

【例 5-2】　利用 Wsbomb 进行 E-mail 炸弹攻击。

(1) 运行 Wsbomb,出现如图 5-5 所示的界面。

(2) DNS 服务器可自定义为高速 DNS 地址,也可以取本机的 DNS 地址。发送次数为每个邮箱的重复发送次数。

(3) 在左边的"E-mall 地址列表"中输入对方的 E-mail 地址,一行一个地址,可以同时攻击多个邮箱。

(4) 分别在"邮件主题"、"发送人"和"邮件内容"中填入相应的信息,其中"发送人"的 E-mail 地址可随意更改,包含@符号就行了。

(5) 单击"发送"按钮即可。

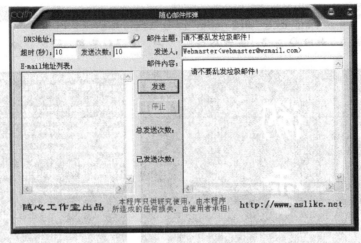

图 5-5　Wsbomb 程序界面

2. 抵御 E-mail 炸弹攻击

　　排除"邮件炸弹"的基本方法就是直接将"炸弹"邮件从邮件服务器中删除。目前,大部分邮件处理软件都具有"远程邮箱管理"功能,通过该功能可以直接对邮件服务器中的邮件进行删除、收取等操作。

　　如在 Foxmail 中执行"工具"|"远程邮箱管理"命令,出现如图 5-6 所示的"远程邮箱管理"窗口,Foxmail 连接到邮件服务器上,取回服务器中邮件的信息。根据得到的具体邮件信息,给服务器上的邮件打上"暂不收取"、"永不收取"、"收取"、"收取删除"、"删除"5 种不同的标记。对付"邮件炸弹",直接标记为"删除",就可以在服务器上直接删除。

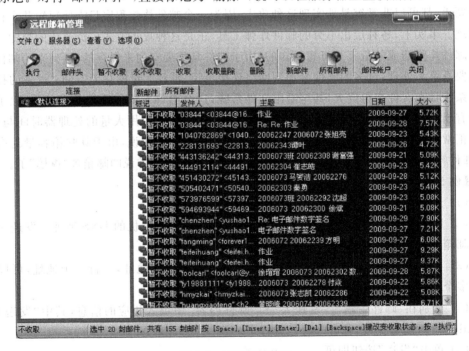

图 5-6　远程邮箱管理

5.1.3　反垃圾邮件

据《2014 年第一季度年中国反垃圾邮件状况调查报告》,用户电子邮箱平均每周收到的垃圾邮件数量为 11.4 封,环比下降了 1.2 封,同比下降 3.2 封。电子邮箱用户平均每周收到的邮件中,垃圾邮件比重为 38.2%,环比上升了 5.9 个百分点,同比略微上升了 0.8 个百分点。用户电子邮箱收到的商业广告垃圾邮件内容占比前五名分别为网站推广类(44.7%)、旅游交通类(32.8%)、房地产类(29.0%)、教育培训类(23.7%)和金融保险类(22.7%)。用户电子邮箱收到的涉嫌违法垃圾邮件内容占比前五名分别为欺诈信息类(46.1%)、色情暴力类(31.4%)、赌博类(30.4%)、非法金融活动类(30.2%)和违法出售票证类(29.8%),如图 5-7 所示。

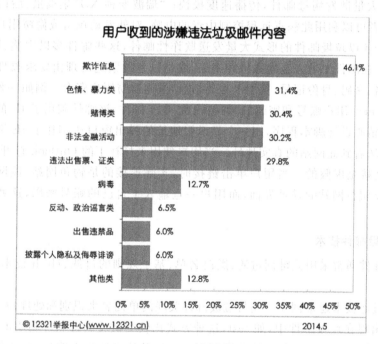

图 5-7　垃圾邮件种类

信息安全服务商卡巴斯基实验室最新安全公告显示,电子邮件中的垃圾邮件比例持续下降,在过去三年中,垃圾邮件比例已经下降了 10.7 个百分点,2013 年全球垃圾邮件的比例为 69.6%,同 2012 年相比,下降了 2.5 个百分点。包含恶意附件的邮件比例为 3.2%,同 2012 年相比,下降了 0.2 个百分点。SophosLab 的统计报告显示,2014 年第一季度中国垃圾邮件数量占全球垃圾邮件总数的 4.1%,环比下降 4.1%,同比下降了 5.9%,中国在全球垃圾邮件发送量排名中从上一季度的第 2 名降到第 5 名。

企业安全公司 Proofpoint 在 2014 年 1 月发布的一份调查报告指出,2013 年 12 月 23 日~2014 年 1 月 6 日,全球有超过 10 万台互联网智能产品成为了发送垃圾邮件的来源,其中包括了大量媒体播放器、智能电视机以及一台智能冰箱,它们在这期间总共发出了 75 万份垃圾邮件。这些智能设备里的垃圾邮件很难通过一般计算机使用的防病毒和防垃圾邮件软件程序来阻止,成为非常严重的安全风险。

1. 垃圾邮件的危害

垃圾邮件给互联网及广大用户带来了很大的影响。这种影响不仅仅使人们需要花费大量的时间来处理垃圾邮件、占用系统资源等,而且也带来了很多的安全问题。

垃圾邮件占用了大量的网络资源,一些邮件服务器因为安全性差,被作为垃圾邮件转发站而被警告、封IP地址等事件时有发生,大量消耗的网络资源使得正常的业务运作变得缓慢。随着国际上反垃圾邮件事业的发展,组织间黑名单共享,使得无辜的服务器被大范围地屏蔽,这无疑会给正常用户的使用造成严重的影响。

更为严重的是,现在的垃圾邮件与入侵、病毒等的结合也越来越密切,垃圾邮件俨然已经成为黑客发动攻击的重要平台。例如"清醒变种H"蠕虫病毒,它在系统目录里释放多份病毒体,向外大量散发病毒邮件,传播速度极快;"瑞波变种XG"集蠕虫、后门等功能为一身,恶意攻击者可以利用此病毒远程控制中毒的电脑,对外发动攻击或偷窃用户的资料等。

诈骗分子还以垃圾邮件的形式大量发送欺诈性邮件,这些邮件多以中奖、顾问、对账等内容引诱用户在邮件中填入金融账号和密码,或是以各种紧迫的理由要求收件人登录某网页提交用户名、密码、身份证号、信用卡号等信息,继而盗窃用户资金。例如一种骗取美邦银行(Smith Barney)用户账号和密码的"网络钓鱼"电子邮件,该邮件利用了IE的图片映射地址欺骗漏洞,精心设计脚本程序,用一个显示假地址的弹出窗口遮挡住了IE浏览器的地址栏,使用户无法看到此网站的真实地址。当用户使用未打补丁的Outlook打开此邮件时,状态栏显示的链接是虚假的。当用户单击链接时,实际连接的是钓鱼网站,该网站页面酷似Smith Barney银行网站的登录界面,而用户一旦输入了自己的账号密码,这些信息就会被黑客窃取。

2. 反垃圾邮件技术

反垃圾邮件通常采用关键词过滤、黑白名单、基于规则的过滤、Hash技术、智能和概率系统等技术。

关键词过滤技术通常创建一些与垃圾邮件关联的单词表来识别和处理垃圾邮件。某些关键词大量出现在垃圾邮件中,如test,这种方式比较类似反病毒软件利用的病毒特征,它的基础是必须创建一个庞大的过滤关键词列表。这种技术缺陷很明显,过滤的能力同关键词有明显联系,关键词列表造成错报的可能性比较大。同时,系统采用这种技术来处理邮件所消耗的系统资源会比较多。并且,一般躲避关键词的技术比如拆词、组词就很容易绕过过滤。

黑名单和白名单分别是已知的垃圾邮件发送者或可信任的发送者的IP地址或者邮件地址,目前很多邮件接收端都采用了黑白名单的方式来处理垃圾邮件,这样可以有效地减少服务器的负担。

基于规则的过滤根据某些特征(比如单词、词组、位置、大小、附件等)来形成规则,通过这些规则来描述垃圾邮件,正如IDS中描述一条入侵事件一样。要使得过滤器有效,就意味着管理人员要维护一个庞大的规则库。

Hash技术是邮件系统通过创建Hash值来描述邮件内容,如将邮件的内容、发件人等作为参数,计算出邮件的Hash值来描述这个邮件。如果Hash值相同,那么说明邮件内容、发件人等相同。通常在一些ISP上在采用,如果出现重复的Hash值,那么就可以怀疑是大批量发送邮件了。

　　智能和概率系统广泛使用贝叶斯(Bayesian)算法,它的原理就是检查垃圾邮件中的词或字符等,将每个特征元素都给一个正分,另一方面就是检查正常邮件的特征元素,用来降低得分。最后邮件整体得到一个垃圾邮件总分,通过这个总分来判断是否是垃圾邮件。

3. Foxmail 反垃圾邮件设置

　　在 Foxmail 中执行"邮箱"|"过滤器"命令,单击如图 5-8 所示的"过滤管理器"对话框中的"新建"按钮,在出现的"过滤器"对话框中对邮件主题、来源、长度等规则对邮件进行过滤,如图 5-9 所示。

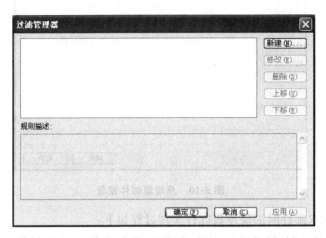

图 5-8　"过滤管理器"对话框

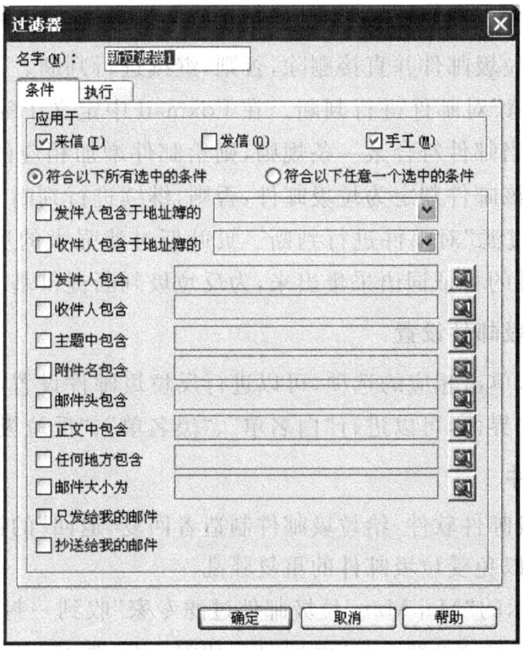

图 5-9　"过滤器"对话框

在 Foxmail 中执行"工具"|"反垃圾邮件功能设置"命令,出现如图 5-10 所示的"反垃圾邮件设置"对话框,包含了 Foxmail 的反垃圾邮件功能。

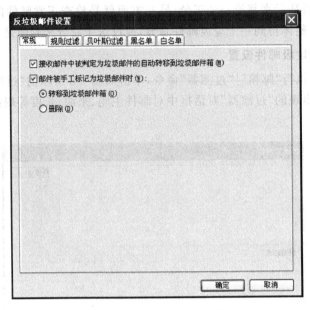

图 5-10　反垃圾邮件设置

Foxmail 在收取邮件时的反垃圾邮件实现过程如下:

(1) 使用"白名单"对邮件进行判断,如果发件人的 E-mail 地址包含在"白名单"中,则把该邮件判定为非垃圾邮件,否则,继续进行判断。

(2) 使用"黑名单"对邮件进行判断,如果发件人的 E-mail 地址或名字包含在黑名单中,则把该邮件判定为垃圾邮件并直接删除,否则,继续进行判断。

(3) 使用"规则过滤"对邮件进行判断。在 Foxmail 中定义了完善的垃圾邮件规则,每条规则对应一个分数,当邮件符合某一条规则,则给邮件增加相应的分数,当邮件得到的分数达到一定值时,就把该邮件判定为垃圾邮件,否则,继续进行判断。

(4) 使用"贝叶斯过滤"对邮件进行判断。贝叶斯过滤强大的反垃圾功能,让系统能够将正常邮件和垃圾邮件的特征词语采集出来,为反垃圾判断提供基准。

4. Web 邮件反垃圾邮件设置

登录 Web 邮箱后,单击相应的选项,可以进行反垃圾邮件设置。图 5-11 是在 126 邮箱中单击"设置"选项后的界面,可以进行"白名单"、"黑名单"、"反垃圾级别"等设置。

5. 反垃圾邮件软件

借助专门的反垃圾邮件软件,给垃圾邮件制造者回复"退回"的错误信息,告之所发送的邮箱地址是无效的,可以免受垃圾邮件的重复骚乱。

使用如图 5-12 所示的"MailMate 垃圾邮件过滤专家"收到一封垃圾邮件,单击"退回邮件"按钮,垃圾邮件制造者会收到一封"退回"信,如图 5-13 所示。

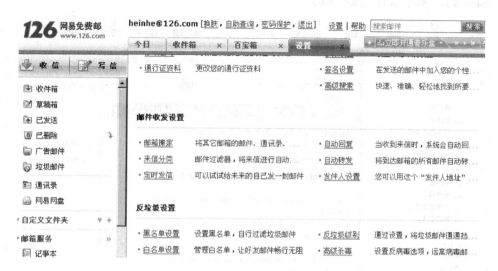

图 5-11　Web 邮箱反垃圾邮件设置

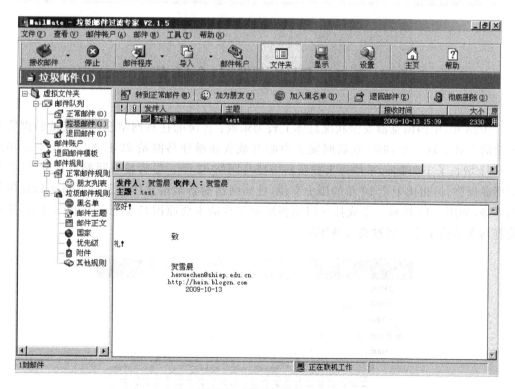

图 5-12　收到垃圾邮件

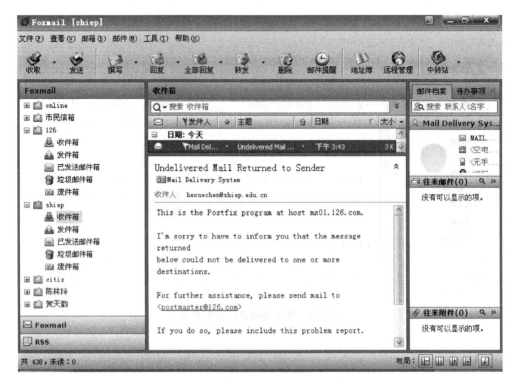

图 5-13 垃圾邮件制造者收到的"退回"信

5.2 网络浏览安全防范

2013 年,中国浏览器安全状况总体上较为乐观:传统的挂马网站已不再是威胁浏览器安全的主体。这一年,360 互联网安全中心共截获新增挂马网站 22 472 个,较 2012 年的9240 个增长了 143.2%,平均每天截获新增挂马网站 62 个。尽管挂马网站数量较 2012 年有明显反弹,但相比于 2010 年的历史高位,挂马网站的新增量总体上还是保持了低位徘徊的态势,如图 5-14 所示。造成挂马网站新增量很少的主要原因是安全浏览器的普及,从而使挂马网站的生存空间被极大地压缩。

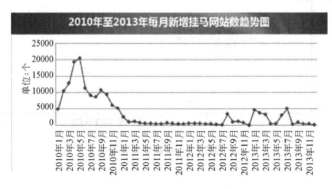

图 5-14 新增挂马网站趋势图

同期,钓鱼网站的新增量快速增长,2013 年共截获新增钓鱼网站 220.1 万个,较 2012 年的 87.3 万个增长了 152.1%,平均每天截获新增钓鱼网站约 6030 个。图 5-15 给出了 2010 年至 2013 年每月新增钓鱼网站数的趋势图。

图 5-15　新增钓鱼网站数趋势图

5.2.1　"网络钓鱼"及其防范

钓鱼网站是与正规网络交易网站外观极其相似的欺骗性非法网站。

国际反钓鱼网站工作组(Anti-Phishing Working Group,APWG)的定义如下:一种利用社会工程和技术诡计,针对客户个人身份数据和金融账号进行盗窃的犯罪机制。

钓鱼攻击是一种利用社会工程技术愚弄用户的实例,这类攻击最早于 1987 年问世,首度使用"网络钓鱼"这个术语则是在 1996 年,是由 Fishing 和 Phone 综合而成(最早的钓鱼攻击通过电话作案)的,意味着放线钓鱼以"钓"取受害人的财务数据和密码。

钓鱼攻击越来越频繁地出现在人们身边,所带来的经济损失也超过了传统恶意代码攻击,甚至已经成为经济犯罪工业化的一部分。

为了避免更多的用户成为钓鱼攻击的受害者,保障他们的合法权利和财产安全,在美国和英国已经成立了专门反假冒网址等网络诈骗的组织,如 2003 年 11 月成立的 APWG,以及 2004 年 6 月成立的 TECF(Trusted Electronic Communications Forum)。

在国内,2008 年 7 月 18 日,由银行证券机构、电子商务网站、域名注册管理机构、域名注册服务机构、专家学者组成的"中国反钓鱼网站联盟(APAC)"在京正式宣布成立。

从钓鱼网站类型分布上看,虚假购物是新增数量最多的钓鱼网站,占比高达 44%。其次是虚假中奖和模仿登录,占比分别达 13%、12%。此三类钓鱼网站的新增数量位居所有类型钓鱼网站的前三甲,如图 5-16 所示。

在虚假购物类网站中,最为常见的是"假冒淘宝",如图 5-17 所示。此类网站利用伪造商品页面诱骗买家支付,实际付款对象是不法分子的账户。有时此类钓鱼网站也会套取受骗者的账号密码。

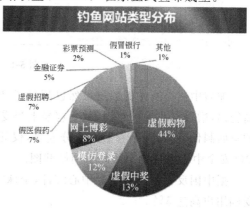

图 5-16　钓鱼网站类型分布

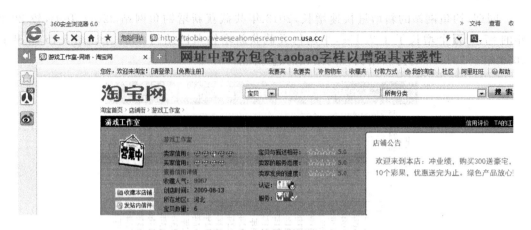

图 5-17　假冒"淘宝"

此外，网游交易欺诈、手机充值欺诈、仿冒品牌官网等也都是典型的虚假购物网站。从更广义的角度看，仿冒网银、销售假药、虚假票务网站也都属于虚假购物一类，不过由于这几类网站相对特殊，危害性也尤其突出，因此通常有必要进行专门统计。图 5-18、图 5-19 分别给出了仿冒网银和销售假药的网站案例。

图 5-18　仿冒网银

虚假中奖类网站的数量虽然也超过了 20%，不过其中绝大多数并不很难识别，只要提高警惕，增强自我保护意识，就不容易上当受骗。但是，模仿登录类网站则往往会通过精良的页面制作，使其网站看上去十分逼真，仅凭肉眼一般难以分辨。如图 5-20 所示的是模仿 QQ 安全中心登录界面的高仿网站截图。

据中国反钓鱼网站联盟中心统计，全球"钓鱼"案件正在以每年高于 200% 的速度增长，受骗用户高达 5%。

2014 年 9 月联盟共处理钓鱼网站 4241 个，涉及淘宝网、工商银行、中国银行、浙江卫视

图 5-19　销售假药网站

图 5-20　模仿登录网站

4 家单位的钓鱼网站总量占全部举报量的 97.19%。其中,仿冒淘宝网的钓鱼网站处于钓鱼网站仿冒对象的第一位,如图 5-21 所示。

1. "网络钓鱼"的一般过程

所谓"姜太公钓鱼,愿者上钩",钓鱼网站通过研究真实站点,制作、发布仿冒站点,把自己伪装成信誉卓越的机构以骗取用户的信任。通过大量散发的诱骗邮件、垃圾短信,将用户引诱到精心设计、与目标组织网站非常相似的钓鱼网站之后,攻击者再通过恶意代码窃取包括账号、密码等在内的个人敏感信息,最终得以假冒受害者,进行欺诈性金融交易,如图 5-22所示。

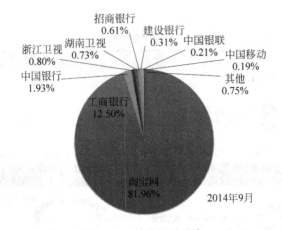

图 5-21　钓鱼网站分布

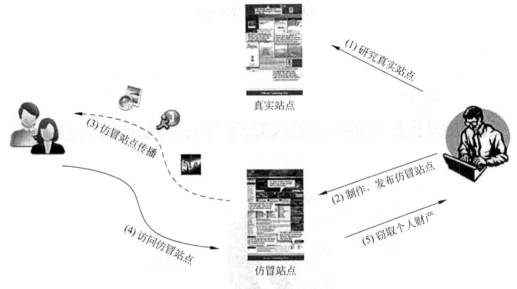

图 5-22　网络钓鱼过程

2."网络钓鱼"的主要手法

除了发送邮件实施"网络钓鱼"外,还有以下几种主要手法。

(1)建立假冒网上银行、网上证券网站,骗取用户账号密码,实施盗窃。

犯罪分子建立起域名和网页内容都与真正网上银行系统、网上证券交易平台极为相似的网站,引诱用户输入账号、密码等信息,进而通过真正的网上银行、网上证券系统或者伪造银行储蓄卡、证券交易卡盗窃资金;有的利用跨站脚本,即利用合法网站服务器程序上的漏洞,在站点的某些网页中插入恶意 HTML 代码,屏蔽住一些可以用来辨别网站真假的重要信息,利用 cookies 窃取用户信息。

如 2004 年 7 月发现的某假公司网站 http://www.1enovo.com,真正网站为 http://www.lenovo.com,诈骗者利用了小写字母 l 和数字 1 很相近的障眼法。诈骗者通过 QQ 散布"XX 集团和 XX 公司联合赠送 QQ 币"的虚假消息,引诱用户访问。一旦访问该网站,首先生成一个弹出窗口,上面显示"免费赠送 QQ 币"的虚假消息。而就在该弹出窗口出现的同时,恶意网站主页面在后台通过多种 IE 漏洞下载病毒程序 lenovo.exe,并在 2s 后自动转向到真正网站主页,用户在毫无觉察中就感染了病毒。病毒程序执行后,下载该网站上的另一个病毒程序 bbs5.exe,用来窃取用户的传奇账号、密码和游戏装备。当用户通过 QQ 聊天时,还会自动发送包含恶意网址的消息。

2011 年上半年,出现了专门针对中国银行网上银行系统的钓鱼事件。钓鱼者通过一个成本低廉的简陋钓鱼网站以及平均不足 1 毛钱/条的手机短信,在极短的时间内给网上银行用户带来了近亿元的巨大损失。

(2) 利用虚假的电子商务进行诈骗。

此类犯罪活动往往建立电子商务网站,或是在比较知名、大型的电子商务网站上发布虚假的商品销售信息,犯罪分子在收到受害人的购物汇款后就销声匿迹。如 2003 年,罪犯佘某建立"奇特器材网"网站,发布出售间谍器材、黑客工具等虚假信息,诱骗顾主将购货款汇入其用虚假身份在多个银行开立的账户,然后转移钱款。

除少数不法分子自己建立电子商务网站外,大部分人采用在知名电子商务网站上,如"淘宝"、"阿里巴巴"等,发布虚假信息,以所谓"超低价"、"免税"、"走私货"、"慈善义卖"的名义出售各种产品,或以次充好,以走私货充行货,很多人在低价的诱惑下上当受骗。网上交易多是异地交易,通常需要汇款。不法分子一般要求消费者先付部分款,再以各种理由诱骗消费者付余款或者其他各种名目的款项,得到钱款或被识破时,就立即切断与消费者的联系。

(3) 利用木马和黑客技术等手段窃取用户信息后实施盗窃活动。

木马制作者通过发送邮件或在网站中隐藏木马等方式大肆传播木马程序,当感染木马的用户进行网上交易时,木马程序即以键盘记录的方式获取用户账号和密码,并发送给指定邮箱,用户资金将受到严重威胁。

如木马"证券大盗",通过屏幕快照将用户的网页登录界面保存为图片,并发送到指定邮箱。黑客通过对照图片中鼠标的单击位置,就很有可能破译出用户的账号和密码,从而突破软键盘密码保护技术,严重威胁股民网上证券交易安全。

(4) 利用用户弱口令等漏洞破解、猜测用户的账号和密码。

不法分子利用部分用户贪图方便设置弱口令的漏洞,对银行卡密码进行破解。如 2004 年 10 月,三名犯罪分子从网上搜寻某银行储蓄卡卡号,然后登录该银行网上银行网站,尝试破解弱口令,并屡屡得手。

实际上,不法分子在实施网络诈骗的犯罪活动过程中,经常采取以上几种手法交织、配合进行,还有的通过手机短信、QQ、MSN 进行各种各样的"网络钓鱼"不法活动。

还有些钓鱼网站,披上了"合法外衣",登上了搜索引擎的首页,"搜索竞价排名"成了钓鱼网站的保护伞。此外,不法分子还会通过分类信息网站、论坛、微博发布低价商品信息、诱骗用户访问钓鱼网站。

案例 1　2014 年初,资深互联网人士"一叶千鸟"在淘宝上通过搜索找到一个邮票卖家。对方表示因购买量大,可联系老板 QQ,会有更多优惠。于是"一叶千鸟"便通过 QQ 联系到所谓的"老板"。对方服务甚好,还通过 QQ 发送了产品实物图,而这个"实物图"是个 RAR 压缩包,里面包含了被伪装成图片文件的"网购木马"EXE 执行程序。"一叶千鸟"双击"图片文件"进行查看,然后继续交易。结果,三次尝试使用支付宝进行支付都显示支付失败。而实际上,交易已经被木马劫持,5.46万资金已经被转移到第三方支付平台"汇付天下"而非"支付宝"账户中,进而转移到网易宝账户并购买了大量游戏点卡和手机充值卡充值给上百位用户,完成洗钱过程。此过程时间很短暂,只需数个小时甚至更短的时间。一旦完成洗钱过程,追回损失则会非常困难。

案例2　2014年5月9日下午,吴女士在淘宝网上给自己的宝宝购买电动玩具车和衣物,几经对比选择了一家名为"花蝴蝶啊飞猫"的店铺,几件东西加起来一共788.5元。"因为我使用的是招行信用卡,支付的时候每笔不能超过500元,卖家就表示帮我把这笔单拆成475元和313.5元,然后给了我一个http://big5.ifeng.com/gate\big5/t.taobao.com-lewa.tk:81/t/item.htm/l.asp?ai=46784的链接,让我进去付款即可。"单击链接以后,吴女士像往常一样拍下货品、单击付款,并由支付宝跳转至网银支付。但在支付后,吴女士的淘宝账户中却没有任何成交记录,一头雾水的她赶紧和卖家联系,卖家称"付款的时候系统出现了问题,让我再付一次"。但再次支付后,吴女士却收到了四条银行交易的通知,475元和313.5元的订单各支付了两次。当吴女士意识到自己上当后,通过淘宝客服查询,发现资金已经被黑客在www.changyou.com网站上购买了虚拟物品,难以追回。这是最典型的一种网络钓鱼,问题就出在那个钓鱼链接上,它根本不是淘宝网站的链接,而是一个钓鱼网站。该链接中虽然含有taobao.com字样,但与淘宝网并没有关系,只是随意注册的二级域名,很容易让人迷惑。在单击了钓鱼链接之后,吴女士进入了一个"钓鱼"网站,她虽然输入了自己的支付宝账户和密码(会被钓鱼后台记录),但其实这些都是虚假的,只有到了跳转网银那一步才是真实的(此次交易是钓鱼者发起的)。吴女士根本就没有登录过自己的支付宝账户,而是直接用网银将自己银行卡里的钱转到了"钓鱼者"想要吴女士充值的支付宝等账户中,然后"钓鱼者"迅速购买游戏币、充值卡等虚拟物品完成洗钱过程。

案例3　2014年4月8日,中南民族大学大三学生潘志强因旧手机损坏,需购买一部新手机,便通过搜索引擎进入一个自以为是华为手机的官方网站。"那个网站跟官网做得一模一样,没多想就支付了998元钱,"潘志强表示。经室友提醒,潘志强注意到这个网站的订单号是由日期生成的,而正规官方网站则是无序数字,咨询华为客服后,潘志强才意识到自己被骗了。目前,搜索引擎是钓鱼网站传播的主要途径,比例高达43.2%,竞价排名是使钓鱼网站登上搜索结果前面几条的主要方式。

3. 防范"网络钓鱼"

针对以上不法分子通常采取的网络欺诈手法,可以采取以下防范措施。

(1) 收到有以下特点的邮件要提高警惕。

① 伪造发件人信息,如ABC@abcbank.com;

② 问候语或开场白模仿被假冒单位的口吻和语气,如"亲爱的用户";

③ 内容为传递紧迫的信息,以如账户状态将影响到正常使用或宣称正在通过网站更新账号资料信息等;

④ 索取个人信息,要求用户提供密码、账号等信息;

⑤ 以超低价或海关查没品等为诱饵诱骗消费者。

(2) 在进行网上交易时要注意做到以下几点。

① 核对网址,看是否与真正网址一致;

② 选妥和保管好密码,不要选诸如身份证号码、出生日期、电话号码等作为密码,使用字母、数字混合密码,尽量避免在不同系统中使用同一密码;

③ 做好交易记录,对网上银行、网上证券等平台办理的转账和支付等业务做好记录,定期查看"历史交易明细"和打印业务对账单,如发现异常交易或差错,立即与有关单位联系;

④ 管好数字证书,避免在公用的计算机上使用网上交易系统;

⑤ 对异常动态提高警惕,如不小心在陌生的网址上输入了账户和密码,并遇到类似"系统维护"之类的提示时,应立即拨打有关客服热线进行确认,万一资料被盗,应立即修改相关交易密码或进行银行卡、证券交易卡挂失;

⑥ 通过正确的程序登录支付网关,通过正式公布的网站进入,不要通过搜索引擎找到的网址或其他不明网站的链接进入。

(3) 虚假电子商务一般具有以下诈骗信息特点,不要上当。

① 交易方式单一,消费者只能通过银行汇款的方式购买,且收款人均为个人,而非公司,订货方法一律采用先付款后发货的方式;

② 诈取消费者款项的手法如出一辙,当消费者汇出第一笔款后,骗子会来电以各种理由要求汇款人再汇余款、风险金、押金或税款之类的费用,否则不会发货,也不退款,一些消费者迫于第一笔款已汇出,抱着侥幸心理继续再汇。

(4) 采取以下网络安全防范措施。

① 安装防火墙和防病毒软件,并经常升级;

② 注意经常给系统打补丁,堵塞软件漏洞;

③ 禁止浏览器运行 JavaScript 和 ActiveX 代码;

④ 不要上一些不太了解的网站,不要执行从网上下载未经杀毒处理的软件,不要打开 MSN 或者 QQ 上传送过来的不明文件等;

⑤ 提高自我保护意识,注意妥善保管自己的私人信息,如本人证件号码、账号、密码等,不向他人透露;尽量避免在网吧等公共场所使用网上电子商务服务。

(5) 进行网站在线检测。

访问 360 网站安全检测网站(http://webscan.360.cn/),在如图 5-23 所示的文本框中输入要检测的网址进行检测,结果如图 5-24 所示。

图 5-23　网站安全检测

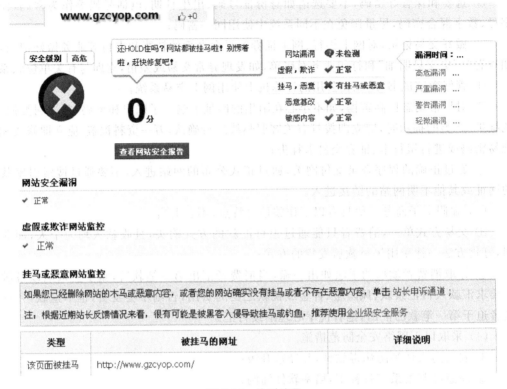

图 5-24　检测结果

5.2.2　防止 Cookie 泄露个人信息

2012 年年初,谷歌公司被爆利用苹果公司 Safari 浏览器的漏洞,绕过该浏览器的隐私设定,跟踪用户的上网习惯。随后,美国联邦贸易委员会(Federal Trade Commission,FTC)对谷歌侵权一事展开了调查。8 月,FTC 要求谷歌缴纳 2250 万美元的罚款并彻底停止追踪用户上网习惯的侵权行为。11 月,美国旧金山地方法院批准了 FTC 的这一处罚决定。而美国的"消费者监察"机构则认为这一处罚太轻,FTC 应该对谷歌至少处以 30 亿美元的罚款。

Google 此次被罚事件,使大型搜索引擎利用网络跟踪技术追踪用户上网习惯的问题曝光在公众面前。2013 年 3 月,央视 3·15 晚会也集中曝光了一批利用 Cookie 跟踪窃取用户隐私信息的互联网公司,并由此引发了人们对网络跟踪可能严重泄露个人隐私的普遍担忧。

早在 2011 年 11 月 W3C(World Wide Web Consortium)就提出了两项标准的初步草案,它们的目的是保护 Web 用户的隐私,以及让用户可以选择退出 Web 跟踪系统。2012 年 10 月 2 日,W3C 发布"禁止跟踪"的最新标准草案,根据该标准草案,用户可以选择禁止被网站跟踪。W3C 认为该标准有利于改善用户在互联网上的体验,减少用户网络隐私被侵犯或遭泄露的可能性。

1. 网络跟踪的原理与危害

A 和 B 是两个域名不同的网站。如果用户在访问 A 网站时,回传的页面内容中却包含对 B 网站的访问请求,则称该用户对 B 进行了跨域访问;如果用户对 B 网站的访问请求中包含足以标识用户个人身份的信息,则可以说:B 网站对该用户实施了跟踪。图 5-25 为跟踪技术基本原理。

图 5-25 网络跟踪原理

网络跟踪是在用户不知情的情况下进行的。事实上,跟踪者通常会与众多网站组成联盟,并在每一个盟友的网页中部署自己的跟踪代码。用户无论访问联盟中的哪个网站,都会被跟踪。而跟踪者则会根据收集到的各路信息对用户进行特征分析,之后与同盟者分享分析结果,并据此进行精准的广告投放。

2. Cookie 跟踪

网络跟踪的一种最常见的形式就是 Cookie 跟踪。而所谓的 Cookie 跟踪,是跟踪者通过联盟或付费等方式,将其跟踪代码嵌入大量网站中,收集这些网站用户的网页浏览记录、停留时间、购物商品等个人信息,记录在"跨域 Cookie"数据中。跟踪者可以通过对"跨域 Cookie"数据的分析,在一定程度上掌握用户的行为特征和上网偏好,并可以据此谋取特定的商业利益。

网络跟踪就像是在网民生活的每一个角落里都装上隐蔽的摄像头,对上网者的一举一动进行全程监控,而用户不仅对监控行为毫不知情,对监控者的身份也是一无所知。网络跟踪虽然已经广泛存在,但目前仍然处于法律和监管的真空地带,可能严重威胁用户的个人隐私安全。

第一,跟踪者的身份是不受约束的:谁有能力与网站结成联盟,谁就可以发布跟踪代码;第二,跟踪行为是不受约束的:跟踪者可以根据自己的需要,任意采集用户信息,任意记录用户行为;第三,跟踪记录的用途是不受约束的;第四,跟踪者没有保密义务:尽管跟踪记录与分析结果涉及大量用户隐私,但跟踪者不但没有任何保密义务,而且还会与联盟者分享结果,从而可能造成用户隐私的二次泄露、三次泄露。

3. 防止 Cookie 跟踪

从技术角度看,防范网络跟踪有两种基本方法:一个是禁止跨域访问,一个是清理 Cookie 数据。不过,单纯的跨域访问并不一定构成网络跟踪,如果不做辨别地禁止所有跨域访问,将可能导致网站的某些正常功能无法使用。类似地,如果总是无差别地清除所有 Cookie 数据,也会使用户上网非常不方便,并可能引起其他一些网站登录问题。

事实上,如前所述,除了跨域访问之外,网络跟踪还有另一个构成要件,就是用户信息采集,二者缺一不可。因此,浏览器并不需要禁止所有的跨域访问,而只需要禁止那些采集或携带了用户身份信息的跨域访问请求,就可以阻止网络跟踪。

类似地,浏览器也并不需要随时清理所有的 Cookie 数据,而只需要自动清理那些"跨域 Cookie"数据,就可以使跟踪者无法连续地追踪同一用户,从而防止 Cookie 跟踪。

【例 5-3】 通过 Internet 选项设置阻止 Cookie。

(1) 在浏览器中执行"工具"|"Internet 选项"命令,出现如图 5-26 所示的"Internet 选项"对话框。

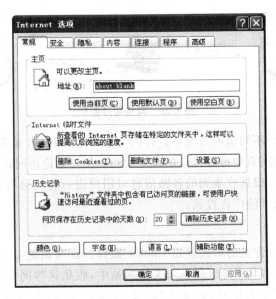

图 5-26　"Internet 选项"对话框

(2) 单击"删除 Cookies"按钮,将计算机中保持的 Cookie 文件删除。

(3) 单击"隐私"标签,在如图 5-27 所示的对话框中拖动滑杆,进行"阻止所有 Cookie"、"高"、"中高"、"中"、"低"、"接受所有 Cookie"6 个级别的设置。

(4) 单击下方的"站点"按钮,出现如图 5-28 所示的"每站点的隐私操作"对话框,在"网站地址"中输入特定的网址,将其设定为允许或拒绝使用 Cookie。

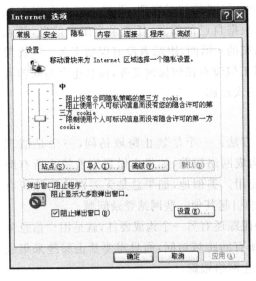

图 5-27　阻止 Cookie 设置

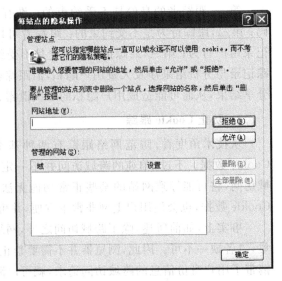

图 5-28　对每个站点设置是否运行 Cookie

【例 5-4】　通过注册表设置阻止 Cookie。

（1）单击"开始"|"运行"命令，出现如图 5-29 所示的"运行"对话框。

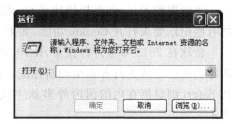

图 5-29　"运行"对话框

（2）输入 regedit 命令，单击"确定"按钮，出现"注册表编辑器"窗口，如图 5-30 所示。

（3）依次展开 HKEY_LOCAL_MACHINE \ Software\Microsoft\Windows\CurrentVersion\ Internet Settings\Cache\Special Paths\Cookies，右击 Cookies 文件夹，在弹出的快捷菜单中执行"删除"命令，如图 5-31 所示。

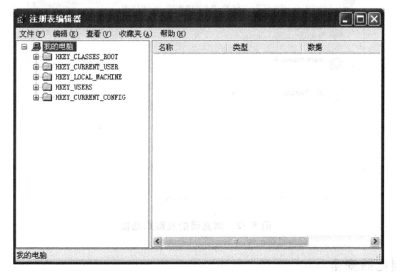

图 5-30　注册表编辑器

图 5-31　删除 Cookie

需要提醒的是,如果拒绝接受 Cookie,可能无法使用依赖于 Cookie 的网站的部分功能,如有些论坛要求打开 Cookie 功能,如果不打开则不能正常访问。

微软在 2012 年 8 月曾宣布,IE10 浏览器将默认开启防止跟踪功能。至此,浏览器的反跟踪功能已经成为行业安全的新标配。截至 2012 年底,包括 360 安全浏览器、火狐浏览器和 Safari 浏览器在内的国内外多款主流浏览器均已发布了自己的反跟踪功能,如图 5-32所示。

图 5-32　浏览器的反跟踪功能

5.2.3　浏览器安全

浏览器已经成为互联网病毒,木马传播的最大门户,浏览器的安全已经成为无法忽视的问题。一款好的浏览器应该具有动态识别恶意代码、实时拦截等功能,如表 5-1 所示。

表 5-1　浏览器防护功能一览表

防护功能	功能简介
"挂马"拦截	结合木马网址库、恶意脚本检测等防挂马技术,阻止木马病毒通过网站入侵电脑
"钓鱼"拦截	比对恶意网址库,对假冒网银、网购等钓鱼网站进行风险预警;在网购时提高防护级别,拦截劫持浏览器的钓鱼盗号型木马,增强安全性
下载安全扫描	文件下载前自动识别恶意下载链接,下载后对文件进行病毒扫描,保证下载文件的安全性
云存储安全	通过云存储打通多平台的情况下,能够拦截云盘中的恶意文件
沙箱隔离	建立虚拟环境隔离病毒、木马,使其不会影响用户的真实电脑
黑扩展拦截	将危险插件和浏览器进程剥离,并放入沙箱中隔离,避免浏览器插件漏洞被利用,同时,能够拦截恶意黑扩展
隐私保护	不记录用户上网历史和 Cookies,防止用户被第三方网站跟踪,保护用户隐私安全
网站身份认证	建立统一的网站身份认证机制,辅助用户识别网站真实身份,降低被欺诈的风险
主页防篡改	保护浏览器主页,阻止恶意程序篡改主页地址
广告过滤	在用户开启广告过滤的情况下,屏蔽各类病毒欺诈型

　　图 5-33 是由国内知名第三方数据统计分析服务提供商 CNZZ 公布的中国境内 2013 年 11 月浏览器使用率排行榜,虽然 IE 浏览器仍然占据了第一位,但是 360、搜狗、Chrome、Safari 等浏览器的安全功能比较好,是实现安全浏览较好的选择。

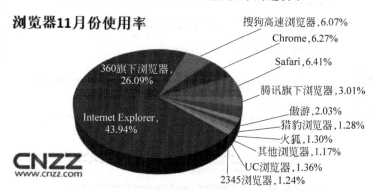

图 5-33　2013 年 11 月浏览器市场份额排行榜

要实现安全浏览,首先要对浏览器进行检测。

【例 5-5】 浏览器安全检测。

　　(1) 打开 www.pcflank.com 网站,可以对浏览器、端口、木马、信息泄露等项目进行检测,如图 5-34 所示。

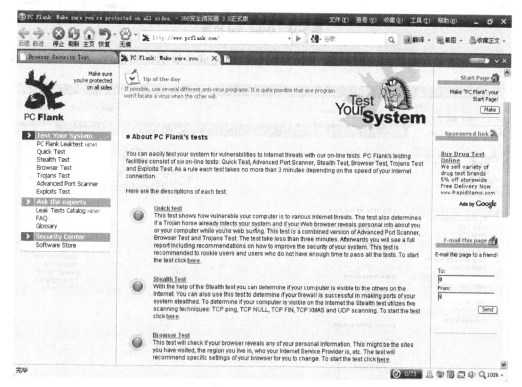

图 5-34　网站首页

　　(2) 单击左侧 7 种安全检测方式中的 Quick test 选项,对电脑进行全面检查,如图 5-35 所示;也可单击 Browser test 选项,仅对浏览器进行检测。

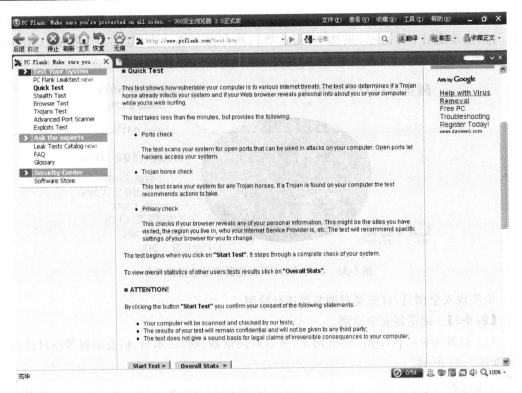

图 5-35　Quick test 检测

（3）单击下方的 Start Test 按钮进行检测，检测完成后显示检测报告，如图 5-36 所示。

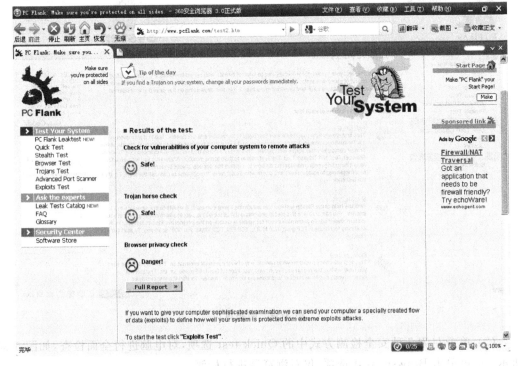

图 5-36　检测报告

（4）单击下方的 Full Report 按钮，详细显示存在的问题及建议，如图 5-37 所示。

■ **Browser privacy check**

The test checked if your web browser reveals any private information while you visit Web sites. Usually such information is: the last site visited, your locale and who your Internet Service Provider is.

Danger!
While visiting web sites your browser reveals private information about you and your computer. It sends information about previous sites you have visited. It may also save special cookies on your hard drive that have the purpose of directing advertising or finding out your habits while web surfing.

Recommendation:
We advise you to get personal firewall software. If you already have a firewall program adjust it to block the distribution of such information.

图 5-37 详细报告及建议

5.2.4 路由器安全

随着浏览器安全性的不断提高，黑客开始从相对薄弱的路由器入手，通过跨站请求伪造（Cross-Site Request Forgery，CSRF）攻击篡改路由器的默认 DNS 设置，从而实现劫持网站、插入广告、诱导用户进入钓鱼网站以及屏蔽安全软件的升级、云安全查询等目的。

2013 年 5 月以来，针对家用路由器的 CSRF 攻击开始流行。这种新型攻击不仅可能将用户诱导至钓鱼欺诈网站，同时还有可能导致安全软件或安全浏览器的各种云安全服务功能失效。据统计，全国平均有约 5％的路由器已经遭到了恶意篡改。

CSRF 的攻击过程与挂马攻击类似。用户只要打开经过黑客精心设计的网站，当网站上部分内容通过路由器进行传输时，其中隐藏的代码就会尝试自动登录路由器，一旦登录成功，就会立即篡改路由器设置，修改 DNS、DHCP 等基本设置。由于攻击过程并不是发生在电脑上的，因此攻击过程很难被安装在电脑上的安全软件发现。对于不知情的用户来说，实际上只是打开了一个网页，路由器就被黑掉了。

路由器是终端上网设备——特别是无线上网设备接入互联网的重要入口，一旦路由器遭到入侵或破坏，则连接在该路由器上的所有设备都将面临直接的安全威胁。如果路由器被黑客远程控制或劫持，则连接其上的上网设备，不论是 PC、Pad、手机，还是智能电视盒子等，都有可能被黑客监听或劫持，进而造成账号密码，浏览记录等隐私信息的泄漏。

通常情况下，路由器的安全隐患主要存在于三个方面：一是路由器自身存在安全漏洞，容易被黑客利用；二是路由器的 Wi-Fi 网络缺乏有效的管理，容易遭到入侵和攻击；三是用户对路由器设置不当，从而导致了不必要的安全隐患。

1. 固件与漏洞

路由器的固件是安装在路由器硬件上的一套软件系统，相当于路由器的操作系统。路由器的固件也可能存在安全漏洞，为了给漏洞打上补丁，大部分的路由器厂商也会像微软公司发布 Windows 安全公告、补丁一样，在其官网上发布路由器固件的升级版本。

然而，由于大部分用户在购买家用路由器后，并没有定期升级路由器固件版本的习惯。而路由器厂商通常也无法像微软公司那样，主动向用户推送固件升级包。另外，虽然国内很多安全软件可以给 Windows 系统打补丁，但却很少有安全软件能够给路由器打补丁。这就导致路由器的安全漏洞被曝光后，往往无法得到及时的修复。许多用户的路由器上甚至会存在多个已知的安全漏洞，这就给路由的使用带来了严重的安全隐患。

最常见的路由器安全漏洞是 CSRF 漏洞。

2. CSRF 攻击

所谓 CSRF 攻击,是指当用户访问经过特殊构造的恶意网站 A 时,恶意网站会通过浏览器发送访问路由器管理页面 B 的请求。如果路由器不能识别并阻止这种异常的访问请求,即路由器存在 CSRF 漏洞时,那么恶意网站 A 就有可能通过 CSRF 攻击登录到路由器的管理页面 B,并进而篡改路由器的基本设置。

在可识别型号/固件版本的 4014 万台路由器中,约 90.2% 的路由器存在 CSRF 漏洞。国内主流路由器的固件存在 CSRF 漏洞的情况如图 5-38 所示。绝大部分曝出 CSRF 漏洞的路由器型号,路由器厂商都已经有针对性地推出了相应的固件版本升级,而至今仍有大部分的路由器存在漏洞,主要是因为用户并没有对其进行修复和升级。

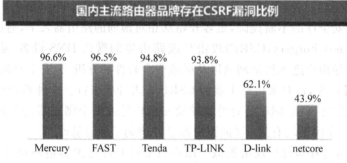

该比例的计算方式:路由器漏洞比例 = $\dfrac{某品牌存在漏洞的路由器数量}{该某种路由器总数}$

图 5-38　主流路由器 CSRF 漏洞比例

3. Wi-Fi 密码

黑客之所以能够成功攻击路由器,主要是由两方面的原因造成的:一个是路由器本身存在安全漏洞,另一个是用户没有正确和安全地使用路由器。

传统的 Wi-Fi 接入管理几乎完全依赖 Wi-Fi 密码。通常,接入者只要知道 Wi-Fi 密码,就可以接入路由器网络,并获得与其他接入路由器的设备相同的上网权限和路由器访问权限。目前,市场上的绝大多数家用路由器采用的都是这种传统的 Wi-Fi 管理方案。这种传统的管理方式存在 4 个明显的缺欠。

(1) 路由器的所有者不能阻止他人对 Wi-Fi 密码的破解,也不能阻止持有 Wi-Fi 密码的陌生设备偷偷接入路由器。

(2) 攻击者一旦通过 Wi-Fi 接入了路由器,由于没有隔离保护措施,攻击者就可以直接对连接在路由器上的所有设备发动攻击,也包括 ARP 攻击。

(3) 如果将路由器设置成只允许指定设备进行连接,那么当家中有客人需要上网,或者自己有新的设备需要上网时,设置起来就比较麻烦。

(4) 有些用户设置的 Wi-Fi 密码在其他账户(如 QQ、微博等)中可能也会使用,因此攻击者获取了 Wi-Fi 密码,或者主人将 Wi-Fi 密码告诉了访客,就有可能造成用户其他账户信息的泄漏。

所以,在传统的 Wi-Fi 接入管理方式中,如果不能保证 Wi-Fi 密码可靠性,则路由器设备,甚至是用户的其他账户信息都就将面临严重的安全威胁。

常见的 Wi-Fi 加密方式有三种：WEP、WPA 以及 WPA2 PSK。WEP 加密方式是一种较早的加密方式，这种加密方式虽然能在一定程度上能防止窥探者进入无线网络，但其密码可以通过算法计算得出，基本百发百中，极其不安全。所以目前一般默认选用的加密方式为 WPA/WPA2 PSK，这两种方式相较于 WEP 都采用了更安全的加密技术。

不过，即便是使用了 WPA/WPA2 PSK 加密方式，如果 Wi-Fi 密码本身的强度不够，仍然很容易被破解和入侵。

4. 管理员账号密码

家用路由器有两个基本的安全密码，一个是 Wi-Fi 密码，一个是管理员账号密码。

Wi-Fi 密码用于无线接入认证，而管理员账号密码则是用来登录路由器并进行路由器上网账户（如 ADSL 账户）、Wi-Fi 密码、DNS 等各项设置的。

管理员账号拥有路由器的最高管理权限，一旦密码被泄漏或破解，攻击者就可以随意对路由器各项设置进行篡改，劫持用户访问钓鱼网站，并能够通过上网数据抓包窃取到用户账号密码、QQ 聊天记录、网购交易流程、网银账号密码等敏感信息。

据统计，99.2% 的家用无线路由器用户给自己的路由器设置了 Wi-Fi 密码，没有设置任何 Wi-Fi 密码的比例仅为 0.8%；但同时，全国 98.6% 的家用无线路由器存在管理员账号弱密码风险（使用系统默认密码或弱口令），而主动修改管理员账号密码或设置较为安全的密码的用户仅为 1.4%。

从上面数据可以看出，绝大多数用户具有防蹭网意识，因此都会给自己家中的路由器设置 Wi-Fi 密码。但是，如果不设置管理员账号和密码，就很容易被黑客远程登录并入侵路由器。实际上，绝大多数 CSRF 攻击都是结合利用路由器漏洞和管理员账号的弱密码风险实施的攻击。如果用户修改了管理员账号和密码，那么 CSRF 攻击的成功率就会大大降低。

5. DNS 劫持

DNS 劫持是攻击者攻击路由器的主要目的。统计显示：遭到 DNS 劫持的路由器占路由器总量的 0.75%。以全国共有近一亿台家用路由器计算，国内遭到 DNS 劫持的家用路由器数量约为 75 万台。

在 DNS 设置被篡改的用户中：70% 以上指向了境外恶意 DNS 服务器，其中韩国（52.0%）最多，美国（11.1%）和日本（10.0%）次之；而广东湛江（4.9%）、浙江绍兴（4.2%）和安徽铜陵（4.0%）则是恶意 DNS 服务器在内地的三大源头。

从篡改 DNS 设置的目的来看：49.5% 的篡改是为了向用户推送色情网页和游戏广告；28.0% 的篡改是为了将淘宝等电商网站劫持到付费推广页面，从而骗取推广佣金。还有22.5% 的其他各类劫持，如将正规网站的访问请求劫持到钓鱼网站或挂马网站等。除此之外，很多 DNS 篡改还会封堵安全软件的云查询服务和软件升级，从而将用户电脑置于无法获得联网安全服务的极其危险的状态。

5.3　网络欺诈安全防范

据 CNNIC 数据显示，截至 2014 年 6 月，我国网络购物用户规模达到 3.32 亿，较 2013 年年底增加了 2962 万人，半年度增长率为 9.8%，为全球各国网购人群规模之最。与此同时,网购交易中的欺诈犯罪也在急剧上升。

从诈骗手法来看:融合钓鱼、木马、电信诈骗等多种欺诈手段的,复杂的诈骗模式渐成主流,从涉案金额和报案数量上看,这两项数字一直保持稳步上升;从网络欺诈的具体形式上看,网络兼职、网络游戏、退款欺诈、虚假购物、消保欺诈、网上博彩、视频交友、投资理财、虚假团购、虚假票务、批发欺诈、网购木马、虚假中奖、话费充值最为常见,见表5-2。

表 5-2　2014 年上半年典型网络欺诈数据统计

欺诈类型	报案数量统计		报案金额统计		人均损失金额/元
	报案数量	占比	报案金额/元	占比	
网络兼职	5904	46.1%	9 474 463	37.2%	1605
退款欺诈	1479	11.6%	5 561 302	21.9%	3760
网络游戏	1333	10.4%	1 686 641	6.63%	1265
虚假购物	1276	9.97%	2 135 791	8.39%	1674
消保欺诈	508	3.97%	901 537	3.54%	1775
网上博彩	404	3.16%	1 383 454	5.44%	3424
视频交友	238	1.86%	348 138	1.37%	1463
投资理财	223	1.74%	2 125 933	8.35%	9533
虚假团购	171	1.34%	61 042	0.24%	357
虚假票务	120	0.94%	215 989	0.85%	1800
批发欺诈	86	0.67%	123 347	0.48%	1434
网购木马	51	0.40%	168 522	0.66%	3304
虚假中奖	50	0.39%	142 392	0.56%	2848
话费充值	27	0.21%	4475	0.02%	166
虚假药品	9	0.07%	4611	0.02%	512
其他类型	922	7.20%	1 113 556	4.38%	1208
总计	12 801	100%	25 451 193	100%	1988

与 2013 年全年数据相比,网络兼职(46.1%)与退款欺诈(11.6%)的报案数量增长最为明显,比例分别增长了 9.8% 和 5.3%。而虚假购物的比例则大幅度下降——由 2013 年的23.2% 下降至 9.97%,下降了 13.2 个百分点。

特别需要说明是,退款欺诈在 2014 年上半年集中爆发,这种情况之前是没有的。退款欺诈的重要前提是骗子必须准确地掌握消费者的消费信息。而此类诈骗在 2014 年上半年的大规模爆发,应该不是个别店主的个人行为,而很有可能是用户的消费信息遭到大规模泄漏。

2014 年上半年,网络兼职是受害者人数最多的网络欺诈类型,而投资理财则是人均损失最大的网络欺诈类型,如图 5-39 所示。

按照投资理财类欺诈的类型划分,P2P 网贷是 2014 年上半年投资理财类网络诈骗中报案数量最多的一个类型,占比为 61.6%;其次为天天分红和贵金属交易类,占比分别为 27.5% 和 9.4%。

图 5-39 人均损失最多的网络欺诈

5.3.1 网络兼职欺诈

网络兼职欺诈是报案数量最多的一类网络欺诈案例,兼职刷钻欺诈、兼职钓鱼欺诈和兼职保证金欺诈是三种最主要的欺诈类型。受害者 80％以上是在校大学生,被骗金额少则几百,多则上万。

网上兼职欺诈大多以简单的任务、高额的薪水来诱惑受害者应聘兼职,随后用人工欺诈与钓鱼网站相结合等方式实施欺诈。为取得信任,骗子往往都会编造出神秘、灰色的身份,例如"淘宝刷钻平台"、"联通内部员工"等。有的骗子不仅会制作精致的兼职说明,而且还会"好心"地提醒受害者要当心上当,甚至会介绍各种防范兼职欺诈的方法,如"需要保证金的都是骗子"、"一定要在收到返款之后再确认收货"等。但在实际特定的欺诈场景中,这些"好心"的提醒都没有什么意义,只是为了让受害者放松警惕而已。

案例 1 淘宝刷钻。

小李考上大学后一直想找个兼职,一日他在某 QQ 群中看到有人发布"高薪兼职,日赚300"的信息,遂与对方联系。对方自称是做"淘宝刷钻平台"的,小李只需要去指定的淘宝店铺购买充值卡,对方会把货款退还给小李,确认好评后,小李将得到一定比例的佣金。购买次数越多,佣金返还比例也越高。

小李按照对方要求购买了充值卡后要求对方返款,但对方要求小李将充值卡的卡号和密码截图发送过来以验证小李确实购买了充值卡。小李未加思量便将充值卡的卡号和密码截图发送给了对方,但对方以小李的操作尚未满足返款条件为由,拒绝返款给小李,并一再要求小李继续刷钻,以满足返款条件。小李感觉自己可能被骗,想立即使用充值卡以挽回损失,但拨打充值电话后被告知,充值卡已经失效。

案例中,骗子与淘宝卖家实际上没有任何关系,受害人小李在淘宝店铺中购买充值卡的过程是完全符合正规的购物流程的,所以淘宝店家没有任何法律责任。只不过,小李为了让对方确认自己购买了商品,将卡号和密码截图发送给了对方。对方立即进行充值,从而完成了欺诈。由于小李及时发现问题并停止了交易,所以损失不是很大。这种看似简单的骗术,其实很不简单,也是受骗者较多的网络欺诈类型。

案例 2 联通网络兼职。

小王是大三学生,一日在浏览博客时无意中看到一篇名为"中国联通招聘网络兼职"的博客。博客称联通为扩大业务量和知名度招聘"刷业绩兼职",回报率很高,并且醒目提示"不需要任何保证金"、"需要保证金的都是骗子"。

小王觉得博客内容规范,提示贴心,比较可信,遂通过博客上的 QQ 进行联系。对方自称为联通内部员工,为提升业绩招聘"刷业绩兼职",只需去官方网站上购买联通充值卡,3张算一次任务,任务完成后会把货款退回给小王,每次任务可得 15 元佣金。对方还特别提醒小王不用担心被骗,因为就算不退还货款小王手里还有充值卡,也不会损失。

小王觉得对方说的有道理,于是就在对方发来的充值卡链接上花 300 元购买了 3 张充值卡,然后联系对方要求回退货款。但对方却表示,系统可能"卡单"了,只看到一张充值卡的交易记录,小王必须再购买三张才可以激活之前的订单。小王感觉不妙,立刻打电话充值,但系统提示卡号密码错误,充值卡都是假冒的。

案例中,受害人小王实际上是在骗子的诱骗下登录了钓鱼网站,而在钓鱼网站上购买充值卡,实际上就是将钱直接转入了骗子的账户中。如果小王按照骗子的提示,继续购卡"激活订单"的话,结果只会是继续被骗。

案例 3　网络文字录入。

小赵在一个 QQ 群中看到有人发布"高薪急聘兼职文字录入,薪水日结"的消息,遂立刻与对方联系。联系后对方称是某出版社的,招聘兼职为即将出版的新书进行录入,每 1 万字300 元,薪水日结。

小赵十分兴奋,立刻要求开始工作。对方随即发来"兼职录入员资料登记表"等文件,让小赵填写了个人资料,包括身份证号码、联系电话和银行账户等信息,看起来很规范。小赵随后索要任务,对方表示,由于是未出版的新书,所以要签署"保密协议"并交纳 1000 元保证金。小赵赚钱心切,看着对方发来的盖过章的"保密协议",没有多想就给对方打了款。但打款后,对方 QQ 便下线了,就此消失。小王这才发觉是被骗了。

该案例是一种比较传统的网络欺诈手法,主要是通过丰厚的回报,诱骗受害人缴纳保证金或抵押金。而且在这起案例中,受害人小赵还按照骗子的要求,填写了"兼职录入员资料登记表",其中包含身份证号、联系电话和银行账号等敏感信息,这也可能会给小赵带来更多的安全风险。

图 5-40 是兼职欺诈的一般过程示意图。

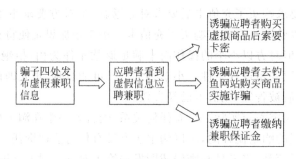

图 5-40　兼职欺诈过程示意图

防止兼职欺诈的要点如下。

(1) 找兼职要上正规的招聘网站,不要轻信 QQ 群、博客、论坛上看到的招聘信息;

(2) 不要从事不合法的兼职工作,否则不仅容易上当受骗,而且可能还会承担法律责任；实际上，刷点、刷钻、刷积分等都不合法，相关的网上兼职也基本上都是欺诈；

（3）几乎所有通过截图方式证明交易成功的要求都有很强的欺诈嫌疑，因为，真正的卖家完全可以通过查看交易记录来证实交易是否成功，而不会要求别人发截图；

（4）"卡单"、"掉单"、"付费激活订单"等几乎都是欺诈专用术语，见到此类词语，基本可以断定对方是骗子。

5.3.2　退款欺诈

退款欺诈自出现起就成为了骗子们钟爱的不二法宝。现如今，该类骗局手段越来越高超，网页越来越逼真，各种新花样频出，让受害者防不胜防。

此类钓鱼欺诈的总体特点是：骗子通过一些渠道获取受害者的网购信息，利用受害者付款后等待收货的时间段冒充卖家或客服，通过打电话的方式联系买家，以支付系统问题等说词诱导受害者进行退款操作。随后，骗子会给受害者发去链接，受害者打开后看到的是高仿各知名电商的钓鱼网页。钓鱼网页会诱导受害者输入支付宝账号、密码、银行卡号、身份证号、手机验证码等诸多资料，盗刷用户支付宝和银行卡。

案例 1　"运费险＋退款"连环套

上海的刘女士准备买一台相机，找了许久后选定了一款在淘宝看上的二手相机，随后按照正常的交易流程拍下并付款。刚下单十多分钟卖家就主动发货了。她通过 QQ 询问店家后，对方称只是先安排走物流，并发来一个据称是 1 元货运保险的链接，要她补拍运费险。

看卖家这么爽快，刘女士自然也是欣然应允，在对方的诱导下拍下了 1 元订单。结果，刚拍完运费险，她发现之前买相机支付的订单竟然显示"确认收货"了，2600 元直接到了卖家账号，从发货到确认收货仅仅经历了 9 分钟。

刘女士觉得事情蹊跷，遂要求卖家退款，并通过 QQ 联系到退款客服。客服发来退款客服热线并称：为了避免资金冻结，需要她立即按照客服提示操作退款。等刘女士拨通客服电话后，对方竟让她拿银行卡去 ATM 前操作退款，刘女士很警惕，因为感觉这跟最近流行的电信诈骗极为类似。刘女士于是致电支付宝官方客服后确信自己被骗了，赶紧报了警。

案例 2　系统临时维护退款

2014 年 5 月的一天，郑州的吉先生在京东购买了一个移动充电器后不久，就接到一个自称是京东第三方卖家客服的电话。该"客服"告诉吉先生，因为京东的系统临时维护升级，吉先生的订单失效，需要他填写退款协议办理退款。

不明真相的吉先生并不知道京东退款是没有这一流程的，于是打开了对方通过 QQ 发来的退款链接。因为打开的页面跟京东一模一样，看起来非常真实，以至于他被骗后都不敢相信那是钓鱼网站。

骗子发来的退款协议，操作过程跟绑定快捷支付时的流程差不多，这也使得吉先生没有怀疑。按照提示，吉先生依次输入了自己的银行卡号、密码、身份证号、预留手机号及短信验证码等信息。没想到，刚提交完，他就收到了短信，显示他的银行卡被消费了 3000 元。

防止退款欺诈的要点如下。

（1）凡是要求使用 QQ 沟通的淘宝卖家，十有八九是骗子。若是碰到卖家主动发来链接，要求补拍小额运费险、邮费等商品时，一定要先辨别后再操作，切勿疏忽大意。

（2）一旦遇到需要填写账号密码、身份证号码等资料的页面，要养成习惯观察一下网页上方的网址,确认到底是不是官方网站。

5.3.3　网络购物欺诈

伴随网络购物的流行,随之而来的网络诈骗也花样百出,网络购物类诈骗案件呈现明显猛增态势。

目前常见的网络购物类诈骗犯罪通常有以下 4 种。

(1) 行骗人建立自己的电子商务网站,或是通过比较知名、大型的电子商务网站发布虚假的商品销售信息,以所谓的"超低价"、"走私货"、"免税货"、"违禁品"等名义出售产品,使一些人因低价诱惑或好奇而上当;

(2) 行骗人在普通网站上设置六合彩赌博网站或淫秽色情网站链接,引诱网民单击进入,骗取注册费;

(3) 行骗人发布中奖信息,使一些爱贪小便宜或有好奇心的网民上当;

(4) 行骗人在收到货款后,寄出的货物价值远远低于消费者所购买的货物,有的甚至只邮寄一个空盒,将责任推给物流公司或邮局。

以下 6 大安全防范守则,可以有效预防在网上竞拍及购物时被骗,识别网络购物中隐蔽的陷阱。

(1) 对所购买的物品有所了解,包括目前市场的价格。

"一分钱,一分货"、"便宜没好货",如果卖家所出价格远远低于市场价格,而且交货期限又很短,就应提高警惕,不要贪小便宜、被超低价格迷惑。

(2) 核实网络卖家留下的信息。

如果卖家的联系方式只有 QQ 号码、电子邮箱、手机号码,而没有固定地址和对应的固定电话时,不要轻易交易;仔细甄别网络卖家留下的电话号码与地址是否一致,初步判断是否为诈骗信息;利用网上搜索引擎,查询供货信息中的联系电话、联系人、公司名称、银行账号等关键信息是否一致。

时刻铭记:搜索第一页的结果也并不是完全可信的。因为搜索已经成为钓鱼网站最主要的传播方式了,有的甚至利用竞价排名出现在搜索结果第一位,所以在网上搜东西一定要小心。

(3) 尽量去大型、知名、有信用制度和安全保障的购物网站购买所需的物品,先货后款。

目前正规大型购物网站的支付形式基本采用"第三方监管货款"的原则,买家将钱划到网络交易平台提供的第三方账户,买家收到货后向第三方确认,第三方再将货款转给卖家。

在登录网银或使用网银支付时,网址的前缀应为 https,否则就很可能是钓鱼网站。当收到"网银账户冻结、升级"之类的电子邮件、电话或短信通知时,一定要到银行当面咨询或拨打银行客服电话,避免直接访问此类信息中附带的网址。

(4) 收到货物后当面验货。

收到货物后应当着邮局工作人员或是快递公司的人立即验货,如果发现货物有问题要迅速与卖方联系。

(5) 谨慎对待卖方交付定金的要求。

在网络购物过程中,一些诈骗分子要求消费者先交部分定金,货到后再付全款,当消费者汇出第一笔款后,行骗人会以种种借口(如货已运到消费者所在城市,要支付风险金、押金、税款等费用),要求消费者再汇余款,否则不交货也不退款,一些受害人迫于第一笔款已汇出,只好抱着侥幸心理继续汇款,而行骗人也会变换借口一骗再骗。

(6) 使用单独的电脑进行交易。

尽量不要使用公用的电脑进行购物、支付等操作,更不要轻易地将自己的网络账号、信用卡账号和密码泄露给陌生人。

5.3.4 网络投资诈骗

伴随互联网金融的火热,网络上的各类理财产品成了网民投资消费的新热点。信用卡理财、外汇交易、P2P 网贷、博彩投资等各类新型投资方式相继出现。不过,由于多数网民对这些新的理财方式并不熟悉,加上相关监管机制的缺乏,很多犯罪分子便打着"互联网金融"或者是"金融创新"的旗号在网上非法集资,大肆招摇撞骗。近年来曝光的巨额理财欺诈案中,各类金融投资类钓鱼网站开始成为欺诈主流,以"天天返利"、"高额回报"为诱饵的投资理财陷阱也层出不穷。

2013 年第二季度,投资理财类欺诈的人均损失一度高达 3.1 万元,单个用户最高被骗金额一度高达 30 万元。2013 年第三季度,投资理财类欺诈的人均损失高达 4403 元,危害性仅次于赌博博彩类欺诈,成为排名第二位的高风险欺诈类型。截至 2013 年末,全国范围内活跃的 P2P 借贷平台已超过 350 家,累计交易额超过 600 亿元。据不完全统计,2014 年上半年以来,已有超过 100 家网贷平台跑路,其中有九成以上开业运营时间不足一年。这些跑路平台大多都是以高收益为宣传手段,但平台自身的项目和风控却并不是很可靠,这也导致许多受害人被骗得血本无归却又投诉无门,很难追回损失。

综合上述数据来看,虚假金融投资类网站逐年递增,其增长速度虽不如虚假购物类钓鱼的增势迅猛,但其单个网站的访问量增势迅猛,且可能带来的欺诈损失尤为严重,因此其恶劣影响和社会危害性不容忽视。

1. 网络投资理财诈骗的犯罪手段及特点

1) 实行会员准入制

此类虚假理财网站多实行注册会员制管理,想要投资,必须在其网站上按要求注册会员。通常为鼓励投资者注册会员,此类网站用"注册即送现金"等奖励方式诱惑投资者。一般注册会员时需要输入身份证号等信息进行实名注册,还要提供用于项目结算的网银账号或财付通账号,如图 5-41 所示。

2) 投资项目繁多,无实质性实业投资说明

投资理财骗局多提供周期不同、种类繁多的多种投资项目,包括"日投资项目"、"周投资项目"和"月投资项目"。一般投入金额越多,分红周期越长,不法分子宣称的分红金额越高。这些号称"100%获利的项目"几乎都为"纯资金吸纳",无实质性实业投资说明,投资领域及资金支配方向、企业收益状况等详细信息,一般只是在网站的"投资模式"栏目中笼统提到资金用于能源、矿产等相关项目,或是国家基础设施建设相关的高价值投资产品。

最重要的是此类网站提供的项目返利往往超出正常的银行存取款利率数 10 倍,且投资门槛极低,根本不符合正常的市场经济发展的客观规律。

3) 天天分红、高额返利

"分红式"网络投资诈骗是目前最常见的投资理财骗局,"保本收益"、"200%回报率"、

"天天分红"等极具诱惑性的宣传语,成为此类犯罪分子吸引投资者上钩的主要诱饵,如图 5-42 所示。

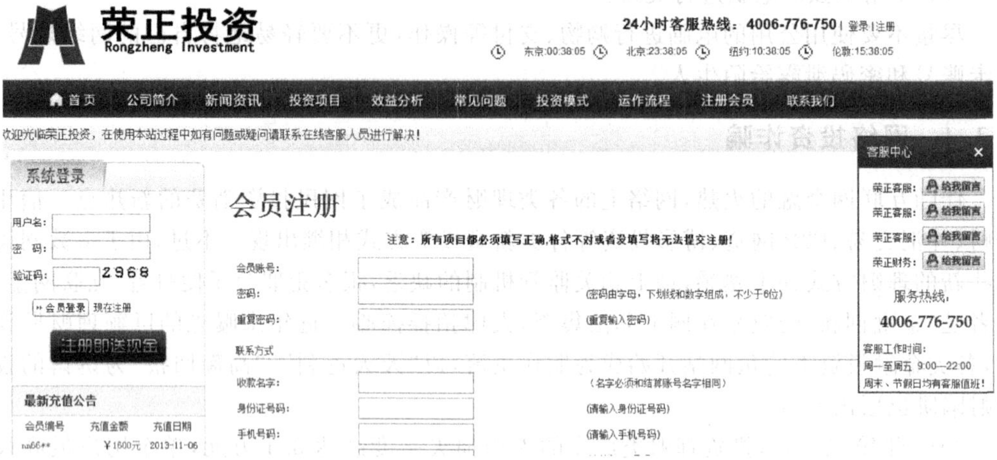

图 5-41　虚假投资理财网站的会员注册页面

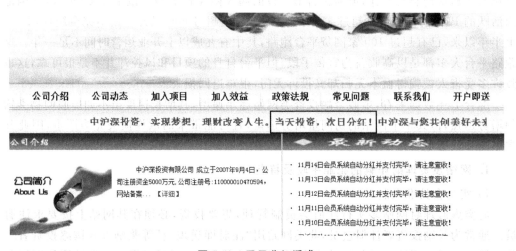

图 5-42　天天分红诱惑

抱有侥幸心理的投资者,一旦上钩将钱汇入对方账户,就容易被不法分子牵住鼻子,掉入难以回头的深渊。

此类投资诈骗的最大特点是放长线钓大鱼,以投资公司为载体,以定期分红为诱饵,等网民投入小量资金后,前期定时给网民"分红"(返利),待网民对其深信不疑,不断追加投入大量的资金或者介绍亲戚、朋友大量投入资金后,骗子就会关闭网站、销声匿迹。"天天分红"的诱饵之所以屡试不爽,主要是不法分子利用了部分网民的贪财心理,手中有余钱、缺乏理财知识,又相信"天上掉馅饼"的网民极容易上当受骗。

4) 传销拉人头式奖励机制

在投资理财诈骗案例中,多数骗局具有明显的传销性质,不法分子以投资者直接或者间接发展下线人员数量作为计算依据,通过各类返点奖励机制,诱导受害人推荐新的会员加入投资项目,继而利用受害人的人际关系网,以"传销拉人头"方式吸纳更多人上当受骗,如图 5-43 所示。

会员类型	投资金额	推荐奖金	见点奖金(十一层出局)		直推三单奖励
红宝石会员	2400元	推荐一单红宝石会员获得800元直推奖 推荐一单蓝宝石会员获得1600元直推奖	人数	金额	每推荐三单红宝石会员可获得500元奖励 每推荐三单蓝宝石会员可获得1000元奖励
			零推荐	50元	
			推荐1人	75元	
			推荐2人或2人以上	100元	

图 5-43 传销式奖励

一般情况下,不法分子会先让部分投资者尝到甜头,引诱这部分投资者主动为其宣传,从而"推介"更多的人(其中不乏自己的亲朋好友)加入,逐渐扩大投资者阵容,吸引更多的网民参与,呈现出非法集资新动向。

案例 VTB 传销式"全民理财计划"涉嫌网络金融诈骗上千万元。

2014 年 7 月初,贵州六盘水董女士在百度搜索投资信息时,看见一个宣传 VTB 高收益理财项目的广告,便通过广告中的 QQ 号联系上了对方。简单交流后,对方竭力向董女士推荐"全民理财金融会所"(后改名"VTP 投资理财金融会所")的投资项目,声称该项目隶属香港实德环球集团旗下,是与俄罗斯第二大商业银行 VTB 银行、恒众金融投资等合作,专门面向互联网平台的网民投资者的。随后,对方便给董女士邮箱发来了相关说明资料,如图 5-44 所示。

全民理财动静态结合奖励说明	
静态日分红	静态投资额为一千的整数倍,最少投资1000元,最多5 0000元一个号。日分红额为投资额的1.5%,共分红120日 (例如:投资1000元静态,每天分红金额为1000元的1.5% 即15 元,一共分红120日截止分红)
静态推荐静态	静态会员推荐静态会员,可获得对方投资额的3%作为直接推荐奖。以后其补单升级后,将依然可以享有补单金额的直接推荐奖
动态推荐静态	动态会员推荐静态会员,可获得对方总投资额的6%作为直接推荐奖。以后其补单升级后,将依然可以享有补单金额的直接推荐奖 (红宝石和蓝宝石会员皆享有直推静态的6%直接推荐奖)
动态会员享受静态会员伞下10层见点奖	动态会员同时还享有其直接推荐的静态会员伞下10层的见点奖,每层见点奖为1%～2% (红宝石会员只能获得静态伞下10层见点1%的见点奖,蓝宝石会员能获得2%见点奖。以后静态会员补单后,依然能享有补单金额的见点奖)
打造静态会员管道说明:每位动态会员都可以推荐N个静态会员,而每推荐一位静态会员后,都可以拿这位静态会员伞下10层内1%~2%的见点奖。比如:您是一名蓝宝石动态会员,您亲自推荐N名静态会员A1,假设其中一名A1投资为10000元,那么您除了可以拿到A1的直接推荐奖600元以外,还可以拿到A1投资额的2%即200元的见点奖,也是您所拿到的第一层的见点奖。当A1补单为50000元时,您又可获得A1补单金额的直推奖2400和见点奖800元。同样,A1也可以亲自推荐N名静态会员A2,而每一名A2加入,您都可以获得这些A2们的见点奖,也是您所拿到的第二层的见点奖。以此类推,您一共可以拿到往下享10层的见点奖,此项奖励,将会在极短的时间内为您带来前所未有的财富,因为这是太阳线布局,多管道同时进行的。(请看下页图解……)

图 5-44 骗子发给受害者的项目介绍

　　董女士算了下，如果她投资 20 000 元，120 天后刨掉本金，她可净赚 16 000 元，月回报率高达 20％。7 月 9 日，董女士投入了第一笔 24 800 元资金，果然前几天每天都有返利，她的几个朋友看到她每天的投资都有收益，便聚集了 10 多位朋友一起加入了这个项目。前后算下来，她和朋友们共投入了 23.7 万元左右。7 月 25 日，董女士忽然发现"VTB 投资理财金融会所"的网络平台不返钱了，实德环球公司的网站也打不开，所有的本钱都提不出来了。

　　无独有偶，湖南株洲的刘女士听从网友陈建的介绍，于 5 月 25 日加入"全民理财计划"，从会员账号注册、平台下载到操作流程，都是在陈建的帮忙下进行的。截止 7 月 25 号，刘女士通过"动态投资"计划共计投入了 132 万元，其中包括自己朋友的 20.8 万元，最后全都血本无归。

　　这家涉嫌网络金融诈骗的"全民理财金融会所"，根本不是香港实德环球集团旗下的，而是骗子假冒实德环球公司名义发布的虚假投资信息。

　　5）网站无 ICP 备案号或备案信息与金融无关

　　虚假投资理财网站通常都没有 ICP 备案号（工业和信息化部关于网站备案管理系统颁发的网络信息许可证号码），而根据国家《互联网管理办法》规定，经营性网站必须办理 ICP 证，否则就属于非法经营。此外，有些网站虽有挂 ICP 备案号，但其备案信息完全是跟金融类无关的内容，甚至是个人备案，这样的理财网站风险性都极高。

　　由于此类犯罪活动所利用的网络服务器大多是租借来的，服务器源头可以在境外，也可以在境内的任何一个地方，犯罪分子只要拥有源代码，即可以根据具体情况随时封闭或开放网站。因此，一旦成功引诱投资者上当，当投资者将钱打入不法分子开设的账户后，他们可能会随时关闭网站、销毁证据，继而携款潜逃。同时，此类犯罪大多为远程遥控作案，流动性大，活动范围广，流窜作案的可能性非常大，而此类诈骗涉及的大部分网站服务器一般都设在国外，警方追查起来尤为困难。

　　案例　旺旺贷爆发"跑路门"。

　　2014 年 4 月 15 日，P2P 投资平台旺旺贷突然关网消失，据不完全统计，受害投资者至少达 600 人，整个平台涉及金额或超过 2000 万元。受害人中，有在校大学生、企业职工，也有公务员。而来自北京某机关单位的受害人刘先生，虽然拥有博士学历，却也被骗了 60 多万元。

　　刘先生从 2 月开始关注旺旺贷，起初他查了旺旺贷的一些信息，并没有发现旺旺贷的负面信息，并且旺旺贷的官网有某知名搜索引擎的信誉"V"字认证，在搜索结果中排在第一位。对比其他 P2P 网贷平台，他发现旺旺贷网站在表面上算是比较专业的。此外，旺旺贷在工信部网站里可以查到备案信息。备案管理系统显示：旺旺贷 2014 年 1 月通过审核，主办单位是"深圳纳百川担保有限公司"，网站负责人张某。

　　充分考察后，3 月 13 日，刘先生在旺旺贷注册了账号，通过信用卡投了一笔借款期限为 1 个月的 200 元标。中标后，旺旺贷发送短信和邮件提示刘先生，1％的额外奖励进入他的旺旺贷账户。通过查询银行交易明细，刘先生发现，资金进出都是通过第三方支付平台迅付信息科技有限公司完成。他以为资金由第三方支付平台托管，便更加放心了。

　　3 月 14 日，刘先生又投了 7 万多元，借款标的期限仍为 1 个月，额外 1％的奖励也实时到了他的账户，他也能顺利提取。此后一直到 4 月 1 日，他先后中了 16 次标，投入 60 多万元，直到信用卡额度用完，现金用光，他等着收货的时候，期待落空了。

4 月 13 日是第一笔投资的回款时间,旺旺贷也短信提示回款进入他的旺旺贷账户。但刘先生想把钱转到自己的银行卡却没成功。旺旺贷客服说当天是周末,让他工作日操作。

次日是工作日,刘先生转款还是失败了。这次旺旺贷客服的固定电话已经停机,以 400 开头的另一客服电话称,"旺旺贷与第三方支付银行端口出现故障"。当天下午 6 时左右,刘先生再次致电旺旺贷,发现固话和 400 电话都无人接听了。15 日,旺旺贷的网站就无法访问了,刘先生这才确信自己的 60 多万全被骗光了。

工商资料显示,纳百川担保成立于 2013 年 11 月 21 日,核准日期为 2013 年 12 月 2 日,是深圳市场监管局登记注册的非融资性担保公司。按照规定,非融资性担保公司不能开展融资担保业务。

此外,旺旺贷及其担保方深圳纳百川注册的地址,经查证后子虚乌有。实际上,根本不存"深圳纳百川担保有限公司"的主体,旺旺贷是一个彻头彻尾的诈骗平台。而所谓的第三方支付平台,也只是网站接口,并不涉及资金托管,等于受害者直接把钱汇给了"旺旺贷"。

就目前出现的 P2P 跑路诈骗平台来看,普遍具备以下特点。

(1) 骗子平台:建一个 P2P 借贷系统的空壳,标榜高于一般平台的收益和优惠政策来引诱投资人。投资人轻信并做出投资行为的初期,这些骗子会按照"承诺"履行买赠或返点,从而继续笼络更多资金,当资金达到一定规模的时候,骗子平台便人去楼空。

(2) 搞资金池:不使用第三方托管机构,投资人的钱被放入平台关联的资金池中,再由平台借给借款人,从而使资金的流向不透明。最新的监管措施明确规定,P2P 平台只能是中介平台,不得建立资金池,这就需要资金接受第三方托管。

(3) 非法集资:平台融资后自用,因本身财务风险控制等问题导致入不敷出,从而无法如期返还投资人的资金,出现资金链断裂。

(4) 平台自行担保:P2P 平台自身为借款人做担保,由于审核机制、风控能力等缺乏,往往难以确保借款人的信誉等问题,最后导致出现坏账等问题使平台资金链断裂。

2. 网络投资理财诈骗的预警与防范举措

大部分人对投资理财都是盲目的,尤其是面对网络上制作精美的虚假理财网站时,因缺乏对投资项目和投资理财公司的了解和鉴定,就容易被钓鱼者"零风险"、"高回报"的噱头吸引走。因此,当遇到高收益的理财产品时,应先冷静地从以下几点来辨别其信息真假。

1) 查看该网址是否有合法的 ICP 备案信息

ICP 证是网站经营的许可证,根据国家《互联网信息服务管理办法》规定,经营性网站必须办理 ICP 证,否则就属于非法经营。网民在工信部的 ICP 系统中输入网址域名查询网址备案信息,对那些无备案信息,或是备案信息显示为个人,或是与金融证券类无关的,一定要提高警惕。

2) 宣称"天天分红"、"保本保收益"的基本都是骗子

任何投资都是有风险的,目前各大银行发行的理财产品收益率超过 5% 的,一般都是 5 万起购,投资周期至少在三个月以上,且深受货币市场资金紧张程度的影响,收益波动很大。因此,凡是收益率远超银行理财产品的投资,都具有极大的风险性,而那些宣称"保本保收益",且短期分红在 100%、200% 以上的,基本都是金融骗局。

3) 核实理财产品真实投资的项目情况

虚假的投资理财网站往往提供的投资项目繁多,且无实质性实业投资说明,一般只是笼

统地提到项目资金用于能源、矿产等领域,或是与国家基础设施建设相关的项目中,而没有资金支配方向、企业收益状况等详细信息。对陌生的网络投资项目,最好联系到投资公司进行实地考察后再谨慎考虑。

5.4　移动互联安全防范

2014 年 8 月 14 日,移动互联网国际研讨会(IMIC)在北京召开,移动互联网的发展风头正旺。数据显示,中国移动宽带用户占移动用户的比例在 2014 年 6 月份已经达到 38.5%,预计 2014 年底很可能达到 40%。根据 CNNIC 的数据,到 6 月份,手机网民已经超过了 PC 网民。

搜索和新闻仍然是网民在智能终端上的主要行为;其次是社交应用,包括微信等正在成为主流,然后是微博、邮件等;而游戏和娱乐业务也发展迅速。手机支付的规模正在不断增长,2013 年第三方手机支付的市场规模超过 1.2 万亿,用户数已经超过 1.25 亿,同比增长超过 700%。另外,位置服务的发展推动了商业化应用;智能终端接入各种传感器,开启了物联网应用;移动医疗和健康服务正在迅速发展,移动的新应用层出不穷。

在移动互联网迅猛发展的同时,移动互联网安全问题也不容忽视。原中国工程院副院长邬贺铨院士称之为"风急浪高",他认为,移动互联网在物理层、传输层、网络层、应用层都有安全问题,而要保障移动互联网安全,需要采取多种措施,从身份认证到攻击防护再到应用安全,需要在多个方面构建移动互联网的安全防护。

移动终端本身有很多安全风险。iPhone 的安全问题给人们敲响了警钟,在 iOS 和 Android 平台上安全问题都无法切实得到保障。

万物互联将会是未来的趋势。他表示,不仅手机、电脑、电视机等传统信息化设备将连入网络,家用电器和工厂设备、基础设施等也将逐步成为互联网的端点。

邬贺铨院士预测,到 2018 年,用户使用的信息终端将会全面移动化,每个用户平均拥有 1.4 台接入网络的移动设备,38% 的用户将会携带个人移动设备办公,这将催生海量的移动应用和数据。邬贺铨认为,"将来移动智能终端的数量将超过地球人口的总和,其在保持动态运作时也将产生无法预知的漏洞。"

5.4.1　二维码安全防范

二维码自普及以来,无论是从它的便捷性,还是其安全问题,一直都是公众关注的焦点问题。扫描二维码已成了手机族最流行的互动方式。无论网上购物、互加好友、购物优惠等,用手机扫一扫就可轻松搞定。似乎一夜之间,二维码遍布各电商平台、商场、网站、杂志、甚至车票上,二维码迅速成为移动互联网时代的新宠儿。

与此同时,借助二维码进行传播的手机病毒、恶意程序也日益增加。由于二维码技术已经相对成熟,普通用户即可通过网上的二维码转换软件,任意合成二维码,并且从外观上并不能判断其安全性,这就更加方便了黑客针对二维码进行各种非法操作。用户一旦扫描了嵌入病毒链接的二维码,其个人信息、银行账号、密码等就可能完全暴露在黑客面前,酿成的后果可想而知。

　　二维码扫码陷阱自 2013 年也开始兴起,最早时骗子冒充买家,以发送订货单等名义向卖家发送含有木马的二维码。2014 年第一季度起,骗子又冒充卖家以运险费、打折等名义向买家发送钓鱼二维码,贪小便宜的买家一旦扫描二维码,就会被诱导到假淘宝页面,其账号密码等个人信息就会被骗子盗取,对方就能随意消费其绑定快捷支付的银行卡余额了。

　　案例 1　卖家扫二维码被转账。

　　河南的淘宝店主王先生回忆称,某一天他在网上售货,有买家说要和同学一起购买多款商品,担心买错款式,他们就用手机做了一个二维码清单,这样王先生用手机一扫描就能知道他们要买什么了。

　　然而,王先生扫描完二维码后就跳转到一个文件下载页面,如图 5-45 所示。等安装并打开名为"购物清单"的 apk 文件后,看到的却是乱码,根本没有任何商品信息。

　　王先生称:"我再去问买家为何看不到时,他就下线了。"没隔几分钟,却收到网购充值卡成功的短信提醒,同时电脑也弹窗提示说他的支付宝在异地登录,忽觉事情蹊跷的王先生赶紧尝试修改支付宝密码,可这才发现密码已被人改掉。

图 5-45　扫描二维码结果

　　事实上,王先生遭遇了典型的二维码钓鱼欺诈,当他下载并运行了所谓的"购物清单"文件后,暗藏的 apk 木马就成功入侵了他的手机。这种发送二维码的木马,在启动后会发送激活短信和受害者的手机号给黑客,接着受害者手机中的所有短信就会被木马拦截并转发给黑客。然后黑客会利用其手机号作为支付宝用户名,进行短信重置密码的操作,从而成功盗刷受害者的网银。

　　由于手机短信被拦截,黑客的这些操作受害人是完全看不到的,一旦掉入此类二维码陷阱,支付宝和网银可能将被骗子洗劫一空。这次王先生之所以看到了付款成功的短信,可能是木马操作者误操作所致,幸而他及时冻结了支付宝余额,才避免了遭受更多损失。

　　防骗指南如下。

　　(1)不要轻信陌生人发来的二维码信息,如果扫描二维码后打开的网站要求安装新应用程序,不要轻易安装。

　　(2)遇到交易对方有明显古怪行为的,就应当提高警惕,不要轻信对方的说辞。比如在本案中,买家坚持用手机二维码发送选购清单。对于普通人来说,制作二维码实际上一件挺麻烦的事,正常买家完全可以在聊天窗口直接发送链接,没有必要费事地制作二维码。所以这就是需要警惕的古怪行为。

　　(3)与陌生人进行网上交易或交流时,不要轻易地更换交易或交流的平台。比如本案中,双方的交流就被骗子强制要求从 PC 上跳到了手机上。这种突然而且没有必要的平台转换,实际上就是为了把受害者吸引到一个他不熟悉的环境中,从而更方便地实施诈骗。

(4) 使用手机安全软件,开启"隐私行为监控"功能,可以拦截最新的木马,拦截木马读取短信等行为。

案例2 买家扫二维码被转账。

一天,受害人谢女士在淘宝买衣服,拍下订单并成功付款后,卖家发来一个二维码,告诉谢女士扫描二维码后可获赠免费的运费险,若运输途中货物丢失、商品损坏,可直接由保险公司来理赔。

谢女士心想反正是白送的,多个运险费更保险些,于是想都没想就去扫了二维码。扫码后,谢女士按照网页提示登录了"淘宝网站"(其实是假冒淘宝的钓鱼页面),并按提示先后输入淘宝密码、支付密码及手机验证码。结果奇怪的是,无论她怎么操作,页面总是提示"运险费授权失败"。等她再联系卖家发货时,却发现原本订货的交易记录突然变成"确认收货",她的钱已经打到对方账户去了。

防骗指南如下:

(1) 不要随意扫描陌生人发来的二维码,如果扫描二维码后提示安装程序或登录网站,一定要额外谨慎,不要轻易安装程序或登录个人账号,尤其是网银、淘宝、支付宝等与自身财产密切相关的账号,以免损失钱财。

(2) 在淘宝进行交易,与陌生人进行网上交易或交流时,不要轻易更换交易或交流的平台。骗子就是为了把受害者吸引到一个他不熟悉的环境中,从而更方便地实施诈骗。

(3) 退货运险费,是淘宝针对买家推出了退货运费险服务,需要买家在购物过程中自行购买,因此根本不存在卖家赠送的情况。若碰到卖家主动要求赠送运险费的情况,一定要保持高度警觉,以免上当受骗。

(4) 使用手机安全软件的安全扫码功能,可以拦截手机木马和钓鱼网站。

5.4.2　手机支付安全防范

中国互联网络信息中心(CNNIC)发布的数据显示:截至2013年12月底,中国网民规模6.18亿,同比增长9.6%;手机网民规模达5.0亿,同比增长19.0%,占总网民数的81.0%。手机支付用户规模达到1.25亿,同比增长了126.0%,占手机网民总量的25.0%。截至2014年6月,移动支付用户规模达到2.05亿。手机支付用户的增长速度远远高于网民总规模的增长速度和手机网民规模的增长速度。

继银行卡支付、网上支付(PC端)之后,中国消费者已经快速进入了移动支付时代。不过,由于智能手机系统的某些先天性不足,移动支付安全一直受到手机安全漏洞和各类手机木马的威胁。此外,手机还是传统网上支付(PC端)的重要验证途径和消费通知途径,也是各类诈骗短信攻击的目标。因此,尽管目前所有的移动支付产品都非常重视支付的安全性,但移动支付的安全性问题仍然存在很多隐患。

1. 手机漏洞

漏洞的发现与修复,是智能手机操作系统安全性的根本保证。但与个人电脑不同,手机操作系统,特别是市场占有率超过70%的安卓系统,呈现出显著的碎片化现象。手机操作系统的发布与更新往往是由各个手机厂商独立完成的,而且几乎每个手机厂商都会根据自己的软硬件设计,对原生的安卓操作系统进行或多或少的定制化开发。因此,即便是安卓系统的原始开发者Google公司,也无法掌控所有的手机漏洞修复与版本更新。手机操作系统更没有形成 Windows 那样的全球统一的漏洞发布与补丁更新机制。这就使得手机操作系统的安全性面临着更加复杂的挑战,手机漏洞也层出不穷。

在手机漏洞中,签名漏洞对移动支付安全性的威胁最为严重。因为黑客可以利用这个漏洞,对正常的支付工具或网银客户端进行篡改,而篡改之后,程序的数字签名不会发生改变,因此也很难被发现。

其次是短信欺诈漏洞,手机木马可以利用这个漏洞来向手机发送欺诈短信,并以网银升级、账号过期等为借口,诱使机主安装其他木马或登录钓鱼网站,进而窃取机主支付账号密码和账户资金。

后台消息和后台电话漏洞并不直接威胁支付安全。但木马可以利用这些漏洞在机主不知情的情况下发送扣费短信,拨打扣费电话,从而快速地消耗手机话费。对于很多习惯用手机话费进行支付和消费的用户来说,需要特别警惕。

1) 签名漏洞危及 99% 的安卓手机

2013 年 7 月,Bluebox 公司曝光了一个严重的安卓系统签名漏洞。该漏洞使 99% 的安卓设备面临巨大风险:黑客可以在不破坏 APP 数字签名的情况下,篡改任何正常的手机应用,并进而控制中招手机,实现偷账号、窃隐私、打电话或发短信等任意行为,从而使手机瞬间沦为“肉鸡”。该漏洞也被业界公认为史上最严重的安卓系统签名漏洞。

利用该漏洞实施攻击的手机木马会导致手机隐私被窃、自动向通讯录联系人群发诈骗短信及私自发送扣费短信。在这些木马中,就有大量木马是被篡改后的第三方支付软件或网银客户端软件。一旦感染此类木马,用户的账户密码就会面临被盗威胁。

2) 挂马漏洞致使点击网址即中招

2013 年 9 月,安卓系统 WebView 开发接口引发的挂马漏洞被曝光。黑客通过受漏洞影响的应用或短信、聊天消息发送一个网址,安卓手机用户一旦点击网址,手机就会自动执行黑客指令,出现被安装恶意扣费软件,向好友发送欺诈短信,通讯录和短信被窃取等严重后果。国内大批热门应用和手机浏览器受到影响。该漏洞也可被用于攻击网银或支付工具。

2. 手机木马

2013 年截获的 Android 平台木马中,吸费木马占比为 67%,包括 46% 的资费消耗(主要是消耗上网流量)木马和 21% 的恶意扣费类恶意程序(主要是暗中发送扣费短信定制增值服务或在后台偷偷拨打吸费电话)。由于手机话费本身也可以用来进行多种网上支付,因此,占总量近七成的吸费恶意程序,从某种程度上说,也是对移动支付安全的威胁。

2013 年 5 月出现了一款名为“支付鬼手”手机木马,该木马伪装成淘宝客户端,将用户输入的淘宝账号、密码以及支付密码通过短信暗中发送至黑客手机,同时诱导用户安装木马子包,木马子包会劫持用户收到的包含验证码在内的所有短信,并联网上传或直接转发至黑客手机。而黑客一旦收到这些信息,就会将用户支付宝财产洗劫。“支付鬼手”是当时截获的唯一一个具有完整盗窃支付账号能力的手机木马。

很多网上支付工具都会与手机绑定,用于发送验证码和交易信息通知。进入 2013 年以来,以拦截和窃取交易短信为目标的手机木马迅速泛滥,最典型的是名为“隐身大盗”的安卓木马家族。此类木马运行后会监视受害者短信,将银行、支付平台等发来的短信拦截掉,然后将这些短信联网上传或转发到黑客手机中。黑客利用此木马配合受害者身份信息,可重置受害者支付账户。

2013 年 6 月，一款 Backdoor. AndroidOS. Obad. a 的木马偷偷发送短信为手机定制扣费业务，并下载更多的恶意程序。此外，为了在短时间内感染更多设备，已被感染的手机还会被控制自动搜索其他蓝牙设备，发送恶意程序并远程执行木马命令进行安装。而特别值得注意的是，该木马具备"反查杀，难解析，难卸载"等特性，是迄今为止发现的结构最复杂的 Android 木马之一。其独特之处在于该木马具备三层防查杀特性，使该木马不仅很难被发现，而且极难被卸载。此外，该木马还利用 Android 系统自身的漏洞，将其注册为设备管理器且在列表中不显示，最终使木马程序无法关闭和卸载，使被感染的手机始终处于安全风险之中。不仅如此，该木马还利用了 Android 系统存在的另一种缺陷，使得该木马即便以一种错误的方式注册进设备管理器，Android 系统也能让其注册成功，而用户却无法找到取消该木马管理权限的入口，此时木马便可随意在被感染手机中作恶。

3. 手机病毒

随着移动支付的不断普及，手机支付病毒开始逐渐蔓延。2014 年 1~9 月，新增手机支付病毒包总数达到 11.6 万，在第三季度，手机支付类病毒迎来增长高峰。截止到 2014 年第三季度，累计支付类病毒包总数已达到 16.3 万。

1) 二次打包

2013 年初，首款感染国内银行手机客户端——中国建设银行的手机支付病毒 a. expense. lockpush(洛克蠕虫)通过二次打包的方式，把恶意代码嵌入银行 APP，伪装成正常软件，在后台运行恶意程序，并私自下载软件和安装，进一步安装恶意子包，窃取银行账号及密码，继而盗走用户账号中的资金。

2) 仿冒程序

2013 年 5 月，a. privacy. leekey. b(伪淘宝)病毒通过模拟淘宝官方的用户登录页面收集用户输入的淘宝账号密码以及支付密码。当手机用户安装"伪淘宝"木马客户端之后，在"伪淘宝"的木马客户端登录页面，用户输入用户名和密码，单击登录，就会执行发送短信的代码，将用户的账户名和密码发送到指定的手机号码 13027225522。

3) 验证码转发

2013 年 12 月，a. remote. eneity(短信盗贼)病毒可转发手机用户短信(包括验证码短信)到指定号码，并拦截用户短信，通过窃取验证码来配合窃取支付宝里的金额，给用户隐私、支付安全等带来了严重威胁。

4) 监控诱导

2014 年 1 月，a. rogue. bankrobber(银行悍匪)病毒可以直接监控二十多个手机银行的 APP，窃取账号、密码等信息。该病毒由母程序(简称母包)和子程序(简称子包)组成，母包中含有恶意子包。母包通常被二次打包到热门游戏中，通过游戏软件需要安装资源包等方式诱导用户安装和启动恶意子包。子包是核心的恶意程序，会进一步诱导用户激活设备管理器，获取 ROOT 权限，删除 SU 文件，安装后隐藏图标，卸载杀毒软件，监控指定 Activity 页面。病毒可隐藏在后台窃取用户手机信息和短信信息，同时删除短信和私自发送短信，并且窃取用户的通话记录，还会根据短信命令控制手机，比如，开启监听短信，窃取通话记录，屏蔽回执短信，删除所有短信，并读取手机中安装的购物客户端(淘宝)和银行客户端信息。一旦用户安装运行了"山寨手机银行"，就会被要求用户输入手机号、身份证号、银行账号、密码等信息,并把这些信息上传到黑客指定的服务器,盗取了银行账号密码后,立即将用户账户里的资金转走。

手机支付类病毒从二次打包、仿冒程序、验证码转发、监控诱导一步步深入窃取用户支付隐私,并逐步走向单个支付类病毒多种特征融合的趋势。

如 2014 年 3 月底的"鬼面银贼"病毒具备二次打包和仿冒程序的特征,仿冒的程序包括支付宝年度红包大派发、微云图集、移动掌上营业厅、中国人民银行、中国建设银行、理财管家等十余款应用。该病毒的另一个巨大危害在于可以监听用户手机短信,并可将短信内容转发至指定手机号码。

5.4.3　物联网安全防范

现在许多国家的基础设施已经与互联网联系在了一起,如通信、自来水、供电、银行等。今后,互联网会把今天人们所有能看到、能想到、能碰到的各种各样的设备,大到工厂里的发电机、车床,小到家里的冰箱、插座、灯泡,以及每个人身上带的戒指、耳环、手表、皮带,所有东西都可以连接起来。

当所有的设备都变成智能化,都接入网络以后,可以被攻击的入口也会越多。如智能电表可能会被黑客利用,窃取隐私信息,甚至改写电费账单。美国曾经利用一个病毒,通过公共互联网络渗透到伊朗的核设施网络,导致伊朗核设施瘫痪。

在亚太信息安全领域最权威的年度峰会,2014 中国互联网安全大会(ISC 2014)上,有来自国内外的黑客进行各种攻防演示。一进大门就看见技术人员在进行不用车钥匙打开车门的表演:只见一位技术人员按了一下遥控锁,车灯一闪车身一响,门锁上了;而旁边另一位技术人员在电脑上鼓捣了一会,并将一块电子手表连接到电脑上,没过一会儿,技术人员将电子表取下戴在手腕上,走近车门一按,车身一响,技术人员将之前锁着的车门打开了。

随着物联网概念的兴起,智能健康硬件开始进入家庭生活,而最大的风险就可能来自于黑客对健康和安全设备的攻击。随着联网设备越来越多,黑客开始基于金钱利益或造成人身伤害为目的来选择目标。据外媒报道,连接互联网的医疗设备被预测为物联网谋杀的第一来源,其中包括心脏起搏器、胰岛素泵等设备。欧洲刑警组织曾宣称,随着物联网漏洞报告浮出水面,这种攻击正变得不可避免。有报道称,已经收集到的统计数据显示,由于恶意软件侵袭,美国有多达 300 台用来分析高危妊娠孕妇的设备运行速度已经放缓。而美国前副总统迪克·切尼的植入式心脏除颤器也因为害怕黑客入侵,禁用了无线连接功能。

下面以智能汽车为例说明物联网存在的安全问题。

智能汽车是以传统汽车为基础,加装传感器(雷达、摄像)、控制器、执行器等设备,通过车载传感系统和信息终端实现与人员、车辆、环境的智能信息交互,使汽车具备感知能力,自动分析汽车行驶的实时状态,使汽车按照人的意愿做出行驶、停靠、加速、刹车等行为,最终实现替代人操作驾驶的目的。简而言之,智能汽车就是将传统汽车智能化,将车辆由人和机械控制的部分功能乃至全部功能交由信息系统、信息技术来处理,将人从汽车操作中解放出来。

与传统汽车相比,智能汽车将给用户带来更好的体验,部分甚至全部的操作可以通过智能系统来完成,降低了汽车的操作难度与使用门槛,被解放的用户可以将事件用于休息、娱乐、办公，提升生活与工作效率。用户在行车过程中通过传感器、无线网络实现车与车、车与网的无缝网络连接，汽车大量接入网络，并向网络传输数据，同时也从云端接收数据，智能汽车最终会成为继电脑、手机、电视之后的又一个重要的网络终端。

可以想象，在未来会有更多网络活动通过智能汽车进行，也会有越来越多的针对智能汽车的应用程序、应用商店、智能硬件，并逐步形成一个以智能汽车为核心的生态系统。

传统产品在智能化进程中将不可避免地面对信息安全问题。传统的功能手机在智能化之前很少有信息安全问题，智能手机产业爆发以后，随着而来的是大量的手机病毒、恶意攻击、个人资料泄露。汽车业也将如此，在智能汽车全面兴起后，病毒、恶意攻击、隐私泄露等安全问题也将如影随形。

智能汽车存在安全问题已有例证。国内某安全团队的极客们发现特斯拉汽车应用程序流程存在设计缺陷，攻击者利用这个漏洞，可远程控制车辆，实现开锁、鸣笛、闪灯、开启天窗等操作，并且能够在车辆行驶中开启天窗。在国外，Charlie Miller 和 Chris Valasek，两位专业黑客曾轻而易举地攻克丰田普锐斯以及福特翼虎（Escape）的核心操作系统，随意篡改刹车、加速以及转向等指令。

从根源看，智能汽车的信息控制系统带来了网络连接，隐含了系统漏洞，为安全埋下隐患。从直接来源看，猖獗的外部攻击与用户自身的不当操作（如通过网络不慎下载病毒）都会将以往 PC、手机互联网时代的安全威胁带到汽车领域。

1. 网络数据交换是产生安全风险的根本原因

智能汽车安全问题的深层根源在于汽车的信息化。智能汽车与传统汽车区别在于安装了传感器、车载软件等电子信息产品，实现了智能化控制。这一过程中伴随着与外部的网络连接和数据交换。智能汽车实现了车与数据中心、车与车之间、车与智能手机等外部硬件的数据交换，这个过程中伴随着风险，使得电脑、手机终端面临的信息安全风险也会移植到汽车领域。同时车载 IT 系统难免存在漏洞。这就为产生安全问题埋下伏笔。

智能汽车接收的数据包含了从云端下载的内容，在网络连接端口处，恶意软件植入汽车网络的数据同样可能包含其中，因此大大增加了汽车网络被黑客攻击的风险。

智能汽车发出的数据，包括汽车及用户数据，可能需要在云端处理，以便提供包括个性化投保方案、定制资讯内容以及广告等众多服务。如果数据被黑客获取，用户隐私面临泄露风险，如果黑客依据数据对汽车实施攻击，也将加剧安全风险。

由于接收到的数据可能并不安全，这可能导致数据处理发生错误。同时汽车的联网和信息娱乐系统在受到代码篡改以及用户数据人为操控等作用时很容易出现崩溃。

总之，汽车实现了与外部的网络连接，为病毒木马入侵汽车领域打开了方便之门，也使黑客找到了网络攻击的入口。车载系统技术漏洞的存在则很容易被不法分子利用，进行网络攻击进而达到其控制车辆、窃取隐私等目的。

2. 智能汽车安全威胁来源

就具体的安全问题来源看，用户的操作与外部攻击都可能给智能汽车带来信息安全问题。比较而言，外部攻击更为频繁直接，也更难以预防。

1）外部攻击将严重威胁智能汽车安全

黑客通过对智能汽车实施外部攻击可以控制车辆，阻碍其正常行驶，并窃取用户信息。

外部攻击途径包括通过入侵外部连接设备实施攻击、通过外部网络直接对车载软件实施攻击,如图 5-46 所示。

对连接汽车的手机APP植入病毒发起攻击

直接对车载系统发起攻击

用户

传导至汽车

通过智能手机远程控制汽车

图 5-46　对智能汽车进行外部攻击途径

目前来看,外部攻击主要通过入侵外部连接设备(如智能手机)来实施。特斯拉汽车就是通过手机应用程序来远程控制汽车,进行开启车门、开关空调等操作的,黑客可以通过攻击手机应用程序来控制智能汽车。

未来,随着智能可穿戴设备的快速发展与普及,智能眼镜、手环、车钥匙等便携式可穿戴设备也可以与汽车实现连接,对汽车进行控制。黑客也可以通过攻击这些设备达到其非法目的。

通过汽车的外部连接设备实施的攻击模式可以有很多种,如向与汽车连接的智能手机植入病毒,通过网络连接将病毒传导至汽车,进而影响汽车信息系统正常运行;还可以发掘智能手机应用程序存在的漏洞并加以攻击,以智能手机为跳板,外部攻击者给车载设备和车载导航仪系统造成损害,或是经由智能手机泄露车内信息,侵犯驾驶员的隐私。

除了通过入侵外部连接设备,恶意攻击者可以通过网络直接对智能汽车展开远程攻击。现阶段汽车上有很多使用通信的装置,例如智能钥匙、轮胎压力监测系统(TPMS)、路车间通信等。这些使用短距离无线通信的功能,就有可能受到被窃听、被恶意中断等威胁。另外,随着车载信息服务开始普及,从外部网络实施攻击的威胁已成为现实。未来专门针对汽车的 APP 将会越来越多,不法黑客也会有越来越多的攻击点可选择。

通过网络攻击,黑客可以控制智能汽车部分功能,修改设置,向汽车发出错误指令,这些都会令车主陷入危险境地;黑客的窃取隐私、窃听行为也使车主的个人信息保护面临尴尬。

2) 用户不当操作带来风险

用户本身的操作也会带来安全风险,一是用户经由汽车内的用户接口,错误实施操作、设置引发的威胁;二是通过用户从外部带入的产品和记录介质,车载系统感染病毒和恶意软件引发的威胁。

智能汽车是个非常复杂的技术体系,包含多种信息控制系统,每类系统会有不同的安全参数设置,如果用户的设置不符合安全原则,可能会影响系统正常运行,带来安全隐患。当然，只要用户合规操作，这类风险可以避免。

用户不慎使系统感染病毒与恶意软件，将使汽车陷入危险境地。虽然目前针对智能汽车的病毒尚未出现，但这是基于智能汽车尚未普及的原因。未来随着市场上智能汽车存量的增大，以及用户使用汽车智能系统频率的增加，针对智能汽车实施攻击越来越有利可图，专门针对智能汽车的病毒与恶意软件也一定会出现。未来用户在智能汽车上会有很多网络操作，如观看视频图片、收发邮件、通过应用商店下载 APP 等，都隐藏着被病毒感染的风险。

3. 潜在风险

汽车的智能化为生活带来方便的同时，也为黑客提供了更多的攻击对象。一旦智能汽车被黑客控制，最后失去的就可能是用户宝贵的生命。从这个角度看，智能汽车信息系统出现安全问题的危害性将远超以往 PC、手机互联网时代。

总体来看，智能汽车潜在风险体现在用户人身安全、隐私、经济利益三方面。

1）人身安全风险

智能汽车引发的人身安全问题是指智能汽车信息系统被病毒感染、被黑客攻击，出现拒绝服务、失去控制等状况，影响用户人身安全。

具体来看，有些安全漏洞将削弱关键系统的安全性，将乘车人、外部行人和周边环境置于危险当中，可能导致的后果包括在驾驶途中突然熄火、车辆行驶中被黑客控制肆意改道、驾驶中进行急转弯、急刹车、急加速、爆胎等操作。

此外，在尚未实现完全无人驾驶的智能汽车内，随着车内娱乐、办公功能的丰富，用户极有可能在驾驶过程中出现注意力不集中，进而出现车祸事故。

上述问题都会导致汽车行驶过程中用户对其失去控制，给用户造成人身伤害，甚至使用户失去生命。

2）隐私风险

安全漏洞可能导致个人信息、车辆信息被窃取，被滥用或篡改。

目前智能汽车上有超过 80 个智能传感器，每天向智能汽车云端传输的数据达到 100Mb/s，这些数据涵盖了汽车和驾驶者个人的各类信息，包括位置信息、操作记录、驾驶习惯等。如果信息泄露，意味着用户隐私被侵犯。

智能汽车运行产生的数据包含汽车硬件配置、软件信息、系统设置、用户个人信息等多个层面，如果这些数据被盗取，可以对用户形成较为精准的形象素描，进而可以对用户形成深层次骚扰，如以隐私泄露相要挟、利用行车信息向用户发出恶意广告、利用车辆软硬件信息与用户操作习惯实施网络攻击等。

3）经济风险

在无人驾驶过程中，黑客可以将车辆行驶到无人寻到的地方，从而进行敲诈勒索，或者直接把车辆占为己有，这些都会给车主造成了经济损失。

可以发现，与 PC、手机互联网时代相比，汽车智能化、网络化将可能对用户人身安全构成严重威胁，这是以往的信息安全问题所不具备的危害。如果车辆因被黑客控制出现撞车等事故，造成的经济损失也非常大。未来智能汽车如果出现安全问题，其危害将远超 PC、手机互联网时代。

习　　题

1. 如何防范 E-mail 口令攻击？
2. 垃圾邮件有哪些危害？
3. 如何防范垃圾邮件？
4. 常见的钓鱼网站有哪些类型？如何防范？
5. 如何删除 Cookie？
6. 针对路由器的攻击有哪些类型？
7. 网络欺诈有哪些类型？
8. 针对手机支付的安全威胁有哪些？